Karl-Dieter Opp · Wolfgang Roehl

Der Tschernobyl-Effekt

AF144259

Studien zur Sozialwissenschaft

Band 83

Springer Fachmedien Wiesbaden GmbH

Karl-Dieter Opp · Wolfgang Roehl

unter Mitarbeit von Christiane Gern, Petra Hartmann
und Martin Stolle

Der Tschernobyl-Effekt

Eine Untersuchung über die Ursachen
politischen Protests

Springer Fachmedien Wiesbaden GmbH

Umschlaggestaltung: studio für visuelle kommunikation, Düsseldorf

ISBN 978-3-531-12127-7   ISBN 978-3-663-09636-8 (eBook)
DOI 10.1007/978-3-663-09636-8

INHALT

VORWORT

Der Reaktorunfall in Tschernobyl am 26. April 1986 hat erneut zu umfassenden Protesten gegen die Nutzung der Atomenergie geführt. Aufgrund des menschlichen Leids und der gesundheitlichen Schäden, die die Rektor-Katastrophe verursachte, erscheint eine Beschäftigung von Sozialwissenschaftlern mit dem Rektorunfall relativ unwichtig. Dennoch bietet sich hier für Soziologen eine interessante Möglichkeit zu studieren, in welcher Weise Katastrophen wie Tschernobyl zu einer Mobilisierung von Protesten führen. Diese Frage steht im Mittelpunkt des vorliegenden Buches.

Wir werden zunächst eine Reihe von Thesen entwickeln, die sich mit der Frage befassen, in welcher Weise Ereignisse wie der Reaktorunfall in Tschernobyl allgemein politisches Engagement beeinflussen könnten. Diese Thesen werden wir mittels zweier Untersuchungen überprüfen. Im Jahre 1982 haben wir 398 Atomkraftgegner befragt. Ergebnisse dieser ersten Untersuchung wurden 1984 beim Westdeutschen Verlag publiziert (Opp u.a., Soziale Probleme und Protestverhalten). Im Jahre 1982 waren die Aktivitäten der Anti-Atomkraftbewegung stark zurückgegangen. Von denjenigen, die sich bei der ersten Befragung bereit erklärt hatten, sich später wieder befragen zu lassen, konnten 121 Personen zwischen Januar und März 1987 erneut interviewt werden. Dies ist die zweite Untersuchung, die in diesem Buch analysiert wird.

Es liegen also Daten von 121 Befragten vor, die sich auf die Situation vor und ca. 9 Monate nach dem Reaktorunfall in Tschernobyl beziehen. Diese beiden Untersuchungen bieten eine außergewöhnliche Möglichkeit, den Wirkungen des Reaktorunfalls nachzugehen und darüber hinaus in allgemeiner Weise die Determinanten politischen Protests zu untersuchen.

Skizzieren wir den Inhalt dieses Buches etwas genauer. Will man bestimmte Sachverhalte wie Protest erklären, dann besteht eine in den Sozialwissenschaften häufig angewendete Vorgehensweise darin, daß man einen allgemeinen Erklärungsansatz heranzieht. Auf der Grundlage dieses Ansatzes werden dann Thesen zur Erklärung der betreffenden Sachverhalte entwickelt. Diese Vorgehensweise wird auch in dem vorliegenden Buch gewählt. Im ersten Kapitel werden der gewählte Erklärungsansatz und die Thesen über die Determinanten politischen Protests, die auf der Grundlage dieses Ansatzes entwickelt wurden, vorgestellt. Die im ersten Kapitel vorgeschlagenen Thesen sind die Grundlage für den restlichen Teil des Buches.

Unsere Ausgangsfrage ist, wie wir bereits erwähnten, in welcher Weise ein Ereignis wie der Reaktorunfall in Tschernobyl - wir werden solche Ereignisse als "kritische" Ereignisse bezeichnen - das Auftreten von Protest beeinflussen kann. Im zweiten Kapitel werden wir - ausgehend von den im ersten Kapitel entwickelten Überlegungen - einige allgemeine Thesen zur Beantwortung dieser Frage entwickeln. Sodann werden wir, ausgehend von diesen Thesen, erstens prüfen, welche Wirkungen der Reaktorunfall bei der Bevölkerung der Bundesrepublik hatte. Hierzu werden wir repräsentative Bevölkerungsumfragen heranziehen. Zweitens werden wir die Wirkungen des Reaktorunfalls bei unseren Befragten ermitteln.

In Kapitel III wollen wir der Frage nachgehen, inwieweit die Unzufriedenheit mit der Atomenergie und generell die Ablehnung der bestehenden politischen Ordnung Determinanten für Protest, und zwar für legalen und für illegalen Protest, sind. Für einen Nicht-Sozialwissenschaftler ist es eine Selbstverständlichkeit, daß die Ablehnung der Nutzung der Kernenergie eine wichtige Ursache für Protest gegen Atomkraftwerke ist. Bei näherer Überlegung ist diese These jedoch keineswegs so plausibel, wie sie auf den ersten Blick erscheint. Offensichtlich hat nämlich ein einzelner Atomkraftgegner keine Möglichkeit, durch seinen Protest die Nutzung der Atomenergie in irgendeiner Weise zu beeinflussen. Man könnte also behaupten: da sich Personen nur an Aktionen beteiligen, die auch erfolgversprechend sind, wird die Unzufriedenheit mit der Atomenergie kein Anreiz für Protest sein. Inwieweit diese und eine Reihe anderer Thesen über die Wirkungen von Unzufriedenheit zutreffen, wird in Kapitel III geprüft.

Dem allgemeinen Erklärungsmodell sozialen Verhaltens, das diesem Buch zugrundeliegt, läßt sich entnehmen, daß Protest - wie jedes andere soziale Verhalten auch - eine Vielzahl von Ursachen hat. Wir unterscheiden drei Arten von Ursachen: (1) die politischen Ziele, die durch Protest erreicht werden sollen (d.h., technisch gesprochen, Präferenzen für Kollektivgüter), einschließlich dem wahrgenommenen Einfluß, diese Ziele durch Protest erreichen zu können; (2) interne (selektive) Anreize und (3) externe (selektive) Anreize.

Zu den internen Anreizen gehören insbesondere Normen, d.h. inwieweit Personen es als geboten ansehen, sich in bestimmten Situationen politisch zu engagieren, und inwieweit sie Rechtfertigungen für Gewalt akzeptieren. Inwieweit derartige interne Anreize Protest bedingen, wird in Kapitel IV untersucht.

Sowohl zu den externen als auch zu den internen Anreizen gehören die Ressourcen, über die eine Person verfügt. Ressourcen sind Fähigkeiten und Kenntnisse, aber auch die zur Verfügung stehende Zeit. Inwieweit spielen diese Ressourcen eine Rolle für das Auftreten von Protest? Mit dieser Frage befassen wir uns in Kapitel V.

Zu den externen Anreizen gehören insbesondere die erwarteten positiven und negativen Reaktionen der sozialen Umwelt auf Protest, deren Wirkungen in Kapitel VI analysiert wird. Welche Rolle spielen z.B. harte Polizeieinsätze oder starke negative Sanktionen der sozialen Umwelt bei der Entscheidung, sich politisch zu engagieren?

Die bisherige Forschung hat gezeigt, daß soziale Netzwerke eine wichtige Determinante für Protest sind. D.h. das Ausmaß der Kontakte zwischen Personen oder Institutionen mit ähnlichen politischen Vorstellungen spielt eine zentrale Rolle für politisches Engagement. Insbesondere bei der Erhebung im Jahre 1987 haben wir eine Vielzahl von Fragen zu den Kontakten der Befragten gestellt, die in Kapitel VII analysiert werden.

Unsere Wiederholungsbefragung erlaubt es, bei allen vorher erwähnten Fragen zu prüfen, wie die genannten Determinanten und Protest *im Zeitablauf* zusammenhängen. Entsprechend haben wir bei jedem Kapitel eine Reihe von Hypothesen formuliert und geprüft, die sich auf solche Effekte beziehen. So haben wir ermittelt, inwieweit Unzufriedenheit mit der Atomenergie im Jahre 1982 eine Determinante für die Unzufriedenheit mit der Atomenergie im Jahre 1987 und für Protest im Jahre 1987 ist.

Im abschließenden Kapitel VIII werden wir einige wichtige Ergebnisse unserer Analysen zusammenfassen.

Die einzelnen Kapitel des Buches wurden von verschiedenen Autoren verfaßt, die Mitglieder einer von dem Erstautor geleiteten Forschungsgruppe am Institut für

Soziologie der Universität Hamburg sind. Die Verfasser sind zu Beginn jedes Kapitels in einer Fußnote genannt.

Wir sind uns dessen bewußt, daß für den Leser Zeit ein knappes Gut ist. Es erscheint deshalb an dieser Stelle sinnvoll zu sein, einige Hinweise zu geben, die die Lektüre des Buches erleichtern. Im Mittelpunkt des Buches steht eine empirische Untersuchung. Dies bedeutet, daß u.a. über die Messung von Variablen und über die Konstruktion von Skalen berichtet werden muß. Die Messung wird im Anhang detailliert beschrieben. Dort befindet sich auch eine Liste der Variablen, in der die Bedeutung der Variablen kurz beschrieben wird. Darüber hinaus wird die Bedeutung der Variablen ab Kapitel III in intuitiver Weise dort beschrieben, wo sie zum erstenmal eingeführt werden.

Die einzelnen Kapitel können getrennt gelesen werden. Wenn dabei Variablen auftreten, die in vorangegangenen Kapiteln bereits eingeführt wurden, ist dem Leser zu empfehlen, die Bedeutung dieser Variablen der Liste im Anhang zu entnehmen.

Leider werden Bücher, in denen über die Ergebnisse empirischer Untersuchungen berichtet wird, nur von einer kleinen Gruppe von Fachwissenschaftlern zur Kenntnis genommen. Wir hoffen, mit diesem Buch einen weiteren Kreis von Interessenten ansprechen zu können: wir haben versucht, die theoretischen Ausführungen in verständlicher Weise darzustellen. Die technischen Details der Variablenkonstruktion werden, wie gesagt, im Anhang behandelt. Darüber hinaus enthält jedes Kapitel ausführliche Zusammenfassungen. Zum Verständnis der Datenanalysen sind lediglich Grundkenntnisse der Korrelations- und Regressionsanalyse erforderlich.

Unser besonderer Dank gilt der *Stiftung Volkswagenwerk*, die beide Untersuchungen, über die in diesem Buch berichtet wird, gefördert hat. Wir möchten weiter *Peter* und *Petra Hartmann* für vielfältige Anregungen bei der Formulierung des Fragebogens danken. Wir danken weiter Prof. Dr. *Peter Schmidt* (Universität Gießen) für wertvolle Hinweise zur Analyse der Daten. Herrn Dr. *Wolfgang Gibowski* (Forschungsgruppe Wahlen, Mannheim) und dem *Emnid-Institut* danken wir für die Überlassung einiger Umfragedaten, die in Kapitel II behandelt werden. Frau *Sabine Schwarten* danken wir für die Anfertigung der Graphiken.

I. EIN ERKLÄRUNGSMODELL POLITISCHEN PROTESTS[1]

Will man politischen Protest erklären, kann man in zweierlei Weise vorgehen. Die erste Möglichkeit besteht darin, daß man von einem allgemeinen Erklärungsansatz menschlichen Verhaltens, d.h. von einer allgemeinen Theorie sozialen Handelns, ausgeht. Auf der Grundlage dieser Theorie werden dann spezielle Erklärungen politischen Protests entwickelt und empirisch überprüft.

Die zweite Vorgehensweise besteht darin, daß man sozusagen den Umweg über einen allgemeinen Erklärungsansatz nicht geht, sondern sofort Thesen über die Entstehung von Protest formuliert (oder aus der Literatur übernimmt) und empirisch überprüft.

Wir haben uns für die erste Vorgehensweise entschieden. Der allgemeine Erklärungsansatz, den wir anwenden wollen, ist das sog. Modell rationalen Verhaltens und eine Variante dieses Modells. Der wichtigste Grund für die Entscheidung, diesen allgemeinen theoretischen Ansatz zu wählen, ist, daß wir glauben, auf diese Weise Protest besser erklären zu können als durch andere allgemeine Erklärungsansätze oder durch die Formulierung von Hypothesen, die unabhängig von der expliziten Anwendung einer allgemeinen Theorie gewonnen wurden. Hierfür sprechen bereits vorliegende Forschungsergebnisse.[2] Diese lassen es sinnvoll erscheinen, die Fruchtbarkeit des erwähnten allgemeinen Erklärungsansatzes erneut zu prüfen.

In diesem Kapitel werden wir zuerst den genannten allgemeinen Erklärungsansatz - das Modell rationalen Verhaltens - darstellen. Sodann werden wir auf der Grundlage dieses Erklärungsmodells einige Hypothesen entwickeln, die politischen Protest erklären sollen. Dieses Erklärungsmodell politischen Protests bildet die Grundlage des vorliegenden Buches. In den übrigen Kapiteln werden wir unser Erklärungsmodell politischen Protests und zusätzliche Hypothesen, die jeweils in den einzelnen Kapiteln eingeführt werden, empirisch überprüfen.

Zur Überprüfung unserer Hypothesen werden wir zwei Befragungen von Atomkraftgegnern verwenden. Die Untersuchungen und die Messung der Variablen werden den im Anhang im einzelnen beschrieben.

1. Präferenzen, Restriktionen und soziales Handeln

Das Erklärungsmodell, von dem wir ausgehen, wollen wir in Form von drei Thesen darstellen. Die erste These lautet:

Die Motivationshypothese: Die Präferenzen (d.h. Ziele, Motive oder Wünsche) von Individuen sind Bedingungen für soziales Handeln, das - aus der Sicht des Individuums - zur Realisierung seiner Ziele beiträgt.

---

[1] Verfaßt von *Karl-Dieter Opp*.

[2] Vgl. hierzu insbesondere folgende Untersuchungen, in denen das später beschriebene Erklärungsmodell oder eine Variante dieses Modells angewendet und überprüft wird: Klandermans 1984, 1986; Muller 1978, 1979; Muller und Opp 1986; Opp 1982; Opp et al. 1981; Opp et al. 1984; Opp 1984a; 1984b; 1985a; 1986; 1988a; 1988b; Opp et al. 1988.

Wir gehen also davon aus, daß Personen Ziele oder Wünsche haben. Diese sind Determinanten von Handlungen, und zwar solcher Handlungen, die aus der Sicht der Individuen zur Realisierung ihrer Ziele geeignet erscheinen. Das Handeln von Individuen ist also zielgerichtet.

Die Art der Ziele, die verfolgt werden, ist sehr unterschiedlich. Bei der Erklärung einer Handlung wie z.B. Protest besteht eine Aufgabe des Forschers darin, die Präferenzen bzw. Ziele herauszufinden, die bei der Entscheidung für das zu erklärende Handeln von Bedeutung sind.

Die Handlungen eines Individuums können nicht allein durch seine Ziele oder Motive erklärt werden. Jedes Individuum ist einer Vielzahl von Restriktionen, d.h. Handlungsbeschränkungen ausgesetzt. Darunter versteht man Ereignisse, die die Realisierung der Ziele eines Individuums beeinträchtigen. Zu den Handlungsbeschränkungen gehören z.B. staatliche Strafen: wenn etwa ein Individuum eine Geldstrafe zahlen muß, beeinträchtigt dies die Möglichkeit, den zu zahlenden Geldbetrag für andere Zwecke zu verwenden. Das einem Individuum zur Verfügung stehende Einkommen ist ein anderes Beispiel für eine Handlungsbeschränkung: das Einkommen schränkt die Bedürfnisse, die befriedigt werden können, ein. Diese Überlegungen wollen wir in folgender Weise zusammenfassen:

Die Hypothese der Handlungsbeschränkungen: Handlungsbeschränkungen, die einem Individuum auferlegt sind, sind Determinanten für die von dem Individuum ausgeführten Handlungen.

Anstatt von "Handlungsbeschränkungen" können wir auch von *Handlungsmöglichkeiten* sprechen. Rein definitorisch gilt, daß bei relativ starken Handlungsbeschränkungen relativ geringe Handlungsmöglichkeiten vorliegen. Wenn einem Individuum z.B. ein Einkommen von 500 DM monatlich zur Verfügung steht, dann sind die Handlungs*möglichkeiten* relativ gering. Wir können aber auch sagen, daß die Handlungs*beschränkungen* (oder -restriktionen) relativ groß sind. Im folgenden werden wir beide Ausdrücke verwenden.

Wenn wir von Handlungsbeschränkungen (oder Handlungsmöglichkeiten) sprechen, dann meinen wir die von einem Individuum *wahrgenommenen* Handlungsbeschränkungen (oder Handlungsmöglichkeiten). Oft ist es sinnvoll, davon auszugehen, daß die tatsächlichen und wahrgenommenen Handlungsbeschränkungen identisch sind. So kennt ein Individuum das ihm zur Verfügung stehende Einkommen. Oft stimmen jedoch tatsächliche und wahrgenommene Restriktionen nicht überein. Dies gilt z.B. oft für erwartete Strafen bei einer Handlung: ein Dieb mag die Wahrscheinlichkeit, gefaßt zu werden, falsch einschätzen.

Die beiden vorangegangenen Thesen informieren uns noch nicht darüber, *in welcher Weise* Ziele bzw. Präferenzen einerseits und Restriktionen andererseits individuelles Handeln beeinflussen. Dies sagt die folgende These:

Die Annahme der Nutzenmaximierung: Individuen führen solche Handlungen aus, die ihre Ziele in höchstem Maße realisieren - unter Berücksichtigung der Handlungsbeschränkungen, denen sich die Individuen gegenübersehen.

Man kann diese These auch kurz so ausdrücken: Individuen versuchen, das Beste aus ihrer Situation zu machen.

Es ist in diesem Rahmen nicht möglich, die hier nur sehr grob beschriebene Theorie sozialen Handelns in allen Details darzustellen. Der Leser sei auf die umfangreiche Literatur verwiesen, die zu diesem Handlungsmodell vorliegt.[3] Insbesondere ist es nicht möglich, auf die Vielzahl der Mißverständnisse und Fehlargumente einzugehen, mit denen Vertreter dieses Modells immer wieder konfrontiert werden.[4] Hier soll nur auf einige mögliche Mißverständnisse hingewiesen werden, die in diesem Zusammenhang besonders wichtig sind.

Die Annahme der Nutzenmaximierung besagt u.a., daß Individuen unter Berücksichtigung ihrer Restriktionen handeln. Dies schließt nicht aus, daß Individuen auch handeln können, um ihre Restriktionen zu ändern. Illustrieren wir dies an einem Beispiel. Das Demonstrationsrecht, soweit es durchgesetzt wird, gehört zu den Handlungsbeschränkungen für Personen, die sich politisch engagieren. Da das Modell rationalen Verhaltens soziales Handeln erklären kann, kann es auch erklären, unter welchen Bedingungen sich Gruppen engagieren mit dem Ziel, das Demonstrationsrecht zu ändern. Trotzdem gehört das geltende Demonstrationsrecht zunächst einmal zu den Restriktionen für politisches Handeln.

Die Annahme der Nutzenmaximierung beinhaltet nicht, daß ein Akteur die Handlung wählt, die objektiv - d.h. aus der Sicht eines Beobachters - für ihn den höchsten Nutzen bringt. Es wird also nicht angenommen, daß Akteure vollständig informiert sind. Akteure können also ihre Handlungsmöglichkeiten oder -beschränkungen falsch einschätzen. Beispiele hierfür werden wir später behandeln.

Das hier verwendete Modell rationalen Handelns läßt alle Arten von Präferenzen und Restriktionen zu. Zu den Präferenzen gehören z.B. internalisierte Normen, d.h. Normen, deren Einhaltung ein eigenständiges Motiv sind. Zu den für die Erklärung von Protest bedeutsamen Restriktionen sind z.B. informelle Sanktionen der sozialen Umwelt zu zählen.

Wir wollen nun eine genauere Fassung des dargestellten Modells rationalen Handelns beschreiben, die wir im folgenden anwenden. Diese Fassung ist die sog. *Nutzentheorie*, auch *Wert-Erwartungstheorie* oder *deskriptive Entscheidungstheorie* genannt.[5]

In dieser Theorie wird zunächst explizit von den *Handlungsalternativen* ausgegangen, die ein Individuum in Betracht zieht.

Die Präferenzen und Restriktionen werden in der Nutzentheorie in folgender Weise eingeführt: Handlungsbeschränkungen bzw. -restriktionen sind *erwartete Handlungsfolgen* oder, allgemeiner gesagt, erwartete Ereignisse, die von einer Person mit einer Handlung in Zusammenhang gebracht werden. So sind Reaktionen der sozialen Umwelt bei Protest bestimmte erwartete Handlungsfolgen.

---

[3] Vgl. insbesondere die Darstellung bei Frey 1980. Siehe auch Becker 1976: Kap. 1; Meckling 1976; Alchian und Allen 1974: Kap. 3.

[4] Zur Diskussion einer Vielzahl von Argumenten, die gegen das beschriebene Modell und eine speziellere Variante, die Nutzentheorie - auf die wir noch kurz zu sprechen kommen, vorgebracht werden, vgl. Opp 1979; 1985b; Opp et al. 1988: Kap. 2.

[5] Im folgenden wird diese Theorie in sehr grober Weise dargestellt. Zu detaillierteren Darstellungen vgl. z.B. Opp 1978; 1983; Opp et al. 1984; Opp et al. 1988. Dort finden sich weitere Literaturhinweise.

Individuen können Restriktionen, mit denen sie konfrontiert sind, in mehr oder weniger hohem Maße erwarten. Gemäß der Nutzentheorie ist *die subjektive Wahrscheinlichkeit*, mit der eine Person das Auftreten von Handlungsfolgen erwartet, für die Ausführung der betreffenden Handlung von Bedeutung.

Die Präferenzen von Individuen sind in der Nutzentheorie die *Bewertungen*, d.h. die Nutzen, der Handlungsfolgen. Damit ist das Ausmaß gemeint, in dem Handlungsfolgen gewünscht oder auch nicht gewünscht werden.

In welcher Weise beeinflussen erwartete Handlungsfolgen und deren Bewertungen das Handeln von Personen? Beantworten wir diese Frage mittels eines Beispiels. Wir wollen annehmen, daß ein Individuum vor der Entscheidung steht, an einer Demonstration teilzunehmen, d.h. zu protestieren, oder inaktiv zu bleiben. Die einzige Handlungsfolge, die das Individuum mit einer gewissen subjektiven Wahrscheinlichkeit (WAHRSCH) erwartet, bestehe darin, die Nutzung der Atomenergie zu reduzieren (REDUZIERUNG) oder nicht zu reduzieren. Wir können diese Überlegungen vereinfacht in Form von zwei Gleichungen darstellen:

(1) PROTEST = $WAHRSCH_1$(REDUZIERUNG) * NUTZEN(REDUZIERUNG)

(2) INAKTIVITÄT = $WAHRSCH_2$(REDUZIERUNG) * NUTZEN(REDUZIERUNG)

Die Wahrscheinlichkeiten sind mit $WAHRSCH_1$ und $WAHRSCH_2$ bezeichnet, da es möglich ist, daß sich die subjektiven Wahrscheinlichkeiten, bei Protest und Inaktivität eine Reduzierung der Nutzung der Atomenergie zu erreichen, unterscheiden: vermutlich ist bei vielen Individuen $WAHRSCH_1$ größer als $WAHRSCH_2$. D.h. viele Individuen glauben, daß sie die Reduzierung der Nutzung der Atomenergie eher erreichen, wenn sie sich an Protesten beteiligen als wenn sie inaktiv bleiben. Entsprechend können für $WAHRSCH_1$ und $WAHRSCH_2$ unterschiedliche Werte (z.B. 0,1 und 0,2) eingesetzt werden. Der Nutzen, der mit der Reduzierung der Atomenergie verbunden ist, sei gleich, und zwar unabhängig davon, ob jemand sich engagiert oder inaktiv bleibt.[6]

In den obigen Gleichungen sind Nutzen und Wahrscheinlichkeiten multiplikativ miteinander verbunden. Dies bedeutet folgendes.

Angenommen, eine der Wahrscheinlichkeiten, z.B. $WAHRSCH_1$, nehme den Wert null an. D.h. ein Individuum rechne nicht damit, durch Protest einen Einfluß auf die Nutzung der Atomenergie ausüben zu können. Das entsprechende Produkt wird ebenfalls null. Dies bedeutet, daß der Nutzen, den ein Individuum der Reduzierung der Nutzung der Kernenergie zuschreibt, seinen Protest nicht beeinflußt. Der Grund ist, daß das entsprechende Produkt gleich null ist, wenn $WAHRSCH_1$ gleich null ist, unabhängig davon, wie groß der Nutzen der Reduzierung der Atomenergie ist.

Ist diese Annahme plausibel? Überlegen wir, welche Folgerungen sich ergäben, wenn Nutzen und Wahrscheinlichkeiten additiv verknüpft wären. In diesem Falle würde Gleichung (1) so lauten:

---

6 Beide Gleichungen sind vereinfacht. Streng genommen müßten zusätzlich die Wahrscheinlichkeit und der Nutzen einbezogen werden, die mit der *Nicht-Reduzierung* (oder mit unterschiedlichen Graden der Nicht-Reduzierung) der Nutzung der Atomenergie verbunden sind. Da es in diesem Zusammenhang um eine einführende Darstellung der Nutzentheorie geht, ist diese Vereinfachung gerechtfertigt.

(1a) PROTEST = WAHRSCH_1(REDUZIERUNG) + NUTZEN(REDUZIERUNG)

Aus dieser Gleichung würde sich z.B. folgendes ergeben: das Ausmaß von Protest erhöht sich, wenn WAHRSCH_1 den Wert null annimmt und der Nutzen der Reduzierung der Atomenergie ansteigt. Dies ist sicherlich eine wenig plausible Annahme: die Bewertung einer Handlungsfolge wird dann keinen Einfluß auf die Ausführung einer Handlung haben, wenn eine Person nicht damit rechnet, daß die Erreichung eines Ziels - in diesem Falle eine verminderte Nutzung der Atomenergie - durch die Handlung wahrscheinlicher wird.

Die multiplikative Verknüpfung von Nutzen und Wahrscheinlichkeiten ist in diesem Falle sicherlich der additiven Verknüpfung vorzuziehen.

Nehmen wir nun an, beide Wahrscheinlichkeiten in den Gleichungen (1) und (2) seien größer als null. Der Nutzen der Reduzierung nehme jedoch den Wert null an. Dies soll bedeuten, daß der Person das Eintreten der genannten Handlungsfolge gleichgültig ist. Wiederum werden die Produkte null. D.h. die Erwartung, daß eine Handlungsfolge eintritt, hat keine Wirkung auf die Ausführung der betreffenden Handlung.

Auch diese Folgerung ist plausibel: wenn einer Person eine Handlungsfolge gleichgültig ist, wird sie das Handeln dieser Person nicht beeinflussen, und zwar selbst dann nicht, wenn die Person sicher mit dem Eintreten der Handlungsfolge rechnet, falls sie sich engagiert.

Eine multiplikative Verknüpfung von Nutzen und Wahrscheinlichkeiten bedeutet allgemein folgendes: die Wirkung einer der multiplikativ verknüpften Variablen hängt von dem Wert der anderen Variablen ab. Die Wirkung der Bewertung einer Handlungsfolge z.B. hängt davon ab, wie hoch die Wahrscheinlichkeit ihres Eintretens ist.

Wir haben bisher gezeigt, wie die ersten beiden Annahmen des Modells rationalen Verhaltens in die Nutzentheorie aufgenommen wurden. Wie geht die Annahme der Nutzenmaximierung in die Nutzentheorie ein?

Zur Beantwortung dieser Frage gehen wir wiederum von unseren Gleichungen (1) und (2) aus. Nehmen wir an, in jede Gleichung werden weitere Handlungsfolgen aufgenommen. Dies bedeutet, daß weitere Produkte, jeweils bestehend aus der subjektiven Wahrscheinlichkeit und der Bewertung einer Handlungsfolge, additiv hinzugefügt werden. Jedes Produkt hat einen Wert. Wenn z.B. in Gleichung (1) der Wert von WAHRSCH_1 gleich 0,2 und der Wert von NUTZEN(REDUZIERUNG) gleich 0,8 ist, dann ist der Wert des Produkts gleich 0,16. Nun werden die Produkte addiert. Für jede Gleichung, d.h. für jede Handlungsalternative, ergibt sich also ein Wert. Diesen Wert wollen wir als *Nettonutzen* einer Handlungsalternative bezeichnen.

Der Nettonutzen einer Handlungsalternative wird um so höher sein, je mehr Handlungsfolgen Bestandteil einer Gleichung sind, je größer die subjektiven Wahrscheinlichkeiten sind und je größer die Nutzen sind, die den einzelnen Handlungsfolgen zugeordnet werden. D.h. je größer diese Werte sind, desto größer ist der gesamte Nutzen bzw. der Nettonutzen, den eine Person mit einer Handlung verbindet.

Eine Person maximiert ihren Nutzen, wenn sie die Handlungsalternative wählt, die für sie den höchsten Nettonutzen hat. Wenn also z.B. unsere Gleichung (1) einen höheren Wert (Nettonutzen) aufweist als Gleichung (2), dann bedeutet dies, daß eine Person einen höheren Nutzen hat, wenn sie protestiert als wenn sie inaktiv ist.

Die Nutzentheorie behauptet entsprechend, daß eine Person diejenige Handlung wählt, die mit dem höchsten Nettonutzen für sie verbunden ist.

Der Leser wird sich wahrscheinlich bereits die Frage gestellt haben, warum der beschriebene Erklärungsansatz als Modell *rationalen* Handelns bezeichnet wird. Diese Frage ist sehr schwer zu beantworten, da der Begriff der Rationalität einer der vieldeutigsten Begriffe sowohl in der Alltagssprache als auch in den Sozialwissenschaften ist. Bei der hier vorgestellten Version des Modells rationalen Verhaltens könnte man sagen, daß "Rationalität" in dem Sinne unterstellt wird, daß Akteure "folgerichtig" handeln, ausgehend von ihren Zielen und den von ihnen wahrgenommenen Restriktionen. Es wird also sozusagen eine subjektive Rationalität des Handelns angenommen.

Damit wollen wir die Darstellung des allgemeinen Erklärungsmodells, das die Grundlage dieses Buches bildet, abschließen. Wir werden im folgenden dieses Modell benutzen, um spezifische Hypothesen über die Entstehung von Protest zu formulieren.

Allerdings werden wir uns nicht auf die Anwendung des Modells beschränken. Wir werden an vielen Stellen zusätzliche Hypothesen formulieren und prüfen, die zwar dem Modell nicht widersprechen, die jedoch Sachverhalte erklären, zu deren Erklärung das Modell rationalen Verhaltens nicht formuliert wurde.

2. Bedingungen für die Entstehung politischen Protests

Das Modell rationalen Handelns ist relativ abstrakt. D.h. es werden keine konkreten Handlungsfolgen bzw. Präferenzen und Restriktionen genannt, mit denen bestimmte Verhaltensweisen erklärt werden können. Entsprechend besteht eine Hauptaufgabe bei der Anwendung des Modells darin, Annahmen über die Handlungsfolgen, deren Bewertungen und subjektive Wahrscheinlichkeiten, die für das Auftreten der zu erklärenden Handlungen von Bedeutung sind, einzuführen und die so gewonnene "Konkretisierung" der Nutzentheorie zu überprüfen. Bevor wir uns mit solchen Annahmen befassen, wollen wir aber zunächst das Verhalten, das erklärt werden soll, genauer beschreiben.

2.1. Politischer Protest: Das Erklärungsproblem

Politischer Protest ist eine bestimmte Art politischer Partizipation. Als "*politische Partizipation*" bezeichnen wir solche Aktivitäten von Personen, die darauf gerichtet sind, die Entscheidungen von Politikern oder Bürokratien zu beeinflussen.[7] "Politische Partizipation" umfaßt also eine Vielzahl verschiedener Aktivitäten wie

---

[7] Ähnliche Definitionen verwenden z.B. Barnes, Kaase et al. 1979: 42; Muller 1979: 4-7; Verba und Nie 1972: 2.

z.B. die Teilnahme an regelmäßig stattfindenden politischen Wahlen, die Teilnahme an legalen Demonstrationen oder auch die Besetzung eines Atomkraftwerkes.

Politischer Protest ist eine bestimmte Art politischer Partizipation. Als "*politischen Protest*" wollen wir nicht-institutionalisierte Handlungen bezeichnen, die darauf gerichtet sind, die Entscheidungen von Politikern oder Bürokratien zu beeinflussen. "Nicht-institutionalisiert" bedeutet, daß die betreffenden Handlungen nicht in regelmäßigen Zeitabständen stattfinden wie z.B. Wahlen. Partizipationshandlungen wie z.B. die Teilnahme an oder die Organisation von Demonstrationen oder die Verteilung von Flugblättern sind nicht institutionalisiert und demnach bestimmte Arten von Protest. "Politische Partizipation" ist also umfassender als "politischer Protest".

Wir wollen im folgenden nicht nur erklären, warum Personen mehr oder weniger häufig Protesthandlungen ausführen. Wir wollen darüber hinaus erklären, warum sie sich mehr oder weniger häufig in *legaler* oder *illegaler* Weise engagieren, d.h. ob sie Protesthandlungen wählen, die im Rahmen der geltenden Gesetze erlaubt oder nicht erlaubt sind. Wir unterscheiden also zwischen legalem und illegalem Protest. Die Frage, warum diese Unterscheidung sinnvoll ist, wird im Anhang diskutiert.

2.2. Deprivation und politischer Einfluß: Das Kollektivgut-Problem

Betrachten wir zunächst die Ziele, die soziale Bewegungen oder Protestgruppen zu erreichen versuchen. Es handelt sich hier um gemeinsame oder, wie wir auch sagen wollen, kollektive Ziele. Diese Ziele haben eine Eigenschaft, die im folgenden von zentraler Bedeutung ist: wenn die Ziele, auf die der Protest gerichtet ist, erreicht werden, dann sind davon nicht nur diejenigen betroffen, die sich für die Ziele eingesetzt haben, sondern alle Mitglieder einer Gruppe, also auch diejenigen, die sich nicht engagiert haben.

Illustrieren wir dies am Beispiel der Ziele der Anti-Atomkraftbewegung. Nehmen wir z.B. an, die Aktivitäten der Anti-Atomkraftbewegung führten dazu, daß alle Atomkraftwerke stillgelegt werden. Nehmen wir weiter an, dies hätte folgende Konsequenzen: gesundheitliche Schäden durch Radioaktivität treten nicht mehr auf, und die Elektrizität wird teurer. Diese Konsequenzen tragen nicht nur diejenigen, die sich in der Anti-Atomkraftbewegung engagiert haben, sondern auch diejenigen Bürger, die sich nicht engagiert haben und die Atomstrom verwenden oder in der Nähe von Atomkraftwerken wohnen.

Die Anti-Atomkraftbewegung hätte also ein "Gut" hergestellt, das, wenn es einmal hergestellt ist, allen Mitgliedern einer Gruppe zur Verfügung steht. Ein "Gut" ist definitionsgemäß alles, was (positiven oder negativen) Nutzen stiftet. Ein Gut, das, wenn es einmal hergestellt ist, allen Mitgliedern einer Gruppe zur Verfügung steht, nennt man *Kollektivgut*.

Wir können also sagen, daß sich soziale Bewegungen oder Protestgruppen typischerweise für die *Herstellung von Kollektivgütern* einsetzen. Wenn z.B. die Stationierung von Raketen verhindert werden soll, wenn Personen sich gegen die Verschmutzung der Luft und der Gewässer einsetzen oder wenn Bürgerinitiativen sich gegen den Bau von Straßen engagieren, dann setzen sie sich für die Herstellung von Kollektivgütern ein.[8]

Oft unterscheidet man zwischen Kollektiv*gütern* und *kollektiven Übeln*. "Kollektivgüter" beziehen sich auf positiv bewertete, "kollektive Übel" auf negativ bewertete Sachverhalte. Die Verminderung von Gesundheitsschäden wäre für die Anwohner von Atomkraftwerken ein Kollektivgut, während die Preiserhöhung von Elektrizität ein kollektives Übel darstellt. Um unsere Terminologie nicht unnötig zu komplizieren, wollen wir im folgenden unter den Begriff "Kollektivgut" sowohl positiv als auch negativ bewertete Sachverhalte fassen.

Die Ziele, die Protestgruppen und soziale Bewegungen generell verfolgen, haben eine weitere Besonderheit: die Gruppen können normalerweise die Kollektivgüter nicht selbst herstellen, sondern sie setzen sich dafür ein, daß andere, d.h. politische Instanzen und Bürokratien, die Kollektivgüter zur Verfügung stellen.

Der Leser wird fragen, warum wir den Begriff der Kollektivgüter eingeführt haben. Der Grund ist folgender. Wenn wir uns mit Gruppen befassen, deren Ziele in der Herstellung von Kollektivgütern bestehen, dann können wir zur Erklärung der Handlungen dieser Gruppen von den in der Literatur entwickelten Hypothesen ausgehen, die *allgemein* erklären, unter welchen Bedingungen sich Personen an der Herstellung von Kollektivgütern beteiligen. Mit dieser Frage befaßt sich die Theorie kollektiven Handelns. Diese Theorie wollen wir im folgenden zur Erklärung von Protest anwenden und modifizieren.[9]

Wenn man einen Nicht-Sozialwissenschaftler fragt, warum sich jemand in der Anti-Atomkraftbewegung engagiert, dann wird die Antwort normalerweise lauten: weil er mit der Nutzung der Atomenergie in hohem Maße unzufrieden ist. Ähnlich wird man das Engagement in der Friedensbewegung dadurch erklären, daß jemand die Stationierung von Raketen in der Bundesrepublik in hohem Maße ablehnt oder die Erhaltung oder Herstellung des Friedens wünscht. Protest wird hier also dadurch erklärt, daß jemand bestimmte, nach seiner Ansicht nicht oder nicht in aus-

---

[8] Es gibt auch soziale Bewegungen oder Protestgruppen, deren Aktivitäten zwar primär auf die Herstellung von Privatgütern gerichtet sind, deren Ziel jedoch in der Herstellung von Kollektivgütern besteht. Ein Beispiel ist die von Kirchen in den USA getragene "Sanctuary"-Bewegung, die politisch gefährdeten Personen oder Familien aus Mittelamerika hilft, illegal in die USA einzuwandern. Da diese Handlungen auf das Wohlergehen einzelner Personen gerichtet sind, werden Privatgüter hergestellt. Die Angehörigen dieser Bewegung verfolgen jedoch auch das Ziel, die ihrer Meinung nach ungerechten Einwanderungsgesetze der USA zu ändern. Würden sie dieses Ziel nicht verfolgen, läge nach unserer Definition kein politischer Protest vor, da nicht die Entscheidungen von Politikern oder Bürokratien geändert werden sollen. Gruppen, die gegen Bezahlung Flüchtlinge oder andere Personen in ein Land einschleusen, sind keine Protestgruppen, da sie gerade von den bestehenden Gesetzen profitieren, also keineswegs Entscheidungen von Politikern oder Bürokratien verändern wollen.

[9] Zu dieser Theorie gibt es eine kaum mehr zu überblickende Literatur. Die klassische Arbeit hierzu ist Olson 1965. Zur Darstellung und Diskussion der Theorie der Kollektivgüter und der Theorie kollektiven Handelns vgl. z.B. Barry 1978; Bernholz und Breyer 1984; Boettcher, 1974; Frohlich und Oppenheimer 1978; Hardin 1982; Kirsch 1974; Moe 1980; Riker und Ordeshook 1973. Die erwähnten Bücher von Olson und Barry liegen auch in deutscher Übersetzung vor.

reichendem Maße hergestellte Kollektivgüter positiv (oder bestimmte bestehende kollektive Übel negativ) bewertet. Einfacher ausgedrückt: politischer Protest wird durch ein hohes Ausmaß an Unzufriedenheit mit der Bereitstellung von Kollektivgütern erklärt.[10]

Diese Erklärung wird auch in der Literatur vertreten: die Theorie der Deprivation bzw. relativen Deprivation ist ein weit verbreitetes Erklärungsmuster politischen Protests: alle denkbaren Arten der Unzufriedenheit werden als Ursachen politischen Protests (oder politischer Partizipation generell) angeführt.

Bei genauerer Überlegung ist diese Erklärung keineswegs so plausibel, wie sie auf den ersten Blick erscheint. Dies gilt insbesondere dann, wenn sich eine große Zahl von Bürgern für die Herstellung bestimmter Kollektivgüter einsetzt.

In einer großen Gruppe befindet sich eine einzelne Person in folgender Entscheidungssituation: wenn sie sich an der Herstellung des Kollektivgutes beteiligt, etwa in Form eines Engagements gegen die Nutzung der Atomenergie, dann sind damit Kosten verbunden: für Engagement muß z.B. Zeit aufgewendet werden, die in anderer Weise genutzt werden kann. Andererseits bringt Engagement in einer großen Gruppe für eine Person insofern keinen Nutzen, als sie keinerlei Einfluß auf die Herstellung des Kollektivgutes hat. Ob z.B. ein bestimmter Atomkraftgegner an einer Demonstration teilnimmt oder nicht, hat keinerlei Wirkung auf den Erfolg der Demonstration. Da Engagement also mit Kosten verbunden ist, jedoch bezüglich der Herstellung eines Kollektivgutes für den Einzelnen keinerlei Vorteile bringt, folgt aus dem vorher beschriebenen Erklärungsmodell: das Ausmaß der Unzufriedenheit mit der Versorgung mit bestimmten Kollektivgütern hat keinerlei Wirkung auf das Engagement zur Herstellung dieser Kollektivgüter.

Für die Teilnahme an Aktivitäten der Anti-Atomkraftbewegung bedeutet dies: da diese Bewegung aus einer großen Zahl von Personen besteht, hat der einzelne Atomkraftgegner keinerlei Einfluß darauf, ob die gemeinsamen Ziele erreicht werden oder nicht. Das Ausmaß der Unzufriedenheit mit der Nutzung der Atomenergie hat also keine Wirkung auf das Engagement.

Dieses Argument gilt sicherlich nicht für "prominente" Mitglieder einer sozialen Bewegung. Wenn sich z.B. bekannte Politiker an einer Demonstration beteiligen, dann mag dies den Erfolg einer Aktion beeinflussen. Die vorangegangene Argumentation gilt also vor allem für "normale" Bürger.

Wenn diese Überlegungen zutreffen, dann wird man voraussagen, daß große soziale Bewegungen nicht zustande kommen. Diese Voraussage ist jedoch ganz offensichtlich falsch. Dies zeigt sich z.B. bei Demonstrationen der Friedens- und

---

10 Die Unzufriedenheit kann sehr verschiedene Ursachen haben. Beim Bau neuer Straßen z.B. müssen die Anwohner damit rechnen, daß der Wert ihrer Grundstücke sinkt. Der Bau eines Atomkraftwerks mag von denjenigen, die in der Nähe des Atomkraftwerks wohnen, u.a. deshalb abgelehnt werden, weil sie gesundheitliche Schäden befürchten. In diesem Zusammenhang wollen wir uns jedoch nicht mit der Frage befassen, warum Personen eine positive oder negative Einstellung zu bestimmten Kollektivgütern (oder kollektiven Übeln) haben. Für die Erklärung von Protest reicht es aus zu ermitteln, *wie stark* die Zufriedenheit oder Unzufriedenheit mit Kollektivgütern oder kollektiven Übeln ist.

Anti-Atomkraftbewegung, an denen sich zuweilen mehrere Hunderttausend Menschen beteiligen.

Wie ist dies zu erklären? In der Theorie kollektiven Handelns wird in folgender Weise argumentiert: wenn sich Personen in einer großen Gruppe engagieren, dann ist dies durch *selektive Anreize* bedingt, d.h. durch Handlungsfolgen, die nur dann auftreten, wenn sich jemand engagiert. D.h. Engagement in einer großen Gruppe ist nicht bedingt durch Unzufriedenheit mit der Versorgung mit Kollektivgütern, sondern durch andere Anreize. Wir werden uns mit der Art dieser Anreize und ihren Wirkungen auf Protest im einzelnen in Abschnitt 2.4 befassen. In diesem Abschnitt wollen wir die vorher dargestellte Argumentation diskutieren: wie ist die These zu beurteilen, daß die Unzufriedenheit mit der Realisierung gemeinsamer Ziele, d.h. daß die Präferenzen für bestimmte Kollektivgüter, keine Bedingung für das Auftreten von Protest in großen Gruppen ist?[11]

Der Ausgangspunkt unserer Kritik ist das vorher beschriebene Modell rationalen Verhaltens. Danach ist u.a. von Bedeutung, mit welcher Wahrscheinlichkeit Sachverhalte wahrgenommen werden und nicht, mit welcher Wahrscheinlichkeit Sachverhalte tatsächlich auftreten.

Hinsichtlich der Wirkung, die Präferenzen für Kollektivgüter haben, ist entsprechend nicht von Bedeutung, wie groß der Einfluß eines Individuums, mittels Protest die Herstellung von Kollektivgütern zu bewirken, *tatsächlich* ist, sondern wie dieser Einfluß von einem Individuum *eingeschätzt* wird.

Die Theorie kollektiven Handelns geht davon aus, daß in großen Gruppen die Individuen keinen Einfluß auf die Herstellung der Kollektivgüter haben. Dies ist sicherlich faktisch zutreffend. Wenn es jedoch eine Vielzahl von Individuen gibt, die *glauben*, daß sie mittels Protest die Herstellung von Kollektivgütern beeinflussen können, dann wären in der Tat Präferenzen für Kollektivgüter, d.h. die Unzufriedenheit mit der Bereitstellung von Kollektivgütern, Anreize für Protestverhalten.

Wir behaupten nun folgendes: (1) Auch in großen Gruppen gibt es eine Vielzahl von Individuen, die glauben, durch politisches Engagement die Herstellung von Kollektivgütern beeinflussen zu können. (2) Das Ausmaß, in dem sich Individuen als einflußreich ansehen, variiert unter den Mitgliedern einer Gruppe.

Beide Thesen werden erstens durch eine Vielzahl von empirischen Untersuchungen gestützt (vgl. zusammenfassend Opp et al. 1988: Kap. 8): es zeigte sich, daß eine beträchtliche Anzahl von Befragten glaubt, durch Engagement politischen Einfluß ausüben zu können. Weiterhin variierte das Ausmaß, in dem Befragte glaubten, einflußreich zu sein, erheblich.

Wie kann man eine solche Divergenz zwischen tatsächlichem und wahrgenommenem Einfluß erklären? Wenn Individuen sich in relativ starkem Maße politisch engagieren und gleichzeitig glauben, daß ihr Engagement keinerlei Einfluß hat, dann ist eine solche Situation dissonant, d.h. - in der Terminologie des Modells rationa-

---

[11] Vgl. zu der folgenden Argumentation Muller und Opp 1986; Opp 1985a; Opp et al. 1988.

len Verhaltens - mit Kosten verbunden, die man als "kognitive Kosten" bezeichnen kann.[12]

Wenn sich Individuen in einer solchen Situation befinden, stehen ihnen verschiedene Möglichkeiten offen, die psychischen Spannungen zu vermindern. Die erste Möglichkeit besteht darin, daß eine Person ihr Engagement und die damit verbundenen Meinungen und Einstellungen ändert. Zweitens könnte eine Person versuchen, ihren faktischen Einfluß zu erhöhen.

Beide Möglichkeiten sind wiederum mit hohen Kosten verbunden oder überhaupt nicht realisierbar. Wie soll z.B. ein Mitglied der Anti-Atomkraftbewegung erreichen, daß es faktisch einen hohen Einfluß hat?

Die dritte Möglichkeit, die psychischen Spannungen zu vermindern, besteht darin, die Meinung, daß man ohne Einfluß ist, zu ändern. D.h. man könnte die genannten psychischen Spannungen reduzieren oder sogar abbauen, indem man glaubt, daß Engagement politisch wirksam ist.

In der Tat scheint diese Möglichkeit aus der Sicht eines Individuums relativ einfach, d.h. mit den geringsten psychischen Kosten verbunden zu sein. Der Hauptgrund ist, daß die Meinung, man sei politisch einflußreich, in vielfacher Weise sozial unterstützt wird. Insbesondere ist folgendes Argument verbreitet: wenn jeder denken würde, sein Engagement sei ohne jegliche Wirkung, würde sich niemand engagieren; somit ist jeder wichtig und einflußreich. Auch die Vertreter sozialer Bewegungen versuchen immer wieder zu suggerieren, es komme darauf an, daß sich jeder Einzelne engagiert und daß der Erfolg der Bewegung von dem Engagement jedes Einzelnen abhängt. Diese Argumentation ist zwar richtig für die Gesamtheit der Mitglieder einer Bewegung. Sie trifft jedoch nicht für den einzelnen Bürger zu, wie wir vorher gezeigt haben.

Fassen wir zusammen. Entgegen der Theorie kollektiven Handelns behaupten wir, daß in großen Gruppen die Unzufriedenheit mit der Bereitstellung von Kollektivgütern ein Anreiz, d.h. eine Determinante, für politischen Protest ist. Unser Argument lautet: für die Entscheidung, sich zu engagieren, ist nicht der faktische, sondern der wahrgenommene Einfluß von Bedeutung. In großen Gruppen gibt es eine Vielzahl von Personen, die sich als einflußreich ansehen. Das Ausmaß, in dem dies der Fall ist, variiert bei den einzelnen Individuen.

2.3. Präferenzen für Kollektivgüter und Arten politischen Protests

Wenn wir behaupten, daß die Unzufriedenheit mit der Bereitstellung von Kollektivgütern eine Determinante politischen Protests, also auch politischen Protests gegen Atomkraftwerke, ist, dann treten zwei weitere Fragen auf: (1) Welche Arten von Präferenzen für Kollektivgüter beeinflussen Protest gegen Atomkraftwerke? (2) Welche Arten von Protest treten bei gegebenen Präferenzen für Kollektivgüter auf?

Wenden wir uns zunächst der Beantwortung der ersten Frage zu. Es ist nahe-

---

[12] Die Kosten werden u.a. um so höher sein, je stärker sich ein Individuum engagiert, je stärker seine Präferenzen für Kollektivgüter sind und in je höherem Maße es selektiven Anreizen (siehe hierzu Abschnitt 2.4 dieses Kapitels) für Engagement ausgesetzt ist.

liegend zu vermuten, daß die wichtigste Art der Deprivation, die Protest gegen Atomkraftwerke bedingt, die *Unzufriedenheit mit der Nutzung der Atomenergie* ist.

Dies dürfte jedoch nicht der einzige Beweggrund für Protest gegen Atomkraftwerke sein. Wir vermuten, daß viele, die sich gegen die Kernenergie engagieren, diese als Teil einer wirtschaftlichen und politischen Ordnung sehen, die sie als ein kollektives Übel betrachten. Protest gegen Atomkraftwerke ist also häufig auch Engagement gegen eine soziale Ordnung, die Umweltverschmutzung, Rüstung, Arbeitslosigkeit und eben auch Atomkraftwerke hervorbringt. D.h. Unzufriedenheit mit der gegenwärtig bestehenden sozialen Ordnung oder, wie wir sagen wollen, *politische Entfremdung* ist eine weitere Determinante für politischen Protest gegen Atomkraftwerke.

Wir sagten, daß Präferenzen für Kollektivgüter Protest um so stärker beeinflussen, je größer der wahrgenommene *politische Einfluß* ist, mittels Protest zur Bereitstellung der Kollektivgüter beitragen zu können. Entsprechend müßten also ein hohes Maß an Unzufriedenheit mit der Atomenergie und eine starke politische Entfremdung um so stärker auf Protest wirken, je größer der politische Einfluß eingeschätzt wird, d.h. in je höherem Maße man glaubt, mittels Protest die Nutzung der Atomenergie einschränken oder die bestehende soziale Ordnung ändern zu können.

Wenden wir uns nun der Beantwortung der zweiten Frage zu. Wir wollen nicht nur erklären, warum Personen irgendeine Form von Protest gegen die Nutzung der Atomenergie äußern, sondern auch, warum sie legale oder illegale Protestformen wählen. Wie läßt sich aufgrund unseres Erklärungsansatzes voraussagen, welche dieser Protestformen gewählt wird?

TABELLE I.1: Wahrgenommener politischer Einfluß, Präferenzen für Kollektivgüter, legaler und illegaler Protest

Wirksamkeit von legalem/illegalem Protest zur Bereitstellung von Kollektivgütern	Wahl der Protestform — bei gegebener Unzufriedenheit mit der Atomenergie oder politischer Entfremdung
Legaler Protest ist wirksamer als illegaler Protest	Eher Entscheidung für legalen Protest
Illegaler Protest ist wirksamer als legaler Protest	Eher Entscheidung für illegalen Protest
Legaler und illegaler Protest sind gleich wirksam	Entscheidung für legalen und illegalen Protest
Legaler und illegaler Protest sind unwirksam	Kein Protest

Wenn eine Person mit der Nutzung der Atomenergie unzufrieden ist, dann reicht dieser Sachverhalt allein noch nicht aus, um voraussagen zu können, ob sich die Person überhaupt engagiert und ggfs. in welcher Weise. Wenn wir einmal annehmen, daß sich eine Person gegen die Nutzung der Kernenergie engagiert, dann wird die Art des Engagements u.a. davon abhängen, in welcher Weise die Person am ehesten glaubt, zur Herstellung eines Kollektivgutes beitragen zu können. Ist eine Person z.B. der Meinung, daß die Teilnahme an legalen Protestformen eher dazu beiträgt, daß ihre politischen Ziele realisiert werden, dann wird sie sich nicht in illegaler, sondern eher in legaler Weise engagieren. Entsprechend wird sich eine Person eher in illegaler Weise engagieren, wenn sie der Meinung ist, daß illegaler Protest erfolgreich ist. Glaubt eine Person dagegen, daß sowohl legaler als auch illegaler Protest erfolgreich sind, wird sie beide Protestformen wählen.

Diese Überlegungen sind in Tabelle I.1 zusammengefaßt. Sie macht noch einmal deutlich, daß gemäß unserem Erklärungsmodell die Art der gewählten Protestform nicht von dem Ausmaß oder der Art der Unzufriedenheit abhängt, sondern davon, für wie wirksam man eine Protestform zur Realisierung der gemeinsamen Ziele (bzw. zur Bereitstellung der gewünschten Kollektivgüter) ansieht.

2.4. Selektive Anreize und Protest

Die Theorie kollektiven Handelns behauptet, wie wir sahen, daß in großen Gruppen die Präferenzen für Kollektivgüter kein Anreiz sind, sich für die Herstellung der Kollektivgüter einzusetzen. Trotzdem engagieren sich auch Mitglieder großer Gruppen. Wäre dies nicht so, dann dürfte es soziale Bewegungen wie die Friedens- und Anti-Atomkraftbewegung nicht geben. Wie ist das Engagement von Mitgliedern großer Gruppen zu erklären?

Die Antwort von Vertretern der Theorie kollektiven Handelns lautet, daß in großen Gruppen gemeinsames Handeln zur Herstellung von Kollektivgütern nur dann zustandekommt, wenn *selektive Anreize* vorliegen. Es handelt sich hier definitionsgemäß um Nutzen oder Kosten, deren Auftreten von dem Engagement oder Nicht-Engagement zur Herstellung von Kollektivgütern abhängt. Die Anreize (d.h. Nutzen und Kosten) heißen "selektiv", weil sie nicht - wie Kollektivgüter - jedem Mitglied einer Gruppe zur Verfügung stehen, sondern selektiv bei Engagement oder Nicht-Engagement auftreten.

Erläutern wir die Wirkungen selektiver Anreize am Beispiel des Allgemeinen Deutschen Automobilclubs (ADAC). Es handelt sich hier um eine Vereinigung, die die Situation von Verkehrsteilnehmern - insbesondere von Autofahrern - verbessern will. So setzt sich der ADAC für größere Sicherheit bei Kraftfahrzeugen, für den Ausbau und die Sicherheit des Straßennetzes und für eine Vielzahl anderer Maßnahmen ein. Der ADAC will also dazu beitragen, daß bestimmte Kollektivgüter für die Gruppe der Autofahrer in höherem Maße zur Verfügung gestellt werden. Es handelt sich hier deshalb um Kollektivgüter, weil niemand von ihrer Nutzung ausgeschlossen werden kann, wenn sie einmal hergestellt sind.

Der ADAC und die Anti-Atomkraftbewegung haben also zweierlei gemeinsam: beide setzen sich erstens für die Herstellung von Kollektivgütern ein. Zweitens handelt es sich bei denjenigen, die von der Herstellung der Kollektivgüter betroffen sind, um eine große Gruppe von Personen. Während es sehr plausibel ist, daß die Unzufriedenheit mit der Nutzung der Atomenergie ein wichtiger Beweggrund für

Engagement gegen Atomkraftwerke ist, erscheint es weniger plausibel, daß die Unzufriedenheit von Autofahrern mit dem Ausbau des Straßensystems oder mit der Verkehrsgesetzgebung ein Anreiz für die Mitgliedschaft im ADAC ist. Wir vermuten vielmehr, daß die meisten ADAC-Mitglieder nicht einmal genau wissen, für welche Ziele sich der ADAC einsetzt.

Wenn dies der Fall ist, dann fragt es sich, warum jemand Mitglied im ADAC wird. Die Antwort lautet: die Mitgliedschaft im ADAC hat eine Reihe von Vorteilen, die man nur dann erzielen kann, wenn man Mitglied des ADAC wird: man bezieht eine monatlich erscheinende Automobilzeitschrift ohne zusätzliche Kosten, man erhält preisgünstig Versicherungen, man kann sich Reisen ausarbeiten lassen, man kann kostenlos einen Pannen-Service in Anspruch nehmen etc. Bei diesen Leistungen des ADAC handelt es sich nicht um Kollektivgüter, da man sie nur erhält, wenn man Mitglied ist, d.h. seinen Beitrag zahlt. Es handelt sich vielmehr um selektive Anreize, die nur Mitgliedern des ADAC zur Verfügung stehen. Diese Anreize sind also an die Beitragsleistung gebunden und damit selektive Anreize.

Nicht nur der ADAC, sondern viele andere Interessengruppen bieten selektive Anreize ähnlicher Art. Die Mitgliedschaft in einer Gewerkschaft ermöglicht z.B. die Inanspruchnahme von Rechtsberatung oder Rechtsbeistand bei Arbeitskonflikten.

Die Theorie kollektiven Handelns behauptet, daß Engagement zur Herstellung von Kollektivgütern in großen Gruppen dadurch bedingt ist, daß selektive Anreize angeboten werden, deren Nutzen größer ist als die Kosten des Engagements. Für die Mitgliedschaft im ADAC würde dies bedeuten, daß jemand Mitglied des ADAC wird, wenn er die vom ADAC angebotenen Leistungen höher bewertet als den Beitrag, den er zahlen muß. Die Präferenz für die Kollektivgüter, für deren Herstellung sich der ADAC einsetzt, ist - so würden Vertreter der Theorie kollektiven Handelns behaupten - für die Mitgliedschaft irrelevant.

Das Beispiel des ADAC ist eine plausible Illustration für die These der Theorie kollektiven Handelns, daß dann, wenn sich Mitglieder großer Gruppen zur Herstellung von Kollektivgütern engagieren, selektive Anreize die entscheidenden Determinanten sind und nicht Präferenzen für Kollektivgüter.

Wir haben im vorangegangenen Abschnitt die These kritisiert, daß generell in großen Gruppen Präferenzen für Kollektivgüter irrelevant für Engagement sind. Widerlegt das Beispiel des ADAC unsere Kritik der Theorie kollektiven Handelns?

Gemäß unserer Kritik ist es keineswegs ausgeschlossen, daß es Gruppen gibt, bei denen Präferenzen für Kollektivgüter keine Anreize für Protest sind. Es wäre z.B. denkbar, daß in einer großen Gruppe wie z.B. bei den Autofahrern die Unzufriedenheit mit der Herstellung bestimmter Kollektivgüter relativ gering ist oder daß der wahrgenommene Einfluß gleich dem - sehr geringen - tatsächlichen Einfluß ist. Wir behaupten jedoch - entgegen der Theorie kollektiven Handelns: es ist unzutreffend, daß bei großen Gruppen Präferenzen für Kollektivgüter generell irrelevant sind. Unsere These lautet vielmehr, daß auch in großen Gruppen die Unzufriedenheit mit der Bereitstellung von Kollektivgütern dann eine wichtige Rolle für Engagement spielt, wenn der wahrgenommene Einfluß bei den Mitgliedern relativ groß ist. Dies ist, wie wir sahen, unter bestimmten Bedingungen der Fall.

Der ADAC dürfte ein Beispiel für eine Gruppe sein, bei der sowohl die Unzufriedenheit mit den Kollektivgütern, für die sich der ADAC einsetzt, als auch der perzipierte Einfluß, zur Herstellung dieser Kollektivgüter beizutragen, relativ gering

sind. Es ist wenig plausibel anzunehmen, daß z.B. die Unzufriedenheit von Autofahrern mit den Verkehrsverhältnissen das Ausmaß der Betroffenheit von Atomkraftgegnern erreicht. Allein schon aus diesem Grund ist anzunehmen, daß Kollektivgüter weitgehend irrelevant für die Mitgliedschaft im ADAC sind.

Präferenzen für Kollektivgüter können also bei verschiedenen Gruppen eine
mehr oder weniger starke Wirkung auf Engagement haben.

Dies gilt auch für selektive Anreize. Man kann sich eine Situation vorstellen,
in der selektive Anreize nur in geringem Maße vorliegen. Man mag hier an Organisationen denken, die zu Spenden aufrufen. Diese Organisationen bieten weder preis-
werte Versicherungen noch die Ausarbeitung von Reisen an. Andererseits gibt es
Gruppen, wie das Beispiel des ADAC zeigt, die in hohem Maße selektive Anreize
anbieten.

In einer Gruppe können also erstens Kollektivgüter in hohem oder geringem
Maße Anreize für Protest sein. Zweitens können selektive Anreize für Protest in
hohem oder geringem Maße vorliegen. Diese Kombinationsmöglichkeiten zeigt Tabelle I.2.

TABELLE I.2: Präferenzen für Kollektivgüter, politischer Einfluß, selektive Anreize
und Engagement für die Herstellung von Kollektivgütern

Unzufriedenheit mit der Herstellung von Kollektiv- gütern und politischer Einfluß	Selektive Anreize für Engagement zur Herstellung von Kollektivgütern	
	Stark	Schwach
Hoch	Starkes Engagement	Geringes Engagement
Niedrig	Geringes Engagement	Sehr geringes Engagement

Welche Wirkungen werden bei diesen unterschiedlichen Kombinationen auftreten? Wenn Kollektvgüter starke Anreize für Engagement sind und wenn zusätzlich
in hohem Maße selektive Anreize vorliegen, dann ist in der entsprechenden Gruppe
mit einem hohem Ausmaß an Engagement zu rechnen (siehe das linke obere Feld
von Tabelle I.2). Wenn bei gegebenen starken Anreizen, die von den Präferenzen
für Kollektivgüter ausgehen, die selektiven Anreize nur schwach sind, wird das
Engagement geringer sein (siehe das rechte obere Feld von Tabelle I.2).

Gehen wir nun davon aus, daß Kollektivgüter kaum eine Rolle für Engagement
spielen. Sind in diesem Falle die selektiven Anreize stark, wird Engagement auftreten (siehe das linke untere Feld in Tabelle I.2). Allerdings wird in diesem Falle das
Engagement geringer sein als wenn zusätzlich Kollektivgüter starke Anreize für
Engagement sind.

Das Engagement in einer Gruppe wird schließlich sehr gering sein, wenn sowohl die Anreize, die von den Kollektivgütern ausgehen, als auch die selektiven Anreize schwach ausgeprägt sind (siehe das rechte untere Feld in Tabelle I.2).

Die vorangegangenen Ausführungen haben gezeigt, daß man bei der Erklärung von Engagement, das auf die Herstellung von Kollektivgütern gerichtet ist, zweierlei berücksichtigen muß: (1) das Ausmaß, in dem Präferenzen für Kollektivgüter Anreize von Protest sind, und (2) das Ausmaß, in dem selektive Anreize vorliegen. Erklärungsansätze, die eine dieser Faktoren-Gruppen von vornherein als irrelevant für die Entstehung von Engagement betrachten, werden oft zu falschen Erklärungen führen.

Da wir an der Erklärung von Protest gegen Atomkraftwerke interessiert sind, ist bezüglich der selektiven Anreize folgende Frage zu beantworten: welche Arten von selektiven Anreize könnten Protest gegen Atomkraftwerke beeinflussen? Mit dieser Frage wollen wir uns im folgenden Abschnitt befassen.

2.5. Arten selektiver Anreize für legalen und illegalen Protest

Wenn in der Theorie kollektiven Handelns von selektiven Anreizen die Rede ist, dann sind vorwiegend *materielle Anreize* gemeint. Erhalten Personen, die sich gegen die Nutzung der Atomenergie engagieren, solche Anreize?

Diese Frage ist für die meisten Atomkraftgegner, die sich engagieren, zu verneinen. Die materiellen Anreize, die Mitgliedern von Interessenverbänden der verschiedensten Art zur Verfügung stehen, erhalten Atomkraftgegner nicht: es gibt keine Zeitschriften, keine preiswerten Versicherungen, keine verbilligten Landkarten oder ähnliches.

Wenn auch die große Mehrheit der Atomkraftgegner keine materiellen Vorteile aus ihrem Engagement gegen Atomkraftwerke zieht, so mag es doch einige Atomkraftgegner geben, für die dies nicht zutrifft. Ein Anwalt kann z.B. durch Engagement in der Anti-Atomkraftbewegung Klienten finden. Protest gegen Atomkraftwerke mag auch eine Empfehlung für Positionen in Parteien oder anderen Organisationen sein oder zu Kontakten mit solchen Gruppierungen führen. Solche Anreize stehen jedoch dem weitaus größten Teil derjenigen, die sich in der Anti-Atomkraftbewegung engagieren, nicht zur Verfügung und können deshalb in diesem Zusammenhang vernachlässigt werden.

Wir haben uns bisher nur mit positiven materiellen Anreizen befaßt, die bei Engagement für die Bereitstellung von Kollektivgütern auftreten können. Selektive Anreize können jedoch auch, wie wir sahen, Kosten sein. Sind mit dem Engagement gegen Atomkraftwerke negative materielle Anreize verbunden? Beispiele hierfür sind berufliche Nachteile: je nach der Art des Protests können die Einstellung in den öffentlichen Dienst unmöglich oder Beförderungen erschwert werden. Solche Konsequenzen dürften jedoch bei Protesten gegen Atomkraftwerke relativ selten auftreten.

Wir sehen also, daß bei Protesten gegen Atomkraftwerke und darüber hinaus generell bei der Teilnahme an sozialen Bewegungen und Protestgruppen materielle selektive Anreize extrem selten vorkommen und damit in diesem Zusammenhang nicht von Bedeutung sind.

Daraus läßt sich jedoch nicht schließen, daß überhaupt keine selektiven Anreize für Proteste gegen Atomkraftwerke von Bedeutung sind. Das früher beschriebene Erklärungsmodell geht ja nicht davon aus, daß Anreize, d.h. Handlungsfolgen, nur materieller Art sein können. Wenn wir also nach selektiven Anreizen für Engagement suchen, dann ist es sinnvoll, auch *nicht-materielle Anreize* in Betracht zu ziehen.

In der Literatur zur Theorie kollektiven Handelns sind nicht-materielle Anreize bisher weitgehend vernachlässigt worden. Dabei spielen sie sicherlich auch eine Rolle für Handlungsweisen, mit deren Erklärung sich die Theorie kollektiven Handelns bisher befaßt hat. So könnte die Mitgliedschaft in einem Interessenverband auch durch bestimmte Normen beeinflußt werden, die besagen, daß man an Aktionen teilnehmen soll, die das gemeinsame Wohl der Gruppe fördern.

Sind solche nicht-materiellen Anreize für Protest gegen Atomkraftwerke bedeutsam? Wir wollen zwischen zwei Arten selektiver Anreize unterscheiden. Bei der ersten Art handelt es sich um *externe Anreize*, d.h. um Anreize, deren Quelle die soziale oder nicht-soziale Umwelt ist. Die zweite Art von Anreizen sind *interne Anreize*, d.h. solche Handlungsfolgen, deren Quelle im Individuum liegen.

Betrachten wir zunächst mögliche externe Anreize. Für Soziologen ist es eine Selbstverständlichkeit, daß *Erwartungen von Bezugspersonen* ein Anreiz für die Ausführung der erwarteten Handlungen sind. Bezugspersonen sind solche Personen oder auch Gruppen, mit denen sich eine Person identifiziert, d.h. an deren Meinungen sie sich orientiert. Gemäß dem Modell rationalen Verhaltens beeinflussen solche Erwartungen nur dann Engagement, wenn ihre Befolgung mit Nutzen verbunden ist. Untersuchungsergebnisse zeigen, daß dies der Fall ist (vgl. im einzelnen Opp et al. 1984: 131-149).

Wenn also Bezugspersonen in hohem Maße legalen Protest erwarten, dann wird auch in relativ hohem Maße legaler Protest ausgeführt. Ähnliches gilt für illegalen Protest: wenn die Bezugspersonen in hohem Maße illegalen Protest erwarten, dann ist dies ein Anreiz für die Wahl illegaler Protestformen.

Eine noch stärkere Rolle als Erwartungen dürften *Reaktionen der sozialen Umwelt*, mit denen eine Person bei Inaktivität oder bei bestimmten Arten des Engagements rechnet, spielen. Hierzu zählen erstens *positive Reaktionen*, insbesondere positive Sanktionen. Personen können aufgrund von Protest Zuwendung erhalten, sie können Prestige in einer Gruppe gewinnen usw. Derartige Reaktionen fördern Engagement um so stärker, je positiver sie bewertet und je sicherer sie erwartet werden.

Protest oder auch Inaktivität sind oft auch mit *negativen Reaktionen* verbunden. Hierzu gehört der Abbruch von Kontakten, negative verbale Sanktionen oder auch erwartete Verhaftungen, erkennungsdienstliche Behandlungen u.ä. bei Demonstrationen. Negative Reaktionen vermindern Engagement um so stärker, je negativer ihr Nutzen ist und je sicherer sie erwartet werden.

Reaktionen der sozialen Umwelt sind meistens nicht auf *irgendeine* Art von Engagement gerichtet, sondern auf bestimmte Arten des Engagements. So könnte legaler Protest von der sozialen Umwelt im allgemeinen positiv, illegaler Protest jedoch negativ sanktioniert werden. Je nach der Art der Sanktionen werden also bestimmte Arten des Protests oder auch Inaktivität mehr oder weniger gefördert.

Die Reaktionen der sozialen Umwelt auf Protest sind zum Teil positive Anreize für Protest, zum Teil handelt es sich um negative Anreize, d.h. um *Kosten*.[13] Da die bisher behandelten externen Nutzen und Kosten von der sozialen Umwelt ausgehen, wollen wir sie als *soziale Nutzen und Kosten von Protest* bezeichnen.

Eine weitere Gruppe von externen selektiven Anreizen für Protest sind die *zeitlichen Ressourcen*, die einem Individuum für Protest zur Verfügung stehen. Wir meinen damit die *Kosten der Zeit, die für Engagement aufgewendet werden*. Wenn sich z.B. eine Person wöchentlich eine Stunde in einer Bürgerinitiative engagiert, dann kann sie in dieser Zeit keine anderen Handlungen ausführen. Der Nutzen, auf den eine Person in dieser Zeit verzichtet, kann sehr unterschiedlich sein. Wenn sich z.B. ein Student auf sein Examen vorbereitet, dann wird er für das Engagement gegen Atomkraftwerke "keine Zeit haben". Dies bedeutet, daß er bei einem Protest gegen Atomkraftwerke in hohem Maße auf Nutzen verzichtet, nämlich auf eine gute Examensnote. Ein selbständiger Kaufmann oder ein Rechtsanwalt wird oft auf Einkommen verzichten müssen, wenn er sich engagiert. Ein verheirateter Atomkraftgegner mit mehreren Kindern wird seiner Familie weniger Zeit widmen können, wenn er sich engagiert und dies evt. für "unverantwortlich" halten. Ein Student der Soziologie, der sein Studium weitgehend frei gestalten kann, wird relativ viel "Zeit haben", d.h. Engagement wird ihm nur einen geringen Nutzenverzicht abverlangen.

Die bisher beschriebenen Kosten der Zeit beziehen sich also auf die *Eingebundenheit in Beruf, Familie und Freizeit*. D.h. wer bereits viel Zeit in den genannten sozialen Bereichen investiert hat, wird auf relativ viel Nutzen verzichten, wenn er sich engagiert.[14]

Die Kosten der Zeit werden das Engagement für die Herstellung von Kollektivgütern um so stärker beeinflussen, je mehr Zeit Engagement erfordert. Für viele Protesthandlungen ist der Zeitaufwand jedoch gering. Die Teilnahme an einer Demonstration, das Tragen einer Plakette gegen Atomkraftwerke oder das Leisten einer Unterschrift ist mit wenig Zeitaufwand verbunden. Hier wird die Eingebundenheit in Beruf, Familie und Freizeit nur eine geringe Rolle für das Engagement gegen Atomkraftwerke spielen. Andere Partizipationsformen sind jedoch mit hohem Zeitaufwand verbunden. Dies gilt z.B. für die Organisation von Protesthandlungen oder für die regelmäßige Mitarbeit in Bürgerinitiativen. Bei solchen Aktivitäten werden sich solche Personen in geringerem Maße engagieren, bei denen die Kosten der Zeit relativ hoch sind.

Nehmen wir an, eine Person entscheide sich dafür, wöchentlich eine bestimmte Zeit für Protest gegen Atomkraftwerke aufzuwenden. Die Art des Protests, die die

---

[13] In der Theorie kollektiven Handelns werden oft die selektiven Anreize von den Kosten des Engagements für die Herstellung von Kollektivgütern unterschieden. Da diese Trennung unnötig erscheint und zu Abgrenzungsschwierigkeiten führt - was ist genau der Unterschied zwischen negativen selektiven Anreizen und Kosten? - wollen wir hier nur zwei Arten von Anreizen unterscheiden: Kollektivgut-Anreize und selektive Anreize.

[14] Es handelt sich bei den Kosten der Zeit um *Opportunitätskosten*. In der Wirtschaftswissenschaft bezeichnet man als Opportunitätskosten (oder Alternativkosten) einer Handlung den Nutzen, auf den man bei der Ausführung der betreffenden Handlung verzichtet.

Person wählt, hängt in hohem Maße davon ab, welche Möglichkeiten für Protest der Person zur Verfügung stehen. Wir wollen dies so ausdrücken: eine wichtige Restriktion für Protest sind *Gelegenheitsstrukturen für Protest.* Hierzu gehören z.b. die Existenz von Protestgruppen am Wohnort einer Person oder auch die Unterstützung durch Organisationen (z.B. Kirchen, Gewerkschaften, Parteien). Solche Unterstützung kann finanzieller Art sein, aber auch z.b. einfach darin bestehen, daß Räume für Treffen zur Verfügung gestellt werden. Die wichtigsten Gelegenheitsstrukturen sind Institutionen und soziale Netzwerke, in die eine Person integriert ist. Dabei sind solche Netzwerke von Bedeutung, deren Mitglieder gleiche politische Ziele verfolgen und auch ähnliche Vorstellungen über die Art des wirksamen Protests haben.

Gelegenheitsstrukturen vermindern die Kosten des Protests: die *Kosten der Organisation und Koordination* von Protest werden relativ gering. Darüber hinaus wird es einfacher, d.h. kostengünstiger, Informationen über Protestereignisse zu erhalten. Wenn z.B. eine Person Kontakte mit Gruppen hat, die Proteste organisieren, erfährt sie leichter Termine und Orte geplanter Protestaktivitäten als wenn solche Kontakte nicht vorliegen. D.h. Gelegenheitsstrukturen vermindern die *Kosten der Informationssuche.*

Gelegenheitsstrukturen können unterschiedlich sein für legalen und illegalen Protest. So werden Organisationen ihre Ressourcen normalerweise nicht für Gruppen zur Verfügung stellen, die illegale Protesthandlungen planen. Es ist also zu vermuten, daß für illegale Protesthandlungen andere Arten von Gelegenheitsstrukturen erforderlich sind als für legale Protesthandlungen.

Wenden wir uns nun den *internen selektiven Anreizen* zu. Hierunter fallen erstens *Protestnormen* und *Gewaltnormen.* Damit ist das Ausmaß gemeint, in dem sich Personen verpflichtet fühlen, politisch in legaler Weise aktiv zu sein (Protestnormen) oder in dem sie die Anwendung von Gewalt als legitim erachten (Gewaltnormen).

Wenn Normen internalisiert sind, dann bedeutet dies, daß die Befolgung dieser Normen zu einem eigenständigen Motiv geworden ist. D.h. bei der Befolgung der Normen treten Nutzen (ein "gutes Gewissen"), bei der Nichtbefolgung dagegen Kosten (ein "schlechtes Gewissen") auf.

In je höherem Maße Personen Protestnormen akzeptieren, d.h. internalisiert haben, um so eher werden sie sich in legaler Weise engagieren. Je stärker Gewalt als gerechtfertigt angesehen wird, in desto höherem Maße werden illegale Protestformen gewählt.

Viele Handlungen werden ausgeführt, weil sie *intrinsisch belohnend* sind, d.h. weil sie unabhängig von den damit zusammenhängenden äußeren Anreizen gern ausgeführt werden. Es ist behauptet worden, daß politische Partizipation (z.B. die Teilnahme an Revolutionen, vgl. Tullock 1974) einen *Unterhaltungswert* hat. Darüber hinaus ist zu vermuten, daß Protestaktivitäten auch dazu führen, daß Frustrationen vermindert werden. D.h. Protest könnte in hohem Maße von Personen gewählt werden, die damit ihre Frustrationen abbauen wollen. In diesem Falle wollen wir sagen, daß Protest einen *Katharsis-Wert* hat bzw. daß bei den betreffenden Personen in mehr oder weniger hohem Maße *Aggressionsbereitschaft* vorliegt.

Die dritte Gruppe interner selektiver Anreize sind *persönliche Ressourcen,* über die eine Person verfügt. Damit sind die Fähigkeiten und Kenntnisse gemeint, die

Protest relativ leicht machen, d.h. die die Kosten von Protest vermindern. Wenn z.b. Personen "Organisationstalent" haben, wenn sie überzeugen können und wenn es ihnen leicht fällt, sich erforderliches Wissen anzueignen, dann bedeutet dies, daß sie in hohem Maße über persönliche Ressourcen verfügen. Für solche Personen ist es leichter, d.h. weniger kostspielig, sich zu engagieren, als für Personen, die nur in geringem Maße über die genannten persönlichen Ressourcen verfügen.

3. Zusammenfassung: Ein Erklärungsmodell politischen Protests

Wir haben in diesem Kapitel zunächst eine allgemeine Handlungstheorie darge-stellt, die als Modell rationalen Verhaltens bezeichnet wird, und auf der Grundlage dieser Theorie einen Erklärungsansatz für politischen Protest entwickelt. Dieser Erklärungsansatz ist in Tabelle I.3 zusammengefaßt.

Wir unterscheiden zwei Gruppen von Faktoren, die Protest bedingen. Zur ersten Gruppe gehören Präferenzen für Kollektivgüter. Damit ist das Ausmaß gemeint, in dem Personen mit bestimmten politischen Zuständen unzufrieden sind bzw. in dem Personen bestimmte politische Zustände wünschen.

Inwieweit gemeinsame Ziele Protest bedingen, hängt davon ab, in welchem Maße man glaubt, mittels (legalem oder illegalem) Protest die Realisierung der ge-meinsamen Ziele erreichen zu können.

Für den Protest gegen Atomkraftwerke sind insbesondere zwei Arten kollek-tiver Güter von Bedeutung: die Unzufriedenheit mit der Atomenergie und das Aus-maß politischer Entfremdung.

Die zweite Gruppe von Faktoren, die Protest gegen Atomkraftwerke beeinflus-sen, sind selektive Anreize. Es handelt sich hier um solche Nutzen und Kosten politischen Protests, die nur bei Protest oder auch nur bei Inaktivität auftreten. Dies gilt nicht für Kollektivgüter wie z.B. die Atomenergie: wenn ein Kollektivgut einmal hergestellt ist, steht es auch solchen Mitgliedern einer Gruppe zur Verfü-gung, die sich nicht an deren Herstellung beteiligt haben.

Wir haben die selektiven Anreize in externe und interne Anreize unterteilt: die externen Anreize gehen von der sozialen Umwelt aus, während die Quelle der in-ternen Anreize das Individuum selbst ist.

Die externen und internen Anreize werden jeweils weiter unterteilt, wie Tabelle I.3 zeigt. Bei den selektiven Anreizen, die für Protest gegen Atomkraftwerke von Bedeutung sind, handelt es sich um nicht-materielle Anreize. D.h. wir gehen davon aus, daß materielle Güter für Protest gegen Atomkraftwerke keine Rolle spielen.

In den folgenden Kapiteln wird die empirische Überprüfung unseres Protestmo-dells im Mittelpunkt stehen. Wir werden jedoch nicht nur überprüfen, inwieweit die genannten Variablen legalen oder illegalen Protest beeinflussen, sondern wir werden eine Reihe weiterer Hypothesen formulieren und überprüfen, die in den entspre-chenden Kapiteln behandelt werden.

Präferenzen für Kollektivgüter, gewichtet mit dem perzipierten **Einfluß,** durch legalen oder illegalen Protest einen Beitrag zur Herstellung der Kollektivgüter zu leisten

Unzufriedenheit mit der Nutzung der Atomenergie

Politische Entfremdung (Unzufriedenheit mit der politischen Ordnung)

Selektive Anreize (Kosten und Nutzen bei Protest oder Inaktivität)

    Externe Anreize

        Soziale Nutzen und Kosten des Protests

            Normative Erwartungen von Bezugspersonen

            Positive Sanktionen (Nutzen aus sozialen Beziehungen)

            Negative Sanktionen (Kosten aus sozialen Beziehungen)

        Zeitliche Ressourcen (Kosten aufgrund der Eingebundenheit in Beruf, Familie und Freizeit)

        Gelegenheitsstrukturen (Kosten der Organisation, Koordination und Informationssuche)

    Interne Anreize

        Protest- und Gewaltnormen

        Intrinsische Belohnungen von Protest

            Unterhaltungswert von Protest

            Katharsiswert von Protest (Aggressionsbereitschaft)

        Persönliche Ressourcen (Fähigkeiten und Kenntnisse)

II. DER TSCHERNOBYL-EFFEKT: DIE WIRKUNG KRITISCHER EREIGNISSE AUF DIE MOBILISIERUNG POLITISCHEN PROTESTS[1]

Man kann immer wieder beobachten, daß nach dem Auftreten bestimmter Ereignisse eine oft geradezu explosive Welle von Protesten erfolgt. Nach dem Reaktorunfall in Three Mile Island (USA) im Jahre 1979 bildete sich eine Vielzahl von Protestgruppen, insbesondere in den Orten, die in der Nähe des Reaktors lagen (vgl. z.B. Walsh 1981; Walsh und Warland 1983). Die Erschießung von Benno Ohnesorg am 2. Juni 1967 führte zu einem Anwachsen der Studentenbewegung. Schließlich hat der Reaktorunfall in Tschernobyl am 26. April 1986 die Anti-Atomkraftbewegung erneut mobilisiert.

In diesem Buch steht die Erklärung politischen Protests im Mittelpunkt. Entsprechend ist zu fragen, *warum* bzw. *unter welchen Bedingungen* bestimmte Ereignisse Protest auslösen. Wenn das im vorigen Kapitel entwickelte Modell politischen Protests brauchbar ist, dann müßte es möglich sein, dieses Modell zur Beantwortung dieser Frage anzuwenden. Dies soll im nächsten Abschnitt 1 versucht werden: wir werden einige Hypothesen vorschlagen, die erklären, unter welchen Bedingungen Ereignisse wie der Reaktorunfall in Tschernobyl Protest auslösen.

Wenn der Reaktorunfall von Tschernobyl das Ausmaß von Protest erhöht hat, dann könnte dies u.a. dadurch erklärt werden, daß die Unzufriedenheit mit der Nutzung der Kernenergie gestiegen ist. In Abschnitt 2 werden wir fragen, inwieweit dies der Fall ist. Wir werden uns bei der Beantwortung dieser Frage auf eine Reihe von Bevölkerungsumfragen stützen, die vor und/oder nach dem Reaktorunfall durchgeführt wurden.

Der Reaktorunfall in Tschernobyl hat vermutlich nicht nur die Unzufriedenheit mit der Nutzung der Atomenergie erhöht. Aufgrund der Tatsache, daß nach dem Unfall das Ausmaß von Protest angestiegen ist, ist - aus der Sicht unserer in Kapitel I diskutierten Hypothesen - zu vermuten, daß sich auch andere Determinanten von Protest nach dem Reaktorunfall verändert haben. Es liegen zwar keine repräsentativen Umfrageergebnisse vor, um diese Vermutung zu prüfen, wir können die Veränderungen der Determinanten von Protest jedoch aufgrund unserer eigenen Erhebungen ermitteln. Dies soll in Abschnitt 3 geschehen.

1. Kritische Ereignisse als indirekte Determinanten politischen Protests

Wenn auch Ereignisse wie der Reaktorunfall in Tschernobyl zu einem Anwachsen von Protest führen, so kann doch das Ausmaß, in dem ein gegebenes Ereignis Protest erhöht, sehr unterschiedlich sein. Der Reaktorunfall in Tschernobyl z.B. löste in der Bundesrepublik in erheblich stärkerem Maße Proteste gegen die Nutzung der Atomenergie aus als in Frankreich, obwohl in der Bundesrepublik ca. 30% und in Frankreich ca. 70% des verbrauchten Stroms in Atomkraftwerken produziert wird.

---

[1] Verfaßt von *Karl-Dieter Opp*.

In den genannten Beispielen führte das Auftreten eines Ereignisses bereits nach relativ kurzer Zeit zu einem Anwachsen von Protest. Dies ist jedoch nicht immer der Fall: Der Nato-Doppelbeschluß vom 12. Dezember 1979, der unter bestimmten Bedingungen die Stationierung neuer Mittelstrecken-Raketen in der Bundesrepublik und in anderen Ländern vorsah, führte zunächst nicht zu Protesten. Als ein erster Höhepunkt des Protestes gegen die Stationierung von Mittelstrecken-Raketen in der Bundesrepublik gilt die Demonstration der Friedensbewegung am 10. Oktober 1981 in Bonn - also zwei Jahre nach dem Doppelbeschluß, an der etwa 300.000 Menschen teilnahmen. Es gibt somit Ereignisse, die erst relativ lange Zeit nach ihrem Auftreten ein Anwachsen von Protest zur Folge haben.

Bestimmte Ereignisse können jedoch auch zu einer *Verminderung* von Protest führen. Als z.B. die ersten Raketen in der Bundesrepublik stationiert wurden, gingen die Aktivitäten der Friedensbewegung abrupt zurück.

Schließlich gibt es Ereignisse, die wider Erwarten keinen oder nur in geringem Maße Proteste verursachen. Trotz des Ansteigens der Arbeitslosigkeit in der Bundesrepublik und in anderen Ländern ist eine Protestbewegung ausgeblieben.

Wenn bestimmte Ereignisse alle denkbaren Wirkungen auf die Mobilisierung von Protest haben, entsteht die Frage: unter welchen Bedingungen haben bestimmte Ereignisse welche Wirkungen? Mit dieser Frage wollen wir uns im folgenden befassen. Wir wollen die Ereignisse, die für das Anwachsen oder für die Verminderung von Protest von Bedeutung sind, als *kritische Ereignisse* bezeichnen (Gamson et al. 1982: 5). Wir gehen im folgenden zunächst davon aus, daß hinreichend klar ist, was unter einem "kritischen Ereignis" zu verstehen ist. Mit der Frage, wie dieser Ausdruck präzisiert werden kann, werden wir uns am Schluß dieses Abschnittes beschäftigen.

1.1. Bedingungen für die Wirkungen kritischer Ereignisse

Eine der ausführlichsten Diskussionen kritischer Ereignisse in der Literatur über soziale Bewegungen enthält Smelsers Theorie kollektiven Handelns (Smelser 1962). Bevor sich der Autor mit kritischen Ereignissen befaßt, diskutiert er drei Faktoren, die kollektives Handeln beeinflussen: (1) strukturelle Möglichkeiten ("structural conduciveness") für kollektives Handeln, (2) strukturelle Spannung ("structural strain") im Sinne von starker Deprivation und (3) das Anwachsen und die Verbreitung verallgemeinerter Vorstellungen ("generalized beliefs"), die sich insbesondere auf die Quelle der Spannungen und auf adäquate Reaktionen beziehen (S. 15-16).

Diese drei Faktoren, so Smelser, führen jedoch noch nicht zu Episoden kollektiven Handelns. Dies wird am Beispiel rassischer Spannungen illustriert: Ausbrüche von Gewalt werden fast immer durch ein dramatisches Ereignis ("dramatic event") ausgelöst, wie z.B. durch einen Konflikt zwischen zwei Personen unterschiedlicher rassischer Herkunft oder durch den Zuzug einer schwarzen Familie in ein von Weißen bewohntes Viertel. Diese Ereignisse, die Smelser als "precipitating factors" bezeichnet (S. 16), können eine verallgemeinerte Vorstellung bestätigen, sie können zu erhöhten Spannungen führen oder sie können strukturelle Möglichkeiten neu definieren (S. 17). Allgemein gesagt: "Ein plötzlich auftretendes Ereignis selbst ist nicht notwendigerweise eine Determinante von irgend etwas Bestimmtem. Es muß im Zusammenhang mit den anderen Faktoren auftreten."[2]

Diese Überlegungen lassen sich in genereller Weise so rekonstruieren: kritische Ereignisse haben keine *direkten* Effekte auf kollektives Handeln. Wenn sie Episoden kollektiven Handelns hervorrufen, dann geschieht dies in der Weise, daß sie die Determinanten kollektiven Handelns verändern. Wenn also kritische Ereignisse kollektives Handeln beeinflussen, dann wirken sie *indirekt* über die Veränderung der Bedingungen, die unmittelbar kollektives Handeln beeinflussen. Diese Überlegung können wir in folgendem Diagramm verdeutlichen:

Smelsers Argumentation, die sich auch in anderen Schriften über soziale Bewegungen findet (vgl. z.B. Gamson et al. 1982: 4-5), läßt sich auf unser eigenes Modell politischen Protests (vgl. Kapitel I) in folgender Weise anwenden. Kritische Ereignisse sind in diesem Modell nicht enthalten. Wir gehen also davon aus, daß kritische Ereignisse keine direkte Wirkung auf Protest haben. Wenn kritische Ereignisse Protest beeinflussen, dann können sie nur eine *indirekte* Wirkung auf Protest haben. D.h. *kritische Ereignisse könnten die Determinanten unseres Modells politischen Protests beeinflussen.* Figur II.1 illustriert diese These. Im folgenden wollen wir die in dieser Graphik behaupteten Beziehungen zwischen dem Auftreten eines kritischen Ereignisses und den Determinanten für Protest am Beispiel von Tschernobyl diskutieren.[3]

Es wäre erstens denkbar, daß ein kritisches Ereignis die *Präferenzen für Kollektivgüter* verändert. Der Reaktorunfall in Tschernobyl hat vermutlich dazu geführt, daß sich die Einschätzung der Gefahren der Nutzung der Atomenergie geändert hat und daß dadurch die Unzufriedenheit mit der Nutzung der Atomenergie gestiegen ist.[4]

Zweitens könnte ein kritisches Ereignis dazu führen, daß sich der *wahrgenommene Einfluß*, mittels Protest die Herstellung eines Kollektivgutes erreichen zu kön-

---

[2] "... a precipitating factor by itself is not necessarily a determinant of anything in particular. It must occur in the context of the other determinants" (S. 17).

[3] Eine Hypothese in Kapitel I lautete, daß Präferenzen für Kollektivgüter und perzipierter Einfluß multiplikativ auf Protest wirken. In Figur II.1 könnte dies so zum Ausdruck gebracht werden, daß die Variablen "Präferenzen für Kollektivgüter" und "Wahrgenommener Einfluß" durch eine Klammer oder in ähnlicher Weise miteinander verbunden werden. Um unsere Darstellung nicht unnötig zu komplizieren, verzichten wir darauf, den multiplikativen Effekt graphisch zu verdeutlichen.

[4] Entsprechend unserer Argumentation in Kapitel III.1 könnte ein kritisches Ereignis dazu führen, daß neue Merkmale mit einem Objekt in Verbindung gebracht werden. Dies könnte die Bewertung des Objektes - z.B. der Atomenergie - verändern.

nen, erhöht. Aufgrund des Reaktorunfalls in Tschernobyl könnten z.B. Atomkraft-gegner in stärkerem Maße als vorher glauben, daß die Politiker bei stärkerer Ab-lehnung der Atomenergie durch die Bevölkerung nun in höherem Maße bereit sind, Atomkraftwerke stillzulegen oder zumindest die Nutzung der Kernenergie einzu-schränken. D.h. der Reaktorunfall könnte dazu beigetragen haben, daß Protest gegen die Kernenergie als wirksamer angesehen wird.

FIGUR II.1: Die Wirkungen kritischer Ereignisse

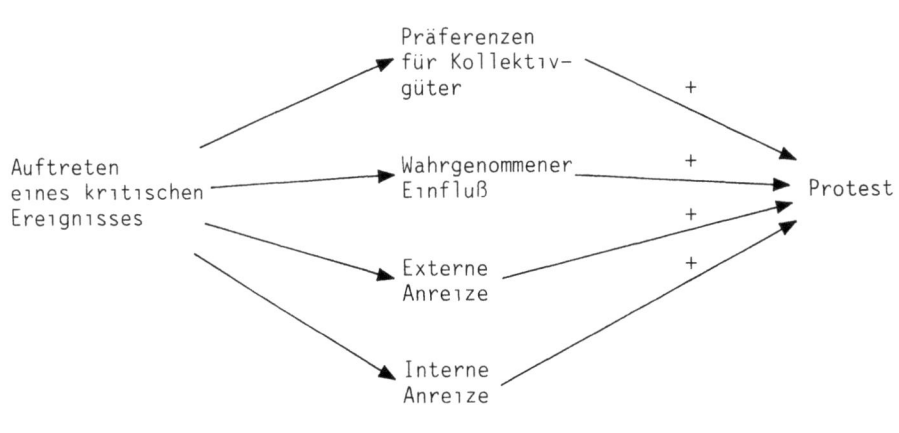

Die *externen Anreize* könnten durch ein kritisches Ereignis in folgender Weise beeinflußt werden. Wenn sich aufgrund eines Ereignisses wie Tschernobyl die Mei-nung verbreitet hat, daß die Nutzung der Atomenergie nicht mehr zu rechtfertigen ist, dann könnte dies normative Erwartungen und positive Sanktionen von Protest verstärken und negative Sanktionen vermindern. Auch die Gelegenheitsstrukturen könnten sich für viele Bürger verbessern: in Situationen wie nach dem Unfall von Tschernobyl werden sich diejenigen, für die bereits vor dem Eintreten des Ereig-nisses der Nutzen von Protest relativ hoch war, verstärkt mit der Organisation von Protestaktivitäten befassen. Dadurch ergeben sich größere Möglichkeiten für Pro-test.

Schließlich könnten sich aufgrund eines kritischen Ereignisses die *internen An-reize* für Protest in folgender Weise erhöhen: es scheint eine soziale Norm zu geben, die besagt, daß eine Verpflichtung zum Engagement in besonderem Maße dann besteht, wenn eine Regierung Entscheidungen trifft, die in hohem Maße das Leben und die Gesundheit relativ vieler Menschen beeinträchtigen. Entsprechend wäre es möglich, daß man sich nach Tschernobyl in relativ hohem Maße zu Protest verpflichtet fühlt und auch gewaltsame Handlungen in höherem Maße für gerecht-fertigt hält.

Es ist plausibel anzunehmen, daß der Reaktorunfall in Tschernobyl zumindest einige der beschriebenen Wirkungen hatte und damit - indirekt - zu verstärkten Protesten gegen die Nutzung der Atomenergie geführt hat. Wie unsere früheren Beispiele vermuten lassen, braucht dies jedoch keineswegs der Fall zu sein. Ob ein kritisches Ereignis zu einer Erhöhung oder Verminderung von Protest führt oder keinerlei Einfluß auf das Ausmaß von Protest hat, hängt davon ab, welche Determinanten politischen Protests durch ein kritisches Ereignis verändert werden. Entsprechend haben wir in Figur II.1 die Art der Beziehungen zwischen der Variablen "Auftreten eines kritischen Ereignisses" und den Determinanten unseres Protestmodells nicht angegeben.

Beim gegenwärtigen Stand der Forschung können wir nur folgendes sagen: *wenn* nach einem kritischen Ereignis Protest vermehrt (oder vermindert) auftritt, dann müßte sich, falls unser Protestmodell zutrifft, mindestens eine der unabhängigen Variablen des Protestmodells verändert haben. Genauere Voraussagen über die Wirkungen kritischer Ereignisse lassen sich erst dann treffen, wenn es eine *Theorie kritischer Ereignisse* gibt. Eine solche Theorie müßte angeben, unter welchen Bedingungen kritische Ereignisse in welcher Weise die Determinanten von Protest und damit - indirekt - Protest beeinflussen. Eine solche Theorie existiert jedoch nicht.

Abschließend sei noch auf eine Konsequenz hingewiesen, die sich aus unseren Überlegungen ergibt. Angenommen, in einer Bevölkerungsgruppe führt ein kritisches Ereignis zu einer Erhöhung der Werte der Determinanten unseres Protestmodells. Trotzdem braucht das Ausmaß von Protest nicht zuzunehmen. Der Grund ist, daß die Werte der Determinanten bei den einzelnen Bürgern so niedrig sind, daß die Veränderung der Determinanten nicht ausreicht, um Protest hervorzurufen. In einem reinen Unterschicht-Viertel, in dem die Ressourcen für Protest extrem gering sind, in dem niemand glaubt, durch Protest eine Änderung der Situation erreichen zu können, in dem Protestnormen nicht akzeptiert werden etc., müßte ein kritisches Ereignis schon in extremer Weise die direkten Ursachen von Protest verändern, damit dieser zustande kommt. Entsprechend resümieren Piven und Cloward bei ihrem Versuch, "Poor People's Movements" zu erklären (1977: 14), daß Massenunruhen bei Unterschichten nur bei außergewöhnlichen Spannungen zu erwarten sind.[5]

1.2. Was sind "kritische Ereignisse"?

Sind Gewitter, die Kürzung oder Gewährung von Subventionen, Steuererhöhungen, Flugzeugabstürze, Hotelbrände, zunehmende Umweltverschmutzung und Aufrüstung kritische Ereignisse? Wenn in der Literatur die Wirkung kritischer Ereignisse diskutiert wird, dann handelt es sich immer um Ereignisse, die in einem Zusammenhang mit politischer Partizipation stehen. Versteht man also unter einem kritischen Ereignis ein Ereignis, das Protest erhöht oder vermindert? Dies ist offensichtlich

---

[5] "... there is general agreement that extraordinary disturbances in the larger society are required to transform the poor from apathy to hope, from quiescence to indignation" (Piven und Cloward 1977: 14).

nicht der Fall, da, wie z.B. Smelser ausführt, kritische Ereignisse das Ausmaß von Protest keineswegs zu verändern brauchen.

Wenn der Ausdruck "kritische Ereignisse" dennoch auf Protest bezogen wird, dann bleibt nur eine Möglichkeit: dieser Ausdruck muß im Zusammenhang mit den Determinanten politischen Protests definiert werden. In solcher Weise definieren Gamson et al. (1982) den Ausdruck "critical incident": sie verstehen darunter "jegliche Begegnung, die zu einer plötzlichen, diskontinuierlichen Veränderung der Möglichkeit für kollektives Handeln führt - entweder zu einer Zunahme oder zu einer Abnahme" (S. 5).[6] Wenn wir von unserem Protestmodell ausgehen, könnten wir in Anlehnung an die Definition von Gamson et al. ein kritisches Ereignis definieren als jedes Ereignis, das mindestens eine Determinante des Modells verändert.

Eine solche Definition ist jedoch wegen der Vielzahl der Determinanten von Protest wenig praktikabel. Bevor man feststellen kann, ob ein Ereignis als "kritisch" zu bezeichnen ist, muß man zunächst prüfen, ob das betreffende Ereignis irgendeine Determinante unseres Modells verändert. Die genannte Definition ist zweitens deshalb wenig praktikabel, da je nach der Theorie, die man bevorzugt, unterschiedliche Ereignisse als "kritische Ereignisse" bezeichnet werden müssen.

Wir halten stattdessen eine einfachere Definition, die praktikabler als die vorher genannte ist, die dem Alltagssprachgebrauch eher entspricht und die theorieunabhängig ist, für sinnvoll: ein *"kritisches" Ereignis* liegt definitionsgemäß dann vor, wenn *ein Ereignis zu einer Erhöhung oder Verminderung der Zufriedenheit (bzw. Unzufriedenheit) mit Kollektivgütern führt und durch menschliches Handeln oder Unterlassen zustandegekommen ist.*

Das Definitionsmerkmal der "Diskontinuität" kollektiven Handelns - siehe das Zitat von Gamson et al. - wollen wir nicht übernehmen, da es neue Unklarheiten hervorruft: es gibt viele Fälle, bei denen man nicht entscheiden kann, ob sich Möglichkeiten kollektiven Handelns kontinuierlich oder diskontinuierlich entwickeln.

Aufgrund der vorgeschlagenen Definition sind zunehmende Umweltverschmutzung, Steuererhöhungen und Aufrüstung kritische Ereignisse, da anzunehmen ist, daß damit die Unzufriedenheit mit der Herstellung bestimmter Kollektivgüter steigt. Flugzeugabstürze sind z.B. dann kritische Ereignisse, wenn diese als Indiz für mangelhafte Sicherheitsvorkehrungen betrachtet werden und damit die Unzufriedenheit mit bestimmten allgemeinen Regeln - die definitionsgemäß Kollektivgüter sind, erhöhen. Gewitter sind demnach keine kritischen Ereignisse, da sie nicht durch menschliches Handeln oder Unterlassen zustandekommen.

Aus unserer Definition folgt, daß man einem Ereignis nicht ansehen kann, ob es als kritisches Ereignis zu betrachten ist oder nicht. Man muß vielmehr die Präferenzen bzw. Bedürfnisse von Personen kennen. Unsere Definition impliziert im Zusammenhang mit unserem Modell zweitens, daß kritische Ereignisse keineswegs Protest erhöhen, aber auch nicht vermindern müssen, da Deprivation keine hinreichende Bedingung für das Auftreten von Protest ist.

---

[6] "... critical incidents ... (are) ... any encounter leading to a sudden, discontinuous change in the capacity for collective action - either an increase or decrease" (Gamson et al. 1982: 5).

2. Die Reaktionen der Bevölkerung der Bundesrepublik auf Tschernobyl: Eine Analyse von Ergebnissen der Umfrageforschung

Es kann kein Zweifel darüber bestehen, daß nach dem Reaktorunfall in Tschernobyl die Proteste gegen die Nutzung der Atomenergie in erheblichem Maße angestiegen sind. Eine Auswertung von Pressemeldungen über Aktivitäten gegen Atomkraftwerke, die wir selbst vorgenommen haben, zeigt dies deutlich. In den Jahren 1982 bis zu dem Reaktorunfall am 26. April 1986 hat es zwar eine Vielzahl von Aktionen der Anti-Atomkraftbewegung gegeben. Diese wurden jedoch immer seltener, und die Anzahl der Teilnehmer nahm ab. So war im Jahre 1985 die einzige nennenswerte Aktion die Großdemonstration gegen die Wiederaufarbeitungsanlage in Wackersdorf im Oktober in München. Nach dem Rektorunfall fanden jedoch allein im Mai 1986 z.B. Demonstrationen in München, Hamburg, Berlin, Biblis, Wackersdorf, Saarbrücken und Bielefeld statt. Dieses Engagement setzte sich in den darauf folgenden Monaten fort.

Wenn sich nach einem Ereignis eine Veränderung bestimmter Sachverhalte ergeben hat, dann entsteht die Frage, ob diese Veränderung tatsächlich durch das betreffende Ereignis verursacht wurde. Wenn z.B. zu einem bestimmten Zeitpunkt die Geschwindigkeitsbegrenzung auf Landstraßen aufgehoben wird und wenn sich nach einem Jahr ein Ansteigen der Verkehrsunfälle zeigt, dann braucht dies keineswegs durch den Wegfall der Geschwindigkeitsbegrenzung verursacht worden zu sein. Es wäre z.B. denkbar, daß vor Aufhebung der Geschwindigkeitsbegrenzung ein außergewöhnlich milder Winter mit geringem Niederschlag und hohen Temperaturen war, so daß das Ansteigen der Verkehrsunfälle durch das Wetter bedingt war.[7]

Im Falle von Tschernobyl kann jedoch kein Zweifel daran bestehen, daß die Änderung des Protests durch den Reaktorunfall bedingt ist. Dies ergibt sich insbesondere daraus, daß die Organisatoren und Teilnehmer an Protestaktivitäten explizit auf den Reaktorunfall Bezug nahmen und daß kurz nach dem Reaktorunfall keine anderen Ereignisse aufgetreten sind, die ein Ansteigen der Proteste gegen die Nutzung der Atomenergie hervorgerufen haben könnten.

Wenn also der Reaktorunfall in Tschernobyl am 26. April 1986 Proteste gegen die Atomenergie ausgelöst hat, dann liegt die Vermutung nahe, daß es sich hier um ein kritisches Ereignis handelt, d.h. daß durch den Reaktorunfall die Unzufriedenheit mit der Atomenergie gestiegen ist. Im folgenden wollen wir anhand einer Reihe von Bevölkerungsumfragen, die vor und/oder nach dem Reaktorunfall durchgeführt wurden, prüfen, inwieweit dies der Fall war.

2.1. Was heißt "Einstellungen zur Kernenergie"?

Bevor wir uns mit den Ergebnissen der Bevölkerungsumfragen befassen, ist es

---

[7] Zu den Problemen von Untersuchungen, in denen die Veränderung von Sachverhalten vor und nach dem Eintreten bestimmter Ereignisse gemessen wird und bei denen Veränderungen auf dieses Ereignis zurückgeführt werden, vgl. Campbell und Stanley 1963; Zimmermann 1972.

zweckmäßig zu fragen, wie man die Veränderung der Unzufriedenheit oder, allgemein gesagt, der Einstellungen zur Kernenergie messen könnte.

Die einfachste Möglichkeit, die Veränderung in den Einstellungen zur Kernenergie zu messen, bestünde darin zu ermitteln, wie *zufrieden* oder *unzufrieden* die Befragten vor und nach dem Reaktorunfall mit der gegenwärtigen und geplanten Nutzung der Atomenergie sind bzw. waren. D.h. es könnte die Unzufriedenheit bzw. Zufriedenheit mit dem Status quo ermittelt werden. Derartige Fragen sind jedoch bei keiner der im folgenden zu diskutierenden Umfragen gestellt worden.

Es wurde vielmehr versucht zu ermitteln, *ob die Befragten in Zukunft den Bau von mehr oder weniger Atomkraftwerken oder die Erhaltung des Status quo befürworten*. Darüber hinaus wurde ermittelt, *in welchem Zeitraum* nach Meinung der Befragten mehr oder weniger Atomkraftwerke gebaut werden sollen. Genauer gesagt: es wird erstens nach den Präferenzen für das Ausmaß, in dem das Kollektivgut "Kernenergie" hergestellt oder nicht hergestellt werden soll, gefragt. Zweitens wird versucht zu ermitteln, in welchem zeitlichen Ablauf die Herstellung bzw. Nicht-Herstellung erfolgen soll. Die Art der Fragestellung verdeutlicht die folgende Übersicht:

Mögliche Präferenzen für die Nutzung der Kernenergie:

Status quo erhalten	Neue Atomkraftwerke bauen -- wieviele? -- in welchem Zeitraum?	Atomkraftwerke stillegen -- wieviele? -- in welchem Zeitraum?

Wenn in dieser Weise die Präferenzen für die Kernenergie vor und nach dem Reaktorunfall erfragt werden, kann das Ausmaß der Veränderung durch den Reaktorunfall ermittelt werden. So könnte verglichen werden, wie hoch der Prozentsatz der Befragten ist, die vor und nach Tschernobyl für die Erhaltung des Status quo oder für den Bau neuer Atomkraftwerke (wie hoch die Zahl auch immer sein mag und in welchem Zeitraum dies auch immer geschehen mag) sind.

Wenn man die Wirkung eines Ereignisses wie des Reaktorunfalls von Tschernobyl ermittelt, ist nicht nur von Interesse, *ob* oder *in welchem Maße* sich die Einstellungen zur Kernenergie kurz nach dem Auftreten des Ereignisses ändern, sondern *in welchem Maße die Wirkungen eines kritischen Ereignisses im Zeitablauf stabil bleiben*. Es wäre ja z.B. denkbar, daß der Reaktorunfall sozusagen einen *Schockeffekt* hatte, d.h. daß sich die Einstellungen zur Kernenergie kurz nach dem Reaktorunfall stark verändert haben, daß sich jedoch nach einiger Zeit die Einstellungen wieder auf den Stand vor dem Reaktorunfall zurück entwickeln, d.h. daß im zeitlichen Ablauf ein *Abschwächungseffekt* auftritt. Dies scheint z.B. bei dem Reaktorunfall in Harrisburg der Falle gewesen zu sein (Noelle-Neumann 1987: 104).

Im folgenden wollen wir fragen: (1) In welcher Weise und in welchem Ausmaß haben sich die Präferenzen für die Kernenergie (im Sinne der obigen Klassifizierung von Einstellungen) durch den Reaktorunfall geändert? (2) Wie stabil sind die Veränderungen?

2.2. Die Kernenergie im Spiegel repräsentativer Umfragen

Befassen wir uns zuerst mit den Ergebnissen der Bevölkerungsumfragen, die uns zugänglich waren. Wir haben diese in Tabelle II.1 zusammengestellt. Der Leser mag die folgenden Überlegungen anhand dieser Tabelle verfolgen.

Zur Ermittlung der Wirkungen des Reaktorunfalls im Zeitablauf wäre eine Umfrage geeignet, die dieselben Fragen zu Einstellungen zur Kernenergie unmittelbar vor dem Reaktorunfall und zu mehreren Zeitpunkten nach dem Reaktorunfall erhebt. Solche Umfragen wurden von dem Institut für praxisorientierte Sozialforschung (IPOS), Mannheim, und von der Forschungsgruppe Wahlen (FGW), Mannheim, durchgeführt. Bei der ersten Umfrage von IPOS wurden 2.015 Personen repräsentativ für die deutsche Wohnbevölkerung (ohne Westberlin) ab dem 18. Lebensjahr ausgewählt. Die Befragung wurde vom 22. April bis zum 9. Mai 1986 durchgeführt. Eine der gestellten Fragen lautete:

Denken Sie nun bitte einmal an Kernkraftwerke. Was meinen Sie: Sollen weitere Kernkraftwerke gebaut werden, sollen nur die vorhandenen genutzt werden, ohne neue Kernkraftwerke zu bauen, oder sollen die vorhandenen Kernkraftwerke stillgelegt werden?

Entsprechend unserer Klassifikation von Präferenzen für die Atomenergie wird also ermittelt, inwieweit die Befragten die Erhaltung des Status quo befürworten ("...sollen nur die vorhandenen genutzt werden..") oder für den Bau weiterer Atomkraftwerke eintreten ("...sollen weitere Kernkraftwerke gebaut werden..."). Zu der oben genannten Alternative "Ausbau der Atomenergie" wird also nicht das *Ausmaß* der gewünschten Ausbaus und auch nicht der *Zeitraum*, in dem dies geschehen soll, erfragt.

In der obigen Frage wird darüber hinaus zu ermitteln versucht, ob eine Präferenz für die Stillegung von Atomkraftwerken besteht. Hierzu wird allerdings nur eine einzige Alternative vorgegeben, nämlich die Stillegung *aller* Atomkraftwerke. Befragte, die für die Stillegung einer mehr oder weniger großen Anzahl von Atomkraftwerken plädieren, können also ihre Meinung nicht zum Ausdruck bringen. Vermutlich werden sich diejenigen Befragten, die Atomkraftwerke *überwiegend* stillegen wollen, in die Kategorie "die vorhandenen Kernkraftwerke stillegen" einordnen, während sich die übrigen Befragten der Kategorie "nur vorhandene Kernkraftwerke nutzen" zuordnen werden.

655 Befragte wurden zwischen dem 22.4. und dem 27.4.86, also kurz vor Bekanntwerden des Reaktorunfalls, der sich am 26.4.86 ereignete, befragt. Die übrigen Befragten wurden nach dem Reaktorunfall interviewt, und zwar 904 Befragte zwischen dem 28.4. und dem 1.5. und weitere 456 Befragte zwischen dem 2.5. und 9.5.86.

Dieselbe Frage wurde in vier weiteren Umfragen der Forschungsgruppe Wahlen, Mannheim, gestellt. Diese Umfragen wurden in den Monaten Mai, Juni, Juli und September 1986, ebenfalls repräsentativ in der Bundesrepublik, durchgeführt.[8] Die

---

[8] Wir möchten Herrn Dr. Wolfgang Gibowski von der Forschungsgruppe Wahlen e.V., Mannheim, dafür danken, daß er uns die Auswertungen der beiden genannten Umfragen zur Verfügung gestellt hat.

Ergebnisse dieser Befragungen sind in der ersten oberen Teiltabelle von Tabelle II.1 dargestellt.

Zunächst zeigt sich, daß der Anteil derer, die meinen, es sollen weitere Kernkraftwerke gebaut werden, von 23% kurz vor dem Reaktorunfall am 26.4.86 sukzessive, also nicht sprunghaft, bis auf 8% im September 1986 zurückgeht. Der Anteil der Befürworter sinkt also um 15%.

Der Anteil der Gegner eines weiteren Ausbaus beträgt kurz vor dem Unfall 74% (60% + 14%), nach dem Reaktorunfall im September 92%. Der Anteil der Gegner eines weiteren Ausbaus steigt also um 18%. Der Anteil derer, die der Meinung sind, die vorhandenen Kernkraftwerke sollen weiter genutzt werden, bleibt bei ungefähr 60% relativ stabil. Der Reaktorunfall hat also insgesamt nicht die Meinung geändert, daß vorhandene Kernkraftwerke genutzt werden sollen.

Wenn man ohne Kenntnis der Umfrageergebnisse eine Voraussage über das *Ausmaß* der Meinungsänderungen im Zeitablauf hätte treffen müssen, dann hätte man vermutlich angesichts der Größe der Katastrophe von Tschernobyl eine viel stärkere Einstellungsänderung erwartet. Das Ausmaß der Einstellungsänderung ist jedoch relativ gering.

Inwieweit werden diese Ergebnisse durch andere Umfragen gestützt? Das Umfrageinstitut Emnid hat im Jahre 1981 und im Juli 1986 zwei repräsentative Umfragen durchgeführt (vgl. "Umfragen Emnid (A)" in Tabelle II.1).[9] In beiden Umfragen wurden die Befragten gebeten, zu folgenden Behauptungen Stellung zu nehmen:

(1) Ich bin genügend über Kernenergie informiert und bin *für* den weiteren Ausbau von Kernkraftwerken in der Bundesrepublik;
(2) Ich bin zwar nicht genügend informiert, aber *für* den weiteren Ausbau;
(3) Ich bin genügend informiert und bin *gegen* den weiteren Ausbau;
(4) Ich bin zwar nicht genügend informiert, aber *gegen* den weiteren Ausbau;
(5) Die ganze Diskussion um den Ausbau von Kernkraftwerken in der Bundesrepublik ist mir im Grunde *egal*.

Wir wollen die Antworten auf die Behauptungen 1 und 2 zusammenfassen, ebenso die Antworten auf die Behauptungen 3 und 4. Wir betrachten also die Befragten, die für oder gegen den Ausbau der Atomenergie sind oder denen der Ausbau der Kernenergie "egal" ist.

Im Juli des Jahres 1986 sprachen sich 24% der Befragten für und 66% gegen den weiteren Ausbau der Kernenergie aus. Bei der vorher erwähnten Befragung der Forschungsgruppe Wahlen vom Juli 1986 sprachen sich 9% der Befragten für und 90% (64% + 26%) gegen den Bau weiterer Atomkraftwerke aus.

---

[9] Vgl. die Emnid-Information 1986 (Nr. 5 und 6). Die Umfrage 1986 fand vom 17.7. bis 28.7.1986 statt. Befragt wurde eine repräsentative Bevölkerungsstichprobe von 1017 Bundesbürgern ab 14 Jahre. Bei der Umfrage im Jahre 1981 wurden 1019 Bundesbürger befragt.

TABELLE II.1: Ergebnisse von Bevölkerungsumfragen zur Atomenergie

Umfragen IPOS/ FGW 1986	22.4.-27.4.	28.4.-1.5.	2.5.-9.5.	14.5.-21.5.	21.6.-26.6.	19.7.-25.7.	11.9.-29.9.
Weitere KKWe bauen	23	19	12	10	10	9	8
Nur vorhandene KKWe nutzen	60	59	59	56	58	64	62
Die vorhandenen KKWe stillegen	14	18	27	33	31	26	30
Weiß nicht	3	4	3	1	0	0	0
Summe %	100	100	101	100	99	99	100
N	(655)	(904)	(456)	(1007)	(1040)	(1047)	(1954)

Umfragen EMNID (A)	1981	1983	1985	Juli 1986
Für weiteren Ausbau von KKWen	54	–	–	24
Gegen weiteren Ausbau	30	–	–	66
Egal	13	–	–	9
Keine Antwort	2	–	–	1
Summe %	100	–	–	100
N	(1019)			(1017)

Umfragen EMNID (B)	1981	1983	1985	1986 Juli
Grundsätzlich für Bau von KKWen	41	33	30	–
...dagegen	31	47	43	–
Egal	28	19	26	–
Keine Antwort	0	1	1	–
Summe %	100	100	100	–
N	(1016)	(1010)	(1018)	–

Umfragen EMNID (C)	6.5.-8.5.	Juni 86	Aug. 86	Nov.86	April 87
Mehr AKWe, um Wohlstand zu erhalten	29	18	18	19	16
Keine weitere AKWe, da Gefahr zu groß	69	81	80	80	84
Keine Antwort	2	0	2	1	1
Summe %	100	99	100	100	101
N	(1008)	(1903)	(1937)	(1923)	(1929)

Umfragen ALLENSBACH	Juli 1986	August 1986	Dezember 1986	März 1987
Wir sollten langsam in den nächsten Jahrzehnten aus der Kernenergie aussteigen	36	37	38	37
Wir sollten die Kernenergie auch langfristig nutzen	18	19	19	26
Wir sollten möglichst rasch, in den nächsten 4 bis 5 Jahren, aus der Kernenergie aussteigen	28	28	29	21
Wir sollten sofort alle Kernkraftwerke stillegen	10	10	9	7
Unentschieden	8	7	6	11
Summe % (Keine Angaben über N)	100	101	101	102

Anmerkung: Die Quellenangaben zu allen Umfragen befinden sich im Text. Prozentangaben wurden auf- oder abgerundet.

Vergleichen wir nun die Antworten auf die Emnid-Frage im Jahre 1981 und 1986. Danach ist der Anteil der Befürworter des weiteren Ausbaus der Kernenergie von 54% auf 24%, also um 30% gesunken, während der Anteil der Gegner von 30% auf 66%, also um 36% gestiegen ist (siehe wiederum "Umfragen Emnid (A)", Tabelle II.1). Dieser Unterschied ist nur dann ein Effekt des Reaktorunfalls von Tschernobyl, wenn sich die Einstellung zur Atomenergie im Jahre 1981 bis kurz vor dem Reaktorunfall nicht verändert hat.

Diese Annahme ist jedoch vermutlich unzutreffend. Dies zeigen andere Umfragen, die Emnid durchgeführt hat (siehe Tabelle II.1, "Umfragen Emnid (B)". In drei Umfragen in den Jahren 1981, 1983 und 1985 wurde folgende Frage gestellt:[10]

Sind Sie grundsätzlich für den Bau von Kernkraftwerken, sind Sie eher dagegen - oder ist es Ihnen eigentlich egal, ob ein Kernkraftwerk gebaut wird oder nicht?

Im Jahre 1981 antworteten 41% der Befragten, sie seien für den Bau von Kernkraftwerken. Im Jahre 1983 gaben diese Antwort nur noch 33% und 1985 nur noch 30% der Befragten. Wenn wir davon ausgehen, daß die Antworten der Befragung von 1985 die Einstellungen kurz vor Tschernobyl erfassen, ergibt sich folgendes: Nach Emnid ist die Zahl der Befürworter weiterer Kernkraftwerke von 30% auf 24%, also um 6% gesunken.

---

[10] Vgl. Emnid-Nachrichten 1985 (Nr. 3 und Nr. 4), 1981 (Nr. 5).

Zwei weitere Serien von Umfragen befassen sich mit Veränderungen der Einstellungen zur Kernenergie in der Zeit *nach* dem Reaktorunfall.[11] Emnid hat in Umfragen im Mai 1986 (die Umfrage fand vom 6. bis 8. Mai statt), Juni 1986, August 1986, November 1986 und April 1987 in Repräsentativbefragungen folgende Frage gestellt:

... Über die Atomenergie gibt es verschiedene Ansichten. Die einen sagen, wir müssen in der Bundesrepublik in den nächsten Jahren Atomkraftwerke bauen, wenn wir unseren Wohlstand erhalten wollen. Die anderen sagen, die Gefahren sind zu groß, deshalb sollen keine weiteren Atomkraftwerke errichtet werden. Welcher Ansicht stimmen Sie zu?

Die genannte Frage unterscheidet sich von den bisher besprochenen Fragen darin, daß jeweils ein Argument für die beiden genannten Alternativen genannt wird: der Bau von Atomkraftwerken ist mit der Erhaltung des Wohlstandes, aber auch mit Gefahren verbunden. Im Juni 1986 (vgl. "Umfragen Emnid (C)" in Tabelle II.1) gaben 18% der Befragten an, es sollen mehr Atomkraftwerke gebaut werden. Dies entspricht ungefähr dem Ergebnis von Emnid, Befragung A, im Juli, wonach 24% der Befragten den weiteren Ausbau der Atomenergie befürworteten.

Allensbach hat im Juli 1986, im August 1986, im Dezember 1986 und im März 1987 repräsentativen Stichproben der Bundesrepublik eine Frage vorgelegt, in der die Befragten gebeten wurden, zu vier Standpunkten Stellung zu nehmen.[12] Ein Beispiel für einen solchen Standpunkt ist: "Wir sollten langsam in den nächsten Jahrzehnten aus der Kernenergie aussteigen." Wie aus Tabelle II.1, letzte Teiltabelle, hervorgeht, sprechen sich 18% für die weitere Nutzung der Kernenergie aus. Dies entspricht den Ergebnissen der Umfragen von Emnid. Insgesamt 74% lehnen jedoch den weiteren Ausbau der Kernenergie ab.

Die besprochenen Unterschiede und Gemeinsamkeiten der Umfrageergebnisse haben wir in Tabelle II.2 noch einmal zusammengestellt. Die Ergebnisse lassen sich in folgender Weise zusammenfassen.

Zunächst fällt auf, daß die Ergebnisse der verschiedenen Umfragen starke Unterschiede aufweisen. Vor dem Reaktorunfall sind zwischen 23% und 30% für den weiteren Ausbau, nach dem Unfall sind zwischen 9% und 24% für den weiteren Ausbau. Berechnet man die Mittelwerte der Prozentzahlen, dann ergibt sich: Vor dem

---

[11] Das Allensbacher Institut hat vor und nach Tschernobyl mehrere Umfragen zu Einstellungen zur Kernenergie durchgeführt. Vgl. den Artikel von Elisabeth Noelle-Neumann in der Frankfurter Allgemeinen Zeitung vom 6.7.87, Nr. 152, Seite 11. Vgl. auch Noelle-Neumann 1987 und eine Sonderausgabe von "KERNINTERN: Informationen über die Öffentlichkeitsarbeit des Informationskreises Kernenergie", September 1987. Hiernach hat sich nach dem Reaktorunfall die Anzahl der "Befürworter des Ausbaus" leicht erhöht, die Anzahl der "strikten Gegner der Kernenergie" hat sich vermindert und die Zahl derjenigen, die den "Weiterbetrieb auf jetzigem Niveau" befürworten, hat sich erhöht. Da uns die genauen Verteilungen der Antworten nicht vorliegen, ist es nicht sinnvoll, die Ergebnisse dieser Umfragen in die Diskussion einzubeziehen.

[12] Vgl. die Sonderausgabe von "KERNINTERN: Informationen über die Öffentlichkeitsarbeit des Informationskreises Kernenergie", September 1987; Noelle-Neumann 1987.

Reaktorunfall sind im Durchschnitt 26.5% für den weiteren Ausbau, nach dem Reaktorunfall sind es 17.25%. Der Unterschied beträgt also nur ca. 8%.

TABELLE II.2: Befürwortung und Ablehnung des Ausbaus der Kernenergie der Bevölkerung der Bundesrepublik

	Art der Umfragen					
	IPOS (22.4. -27.4.)	EMNID (B) 1985	FGW Juli	EMNID (A) Juli	EMNID (C) Juni	ALLENS- BACH Juli
Für weiteren Ausbau der Kernenergie	23%	30%	9%	24%	18%	18%
Gegen weiteren Ausbau der Kernenergie	74%	43%	90%	66%	81%	74%
Egal	–	26%	–	–	–	–

Anmerkung: Diese Tabelle basiert Tabelle II.1.

Besonders krass sind die Unterschiede der Umfrageergebnisse im Hinblick auf die Ablehnung des weiteren Ausbaus der Kernenergie. Vor dem Reaktorunfall waren 74% bzw. 43% der Befragten gegen den weiteren Ausbau der Kernenergie; nach dem Reaktorunfall schwanken die Prozentzahlen zwischen 66% und 90%, ein Unterschied von 24%. Im Durchschnitt waren vor dem Reaktorunfall 58.5% und nach dem Reaktorunfall 77.75% gegen den weiteren Ausbau - ein Unterschied von ca. 20%.

Wie sind diese unterschiedlichen Umfrageergebnisse zu erklären? Sicherlich spielt die Frageformulierung eine Rolle. So wurde bei Umfragen von Emnid (B), im Gegensatz zu den übrigen Umfragen, jeweils ein Argument für und gegen den Ausbau der Kernenergie vorgegeben.

Auch die Art der vorgegebenen Antwortalternativen war bei den Umfragen verschieden. In keiner einzigen Umfrage waren alle im vorigen Abschnitt genannten möglichen Antwortalternativen vorgegeben. Dies ist erstaunlich, da eine Grundregel der empirischen Sozialforschung besagt, daß bei einer Interviewfrage alle möglichen Antwortalternativen aufzuführen sind.

Hinsichtlich der vorgegebenen Antwortalternativen fällt weiter auf, daß bei der Emnid Umfrage (B) 26% der Befragten "Egal" antworteten. In keiner anderen Befragung wurde ein derartig hoher Prozentsatz von Gleichgültigen ermittelt. Vermutlich wurde die Antwortkategorie "Egal" bei diesen Umfragen nicht vorgegeben, so daß sich viele Befragte gezwungen sahen, sich in eine der vorgegebenen Kategorien einzuordnen.

Wir können den Umfrageergebnissen also nur entnehmen, *daß* die Befürwortung der Kernenergie nach dem Reaktorunfall gesunken und die Ablehnung gestiegen ist, jedoch nicht, *wie stark* die Meinungsänderung war.

Wenden wir uns nun der Frage zu, *wie stabil die Meinungen nach dem Reaktorunfall waren.* Die Umfragen von Emnid (C) und Allensbach (vgl. Tabelle II.1)

geben hierzu Informationen. In der Umfrage von Emnid (C) Anfang Mai 1986, also kurz nach dem Reaktorunfall, plädierten 29% der Befragten für mehr Atomkraftwerke. Im Juni 1986 äußerten diese Meinung noch 18%, im August ebenfalls 18%, im November 19% und im April 1987 16%. Die Befürwortung des Baus neuer Atomkraftwerke geht also im Juni 1986 relativ stark - nämlich um 11% - zurück und bleibt dann konstant. Der Meinungsumschwung braucht also Zeit. Dies zeigt sich auch bei einer anderen Frage, die in den genannten Umfragen gestellt wurde: die Befragten wurden gebeten anzugeben, was ihrer Meinung nach mit den in Betrieb genommenen Atomkraftwerken geschehen soll. Bei den vorgegebenen Antworten ist der Meinungsumschwung zwischen Mai 1986 und Juni 1986 ebenfalls relativ groß.

Die Umfragen von Allensbach beginnen im Juli 1986 (siehe "Umfragen Allensbach", Tabelle II.1). Die Befürwortung der Kernenergie bleibt bis Dezember 1987 konstant und entspricht den Ergebnissen von Emnid (C). Sodann finden wir bei Allensbach - im Gegensatz zu Emnid - ein Ansteigen der Befürworter um 8% auf 26%.

Beide Umfragen zeigen also übereinstimmend, daß der Anteil der Befürworter der Atomenergie nach dem Reaktorunfall zunächst relativ stark sinkt und dann konstant bleibt oder sogar ansteigt.

Hinsichtlich der Ablehnung der Kernenergie zeigen die Umfragen von Emnid (C), daß der Anteil der Gegner im Juni auf 81% ansteigt und dann stabil bleibt. Auch in den Umfragen von Allensbach bleibt der Anteil der Gegner des Ausbaus der Atomenergie bis Dezember 1986 konstant: er liegt bei etwa 75%. Im März 1987 sinkt der Anteil der Gegner jedoch auf 65%.

Die Ergebnisse der Umfragen von Emnid und Allensbach stimmen also nicht überein: Während nach Emnid kurz nach dem Reaktorunfall die Befürwortung der Kernenergie sinkt und die Ablehnung steigt, dann jedoch stabil bleiben, ergibt sich bei Allensbach nach einiger Zeit eine Art *Erholungseffekt*: Die Befürwortung steigt und die Ablehnung sinkt wieder. Wir können dies auch so ausdrücken: es ist ein *Abschwächungseffekt* der Wirkungen von Tschernobyl zu beobachten, der allerdings nicht sehr stark ist.

Auch hier läßt sich nicht entscheiden, welche Ergebnisse den tatsächlichen Meinungen der Befragten entsprechen. In jedem Falle erscheint es sinnvoll, zwischen *kurz- und langfristigen Wirkungen kritischer Ereignisse* zu unterscheiden. Für die weitere Forschung stellt sich die Frage, welche Wirkungen eines kritischen Ereignisses langfristig stabil bleiben und unter welchen Bedingungen dies zu erwarten ist.

2.3. Was messen Umfragen über Einstellungen zur Kernenergie?

Angenommen, der Nachbar des Lesers besitzt zwei Autos. Der Nachbar biete ihm an, er könne ein Auto beliebig nutzen, da er - der Nachbar - es nicht brauche. Der Leser wird in dieser Situation sofort fragen, wer denn die Kosten der Nutzung tragen soll. Wenn der Nachbar die Kosten trägt und wenn dem Leser keinerlei Verpflichtung aus der Nutzung des Autos entsteht, wird er das Angebot des Nachbarn sicherlich annehmen. Wenn dem Leser jedoch Kosten entstehen, wird er diese in seine Entscheidung, das Auto zu nutzen, einbeziehen. Je höher die Ko-

sten der Nutzung sind, desto eher wird der Leser das Angebot des Nachbarn ablehnen.

Wenn man im privaten Bereich eine Entscheidung treffen soll, wird man sich
normalerweise über die Kosten, die entstehen, informieren und diese bei der Entscheidung in Betracht ziehen.

Nicht nur private Güter, sondern auch öffentliche Güter sind kostspielig. Die
sofortige Stillegung aller Atomkraftwerke führt nach der Meinung von Experten zu
höheren Strompreisen. Wenn ein Bürger seine Meinung zu Entscheidungen zum Ausdruck bringt, die kostspielig sind: wird er bei seiner Antwort diese Kosten berücksichtigen? Haben z.B. die Bürger, die für einen sofortigen Ausstieg aus der Kernenergie sind, die Kosten dieser Maßnahme, z.B. höhere Strompreise und wahrscheinlich auch größere Luftverschmutzung durch Inbetriebnahme von Kohlekraftwerken,
in ihre Antwort einbezogen?

Diese Frage ist wahrscheinlich mit "nein" zu beantworten. Wir vermuten, daß
im allgemeinen Bürger, die nach ihrer Meinung zu politischen Entscheidungen gefragt werden, anders antworten, wenn bei der Frage explizit die Kosten, die sie
selbst tragen müssen, vorgegeben werden als wenn ganz allgemein nur nach der
Befürwortung oder Ablehnung bestimmter politischer Maßnahmen gefragt wird.

Diese These wird durch Untersuchungen in Großbritannien gestützt.[13] In einer
repräsentativen Umfrage wurden die Befragten gebeten anzugeben, ob mehr Geld
für irgendeine von sieben öffentlichen Aufgaben ausgegeben werden soll (z.B. Ver-
teidigung, Erziehung, Gesundheit, Verkehr). Sodann wurden die Befragten, die für
Mehrausgaben waren, gebeten anzugeben, ob sie selbst bereit seien, mehr Steuern
hierfür zu bezahlen. Diejenigen, die diese Frage bejahten, wurden weiter gefragt:
"Für jedes Pfund, das Sie an Steuern bezahlen, wieviel mehr würden Sie ausgeben
wollen?"

Mehrausgaben für Gesundheit befürworteten 33% der Befragten. Von diesen
gaben 55% an, sie seien bereit, mehr Steuern zu zahlen. Von diesen waren nur 17%
bereit, 30 Pennies oder mehr je Pfund bezahlter Steuern zu zahlen.

Dieses Beispiel illustriert, daß bei Meinungsäußerungen in Umfragen von den
Befragten vermutlich nicht in Betracht gezogen wird, daß eine Realisierung ihrer
Meinung für die Befragten mit Kosten verbunden ist.

Bei den Fragen zur Einstellung gegenüber der Kernenergie hätte man entsprechend fragen können, wieviel die Befragten an zusätzlichen Stromkosten (oder
Steuern) bereit sind zu zahlen. Es ist anzunehmen, daß ein Teil der Befragten, die
für den sofortigen oder kurzfristigen Verzicht auf Kernenergie sind, nicht bereit
sind, die Kosten hierfür zu tragen.

Was sagen also die Umfrageergebnisse über die Einstellungen zur Kernenergie
aus? Sie geben vermutlich die Meinungen der Befragten wieder unter der Voraussetzung, daß sie die Kosten ihrer Entscheidung nicht zu tragen brauchen. Es ist
anzunehmen, daß Umfragen über die Einstellung zur Kernenergie andere Ergebnisse

---

[13] Vgl. hierzu den Artikel von Ralph Harris und Arthur Seldon: The Vanishing Volunteers, in:
The Times vom 21. Mai 1987. Vgl. auch Harris und Seldon 1987; Arthur Seldon, Public Opinion and
Individual Preferences, Vortrag beim "Seminar on Analysis and Ideology", Interlaken, Juni 1987,
unveröffentlichtes Manuskript.

hätten, wenn die Befragten die ihnen entstehenden Kosten berücksichtigen würden. Es ist erstaunlich, daß solche Umfragen nicht durchgeführt wurden.

2.4. Zusammenfassung

Fassen wir die Ergebnisse der hier behandelten Umfragen zusammen. (1) Der Reaktorunfall in Tschernobyl hat in der Bevölkerung zunächst zu einer stärkeren Ablehnung der Nutzung der Kernenergie geführt: nach dem Reaktorunfall in Tschernobyl lehnt ein größerer Prozentsatz der Bevölkerung als vor dem Unfall den Bau neuer Kernkraftwerke ab. Darüber hinaus befürwortet ein größerer Prozentsatz die Stillegung aller Atomkraftwerke. Wenn wir annehmen, daß die Ablehnung eines Ausbaus der Kernenergie oder die Befürwortung des Abbaus von Atomkraftwerken mit einer Unzufriedenheit mit dem Status quo einhergeht, dann ist der Reaktorunfall in Tschernobyl gemäß unserer Definition (vgl. Abschnitt II.1.2) ein *kritisches Ereignis*.

(2) Umfragen des Instituts für Demoskopie in Allensbach legen die Vermutung nahe, daß ein *Abschwächungseffekt* der Wirkung von Tschernobyl zu beobachten ist: es scheint, daß die Einstellung zur Nutzung der Kernenergie positiver wird, allerdings ist diese Veränderung nur geringfügig.

(3) Tschernobyl hatte *keinen Schockeffekt* in dem Sinne, daß sich die Einstellung zur Kernenergie kurz nach dem Unfall abrupt änderte. Die Veränderung nahm vielmehr Zeit in Anspruch und war nicht so groß, wie man es aufgrund der Schäden der Reaktorkatastrophe erwarten konnte.

(4) In bezug auf die Frage, was repräsentative Umfragen eigentlich messen, lautet das Ergebnis unserer Überlegungen: nach der Meinung von Experten würde die Stillegung von Atomkraftwerken die Strompreise erhöhen und somit für den Bürger mit Kosten verbunden sein. Bei Fragen über die Einstellung zur Kernenergie berücksichtigen die Bürger diese Kosten nicht, wenn sie die betreffenden Fragen beantworten. Umfrageergebnisse in Großbritannien lassen vermuten, daß Bürger politische Ziele weitaus zurückhaltender beurteilen, wenn ihnen bewußt ist, daß ihnen hierfür Kosten entstehen.

Kritische Ereignisse wirken sich vermutlich auf die Veränderung der früher erwähnten Determinanten politischen Protests aus (siehe Figur II.1). Diese Determinanten werden jedoch in den uns zugänglichen repräsentativen Umfragen nicht erhoben. Somit haben wir keine Informationen darüber, inwieweit der Reaktorunfall in Tschernobyl diese Determinanten verändert hat.

3. Politische Mobilisierung nach Tschernobyl: Ergebnisse einer Wiederholungsbefragung von Atomkraftgegnern

In diesem Abschnitt wollen wir die Wirkungen des Reaktorunfalls in Tschernobyl mittels zweier Umfragen prüfen, die wir selbst im Jahre 1982 (von Ende April bis Anfang Oktober) und im Jahre 1987 (von Januar bis März), also nach dem Reaktorunfall am 26. April 1986, durchgeführt haben. Im Jahre 1982 befragten wir 398 Personen. Von diesen wurden im Jahre 1987 121 Personen erneut befragt.

Insgesamt liegen also von 121 Personen sowohl Daten aus dem Jahre 1982 als auch aus dem Jahre 1987 vor. Im folgenden werden wir uns nur mit diesen Daten befassen. Detaillierte Informationen über beide Befragungen enthält Anhang I.

Im nächsten Abschnitt wollen wir zunächst darüber berichten, wie unsere Befragten die Wirkungen des Reaktorunfalls von Tschernobyl einschätzten. Sodann werden wir uns mit der Stabilität der wichtigsten Variablen, die wir in Kapitel I beschrieben haben, vor und nach dem Reaktorunfall befassen. Zu diesem Zweck werden wir zuerst kurz darstellen, wie wir die Stabilität messen wollen (Abschnitt 3.2). Sodann befassen wir uns mit unseren abhängigen Variablen: wir fragen, inwieweit sich Protest und Protestbereitschaft vor und nach Tschernobyl verändert haben. Es folgt eine Darstellung der Stabilität bzw. Veränderung der wichtigsten unabhängigen Variablen (Abschnitt 3.3). Abschließend (Abschnitt 3.4) werden wir diskutieren, wie unsere Befunde erklärt werden können.

3.1. Die Wirkungen von Tschernobyl aus der Sicht der Befragten

Bei unserer Analyse vorliegender Umfrageergebnisse über die Wirkungen des Reaktorunfalls in Tschernobyl konnten wir nicht ermitteln, wie Tschernobyl auf die Determinanten von Protest, die wir in unserem Modell in Figur II.1 dargestellt haben, gewirkt hat. Wir haben in unserer zweiten Umfrage zu Beginn des Jahres 1987 ermittelt, wie die Befragten selbst die Wirkungen des Reaktorunfalls im Hinblick auf die erwähnten Protestdeterminanten einschätzten. Diese Einschätzung der Befragten soll im folgenden dargestellt werden. Die Interviewfragen und die Verteilung der Antworten sind in Tabelle II.3 aufgeführt. Die Prozentsätze wurden auf- oder abgerundet.

In der ersten Frage wird ermittelt, inwieweit der Reaktorunfall dazu geführt hat, daß die Befragten ihre Einschätzung der *Gefahren der Kernenergie* änderten. Die Hälfte der Befragten gab an, daß sie nach dem Reaktorunfall die Gefahren der Nutzung der Atomenergie größer einschätzten als vor dem Unfall.

Wenn wir davon ausgehen, daß die Einschätzung der Gefahren der Kernenergie eine Determinante für die *Unzufriedenheit mit der Nutzung der Kernenergie* ist (siehe hierzu Kapitel III), dann folgt daraus - in Übereinstimmung mit Umfrageergebnissen -, daß nach dem Reaktorunfall die Unzufriedenheit mit der Kernenergie gestiegen ist.

Wie stark allerdings der Anstieg der Unzufriedenheit nach Tschernobyl ist, kann durch die genannte Frage nicht ermittelt werden, da das *Ausmaß*, in dem die Gefahren der Kernenergie nach Tschernobyl größer eingeschätzt werden, nicht ermittelt wurde. Da unsere Befragten Atomkraftgegner sind, ist es nicht unplausibel zu vermuten, daß sie schon lange vor Tschernobyl die Kernenergie als gefährlich angesehen haben und daß sich ihre Einschätzung der Gefahren nicht beträchtlich geändert hat.

Darüber hinaus ist folgendes zu vermuten: wenn die Unzufriedenheit mit der Nutzung der Kernenergie vor dem Reaktorunfall bereits relativ hoch war, dürfte der Anstieg der Unzufriedenheit geringer sein als wenn die Unzufriedenheit gering war. Wir werden auf diese Beziehung noch zurückkommen. In jedem Falle bestätigen die Antworten auf die genannte Interviewfrage die These, daß Tschernobyl ein kritisches Ereignis ist.

In unserem Modell zur Erklärung der Wirkung kritischer Ereignisse haben wir behauptet, daß kritische Ereignisse oft dazu führen, daß Individuen eine Gelegenheit sehen, ihre Ziele wirksamer als vorher durchzusetzen. Diese Wirkung ist bei dem Reaktorunfall deutlich zu erkennen, wie Frage 2 in Tabelle II.3 zeigt: 70% der Befragten gab an, daß sie ihr Engagement nach dem Reaktorunfall als erfolgversprechender ansehen als vor dem Reaktorunfall. Der *wahrgenommene Einfluß* ist also nach dem Reaktorunfall deutlich gestiegen.

Nicht nur der persönliche Einfluß, sondern auch die Chancen der Anti-Atomkraftbewegung, die weitere Nutzung der Kernenergie einzuschränken, ist nach dem Reaktorunfall nach Ansicht von 89% der Befragten gestiegen (siehe Frage 3). 83% der Befragten meinen auch, die Zahl der aktiven Atomkraftgegner habe zugenommen (siehe Frage 4 in Tabelle II.3).

Die Antworten auf die beiden zuletzt genannten Interviewfragen bestätigen die These, daß ein kritisches Ereignis oft den wahrgenommenen Einfluß einer Person erhöht. Der Grund ist, daß der wahrgenommene persönliche Einfluß eine (positiv wachsende) Funktion des Einflusses der Bewegung ist, und daß dieser wiederum abhängt von der Größe der Bewegung.

Zu den *externen Anreizen* von Protest gehören positive Sanktionen. Wenn jemand eine Protesthandlung positiv bewertet, dann ist auch zu erwarten, daß er diejenigen, die sich in Form von Protesten engagieren, positiv sanktioniert. Insgesamt 93% der Befragten glauben, daß die Bevölkerung der Bundesrepublik Protesten gegen Atomkraftwerke nach Tschernobyl positiver gegenübersteht (siehe Frage 5 in Tabelle II.3). Die Antwort auf diese Frage läßt vermuten, daß die Befragten entweder ihre eigene Einstellung generalisieren oder daß sie nach Tschernobyl bei Protesten relativ positive Reaktionen anderer erfahren haben. Wie dem auch sei: die Antworten auf die genannte Frage bestätigen die Vermutung, daß die positiven externen Anreize für Protest nach dem Reaktorunfall gestiegen sind.

Nicht nur positive externe Anreize, sondern auch *interne Anreize* steigen häufig nach kritischen Ereignissen. Zu den internen Anreizen gehören Protestnormen: eine Behauptung bei der Erklärung der Wirkungen kritischer Ereignisse lautete, daß diese häufig zu der Aktivierung von Protestnormen führen. Diese These wird durch die Antworten auf Frage 6 bestätigt: 90% der Befragten gaben an, daß man nach einer Situation wie Tschernobyl einfach verpflichtet ist, sich zu engagieren.

Ein kritisches Ereignis läßt häufig auch die Anwendung von gesetzlich nicht erlaubten Protesthandlungen als gerechtfertigt erscheinen. Vermutlich wird dies um so eher der Fall sein, in je höherem Maße politische Entscheidungen als illegitim oder unmoralisch eingestuft werden. Aus der Sicht vieler Atomkraftgegner ist die politische Entscheidung, Kernenergie zu nutzen, wegen der damit verbundenen Gefahren moralisch fragwürdig. Eine Reaktorkatastrophe, die diese Ansicht bestätigt, wird deshalb dazu führen, daß *illegale Protestformen eher als legitim angesehen werden*. Diese Hypothese wird durch die Antworten auf Frage 7 bestätigt: 50% der Befragten gaben an, daß sie nach dem Reaktorunfall für illegale Aktionen wie z.B. Anschläge und Beschädigung von Bauzäunen mehr Verständnis haben.

TABELLE II.3: Die Wirkungen von Tschernobyl aus der Sicht der Befragten (N=121, bei Frage 2 ist N=120)

---

(1) Wie haben Sie persönlich Tschernobyl erlebt: Schätzen Sie die Gefahren der Atomenergie nach Tschernobyl größer ein als vorher, oder hat Tschernobyl Ihre Einschätzung der Gefahren nicht verändert oder schätzen Sie die Gefahren geringer ein?

Gefahr jetzt größer 50%
Einschätzung nicht geändert .. 50%
Gefahr jetzt geringer 0%

(2) Meinen Sie, daß Ihr persönliches Engagement gegen Atomenergie nach Tschernobyl erfolgversprechender ist, oder glauben Sie das nicht?

Ist erfolgversprechender...... 70%
Ist nicht erfolgverspr. 30%

(3) Glauben sie, daß die Chancen der Anti-AKW-Bewegung, die weitere Nutzung der Atomenergie einzuschränken, durch Tschernobyl gestiegen sind, oder glauben Sie das nicht?

Chancen gestiegen 89%
Chancen nicht gestiegen 11%

(4) Glauben Sie, daß die Zahl der aktiven Atomkraftgegner nach Tschernobyl zugenommen hat, daß sie in etwa gleich geblieben ist, oder daß sie abgenommen hat?

Zugenommen 83%
Gleich geblieben............. 17%
Abgenommen 0%

(5) Glauben Sie, daß die Bevölkerung nach dem Reaktorunfall von Tschernobyl Protesten gegen Atomkraftwerke positiver gegenübersteht, oder glauben Sie das nicht?

Steht positiver gegenüber ... 93%
Keine Änderung bei Bevölk. ... 7%

(6) Glauben Sie, daß man nach einer Situation wie in Tschernobyl einfach verpflichtet ist, sich zu engagieren, oder glauben Sie das nicht?

Ist verpflichtet 90%
Ist nicht verpflichtet 10%

(7) Nach Tschernobyl hat es eine Reihe von Protestaktionen gegeben, die illegal waren, wie z.B. Anschläge und Beschädigung von Bauzäunen. Haben Sie nach Tschernobyl für solche Aktionen mehr Verständnis als vorher, oder hat sich Ihre Einstellung nicht geändert?

Mehr Verständnis............. 50%
Einstellung nicht geändert ... 50%

Unsere Daten bestätigen also die Hypothesen, die in Figur II.1 zusammengefaßt wurden: aus der Sicht der Befragten hat der Reaktorunfall dazu geführt, daß
Anreize, die gemäß unserer Hypothesen Protest fördern, in höherem Maße als vor
dem Reaktorunfall vorlagen.

3.2. Die Vorgehensweise bei der Ermittlung der Stabilität von Protest, Protestbereitschaft und der Determinanten von Protest

Es gibt verschiedene Möglichkeiten zu messen, wie stabil eine Variable zu zwei
Zeitpunkten ist. In diesem Abschnitt wollen wir diese Möglichkeiten kurz beschreiben, soweit sie für die Auswertung unserer Daten von Bedeutung sind.

Der Vergleich von Mittelwerten und Prozentwerten. Nehmen wir zunächst an,
eine Variable habe mehr als zwei Werte und die Abstände zwischen den Werten
seien gleich (es handle sich also mindestens um intervallskalierte Variablen). Ein
Beispiel für eine solche Variable ist die Häufigkeit der Mitgliedschaft in Gruppen.
Die einfachste Möglichkeit zu ermitteln, ob eine solche Variable zu zwei Zeitpunkten - z.B. 1982 und 1987 - stabil ist, besteht darin, ihre Mittelwerte miteinander zu
vergleichen. So könnten wir vergleichen, inwieweit sich im Durchschnitt die Häufigkeit der Mitgliedschaft in Gruppen bei den 1982 und 1987 Befragten geändert
hat.

Wenn eine Variable nur zwei Ausprägungen hat, können wir die Stabilität er-
mitteln, indem wir vergleichen, wieviel Prozent der Befragten einen Wert dieser
Variablen zu zwei Zeitpunkten aufweisen. So könnten wir z.B. vergleichen, wieviel
Prozent der Befragten 1982 und 1987 in einer Wohngemeinschaft lebten.

Derartige Vergleiche zeigen die Stabilität der betreffenden Variablen bei den
Befragten *insgesamt.* Nehmen wir z.B. an, im Durchschnitt seien die Befragten
sowohl 1982 als auch 1987 in zwei Gruppen Mitglied. Die Mitgliedschaft in Gruppen ist also bei den Befragten insgesamt stabil geblieben. Trotzdem ist es denkbar,
daß eine Vielzahl von Befragten die Mitgliedschaft in Gruppen gewechselt hat. Im
Extremfall könnten alle Befragten aus den Gruppen, in denen sie 1982 Mitglied
waren, ausgetreten und in zwei neue Gruppen eingetreten sein. Wir werden diesen
Sachverhalt - daß nämlich die Stabilität einer Variablen bei einer Gruppe *insgesamt*
nicht bedeutet, daß auch die Variable bei den *einzelnen* Mitgliedern stabil geblieben
ist - bei der letzten Methode zur Messung von Stabilität, die wir weiter unten
beschreiben werden, an einem Beispiel illustrieren.

Wenn man also wissen will, inwieweit sich die *einzelnen* Befragten zu zwei
Zeitpunkten gleich verhalten haben, reicht ein Vergleich der Mittelwerte (oder ein
Vergleich von Prozentsätzen) nicht aus.

Der Vergleich von Korrelationskoeffizienten. Häufig wird in der Literatur als
Maß für die Stabilität von Variablen ein Korrelationskoeffizient berichtet, z.B. der
Koeffizient von Pearson-Bravais, den wir auch in diesem Buch häufig anwenden
werden. Inwieweit mißt dieser Koeffizient die Stabilität von Variablen?

Nehmen wir an, es zeige sich, daß zwischen der Protesthäufigkeit 1982 und
1987 ein enger Zusammenhang besteht: für unsere Protestskalen 1982 und 1987, die
sich auf legalen Protest beziehen, beträgt der genannte Korrelationskoeffizient .69.

Dies bedeutet, daß diejenigen, die 1982 relativ häufig protestiert haben, auch im Jahre 1987 häufig an Protestaktionen teilgenommen haben.

In welchem Sinne drückt dieser Koeffizient die Stabilität von Merkmalen aus? Betrachten wir die folgende Figur II.3. Auf der x-Achse sei die Häufigkeit von Protest im Jahre 1982, auf der y-Achse die Häufigkeit von Protest im Jahre 1987 abgetragen. Nehmen wir an, die in das Koordinatensystem eingezeichnete Linie A beschreibe den Zusammenhang zwischen den beiden Variablen. Jeder Befragte sei durch einen in der Figur nicht sichtbaren Punkt auf der Linie repräsentiert. Die in die Figur eingezeichnete Linie A hat ein Steigungsmaß (B) von 1. Dies bedeutet, daß jeder Befragte 1982 genau so häufig protestiert hat wie 1987. Wenn z.B. ein Befragter 1982 fünfmal protestiert hat, dann entspricht dies auch seiner Protesthäufigkeit 1987. In diesem Falle ist also vollkommene Stabilität des Verhaltens gegeben. Der Pearson'sche Korrelationskoeffizient hätte in diesem Falle den Wert 1.

Nehmen wir nun an, eine andere Linie B (siehe Figur II.3) gehe zwar wieder vom Ursprung aus, verlaufe jedoch steiler. Wiederum sei jeder Befragte als nicht sichtbarer Punkt auf der neuen steileren Linie repräsentiert. Auch in diesem Falle nimmt der Korrelationskoeffizient wieder den Wert 1 an. Dieses Mal ist jedoch das Ausmaß des Protests keineswegs stabil geblieben: vielmehr hat jeder Befragte 1987 häufiger als 1982 protestiert (außer den Befragten, die 1982 nicht protestiert haben, denn beide Linien gehen durch den Nullpunkt der x- und y-Achse).

FIGUR II.3. Darstellung des Zusammenhangs zwischen Protesthäufigkeit zu zwei Zeitpunkten

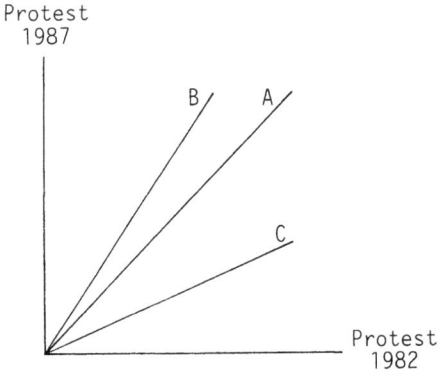

Betrachten wir nun Linie C. Wenn jeder Befragte wiederum als Punkt auf dieser Linie symbolisiert wird, würde der Korrelationskoeffizient wieder den Wert 1 annehmen. Die Befragten hätten in diesem Falle 1987 seltener als 1987 protestiert.

Ein relativ hoher (positiver) Korrelationskoeffizient bedeutet also, daß ein relativ hoher Wert der Protestvariablen 1982 mit einem relativ hohen Wert 1987 einhergeht und daß die Beziehung linear ist (d.h. daß die Punkte, die Befragte repräsentieren, um eine gerade Linie angeordnet werden können). Wenn der Korrelationskoeffizient relativ hoch ist, dann ist dies damit vereinbar, daß die Protesthäufigkeit (oder irgendeine andere Variable) zu beiden Zeitpunkten in hohem Maße gleich geblieben ist (siehe Linie A), daß die Protesthäufigkeit bei den Befragten allgemein gestiegen (Linie B) oder gesunken ist (Linie C). Wenn der Wert des Korrelationskoeffizienten relativ hoch ist, dann läßt sich also nicht ersehen, inwieweit Protest (oder andere Variablenwerte) bei *einzelnen* Befragten konstant geblieben sind.[14]

Ist der Wert eines Korrelationskoeffizienten dagegen relativ niedrig, dann bedeutet dies, daß sich die Variablenwerte auch bei den einzelnen Befragten geändert haben: in diesem Falle würden die Punkte relativ weit um eine Linie streuen. Dies bedeutet, daß sich die Werte einer Variablen bei einem Befragten zu zwei Zeitpunkten beträchtlich geändert haben.

Das Steigungsmaß der Regressionsgeraden. Wir sahen, daß bei relativ hoher Korrelation zwischen zwei Variablen *und* bei einem Steigungsmaß der Geraden von 1 eine hohe Stabilität der Variablen bei den *einzelnen* Personen *und* bei der *Gesamtheit* der Befragten gegeben ist. Das Steigungsmaß allein mißt die Stärke der Veränderung einer Variablen bei den Befragten insgesamt. Wenn dieses Maß größer als 1 ist, dann hat Protest (oder eine andere Variable) insgesamt zugenommen. Ist das Steigungsmaß kleiner als 1, dann ist der Wert der betreffenden Variablen zurückgegangen. Allgemein gesagt: je näher das Steigungsmaß bei dem Wert 1 liegt, desto stabiler war das Verhalten der Befragten insgesamt.

Das Steigungsmaß allein ist jedoch kein Maß für die Stabilität des Verhaltens der *einzelnen* Befragten. Dies läßt sich in folgender Weise zeigen. Nehmen wir an, die Stabilität von zwei Variablen soll verglichen werden: Protest 1982 und 1987 einerseits und Mitgliedschaft in Gruppen 1982 und 1987 andererseits. Diese Beziehungen lassen sich wiederum graphisch darstellen (siehe Figur II.3). Nehmen wir an, das Steigungsmaß sei für Protest 82/Protest 87 und für Mitgliedschaft 82/Mitgliedschaft 87 identisch. Trotzdem könnten die Punkte in sehr unterschiedlichem Maße um die betreffenden Linien streuen. So könnte der Korrelationskoeffizient für die Variablen Protest 1982 und 1987 .30, für die Variablen Mitgliedschaft in Gruppen 1982 und 1987 dagegen .80 betragen. Dies würde bedeuten, daß sich das Verhalten von *Einzelpersonen* insgesamt im ersten Falle stärker als im zweiten Falle geändert hat.

Das Steigungsmaß einer Geraden allein mißt also wiederum nicht die Veränderung der Merkmale *einzelner* Personen, es sei denn, der betreffende Korrelationskoeffizient ist sehr hoch.

Das Steigungsmaß kann mittels der Regressionsanalyse ermittelt werden. Bei einer Regression, bei der die abhängige Variable die 1987 gemessene und die

---

[14] Die Stabilität von Koeffizienten könnte auch mittels der Kovarianz-Strukturanalyse mit Programmen wie LISREL oder EQS berechnet werden - vgl. hierzu den Anhang. In der Tat zeigten Berechnungen mit dem EQS-Programm, daß die Stabilitätskoeffizienten meist beträchtlich größer als die bivariaten Korrelationskoeffizienten sind. Wir ziehen jedoch die - konservativere - Schätzung der Stabilität durch Korrelationskoeffizienten vor. Zu den Gründen hierfür siehe den Anhang.

unabhängige Variable die 1982 gemessene Variable ist, drückt der unstandardisierte Regressionskoeffizient (B) das Steigungsmaß aus.

Tabellarische Analysen. Wir wollen uns nun mit einer Möglichkeit befassen zu ermitteln, inwieweit *einzelne Personen* ihr Engagement, ihre Einstellungen etc. verändert haben, d.h. inwieweit diese Eigenschaften unserer Befragten *stabil* waren. Wir illustrieren die Vorgehensweise mit der Veränderung einer bestimmten Art von Protestverhalten, nämlich mit dem Tragen von Plaketten. Gehen wir von den Verteilungen aus, die in Tabelle II.4 dargestellt sind.

Die erste obere Teiltabelle zeigt, daß 1982 insgesamt 68 Personen keine Plakette getragen haben, während 53 Personen angaben, eine Plakette gegen Atomkraftwerke getragen zu haben (siehe die Zahlen am unteren Rand der oberen Teiltabelle). Im Jahre 1987 dagegen gaben 79 Personen an, keine Plakette getragen zu haben, während 42 Personen eine Plakette trugen (vgl. die Zahlen am rechten Rand der oberen Teiltabelle). Von den 121 Befragten trugen also 1987 11 Personen weniger als 1982 eine Plakette (im Jahre 1982 trugen 53 Personen, im Jahre 1987 nur 42 Personen eine Plakette).

Wir haben also die Anzahl der Personen, die zu zwei Zeitpunkten eine Plakette trugen, miteinander verglichen (vgl. das vorher zuerst beschriebene Verfahren zur Messung der Stabilität).

Diese Veränderung kann in sehr unterschiedlicher Weise zustandegekommen sein. Betrachten wir zwei extreme Fälle, die im folgenden an fiktiven Daten illustriert werden. Der erste Fall ist in der linken unteren Teiltabelle von Tabelle II.4 dargestellt. Die Anzahl der Personen *insgesamt*, die 1982 bzw. 1987 eine Plakette trugen oder nicht trugen, ist die gleiche wie in der ersten oberen Teiltabelle (siehe die Häufigkeiten am rechten und unteren Rand der unteren linken Tabelle und der oberen Tabelle). Die vorher beschriebene Veränderung könnte in folgender Weise zustandegekommen sein. Das Verhalten der 68 Personen, die 1982 keine Plakette trugen, ist stabil geblieben (siehe das obere linke Feld der unteren linken Tabelle). Von den 53 Personen, die 1982 eine Plakette trugen, tragen nun 11 Personen keine Plakette mehr. Die Abnahme des Tragens einer Plakette ist also hier allein dadurch bedingt, daß 11 Personen, die früher eine Plakette trugen, davon abließen.

Die *Stabilität* des Verhaltens ist groß: 68 und 42, also insgesamt 110 Personen, haben ihr Verhalten nicht geändert. Bei 90.9% der Personen, also bei 110/121 Befragten, blieb das Verhalten stabil.

Daß im Jahre 1987 11 Personen weniger eine Plakette getragen haben als 1982, könnte auch auf ganz andere Weise zustandegekommen sein. Illustrieren wir dies an einem zweiten extremen Fall (vgl. die rechte untere Teiltabelle von Tabelle II.4). Von den 68 Personen, die 1982 keine Plakette trugen, haben 1987 42 Personen ihr Verhalten geändert (siehe das untere linke Feld der Tabelle); von den 53 Personen, die 1982 eine Plakette trugen, trägt nun niemand mehr eine Plakette (siehe das untere rechte Feld der Tabelle).

Tragen einer Plakette 1987	Tragen einer Plakette 1982		
	Nein	Ja	
Nein	59	20	79
Ja	9	33	42
	68	53	121

1982 trugen 53 Personen eine Plakette, 1987 nur 42 Personen.

76% (= (59 + 33)/121) der Befragten änderten ihr Verhalten nicht.

16,5% (= 20/121) der Befragten wurden inaktiv.

7,4% (=9/121) der Befragten wurden aktiv.

Hohe Stabilität des Protests
(fiktive Daten)

1987	1982		
	Nein	Ja	
Nein	68	11	79
Ja	0	42	42
	68	53	121

Bei 90,9% der Befragten (=(68 + 42)/121) erfolgte keine Verhaltensänderung.

9,1% (= 11/121)) der Befragten wurden inaktiv.

Niemand wurde aktiv.

Geringe Stabilität des Protests
(fiktive Daten)

1987	1982		
	Nein	Ja	
Nein	26	53	79
Ja	42	0	42
	68	53	121

Bei 21,5% der Befragten (= (26 + 0)/121) erfolgte keine Verhaltensänderung.

43,8% (= 53/121) der Befragten wurden inaktiv.

34,7% (= 42/121)) der Befragten wurden aktiv.

Die *Stabilität* ist in diesem Falle sehr gering: lediglich 26 Personen, d.h. 21,4% der Befragten, haben ihr Verhalten von 1982 beibehalten.[15]

Halten wir fest: eine gegebene *Zu- oder Abnahme von Protest* kann durch relativ hohe, aber auch durch relativ geringe Stabilität des Verhaltens der Individuen zustandekommen. In unserem Beispiel haben 1987 11 Personen weniger als 1982 eine Plakette getragen. Diese Änderung kann u.a. zustandekommen, wenn 90,9% der Befragten ihr Verhalten nicht ändern, aber auch dann, wenn nur 21,4% der Befragten ihr Verhalten beibehalten.

Wie groß ist die Stabilität des Protests *insgesamt* bei unseren Befragten? Zur Beantwortung dieser Frage kann man *für jede Protesthandlung* eine Tabelle erstellen, wie wir sie für das Tragen einer Plakette besprochen haben. Sodann ist für jede Tabelle die Anzahl der Befragten zu ermitteln, die ihr Verhalten nicht geändert haben. Es handelt sich hier, wie unsere vorangegangenen Ausführungen illustrieren, um die Häufigkeiten in der von oben links nach unten rechts verlaufenden *Diagonale* der betreffenden Tabellen. Addiert man die betreffenden Häufigkeiten für alle Tabellen und dividiert diese Summe durch die Summe der Gesamthäufigkeiten je Tabelle, ergibt sich der Prozentsatz der Befragten, die ihr Protestverhalten nicht geändert haben.

Wollen wir ermitteln, wieviele Befragte *inaktiv* geworden sind, oder, allgemein gesagt, bei wievielen Befragten der Wert einer Variablen *abgenommen* hat, müssen wir für alle Tabellen die Häufigkeiten rechts von der Diagonalen addieren und wiederum durch die Gesamthäufigkeiten dividieren.

Soll schließlich ermittelt werden, wieviele Befragte *aktiv* geworden sind, oder, allgemein gesagt, bei wievielen Befragten der Wert einer Variablen *zugenommen* hat, müssen für alle Tabellen die Häufigkeiten links unterhalb der Diagonalen addiert und wiederum durch die Gesamthäufigkeiten dividiert werden.

In dieser Weise wollen wir allgemein bei der Ermittlung der Stabilität der Merkmale von Einzelpersonen vorgehen. Für jeden Indikator unserer wichtigsten Skalen haben wir eine Tabelle mit den Häufigkeiten 1982 und 1987 erstellt. Die Häufigkeiten in der Diagonalen bezeichnen die *Stabilität*, die Häufigkeiten rechts oberhalb der Diagonalen die *Abnahme* und die Häufigkeiten links unterhalb der Diagonalen die *Zunahme* des Wertes des Indikators.

Sodann haben wir jeweils für die Indikatoren jeder unserer Skalen die entsprechenden Gesamthäufigkeiten addiert und die Stabilitäten usw. errechnet. Die Ergebnisse dieser Berechnungen werden im nächsten Abschnitt dargestellt.

---

[15] Der Grund dafür, daß eine gegebene Änderung von Protest auf sehr unterschiedliche Weise zustandekommen kann, ist folgender. Bei gegebenen *Rand*häufigkeiten (d.h. Häufigkeiten am unteren und rechten Rand einer Tabelle) können die *internen* Häufigkeiten (d.h. die Häufigkeiten, die in den Feldern einer Tabelle stehen) sehr verschieden sein.

3.3. Die Stabilität von Protest, Protestbereitschaft und der Determinanten von Protest vor und nach Tschernobyl

In diesem Abschnitt wollen wir darstellen, in welchem Maße die Werte unserer wichtigsten Skalen vor und nach dem Reaktorunfall stabil geblieben sind. Dabei verwenden wir die im vorigen Abschnitt dargestellten Stabilitätsmaße. Die Skalenbildung wird im einzelnen im Anhang beschrieben.

In Tabelle II.5 sind diese Maße zunächst für die legale und illegale Protesthäufigkeit (d.h. für die Häufigkeit der ausgeführten Protestarten) und für die legale und illegale Protestbereitschaft (d.h. für das Ausmaß, in dem die Befragten die Absicht haben, die betreffenden Protesthandlungen in Zukunft auszuführen) dargestellt.[16]

Betrachten wir zunächst die Anzahl der Protestarten. 1982 haben die Befragten im Durchschnitt 3.70 Protesthandlungen und 1987 3.38 Protesthandlungen ausgeführt. Bei den illegalen Protesthandlungen sank der Mittelwert von .51 auf .31. Im Durchschnitt haben die Befragten also 1987 weniger Arten von Protesthandlungen ausgeführt als 1982. Auch die Protest*bereitschaft* ist 1987 geringer als 1982. Generell sind die Mittelwertunterschiede allerdings gering.

Daß die Häufigkeit und Bereitschaft von Protest 1987 geringer als 1982 ist, zeigen auch die Steigungsmaße: alle Steigungsmaße sind kleiner als 1. Am geringsten ist das Steigungsmaß für illegale Protesthäufigkeit (.38), am höchsten sind die Steigungsmaße für legale Protesthäufigkeit und illegale Protestbereitschaft (.62).

Bei den anderen in Tabelle II.5 dargestellten Variablen handelt es sich um Determinanten von Protest. Wenn wir hier die Mittelwerte der Skalen von 1982 und 1987 miteinander vergleichen, dann zeigt sich erstens, daß die Mittelwerte sehr ähnlich sind. Dies ist in Anbetracht des Zeitraums von fünf Jahren zwischen der Erst- und Zweitbefragung erstaunlich.

Zweitens sind bei 9 von 16, also bei etwas mehr als der Hälfte der Skalen die Mittelwerte für 1987 geringfügig höher als für 1982. Die Steigungsmaße sind bei allen Skalen kleiner als 1. Insgesamt sind also die Werte der Determinanten ebenfalls zurückgegangen.

Der Mittelwert *aller* Steigungsmaße (einschließlich der Protestvariablen) beträgt .46 mit einer Standardabweichung von .12.

---

[16] In unseren Datenanalysen werden Skalen verwendet, in denen je Protesthandlung die Werte für Ausführung und Absicht multipliziert und die sich so ergebenden Produktwerte jeweils für legale und illegale Handlungen, getrennt für 1982 und 1987, addiert werden. Siehe im einzelnen den Anhang. In diesem Abschnitt werden nur die Punktwerte für die *Ausführung* der legalen bzw. illegalen Handlungen (Protesthäufigkeit) und, getrennt davon, für die *Absicht*, die legalen bzw. legalen Handlungen auszuführen (Protestbereitschaft), addiert. Ansonsten wurde bei der Skalenbildung so vorgegangen, wie dies im Anhang beschrieben wird.

TABELLE II.5: Die Stabilität und Veränderung von Protest, Protestbereitschaft und Determinanten politischen Protests 1982 (1987)

Variable	Mittel- wert	Korre- lation	Stei- gung	% Stabi- lität	% Ab- nahme	% Zu- nahme
Legale Protest- häufigkeit	3.70 (3.38)	.69	.62	77.8%	12.7%	9.5%
Illegale Protest- häufigkeit	.51 (.31)	.49	.38	88.6%	8.3%	3.1%
Legale Protest- bereitschaft	22.46 (21.63)	.52	.54	39.0%	32.6%	28.4%
Illegale Protest- bereitschaft	3.62 (3.27)	.61	.62	50.0%	28.0%	22.0%
Protestnormen	18.08 (17.62)	.42	.55	64.6%	16.9%	18.5%
Gewaltnormen	3.69 (3.84)	.44	.42	54.5%	21.9%	23.6%
Unzufriedenheit mit der Atomenergie	3.06 (3.44)	.43	.38	74.6%	12.8%	12.6%
Politische Entfremdung	17.26 (17.14)	.53	.53	42.8%	25.0%	32.2%
Einfluß a. Nutzung der Kernenergie	.70 (.72)	.52	.57	49.7%	22.4%	27.9%
Unterhaltungswert von Protest	.76 (.73)	.56	.58	44.6%	24.9%	30.5%
Katharsis-Wert	.60 (.65)	.41	.39	51.5%	28.8%	19.7%
Erwartungen	.51 (.59)	.26	.25	55.9%	25.5%	18.6%
Wahrscheinl. posi- tiver Sanktionen	4.28 (4.26)	.37	.35	44.0%	30.2%	25.8%
Wahrscheinl. staat- licher Sanktionen	.89 (1.09)	.46	.39	47.0%	19.8%	33.2%
Wahrsch. neg. in- formeller Sankt.	1.22 (1.03)	.29	.29	31.7%	41.3%	27.0%
Bewertung positi- ver Sanktionen	3.76 (3.42)	.54	.58	57.0%	26.9%	16.1%
Bewertung staatli- cher Sanktionen	-2.38 (-2.20)	.50	.54	65.4%	12.5%	22.1%
Bewertung neg. in- formeller Sankt.	-1.14 (-0.91)	.40	.35	48.6%	21.7%	29.7%

Betrachten wir die Korrelationen zwischen den 1982 und 1987 gemessenen Skalen. Die höchste Korrelation weist die legale Protesthäufigkeit 1982 und 1987 auf: der Koeffizient beträgt .69. D.h. diejenigen, die 1982 relativ häufig protestiert haben, haben auch 1987 relativ viele Protesthandlungen ausgeführt. Da jedoch der B-Koeffizient kleiner als 1 ist, haben unsere Befragten im allgemeinen 1987 seltener als 1982 protestiert.

Berechnet man das arithmetische Mittel aller Korrelationskoeffizienten, dann ergibt sich ein Wert von .47 mit einer Standardabweichung von .10. Wenn man bedenkt, daß zwischen der Erst- und Zweitbefragung fünf Jahre liegen, dann ist dieser ein erstaunlich hoher Wert.

Wenden wir uns nun den Personen zu, die 1982 und 1987 dieselben Werte bei den einzelnen Indikatoren unserer Skalen aufweisen (vgl. die Spalte "% Stabilität" in unserer Tabelle). Es handelt sich hier um den Prozentsatz derjenigen Personen, die bei den zweidimensionalen Tabellen, die die Verteilungen einer zu zwei Zeit-punkten gemessenen Variablen beschreiben, in die Diagonale fallen. Die höchste Stabilität weisen die Variablen "Legale" und "Illegale Protesthäufigkeit" auf. 77.8% und 88.6% gaben 1982 und 1987 an, dieselben Protestarten ausgeführt zu haben.

Berechnet man aus den Werten der Spalte "% Stabilität" den Mittelwert, dann ergibt sich, daß 54.85% der Befragten 1982 und 1987 dieselben Variablenwerte auf-wiesen. Die Standardabweichung beträgt 14.11. D.h. die einzelnen Variablen unter-scheiden sich hinsichtlich der Stabilität beträchtlich.

Wenn ca. 55% der Befragten 1982 und 1987 dieselben Variablenwerte aufwei-sen, dann haben 45% der Befragten ihr Verhalten geändert. Die vorletzte Spalte enthält den Prozentsatz der Befragten, die 1987 geringere Variablenwerte als 1982 angegeben haben. In der letzten Spalte ist aufgeführt, welcher Prozentsatz der Befragten 1987 höhere Werte als 1982 angab. Berechnet man aus den Werten jeder dieser Spalten den Mittelwert, dann ergibt sich: 1987 haben 22.9% geringere und 22.25% größere Werte bei den einzelnen Variablen angegeben. Die entsprechenden Standardabweichungen betragen 8.01 und 7.97.

3.4. Zur Erklärung der Befunde

In Abschnitt 3.1 haben wir über die Wirkungen des Reaktorunfalls von Tschernobyl aus der Sicht der Befragten berichtet. Diese Ergebnisse bestätigen die Vermutung, daß insgesamt die Anreize für Protest größer geworden sind. Dies stimmt überein mit Ergebnissen von Bevölkerungsumfragen über die Veränderung von Einstellungen nach Tschernobyl und mit der Beobachtung, daß Protest nach dem Reaktorunfall zugenommen hat (vgl. Abschnitt 3.2). Die im vorigen Abschnitt berichteten Ergebnisse sind anscheinend mit diesen Sachverhalten unvereinbar: danach sind Protestverhalten, Protestbereitschaft und die Anreize für Protest nach Tschernobyl geringer geworden. Wie könnten diese unterschiedlichen Ergebnisse erklärt werden, d.h. warum sind die Wirkungen von Tschernobyl anscheinend unter-schiedlich, wenn man einerseits von der Einschätzung der Befragten und anderer-seits von unseren Skalen zur Messung von Protest etc. ausgeht?

(1) Wir sind bisher davon ausgegangen, daß die durch unsere Skalen im Jahre 1982 gemessenen Merkmale der Befragten bis vor dem Reaktorunfall stabil waren:

wir haben die Werte der Skalen vor und nach Tschernobyl miteinander verglichen und erwartet, daß sich aufgrund des Reaktorunfalls Unterschiede ergaben. Diese Annahme erschien insofern plausibel, als bereits bei unserer Erstbefragung 1982 die Aktivitäten der Anti-Atomkraftbewegung stark zurückgegangen waren und erst nach dem Reaktorunfall wieder zunahmen.

Inwieweit trifft diese Annahme für unsere Befragten zu? Es wäre denkbar, daß nach dem Zeitpunkt der Erstbefragung die Protestaktivitäten, die Protestbereit-schaft und die Werte der Protestdeterminanten - Unzufriedenheit mit der Atom-energie, wahrgenommener Einfluß etc. - zurückgegangen sind. D.h. kurz vor dem Reaktorunfall waren die Werte der genannten Faktoren erheblich geringer als im Jahre 1982. Der Reaktorunfall könnte dann dazu geführt haben, daß die Protest-aktivitäten, die Protestbereitschaft etc. soweit zugenommen haben, daß sozusagen der Stand von 1982 wieder erreicht wird.

Für diese Annahme spricht, daß zwischen beiden Untersuchungen ungefähr fünf Jahre liegen. In dieser Zeit haben Befragte ihr Studium abgeschlossen und eine Familie gegründet. Dies könnte zu einem Rückgang der Protestbereitschaft und der Werte der Protestdeterminanten und damit zu einem Rückgang von Protest geführt haben.

Gegen diese Erklärung spricht, daß in unserer Stichprobe von 1987 in relativ hohem Maße relativ junge Befragte nicht erreicht werden konnten. Ein Teil der-jenigen, bei denen aufgrund ihres Lebensalters mit einem relativ starken Rückgang von Protest nach 1982 zu rechnen war, ist in unserem Panel nicht enthalten.

Wenn tatsächlich das Engagement seit 1982 bei unseren Befragten zurück-gegangen ist, dann müßten unsere Befragten 1982 zu der Minorität der besonders aktiven Atomkraftgegner gehört haben, da, wie gesagt, die Atomkraftgegner im Jahre 1982 allgemein relativ inaktiv waren. Es gibt keine Anhaltspunkte dafür, daß dies richtig ist.

(2) Wir waren bisher davon ausgegangen, daß aufgrund der Antworten auf die Fragen, in denen die Befragten die Wirkungen von Tschernobyl selbst einschätzen, tatsächlich stärkere Unterschiede bei den Werten der Skalen zu erwarten sind. Dies kann jedoch bestritten werden. Der Grund ist, daß bei den direkten Fragen nach den Wirkungen von Tschernobyl nicht das *Ausmaß* der Veränderung der wahrgenom-menen Gefahren etc. aufgrund des Reaktorunfalls ermittelt wurde. Wenn z.B. ein Befragter angibt, er schätze die Gefahren von Atomkraftwerken nach dem Reak-torunfall größer ein als vorher, dann mag dieser Unterschied nur gering sein. Die genannten direkten Fragen müssen also nicht unbedingt relativ große Unterschiede bei den Skalen zur Folge haben.

(3) Dies ist auch aus folgendem Grunde nicht unbedingt zu erwarten. Die direkten Fragen beziehen sich auf die Situation nach dem Reaktorunfall. Viele Befragte könnten diese Fragen so verstanden haben, daß sie nach ihrer Ein-schätzung von Veränderungen *unmittelbar* nach dem Reaktorunfall gefragt wurden. Möglicherweise waren diese Veränderungen relativ stark. Acht Monate später, also zum Zeitpunkt unserer Zweitbefragung, könnte sich der anfängliche Schockeffekt etwas abgeschwächt haben. Dies könnte in den Antworten auf die Indikatoren der Skalen zum Ausdruck gekommen sein.

(4) Daß die Skalen tatsächlich die Unterschiede zwischen Protest etc. unmit-telbar vor und nach Tschernobyl zum Ausdruck bringen, läßt folgende Überlegung

plausibel erscheinen. Bei unseren Befragten handelte es sich um Atomkraftgegner, also um Personen, die die Atomenergie weder befürworten noch der Nutzung der Atomenergie gleichgültig gegenüberstehen. Es ist zu vermuten, daß ein Ereignis wie der Reaktorunfall besonders starke Wirkungen bei denjenigen hat, denen die Nutzung der Atomenergie bisher relativ gleichgültig war oder die nur in geringem Maße unzufrieden waren. So ist anzunehmen, daß Protestbereitschaft bei denjenigen in schwachem Maße zunimmt, die bereits in hohem Maße zu Protest bereit sind (vgl. hierzu auch unsere Ausführungen in Kapitel III).

(5) Unsere Protestskalen messen die Anzahl der Protest*arten*, jedoch nicht, wie *häufig* bestimmte Protestarten ausgeführt wurden. So wird in beiden Befragungen ermittelt, ob die Befragten an (mindestens) einer genehmigten (bzw. angemeldeten) Demonstration teilgenommen haben. Es wäre nun möglich, daß sowohl in der Befragung von 1982 als auch in der Befragung von 1987 ein Befragter angibt, an einer genehmigten Demonstration teilgenommen zu haben. Der Befragte könnte jedoch z.B. nach dem Reaktorunfall an mehreren, vor dem Reaktorunfall aber nur an einer einzigen Demonstration teilgenommen haben. In unserer Untersuchung kann dies nicht ermittelt werden. Es wäre also möglich, daß unsere Befragten vor und nach Tschernobyl zwar die gleichen Protest*arten* ausgeführt haben, daß jedoch die Protest*häufigkeit* bei den Befragten 1982 und 1987 unterschiedlich ist.

Wir haben eine Reihe von Möglichkeiten diskutiert, wie es zu erklären ist, daß sich bei unseren Befragten Protesthäufigkeit, Protestbereitschaft etc. nicht stärker unterscheiden. Aufgrund unserer Daten können wir nicht entscheiden, welche der genannten Erklärungen zutrifft. Am plausibelsten erscheint uns die Vermutung, daß in der Tat das Ausmaß des Protests, die Protestbereitschaft und die Determinanten des Protests bei unseren Befragten im Jahre 1987 und vor Tschernobyl sehr ähnliche Werte hatten und daß die tatsächliche Wirkung des Reaktorunfalls aufgrund des in Punkt 4 genannten Arguments relativ gering war.

III. UNZUFRIEDENHEIT MIT DER NUTZUNG DER ATOMENERGIE, POLITISCHE ENTFREMDUNG, EINFLUSS UND PROTEST[1]

Die Rolle von Deprivationen bzw. Unzufriedenheit als Ursachen politischen Protests ist eine der am meisten diskutierten Fragen in der Literatur über soziale Bewegungen. Drei konkurrierende Hypothesen werden vertreten. In dem klassischen Erklärungsansatz, insbesondere in der Theorie der Deprivation und relativen Deprivation[2], wird behauptet: wenn die Deprivation steigt, dann steigt auch das Ausmaß politischer Beteiligung; sinkt die Unzufriedenheit, dann sinkt entsprechend das Ausmaß politischer Beteiligung. Unabhängig von der Situation, in der sich die Handelnden befinden, hat also Unzufriedenheit immer denselben Effekt: ändert sich die Unzufriedenheit, dann ändert sich auch die politische Beteiligung in der genannten Weise.

Dieser Erklärungsansatz wurde vor allem von Vertretern der Theorie der Ressourcen-Mobilisierung kritisiert. Hier wird u.a. behauptet, daß Unzufriedenheit allgemein verbreitet ist, so daß sie nicht als Erklärung für politische Beteiligung in Betracht kommt.[3]

Vertreter der Theorie kollektiven Handelns in der Version von Mancur Olson (1965) bestreiten ebenfalls, wie wir in Kapitel I, Abschnitt 2.2, sahen, daß Unzufriedenheit einen Einfluß auf politische Beteiligung hat. Die Gründe für diese Behauptung unterscheiden sich jedoch von denen, die Vertreter der Theorie der Ressourcen-Mobilisierung vorbringen. In großen Gruppen wie soziale Bewegungen sind - so wird behauptet - Deprivationen oder, anders gesagt, Präferenzen für Kollektivgüter, keine Anreize für kollektives Handeln, weil das einzelne Gruppenmitglied keinen Einfluß auf die Herstellung der Kollektivgüter hat.

Aus dieser These folgt nicht, daß generell Unzufriedenheit für das Auftreten kollektiven Handelns irrelevant ist. Dies ist nur dann der Fall, wenn der Einfluß, durch kollektives Handeln die Unzufriedenheit zu vermindern, relativ gering ist. Die Wirkungen von Unzufriedenheit hängen also ab von dem wahrgenommenen Einfluß. Es wird somit, technisch gesprochen, ein *Interaktionseffekt* zwischen Unzufriedenheit und Einfluß einerseits und kollektivem Handeln andererseits behauptet. Da jedoch in großen Gruppen der Einfluß eines Einzelnen extrem gering ist, kann die Unzufriedenheit in großen Gruppen keine Wirkung auf kollektives Handeln und somit auch nicht auf Protest haben.

Neuere Arbeiten, die der Theorie der Ressourcen-Mobilisierung zuzurechnen sind, betonen erneut, wie bereits Vertreter der Deprivationstheorie, die Bedeutung von Deprivationen für die Entstehung von Protest. Allerdings wird behauptet, daß die Wirkung von Deprivationen von sozialen Strukturen abhängt: nur wenn bestehende Strukturen Möglichkeiten für Protest bieten, haben Deprivationen eine Wir-

---

[1] Verfaßt von *Karl-Dieter Opp.*

[2] Vgl. hierzu zusammenfassend Finkel 1986; Gurney und Tierney 1982.

[3] Vgl. hierzu im einzelnen vor allem McCarthy und Zald 1977: 1213; Jenkins und Perrow 1977: 266.

kung auf Protest. Es wird also wiederum ein Interaktionseffekt behauptet: in diesem Falle von Deprivation und sozialen Strukturen auf Protest.[4]

Trotz der intensiven Diskussion der Deprivationsthese blieben einige Fragen bisher ungelöst. Erstens liegen bisher kaum präzise Hypothesen und Untersuchungsergebnisse darüber vor, *warum Personen unzufrieden sind*. Man geht normalerweise davon aus, daß Unzufriedenheit entstanden ist und fragt nach deren Wirkungen.

Zweitens sind bisher die *dynamischen Wirkungen der Deprivation* kaum Gegenstand theoretischer Überlegungen und empirischer Forschungen gewesen. D.h. es ist kaum untersucht worden, wie Deprivationen sich im Zeitablauf entwickeln und welche Wirkungen sie haben. So wird normalerweise angenommen, daß Deprivationen Ursachen von Protest sind. Aber dies ist keineswegs selbstverständlich. Angenommen, in einer Untersuchung finde man einen positiven Zusammenhang zwischen Unzufriedenheit und Protest. Ein Anhänger der Theorie kollektiven Handelns könnte behaupten, daß Unzufriedenheit keineswegs eine Ursache von Protest war, sondern daß Protest durch andere Ursachen bedingt war und daß Protest dann zu Unzufriedenheit geführt hat. D.h. bestimmte (selektive) Anreize haben zu Protest geführt und Protest wiederum hat bewirkt, daß Unzufriedenheit entstand. Solche Prozesse, deren Gegenstand die Entwicklung und die Wirkungen von Deprivation im Zeitablauf sind, wurden bisher kaum untersucht.

Eine dritte Frage, die bisher kaum behandelt wurde, bezieht sich auf die *Wirkungen kritischer Ereignisse* (siehe hierzu Kapitel II). Es hat sich oft gezeigt, daß nach dem Auftreten kritischer Ereignisse Protest geradezu explosionsartig zunimmt. Oft entsteht Deprivation nicht erst dann, wenn ein kritisches Ereignis aufgetreten ist, Deprivation hat bereits vorher bestanden. So hat der Reaktorunfall von Tschernobyl, wie wir sahen, zu einer Zunahme der Unzufriedenheit in der Bevölkerung und auch aus der Sicht unserer Befragten geführt. Allerdings war auch vor dem Reaktorunfall Unzufriedenheit mit der Atomenergie in der Bevölkerung verbreitet. In welchem Ausmaß hat die Intensität von Unzufriedenheit *vor* einem kritischen Ereignis eine Wirkung auf Protest *nach* dem kritischen Ereignis?

Eine vierte Frage, die bisher in der Literatur kaum behandelt wurde, bezieht sich auf die *Art des Protests*, die gewählt wird, um Deprivationen zu vermindern. In den meisten Untersuchungen wird irgendeine Art von Protest oder politischer Beteiligung ausgewählt ohne dabei zu fragen, warum diese und keine andere Art von Protest ausgeführt wurde. Es ist sicherlich nicht zufällig, ob Personen sich entscheiden, eine Anti-Atomkraft-Plakette zu tragen oder Fabriken zu besetzen. Entsprechend ist zu fragen: welche Art von Protest entsteht, wenn sich das Ausmaß der Unzufriedenheit ändert oder, allgemein gefragt: führen bestimmte Arten mehr oder weniger intensiver Deprivationen zu bestimmten Arten von Protest?

---

[4] Vgl. hierzu Walsh 1981; Walsh und Warland 1983; Law und Walsh 1983. Useem (1985) scheint ebenfalls diese These zu vertreten. Aus seiner Analyse eines Gefangenenaufstandes in Mexiko im Jahre 1980 zieht er den Schluß, es sei nicht gerechtfertigt, die Deprivationstheorie (d.h. das "break-down model") gänzlich aufzugeben. Jedoch sollten zusätzlich zu Deprivationen "die herrschenden historischen und kulturellen Bedingungen, in die kollektives Handeln eingebettet ist" berücksichtigt werden.

Eine fünfte Frage, mit der wir uns befassen wollen, betrifft die *Beziehung zwischen Einfluß und Protest*. Normalerweise wird angenommen, daß ein relativ hoher wahrgenommener politischer Einfluß - bei gegebener Unzufriedenheit - zu einem hohen Ausmaß von Protest führt. Die umgekehrte These ist jedoch auch plausibel: wenn Personen in relativ hohem Maße protestieren, dann führt dies dazu, daß sie sich als relativ einflußreich ansehen. Vielleicht besteht auch eine Rückwirkung zwischen Protest und Einfluß?

Eine letzte Frage, mit der wir uns in diesem Kapitel befassen wollen, bezieht sich auf die *Art des politischen Einflusses*, den Personen zu haben glauben. Für die Erklärung von Engagement gegen die Atomenergie ist von Bedeutung, inwieweit Personen glauben, durch ihr Engagement einen Einfluß speziell auf die Nutzung der Atomenergie zu haben. Inwieweit wirkt dieser wahrgenommene Einfluß anders als der Einfluß, den Personen allgemein in der Politik zu haben glauben? Ist vielleicht der Einfluß auf die Herstellung verschiedener Kollektivgüter unterschiedlich?

In diesem Kapitel sollen zu den genannten Fragen Hypothesen vorgeschlagen und mit Daten unserer beiden Befragungen überprüft werden.

1. Einige Ursachen für die Unzufriedenheit mit der Atomenergie

Ein häufiger Einwand gegen die Nutzentheorie und das ökonomische Verhaltensmodell lautet, daß von bereits bestehenden Präferenzen ausgegangen und nicht gefragt wird, warum sich bestimmte Präferenzen bilden. Entsprechend könnte in diesem Zusammenhang gefragt werden, warum Personen mit der Nutzung der Atomenergie mehr oder weniger unzufrieden sind. Mit dieser Frage wollen wir uns im folgenden befassen.

1.1. Eine Theorie zur Erklärung von Präferenzen

Nehmen wir einmal an, in einem kleinen Ort haben die Bewohner keinerlei Kenntnisse über Atome, Atombomben oder Atomenergie. Nun werde ein Atomkraftwerk in der Nähe des Ortes geplant. Vermutlich werden die Bewohner der Nutzung der Atomenergie zunächst einmal neutral gegenüberstehen, d.h. sie werden diese weder positiv noch negativ bewerten. Der geplante Bau wird für viele Bewohner ein Anreiz sein, sich über die Vor- und Nachteile von Atomkraftwerken zu informieren: die Bewohner werden Zeitungsartikel lesen, die in der Lokalpresse erscheinen, und sie werden Meinungen über das Atomkraftwerk austauschen. Nach einer gewissen Zeit wird sich in der Stadt eine bestimmte Verteilung der Bewertungen der Nutzung der Atomenergie und vermutlich auch eine Verteilung der Bewertung der Nutzung der Kernenergie generell herausbilden. Wovon wird es abhängen, ob ein Bewohner die Nutzung der Kernenergie mehr oder weniger positiv bzw. negativ bewertet?

Wenn jemand relativ sicher ist, daß mit der Nutzung der Atomenergie relativ viele Vorteile verbunden sind, dann wird er auch insgesamt die Nutzung der Atomenergie relativ positiv bewerten. Ist dagegen jemand der Meinung, daß die Nutzung der Atomenergie in hohem Maße Folgen hat, die er sehr negativ bewertet, dann wird er auch die Nutzung der Atomenergie insgesamt relativ negativ einschätzen.

Damit wird auch das Ausmaß seiner Unzufriedenheit mit der Nutzung der Atomenergie relativ groß sein.

Diese Überlegungen kann man präziser in folgender Weise formulieren.[5] Zur Erklärung der Einstellung zur Atomenergie ist erstens von Bedeutung, welche *Merkmale* bzw. Folgen man der Kernenergie zuordnet. Beispiele sind gesundheitliche Schäden der Anwohner, ein relativ hoher Preis der Atomenergie für Verbraucher oder die Möglichkeit, Atomkraftwerke für die Herstellung von Atombomben zu nutzen. Für die Bewertung der Kernenergie ist zweitens die *Bewertung der Merkmale* von Bedeutung. Wenn jemand z.B. die genannten Merkmale sehr negativ bewertet, dann wird seine Einstellung zur Atomenergie negativer sein als wenn ihm die genannten Merkmale gleichgültig sind.

Die Bewertung der Merkmale allein reicht jedoch zur Erklärung der Einstellung zur Kernenergie nicht aus. Von Bedeutung ist drittens die *subjektive Wahrscheinlichkeit*, mit der jemand glaubt, daß die Merkmale mit der Kernenergie verbunden sind. Wenn eine Person z.B. völlig sicher ist, daß die Kernenergie zu gesundheitlichen Schäden etc. führt, dann wird sie die Nutzung der Kernenergie negativer bewerten als wenn sie dies für wenig wahrscheinlich hält.

Es wird also behauptet, daß sich die Bewertung der einzelnen Merkmale eines Objektes - in diesem Falle die Atomenergie - auf das Objekt insgesamt, dem diese Merkmale zukommen, überträgt. Diese Übertragung ist um so stärker, je stärker die Verbindung zwischen den Merkmalen und dem "Objekt" ist, d.h. je größer die subjektive Wahrscheinlichkeit der Zuordnung ist. Die Bewertung des Objektes wird dabei, wie wir sahen, um so positiver sein, je positiver die einzelnen Merkmale bewertet werden.

Wie wirken die Bewertungen und Wahrscheinlichkeiten der Merkmale auf die Bewertung der Kernenergie? Für jedes Merkmal müssen die Bewertungen und Wahrscheinlichkeiten multipliziert werden. Diese Produktterme wirken sozusagen als separate Faktoren (d.h. additiv) auf die Bewertung des entsprechenden Objekts.

Eine multiplikative Beziehung zwischen Bewertungen und Wahrscheinlichkeiten der Merkmale einerseits und Bewertung der Atomenergie insgesamt andererseits bedeutet, daß die Wirkung der Bewertung eines Merkmals davon abhängt, wie hoch die Wahrscheinlichkeit ist, mit der das Merkmal mit dem Objekt verbunden wird. Weiter gilt auch, daß die Wirkung der Wahrscheinlichkeit von der Bewertung eines Merkmals abhängt. Dies erscheint plausibel: wenn z.B. ein Merkmal wie "Gesundheitsschäden" zwar sehr negativ bewertet wird, jedoch nicht als wahrscheinliche Folge der Nutzung von Atomkraftwerken angesehen wird, dann wirkt auch das Merkmal "Gesundheitsschäden" nicht auf die Bewertung der Kernenergie.

Wir gehen davon aus, daß eine relativ starke negative Bewertung der Atomenergie einhergeht mit einer relativ starken Unzufriedenheit mit der Nutzung der Atomenergie.

---

[5] Wir wenden hier eine Variante der Nutzentheorie bzw. Wert-Erwartungstheorie an, die von Ajzen und Fishbein formuliert wurde. Vgl. z.B. die verständliche Darstellung bei Ajzen und Fishbein 1980. Diese Theorie ist auch im Rahmen von Energieproblemen angewendet worden. Vgl. insbesondere May und Jungermann 1986 mit weiteren Literaturhinweisen. Vgl. auch Sundstrom et al. 1981, Thomas u.a. 1980.

Diese Überlegungen wollen wir so zusammenfassen:

Hypothese über die Entstehung von Unzufriedenheit mit der Kernenergie: Je sicherer Personen glauben, daß die Nutzung der Kernenergie relativ viele und in relativ hohem Maße negativ bewertete Folgen hat, desto größer ist die Unzufriedenheit mit der Kernenergie.

Wir sagten in Kapitel II, daß Proteste gegen die Atomenergie häufig auch bedingt sind durch ein hohes Maß politischer Entfremdung. Die Nutzung der Atomenergie wird dabei als ein Ergebnis einer unerwünschten politischen Ordnung angesehen. Es wäre denkbar, daß die Entstehung politischer Entfremdung schrittweise geschieht: zu Beginn steht die Unzufriedenheit mit einer Vielzahl einzelner politischer Entscheidungen, die von dem "politischen System" hervorgebracht werden. Diese Unzufriedenheit überträgt sich dann, entsprechend dem oben dargestellten Erklärungsmodell, auf die gesamte gesellschaftliche Ordnung. Wenn dies richtig ist, wäre zu erwarten:

Hypothese über die Entstehung politischer Entfremdung: Je sicherer Personen glauben, daß die Nutzung der Kernenergie relativ viele und in hohem Maße negativ bewertete Folgen hat, desto größer ist die politische Entfremdung.

Wir waren bei unseren Überlegungen davon ausgegangen, daß eine Person bestimmte Meinungen über Merkmale hat, die einem Objekt zukommen. Der beschriebene Erklärungsansatz kann nicht voraussagen, unter welchen Bedingungen Personen welche Meinungen akzeptieren. Es läßt sich z.B. nicht erklären, warum Personen bestimmte Behauptungen über die Atomenergie für richtig halten, die von anderen Personen abgelehnt werden.

Wenn man davon ausgeht, daß sich die Meinungen darüber, welche Merkmale einem Objekt zukommen, sukzessive im Zeitablauf herausbilden, dann ist anzunehmen, daß eine bestimmte Behauptung um so eher akzeptiert wird, je stärker sie in die bereits gebildete Überzeugungsstruktur paßt. Im Hinblick auf die Unzufriedenheit mit der Kernenergie ist entsprechend zu vermuten:

Hypothese über die Akzeptierung von Behauptungen über die Kernenergie: Je größer die Unzufriedenheit mit der Kernenergie ist, desto eher werden solche Behauptungen akzeptiert, die negativ bewertete Eigenschaften der Kernenergie beinhalten.

Die vorangegangenen Hypothesen implizieren, daß Bewertungen und Wahrscheinlichkeiten, die Merkmalen der Kernenergie zugeordnet werden, zwar die Unzufriedenheit mit der Atomenergie beeinflussen, jedoch *nicht direkt auf legalen oder illegalen Protest wirken*. Inwieweit dies zutrifft, soll im folgenden überprüft werden.

1.2. Die Messung der Variablen und die zu prüfenden Hypothesen

In diesem Abschnitt wird die Messung der Unzufriedenheit mit der Atomenergie, der politischen Entfremdung und des legalen und illegalen Protests nur kurz dargestellt. Der Leser sei auf die detaillierte Beschreibung der Messung im Anhang II verwiesen. Die Messung der Merkmale, die mit der Kernenergie in Zusammenhang gebracht werden, wird dagegen ausführlich behandelt, da sie nicht im Anhang dargestellt wird.

Unzufriedenheit mit der Atomenergie. Den Befragten wurden Behauptungen vorgegeben, die zum Ausdruck bringen, inwieweit sie sich durch die Atomenergie mehr oder weniger bedroht fühlen. Eine solche Behauptung lautet z.B.: "Ich fühle mich durch Atomkraftwerke persönlich bedroht". Der Befragte konnte dieser Behauptung (und den übrigen vorgegebenen Behauptungen) zustimmen oder nicht. Wenn eine Antwort auf eine solche Behauptung Unzufriedenheit zum Ausdruck brachte, erhielt der Befragte einen Punktwert von 1, sonst einen Wert von 0. Für jede der beiden Untersuchungen wurden bei jedem Befragten die Punktwerte addiert. Wir erhalten somit eine Skala "Unzufriedenheit mit der Atomenergie 1982" und "Unzufriedenheit mit der Atomenergie 1987". Je größer die Punktwerte sind, die ein Befragter erhält, desto unzufriedener ist er mit der Nutzung der Atomenergie.

Politische Entfremdung. Zur Messung dieses Konstrukts wurde den Befragten ebenfalls eine Reihe von Behauptungen vorgelegt. Diesen konnte mehr oder weniger zugestimmt werden. Ein Beispiel für eine solche Behauptung ist: "Heutzutage bin ich gegenüber unserem politischen System sehr kritisch eingestellt." Wenn ein Befragter in hohem (niedrigem) Maße einer Behauptung zustimmte, die hohe Entfremdung zum Ausdruck bringt, erhielt er einen hohen (niedrigen) Punktwert. Die Punktwerte für die einzelnen Skalen wurden addiert, und zwar wiederum jeweils getrennt für die Behauptungen der Untersuchung von 1982 und 1987. Wir erhalten also die Skala "politische Entfremdung 1982" und "politische Entfremdung 1987".

Legaler und illegaler Protest. Für eine Reihe von Protesthandlungen - z.B. "Mitarbeit bei einer Bürgerinitiative" oder "Teilnahme an einer verbotenen Demonstration" - wurde erstens ermittelt, ob jemand die Protesthandlung ausgeführt oder nicht ausgeführt hat. Im ersten Falle erhielt ein Befragter einen Punktwert von 2, im zweiten einen Punktwert von 1.

Zweitens wurde für jede Protesthandlung ermittelt, inwieweit ein Befragter die Absicht hat, die Handlung auch in Zukunft auszuführen. Hier konnte er zwischen fünf Antworten wählen, angefangen von "ganz sicher" bis "keinesfalls". Jedem Befragten wurden je nach seiner Antwort Punktwerte zwischen 5 (ganz sicher) und 1 (keinesfalls) zugeordnet.

Für jede Handlung wurden die Punktwerte für Ausführung und Absicht multipliziert. Für die Untersuchung von 1982 wurden jeweils die Produkte für die legalen und illegalen Handlungen addiert. Wir erhalten also die Skalen "legaler Protest 1982" und "illegaler Protest 1982". Entsprechend wurde für die Untersuchung 1987 verfahren, so daß sich die Skalen "legaler Protest 1987" und "illegaler Protest 1987" ergaben.

Die Skalen, die illegalen Protest messen, wurden aufgrund ihrer schiefen Verteilungen logarithmiert.

Je höher der Wert ist, den ein Befragter bei einer der vier Protestskalen erhält, desto mehr Arten von Protesthandlungen hat er ausgeführt und/oder desto größer ist seine Absicht, relativ viele Protesthandlungen auch in Zukunft auszuführen.

Meinungen zur Nutzung der Atomenergie. Da die Frage nach den Ursachen der Einstellung zur Atomenergie nicht im Mittelpunkt unseres Interesses stand, haben wir nicht im Detail die Bewertungen und Wahrscheinlichkeiten von Merkmalen der Kernenergie ermittelt. Wir sind vielmehr in folgender Weise vorgegangen. Zunächst haben wir die Argumente für und gegen die Nutzung der Atomenergie zusammengestellt, die nach unseren Beobachtungen in der Diskussion über die Kernenergie am häufigsten vorgebracht werden. Bei diesen Argumenten handelt es sich um Behauptungen über Merkmale der Kernenergie. Dies gilt z.B. für die Behauptung "Die Nutzung der Atomenergie läßt sich leicht mit dem Bau von Atombomben verbinden". In Tabelle III.1 sind diese Behauptungen aufgeführt. Die entsprechende Frage wurde *nur in der Untersuchung von 1987* gestellt.

Wir haben nicht gefragt, wie sicher die Befragten glauben, daß die Behauptungen zutreffen. Wir haben lediglich gefragt, ob die Behauptungen nach der Meinung der Befragten richtig oder falsch sind. Die subjektive Wahrscheinlichkeit wurde also nur sehr grob gemessen.

Die Bewertung der Merkmale wurde überhaupt nicht ermittelt. Wir haben also z.B. nicht gefragt, wie gut bzw. schlimm ein Befragter es findet, wenn Atomenergie militärisch genutzt wird. Wir haben vielmehr aus unserer Kenntnis der Diskussion um die Kernenergie angenommen, daß bestimmte Merkmale im allgemeinen positiv, andere dagegen im allgemeinen negativ bewertet werden. So haben wir angenommen, daß die Befragten es positiv bewerten, wenn Atomstrom relativ billig ist.

Hypothesen zur Erklärung der Unzufriedenheit mit der Kernenergie. Entsprechend dieser Messung und der vorangegangenen theoretischen Überlegungen vermuten wir folgendes:

Hypothese 1: Wenn jemand (im Jahre 1987) relativ viele Argumente gegen die Nutzung der Kernenergie akzeptiert, dann wird er auch (im Jahre 1987) in relativ hohem Maße mit der Kernenergie unzufrieden und politisch entfremdet sein.

Hypothese 2: Wenn jemand in hohem Maße (im Jahre 1982) unzufrieden bzw. politisch entfremdet ist, dann akzeptiert er (im Jahre 1987) auch relativ viele Argumente gegen die Nutzung der Kernenergie.

Hypothese 3: Die Akzeptierung von Argumenten gegen die Nutzung der Atomenergie (im Jahre 1987) hat keine direkte Wirkung auf legalen oder illegalen Protest (im Jahre 1987).

Da die Bewertung und Wahrscheinlichkeit der Merkmale von Atomkraftwerken nur sehr grob gemessen wurden, ist nicht zu erwarten, daß die in den Hypothesen 1 und 2 behaupteten Beziehungen sehr stark ausgeprägt sind.

1.3. Ergebnisse

Betrachten wir zuerst die Reaktionen der Befragten auf die Argumente, die in Tabelle III.1 aufgeführt sind. In dieser Tabelle ist nur der Prozentsatz von Befragten enthalten, die die betreffende Behauptung als "richtig" bezeichnet haben. In der letzten Spalte der Tabelle ist angegeben, wieviele Befragte bei der betreffenden Behauptung "richtig" oder "falsch" geantwortet haben, d.h. wieviele Befragte eine gültige Antwort gegeben haben.

TABELLE III.1: Die Stellungnahme der Befragten zu Argumenten für und gegen die Nutzung der Atomenergie

	Richtig (%)	Anzahl von Antworten
(1) In der Bundesrepublik sind Atomkraftwerke so sicher, daß ein Reaktorunfall wie in Tschernobyl unmöglich ist.	2.5	118
(2) Die Nutzung der Atomenergie läßt sich leicht mit dem Bau von Atombomben verbinden.	88.8	119
(3) Militärischer Mißbrauch der Atomenergie ist in der Bundesrepublik ausgeschlossen.	8.3	117
(4) Die Nutzung der Atomenergie ist unverantwortlich, solange das Entsorgungsproblem ungelöst ist.	94.2	120
(5) Ein Ausbau der Atomenergie führt zu Einschränkungen der Freiheitsrechte der Bürger, weil enorme Sicherheitsvorkehrungen erforderlich sind (Stichwort Atomstaat).	89.3	121
(6) Atomstrom ist billiger als Strom, der aus Kohle gewonnen wird.	8.3	115
(7) Das sofortige Abschalten der Atomkraftwerke führt zu erheblich steigenden Energiekosten.	32.2	112
(8) Höhere Energiekosten in der Bundesrepublik verringern die Konkurrenzfähigkeit auf dem Weltmarkt.	56.2	114
(9) Ein Ausstieg aus der Atomenergie setzt voraus, daß andere Energiequellen wie Sonne und Wind wirtschaftlich nutzbar sind.	68.6	119
(10) Wenn alle AKWs abgeschaltet werden, würde dies zu einer hohen Luftverschmutzung führen, weil stillgelegte Kohlekraftwerke wieder in Betrieb genommen werden müssen.	38.8	119
(11) Ein hoher Anteil an Atomstrom macht die Bundesrepublik weniger abhängig von Ölimporten (Stichwort Ölkrise).	49.6	116

Es ist auffällig, daß die Antworten auf die ersten sechs Behauptungen extrem schief verteilt sind: die Meinungen der weitaus überwiegenden Anzahl der Befragten sind einheitlich. So stimmten 94.2% der Behauptung 4 zu, die Nutzung der Atomenergie sei unverantwortlich, solange das Entsorgungsproblem ungelöst ist. Eine extrem geringe Zustimmung, nämlich von 2,5% der Befragten, fand die Behauptung 1, in der Bundesrepublik seien Atomkraftwerke so sicher, daß ein Reaktorunfall wie in Tschernobyl unmöglich ist.

Es ist weiter auffällig, daß bei 9 von 11 Behauptungen die Mehrheit der Befragten Antworten gibt, die gegen die Nutzung der Kernenergie sprechen. Lediglich bei Behauptung 8 antworten 56.2% "richtig", d.h. 43.8% halten die Behauptung für unrichtig, daß höhere Energiekosten in der Bundesrepublik die Konkurrenzfähigkeit auf dem Weltmarkt verringern. Bei der letzten Behauptung 11 halten etwas mehr als die Hälfte, nämlich 50.4% der Befragten die Behauptung für richtig, daß ein hoher Anteil an Atomstrom die Bundesrepublik weniger abhängig von Ölimporten macht. Unsere Befragten akzeptieren also auch Argumente für die Nutzung der Atomenergie.

Bevor wir uns mit der Überprüfung unserer Hypothesen befassen, wollen wir fragen, inwieweit bei den Befragten eine Tendenz besteht, alle Argumente für oder auch gegen die Nutzung der Kernenergie zu akzeptieren.

Da die Antworten auf die Behauptungen 1 bis 6 extrem schief verteilt sind, ist es nicht sinnvoll, diese Behauptungen bei unseren weiteren Analysen getrennt zu behandeln. Wir wollen vielmehr die Antworten auf diese Behauptungen gemeinsam analysieren. Wenn jemand bei einem dieser sechs Argumente eine Antwort gibt, die gegen die Nutzung der Atomenergie spricht, erhält er bei der entsprechenden Behauptung den Wert 1, andernfalls den Wert 0. Wenn also jemand z.B. bei Behauptung 1 mit "falsch" antwortet, erhält er den Wert 1. Dieser Wert wird ihm z.B. auch zugeschrieben, wenn er bei Behauptung 2 die Antwort "richtig" gibt. Bei den ersten sechs Argumenten ermitteln wir nun bei jedem Befragten, wieviele Argumente er akzeptiert, die gegen die Nutzung der Kernenergie sprechen. Wenn also ein Befragter bei allen sechs Behauptungen Antworten gibt, die gegen die Nutzung der Kernenergie sprechen, erhält er den Punktwert 6. Je mehr Argumente er also akzeptiert, die gegen die Nutzung der Kernenergie sprechen, desto höher ist sein Punktwert. Da bei den sechs Argumenten relativ einheitlich geantwortet wurde, wollen wir diese als "Konsens-Argumente gegen die Kernenergie" bezeichnen. Wir messen also das Ausmaß der Akzeptierung der Konsens-Argumente gegen die Atomenergie und nennen diese Variable "*Anzahl der akzeptierten Konsensargumente*". Der Mittelwert dieser Variablen beträgt 5.4 (mit einer Standardabweichung von 1). D.h. die Befragten akzeptieren im Durchschnitt fast alle Konsensargumente.

Betrachten wir nun die Inter-Korrelationen der Skala "Anzahl der akzeptierten Konsensargumente" und der übrigen Argumente 7 bis 11. Insgesamt sind die Korrelationen relativ gering. Die höchste Korrelation von .36 besteht zwischen Behauptungen 10 und 11. D.h. diejenigen, die eine dieser Behauptungen ablehnten, lehnten auch die andere Behauptung relativ häufig ab. Der Durchschnittswert der Korrelationen zwischen den sechs Variablen (d.h. die Skala "Anzahl der akzeptierten Konsens-Argumente" und die Behauptungen 7 bis 11) beträgt .17 bei einer Standardabweichung von .09. Obwohl also unsere Befragten in hohem Maße Argumente gegen die Kernenergie akzeptieren, akzeptieren nicht alle dieselben Behauptungen. D.h. unsere Befragten unterscheiden sich darin, welche Argumente sie akzeptieren.[6]

---

[6] Auch eine Hauptkomponentenanalyse mit Varimax-Rotation erbrachte keine klare Faktorenstruktur.

Wenden wir uns nun der Überprüfung unserer Hypothesen zu. Diese behaupten einen kausalen Effekt der *Anzahl der akzeptierten Argumente gegen die Kernenergie* - der Kürze halber sprechen wir im folgenden einfach von *Anzahl der Argumente*. Diese Variable bilden wir genau so wie die Variable "Anzahl der akzeptierten Konsens-Argumente": wir ermitteln, wieviele der 11 vorgegebenen Behauptungen gegen die Kernenergie ein Befragter akzeptiert. (Von den 11 vorgegebenen Behauptungen akzeptieren unsere Befragten im Durchschnitt 7.74 Argumente gegen die Atomenergie mit einer Standardabweichung von 1.89).

Zur Erleichterung des Verständnisses der Ergebnisse wollen wir zuerst alle drei Hypothesen (siehe den Abschnitt "Hypothesen zur Erklärung der Unzufriedenheit mit der Kernenergie") in Form eines Kausaldiagramms (siehe Figur III.1) darstellen - der Leser möge zunächst die Koeffizienten in Figur III.1 nicht beachten. Hypothese 1 behauptet einen Effekt von Akzeptierung von Argumenten gegen die Nutzung der Kernenergie, gemessen 1987, auf Unzufriedenheit mit der Kernenergie 1987 und politische Entfremdung 1987. Hypothese 2 behauptet, daß Unzufriedenheit mit der Kernenergie und politischen Entfremdung, beide Variablen gemessen 1982, dazu führen, daß jemand 1987 in hohem Maße Argumente gegen die Kernenergie akzeptiert. Schließlich besagt Hypothese 3, daß die Anzahl der akzeptierten Argumente gegen die Atomenergie *keinen* direkten Effekt auf Protest haben. Da diese Beziehung zu überprüfen ist, haben wir sie in Figur III.1 in Form von zwei Pfeilen, die auf die Protest-Skalen gerichtet sind, kenntlich gemacht.

Die Ergebnisse der Überprüfung dieser Hypothesen sind in Figur III.1 enthalten. Die erste Hypothese, daß die Anzahl der akzeptierten Argumente gegen die Kernenergie eine Wirkung auf die Unzufriedenheit mit der Kernenergie und die politische Entfremdung hat, wird bestätigt: die Korrelationskoeffizienten betragen .35 und .30 und sind signifikant auf dem .01 Niveau.

Der Effekt von "Anzahl akzeptierter Argumente" bleibt signifikant, wenn man jeweils eine Regressionsanalyse mit "Unzufriedenheit 1987" und "Entfremdung 1987" als abhängigen Variablen durchführt, in die man jeweils als unabhängige Variablen neben "Anzahl der Argumente" zusätzlich "Unzufriedenheit 1982" und "Entfremdung 1982" einbezieht.

Auch die zweite Hypothese wird durch unsere Daten bestätigt. Eine Regressionsanalyse mit "Anzahl der Argumente" als abhängige Variable und "Unzufriedenheit mit der Atomenergie" und "Entfremdung" als unabhängige Variable ergab eine (korrigierte) erklärte Varianz von .10 und Regressionskoeffizienten von .23 und .19, die beide signifikant auf dem .05 Niveau sind.[7]

---

[7] Wir sagten bereits, daß die Variable "Anzahl der Argumente" nur 1987 gemessen wurde. Es ist nicht auszuschließen, daß die Effekte von "Unzufriedenheit 82" und "Entfremdung 82" geringer werden, wenn "Anzahl der Argumente" auch 1982 gemessen und in die betreffende Regressionsanalyse einbezogen worden wäre.

FIGUR III.1: Die Beziehungen zwischen Unzufriedenheit mit der Kernenergie, politische Entfremdung, Protest und Akzeptierung von Argumenten gegen die Kernenergie (Korrelations- und Regressionskoeffizienten)

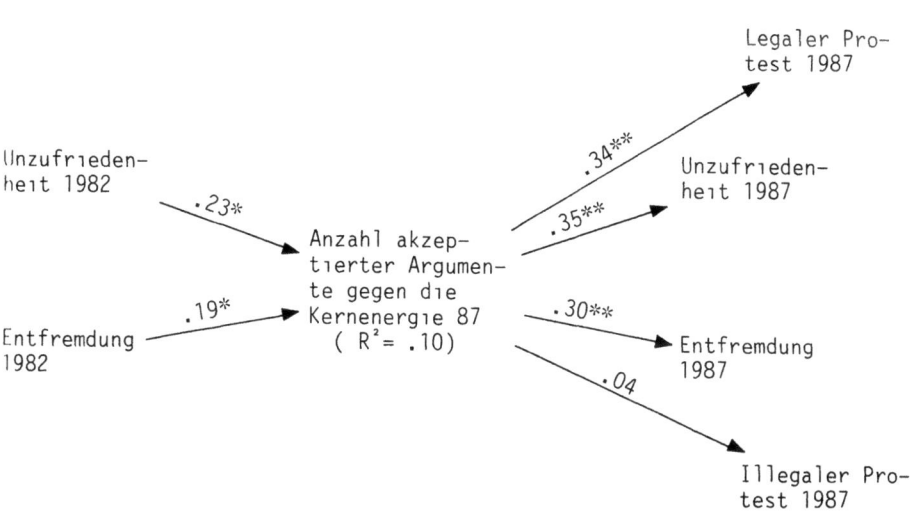

* Signifikant auf dem .05 Niveau; ** Signifikant auf dem .01 Niveau.

Inwieweit wird Hypothese 3 bestätigt, d.h. die Behauptung, daß die Anzahl der akzeptierten Argumente gegen die Kernenergie keinen direkten Effekt auf Protest hat? Diese Hypothese läßt sich zunächst so prüfen, daß man die Korrelationen zwischen "Anzahl der Argumente" einerseits und "legaler Protest 1987" und "illegaler Protest 1987" andererseits ermittelt. Dabei zeigt sich, daß die Korrelation zwischen "Anzahl der Argumente" und "legaler Protest 1987" .34 beträgt. "Anzahl der Argumente" und "illegaler Protest 1987" korrelieren nicht miteinander (r = .04). Die Korrelation von .34 widerlegt zunächst einmal die Hypothese, daß die Anzahl der akzeptierten Argumente gegen die Atomenergie keinen direkten Effekt auf legalen Protest hat.

Man wird aber diese Hypothese erst dann als widerlegt betrachten, wenn man andere Variablen, die ebenfalls auf Protest wirken, in die Analyse einbezieht. Es wäre ja möglich, daß die Variable "Anzahl der Argumente" mit anderen Variablen, die auf Protest wirken, korreliert, so daß sich bei einer multivariaten Analyse, d.h. bei Einbeziehung weiterer Variablen, kein direkter Effekt von "Anzahl der Argumente" mehr ergibt. Erst wenn sich also in einer multivariaten Analyse ein direkter Effekt der Anzahl der Argumente auf legalen Protest zeigt, wird man Hypothese 3 als bestätigt betrachten.

Welche Variablen wird man in eine solche Analyse einbeziehen? Wenn "Anzahl der Argumente" eine Wirkung auf "Unzufriedenheit mit der Atomenergie 1987" hat und wenn wir annehmen, daß "Unzufriedenheit mit der Atomenergie 1987" wiederum eine Wirkung auf "legaler Protest 1987" hat, dann könnte man vermuten, daß die "Anzahl der Argumente" nicht direkt auf Protest, sondern nur indirekt über die Unzufriedenheit auf Protest wirkt. Um dies zu prüfen, müßte zusätzlich zu der Variablen "Anzahl der Argumente" die Variable "Unzufriedenheit mit der Atomenergie 1987" als unabhängige Variable berücksichtigt werden.

Eine dritte unabhängige Variable, die eine Wirkung auf "legaler Protest 1987" hat, ist das Ausmaß, in dem Personen bereits 1982 legal protestiert haben. Die Korrelation zwischen "legaler Protest 1982" und "legaler Protest 1987" beträgt .69. Entsprechend muß "legaler Protest 1982" in eine Regressionsanalyse einbezogen werden.

Wie wir später sehen werden, sind weitere Variablen Ursachen für Protest. Wenn sich jedoch zeigt, daß bereits bei einer Regressionsanalyse mit "legaler Protest 1987" als abhängige Variable, in der die bisher genannten unabhängigen Variablen (Anzahl der Argumente, Unzufriedenheit 1987, legaler Protest 1982) enthalten sind, die Variable "Anzahl der Argumente" keine Wirkung mehr hat, dann wäre Hypothese 3 bestätigt.

Wir haben eine solche Regressionsanalyse durchgeführt. Dabei zeigte sich in der Tat, daß die "Anzahl der Argumente" keinen signifikanten Effekt auf "legaler Protest 1987" hat: der standardisierte Regressionskoeffizient beträgt .12. Damit kann also Hypothese 3 als bestätigt gelten.

Insgesamt zeigt sich also, daß sich unsere Hypothesen bestätigt haben. Die Beziehungen waren allerdings nicht sehr stark ausgeprägt. Dies ist nicht verwunderlich, da wir, wie wir bereits sagten, die Bewertung der Merkmale der Kernenergie und die subjektive Wahrscheinlichkeit, mit der diese der Atomenergie zugeordnet wurden, nur sehr grob gemessen haben.

2. Unzufriedenheit, Einfluß und Protest

Wir haben in unserem Erklärungsmodell politischen Protests (vgl. Kapitel I) bereits einige Hypothesen über die Wirkungen von Unzufriedenheit vorgeschlagen. Im folgenden werden wir zunächst von diesen Hypothesen ausgehen und neue Hypothesen hinzufügen. Wir werden sodann prüfen, inwieweit unsere Daten die Hypothesen stützen.

2.1. Hypothesen

Die Annahme der Theorie kollektiven Handelns, daß in großen Gruppen kollektives Handeln deshalb nicht zustandekommt, weil die Akteure sich nicht als einflußreich betrachten, haben wir in Kapitel I kritisiert: wir sahen, daß bei der Erklärung politischer Partizipation nicht von dem tatsächlich bestehenden, sondern von dem wahrgenommenen Einfluß ausgegangen werden muß. Geschieht dies, dann ist es nicht ausgeschlossen, daß auch in großen Gruppen die Präferenzen für Kollektivgüter Anreize für Protest sind. Der Grund ist, daß auch in großen Gruppen die Möglichkeit wahrgenommen wird, durch gemeinsames Handeln die Herstellung von

Kollektivgütern beeinflussen zu können. Diese Vermutung wird durch empirische Forschungsergebnisse gestützt.

Wir gehen also von der These aus, daß Unzufriedenheit mit der Atomenergie, d.h. eine Präferenz für die Eliminierung eines kollektiven Übels, Protest erhöht. Zusätzlich erscheint es aber nicht unplausibel anzunehmen, daß Protest zu einer Erhöhung der Unzufriedenheit führt, d.h. daß eine *reziproke Beziehung* zwischen Unzufriedenheit mit der Atomenergie und Protest vorliegt: ein Ansteigen der Unzufriedenheit führt zu einem Ansteigen von Protest und dies wiederum hat erhöhte Unzufriedenheit zur Folge.

Für diese Vermutung spricht, daß neue Mitglieder sozialer Bewegungen neuen Argumenten ausgesetzt sind, die die Ziele der Bewegung rechtfertigen und ihre Realisierung als besonders wichtig erscheinen lassen.

Kritische Ereignisse erhöhen zwar Deprivationen, oft bestehen jedoch Deprivationen bereits vor dem Auftreten kritischer Ereignisse. In welcher Beziehung stehen Deprivation und Protest vor und nach dem Auftreten kritischer Ereignisse? Wir vermuten, daß ein kritisches Ereignis bei denjenigen einen *Schockeffekt* auslöst, deren Unzufriedenheit vor dem kritischen Ereignis relativ gering ist: sie werden sich dessen bewußt, daß sie die Situation falsch eingeschätzt hatten. Das kritische Ereignis öffnet ihnen sozusagen die Augen. Wir erwarten also nach dem Auftreten eines kritischen Ereignisses ein relativ starkes Ansteigen der Unzufriedenheit bei denjenigen, deren Unzufriedenheit vor dem kritischen Ereignis relativ gering war. Bei denjenigen dagegen, die vor dem kritischen Ereignis bereits in hohem Maße unzufrieden waren, steigt die Unzufriedenheit nur in relativ geringem Grade an: ein kritisches Ereignis bestätigt im wesentlichen ihre Erwartungen. Wir vermuten, daß die Beziehung zwischen der Unzufriedenheit vor und nach einem kritischen Ereignis linear ist.

Figur III.2 illustriert diese Überlegungen. Die x-Achse bezeichnet das Ausmaß der Unzufriedenheit vor und die y-Achse das Ausmaß der Unzufriedenheit nach einem kritischen Ereignis. Wenn die Unzufriedenheit vor und nach einem kritischen Ereignis für jede Person gleich wäre, dann müßte eine lineare Beziehung zwischen der Unzufriedenheit vor und nach dem Ereignis mit einem Steigungsmaß (B) von 1 bestehen (siehe die gestrichelte Linie). Wenn also jemand in bestimmtem Maße vor einem kritischen Ereignis depriviert ist, dann ist er in demselben Maße nach dem kritischen Ereignis depriviert.

Die durchgezogene Linie in Figur III.2 besagt folgendes: wenn jemand vor dem Auftreten eines kritischen Ereignisses in relativ geringem Maße depriviert ist, dann ist er nach dem Auftreten dieses Ereignisses in relativ hohem Maße depriviert. Diese Linie ist weniger steil als die gestrichelt gezeichnete Linie. Somit ist das Steigungsmaß der durchgezogenen Linie geringer als 1. Wenn die Schock-Hypothese zutrifft, dann müßten unsere Daten eine solche Linie ergeben, bei der also das Steigungsmaß kleiner als 1 ist.

Die durchgezogene Linie unterscheidet sich noch in einer weiteren Hinsicht von der gestrichelten Linie: der Schnittpunkt der gestrichelten Linie mit der y-Achse hat den Wert 0, während der betreffende Wert bei der durchgezogenen Linie größer als 0 ist. Ein solcher Schnittpunkt müßte durch unsere Daten bestätigt werden, wenn die Schock-Hypothese gilt.

Wir haben uns bisher mit der Beziehung von *Unzufriedenheit* vor und nach einem kritischen Ereignis befaßt. Wir vermuten, daß eine ähnliche Beziehung für *Protest* vor und nach einem kritischen Ereignis gilt. Entsprechend erwarten wir eine lineare Beziehung, wie sie in der durchgezogenen Linie von Figur III.2 zum Ausdruck kommt, wenn wir in dieser Figur "Unzufriedenheit" durch "Protest" ersetzen. Die durch die durchgezogene Linie symbolisierte These besagt entsprechend: Personen, die vor einem kritischen Ereignis in relativ geringem Maße protestiert haben, werden nach einem kritischen Ereignis in relativ hohem Maße protestieren.

FIGUR III.2: Beziehungen zwischen Unzufriedenheit vor und nach einem kritischen Ereignis

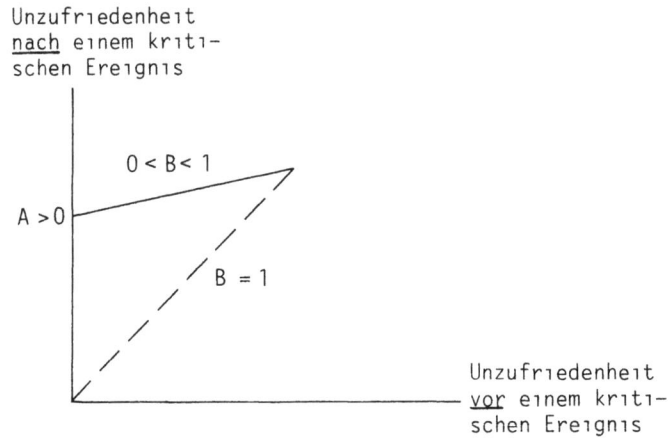

Diese Hypothese erscheint besonders plausibel für unsere Befragten: wenn jemand bereits ein hohes Ausmaß seiner Ressourcen in Protest investiert hat, dann wird weiterer Protest für ihn relativ kostspielig sein. D.h. wir erwarten, daß Personen, die bereits in hohem Maße protestieren, bei steigender Deprivation ihr Engagement nur schwach erweitern. Wenn jedoch jemand sich nur in geringem Maße engagiert hat, werden die Kosten zusätzlichen Engagements relativ gering sein.

Die in Figur III.2 dargestellte Beziehung gilt vermutlich für zwei weitere Variablen: wir vermuten, daß *Protest vor einem kritischen Ereignis* in der beschriebenen Weise *Unzufriedenheit nach einem kritischen Ereignis* beeinflußt. D.h. diejenigen, die vor einem kritischen Ereignis relativ inaktiv waren, werden durch das Auftreten des Ereignisses relativ stark depriviert werden. Vor dem Auftreten des Ereignisses sind diese Personen nur wenig depriviert. Dies wird durch ihr geringes Engagement zum Ausdruck gebracht. Entsprechend dieser Überlegungen wird ein kritisches Ereignis ihre Unzufriedenheit stark erhöhen.

Aufgrund dieser Überlegungen erwarten wir also Wirkungen von Unzufriedenheit und Protest *vor* einem kritischen Ereignis auf Unzufriedenheit und Protest *nach* einem kritischen Ereignis. Diese *zeitverzögerten Wirkungen* werden in Figur III.3 durch die Pfeile zwischen Unzufriedenheit/Protest vor und Unzufriedenheit/Protest nach dem kritischen Ereignis dargestellt.

Die bisherigen Hypothesen bezogen sich auf Wirkungen *zwischen* zwei Zeitpunkten, nämlich auf Wirkungen von Variablenwerten vor auf Variablenwerte nach einem kritischen Ereignis. Wir behaupten nun, daß die beschriebenen Hypothesen auch *innerhalb* eines gegebenen Zeitraumes gelten. Dies wird in Figur III.3 durch die senkrechten Pfeile symbolisiert. Wenn z.B. vor einem kritischen Ereignis Personen sehr unzufrieden mit der Nutzung der Kernenergie sind, dann werden sie sich eher an Protestaktionen beteiligen als wenn sie nur wenig unzufrieden sind. Protest wird dann dazu führen, daß sie Argumenten z.B. gegen die Atomenergie ausgesetzt sind und daß entsprechend ihre Unzufriedenheit steigt. Wir behaupten, daß diese Beziehungen linear sind.

FIGUR III.3: Die Beziehungen zwischen Unzufriedenheit und Protest vor und nach einem kritischen Ereignis

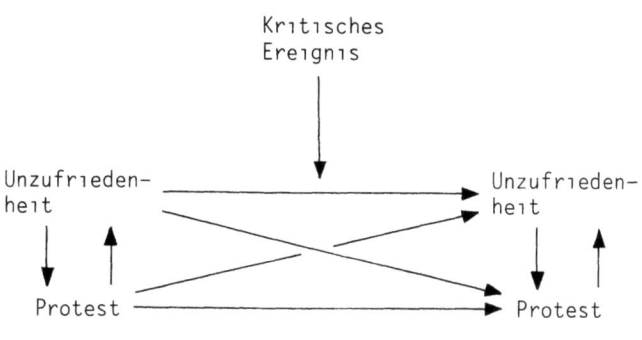

Befassen wir uns nun mit der vierten Frage, die wir in der Einleitung zu diesem Kapitel nannten, nämlich mit der Beziehung zwischen Unzufriedenheit und der *Art von Protest*, den Personen wählen, um ihre Ziele zu erreichen.

In Kapitel I, Abschnitt 2.3, hatten wir behauptet, daß solche Protestformen gewählt werden, mit denen ein Individuum am ehesten glaubt, seine Ziele erreichen zu können. Wir wollen diese Hypothese die *Instrumentalitäts-Hypothese* nennen. Mit diesem Ausdruck ist gemeint, daß Personen im allgemeinen nur solche Handlungen wählen, die als erfolgversprechend angesehen werden bzw. instrumentell auf die Erreichung der Ziele ausgerichtet sind. Individuen sind also in dem Sinne rational, als sie die Mittel wählen, die aus ihrer Sicht die geeigneten "Instrumente" für die Realisierung ihrer politischen Ziele sind.

Diese Hypothese wird in den meisten zeitgenössischen Schriften über soziale Bewegungen behauptet: sie ist eine grundlegende Annahme der Theorie der Ressourcen-Mobilisierung (vgl. z.B. McCarthy und Zald 1977; Gamson 1975) und auch der Theorie kollektiven Handelns, wie wir gesehen haben.

Eine damit unvereinbare Hypothese wollen wir als *Aggressions-Hypothese* bezeichnen. Vertreter der Theorie der Deprivation und relativen Deprivation behaupten, daß starke Unzufriedenheit Aggressionen hervorruft, die sich in Form von "expressiven" oder gewaltsamen politischen Handlungen ausdrückt (siehe z.B. Crawford und Naditch 1970). Gurr (1968: 53) drückt diese These so aus: "Diesem Ansatz zur Erklärung von Bürgerkriegen durch relative Deprivation liegt ein Frustrations-Aggressions-Mechanismus zugrunde ... Wenn wir uns daran gehindert fühlen, etwas zu bekommen, was wir gerne möchten, dann werden wir wahrscheinlich ärgerlich, und wenn wir ärgerlich werden, dann ist die am meisten befriedigende natürliche Reaktion, die Quelle der Frustration zu attackieren."[8] Der wahrgenommene Einfluß, mittels Protest bestimmte Ziele zu erreichen, spielt also gemäß dieser Hypothese keine Rolle für die Ausführung von Protesthandlungen.

Nehmen wir einmal an, die Instrumentalitäts-Hypothese trifft zu. Gehen wir weiter von der u.a. durch unsere eigene Untersuchung bestätigten Annahme aus (siehe Abschnitt 2.3 dieses Kapitels), daß in westlichen Demokratien der überwiegende Teil der Bevölkerung glaubt, daß legale Protestformen wirksamer zur Erreichung politischer Ziele sind als illegale Protestformen. Entsprechend ist zu erwarten, daß Personen, die in hohem Maße unzufrieden sind, sich häufiger an legalen als an illegalen Protesthandlungen beteiligen.

Aus der Aggressions-Hypothese würde die entgegengesetzte Hypothese folgen: Da illegale Protestformen in höherem Maße aus Gewalthandlungen bestehen als legale Protestformen, erwarten wir: Wenn Personen in hohem Maße unzufrieden sind, dann wählen sie häufiger illegale als legale Protestformen.

Im folgenden wollen wir die Instrumentalitäts- und Aggressionshypothese zum einen direkt überprüfen, indem wir ermitteln, inwieweit der perzipierte Einfluß eine Determinante von Protest ist. Zum anderen ermitteln wir, inwieweit die genannten unterschiedlichen Voraussagen aus beiden Hypothesen empirisch zutreffen. Wir überprüfen also die folgenden Hypothesen:

Instrumentalitäts-Hypothese: In je höherem Maße Personen glauben, daß legale Formen wirksamer als illegale Formen politischen Protests sind, desto stärker wirkt Unzufriedenheit auf legalen Protest. *Aggressions-Hypothese:* Die Wirkungen von Unzufriedenheit auf Protest hängen nicht von der wahrgenommenen Wirksamkeit von Protest ab.

---

[8] "Underlying this relative deprivation approach to civil strife is a frustration-aggression mechanism ... When we feel thwarted in an attempt to get something we want, we are likely to get angry, and when we get angry the most satisfying inherent response is to strike out at the source of frustration."

Folgerung aus der Instrumentalitäts-Hypothese: Unzufriedenheit wirkt stärker auf legalen als auf illegalen Protest. *Folgerung aus der Aggressions-Hypothese*: Unzufriedenheit wirkt stärker auf illegalen als auf legalen Protest.

Wenn man unterschiedliche Protestformen unterscheidet, entsteht die Frage, ob die Wahl einer dieser Protestformen die Wahl anderer Protestformen beeinflußt. Ist es z.B. richtig, daß Personen, die sich in legaler Weise engagieren, ihr Engagement auf illegale Protestformen erweitern?

Diese Frage ist auch für die Wirkungen von Unzufriedenheit von Bedeutung. Wenn z.B. Unzufriedenheit zu einem Ansteigen legaler Protestformen führt und wenn dies eine Ausweitung des Protestrepertoires auf illegale Protestformen zur Folge hat, dann trägt eine Erhöhung der Unzufriedenheit *indirekt* auch zu einem Ansteigen illegaler Protestformen bei.

In der Literatur über soziale Bewegungen und politischen Protest wurden sehr unterschiedliche Beziehungen zwischen legaler und illegaler politischer Partizipation gefunden. In drei Untersuchungen (vgl. Muller und Godwin 1984) wurde geprüft, inwieweit reziproke Beziehungen, d.h. Rückwirkungen, zwischen legalem und illegalem Protest bestehen. Die Untersuchungsergebnisse zeigten, daß zwar eine Wirkung von illegalem auf legalen Protest bestand, nicht jedoch der umgekehrte Effekt. Dies bedeutet, daß illegal protestierende Personen ihr Handlungsrepertoire in Richtung auf legalen Protest erweitern, daß jedoch Personen, die legale Protestformen wählen, nicht dazu neigen, auch illegale Protestformen zu wählen.

Fuchs (1983) analysierte die Daten der Studie von Barnes, Kaase u.a. (1979) und fand, daß in der Tat eine Rückwirkung zwischen legalem und illegalem Protest bestand. Beide Effekte waren von gleicher Stärke.

Wenn also zuweilen reziproke Beziehungen zwischen legalem und illegalem Protest gefunden werden, entstehen zwei Fragen: (1) unter welchen Bedingungen bestehen Beziehungen zwischen legalem und illegalem Protest? (2) Sind diese Beziehungen kausaler Art oder sind sie evt. durch andere Faktoren bedingt?

Ob sich jemand an legalen oder illegalen Protestformen beteiligt, hängt, wie wir sahen, von den Nutzen und Kosten ab, die die Individuen bei Ausführung der verschiedenen Handlungen erwarten. Wenn z.B. die Ausführung legalen Protests bewirkt, daß illegaler Protest häufiger ausgeführt wird, dann ist entsprechend zu erwarten, daß sich durch die Ausführung von legalem Protest die Nutzen und/oder Kosten für illegalen Protest ändern. Wenn umgekehrt keine Wirkung von illegalem auf legalen Protest besteht, dann ist zu erwarten, daß die Wahl illegaler Protestformen die Nutzen-Kosten-Beziehung für legalen Protest nicht ändert.

Ob sich Nutzen und Kosten verändern, wenn legale oder illegale Protestformen gewählt werden, hängt von der Situation einer sozialen Bewegung ab. So mag sich bei einer Gruppe, die sich für eine gewisse Zeit in legaler Weise engagiert hat, die Meinung durchsetzen, daß legale Formen von Protest nicht erfolgreich sind. Andererseits mag die Gruppe in höherem Maße Rechtfertigungen von Gewalt akzeptieren, weil sie harte Reaktionen von Behörden und Polizei erfahren hat, die sie als illegitim empfunden hat. Darüber hinaus mag die Beobachtung der Aktivitäten anderer Gruppen dazu führen, daß die Gruppe illegale Handlungen als wirksamer ansieht. Die betreffende Gruppe hat also mit der Ausführung legalen Protests begonnen. In der ersten Zeitperiode haben sich dabei die Anreize für die Wahl illegaler Protestformen erhöht.

Auch der folgende Prozeß ist denkbar: eine soziale Bewegung beginnt mit illegalen Protestformen. Nach einer gewissen Zeit verlassen viele Mitglieder die Bewegung, weil die Mobilisierung neuer Anhänger nicht in dem erwarteten Ausmaß möglich war. Der erwartete Erfolg von Protesten vermindert sich also im Zeitablauf. Darüber hinaus sind die Mitglieder der Bewegung mit starken negativen Sanktionen der sozialen Umwelt konfrontiert. Es mag auch der Fall sein, daß den meisten Mitgliedern die Wahl legaler Protestformen erfolgversprechender erscheint. Im Zeitablauf sind also die Kosten für illegalen Protest und die Nutzen für legalen Protest gestiegen. Somit ist mit einer Abnahme illegaler Protestaktivitäten und mit einer Zunahme legalen Protests zu rechnen.

Welche Beziehung zwischen legalem und illegalem Protest ist für unsere Befragten zu erwarten? In der Anti-Atomkraftbewegung der Bundesrepublik waren die Protestaktivitäten vor und nach dem Reaktorunfall in Tschernobyl überwiegend legal. Es gab und gibt nur wenige Gruppen, die sich systematisch an illegalen und gewaltsamen Protesthandlungen beteiligen. Diese Gruppen scheinen kaum Kontakt mit der großen Zahl von Gruppen zu haben, die sich in legaler Weise gegen die Nutzung der Atomenergie engagieren. Wir erwarten somit, daß im allgemeinen die meisten Atomkraftgegner ihr Handlungsrepertoire weder von legalen zu illegalen noch von illegalen zu legalen Protesthandlungen erweitern:

Hypothese des stabilen Protest-Repertoires: Es besteht keine kausale Beziehung zwischen legalem und illegalem Protest.

Wenden wir uns nun den Wirkungen von perzipiertem Einfluß und Protest zu. Es ist eine plausible und auch durch die Forschung bestätigte Annahme, daß ein hoher wahrgenommener Einfluß - bei gegebener Deprivation - ein relativ hohes Ausmaß an Protest zur Folge hat. Ist es auch plausibel anzunehmen, daß ein starkes politisches Engagement dazu führt, daß Personen ihren perzipierten politischen Einfluß relativ hoch einschätzen? Zunächst ist zu vermuten, daß bei hohem Engagement der Einfluß *in* der Gruppe höher eingeschätzt wird als bei niedrigem Engagement.

Inwieweit auch der persönliche Einfluß *auf die Erreichung der gesteckten politischen Ziele* bei starkem politischen Engagement als hoch angesehen wird, hängt sicherlich von der Situation ab, in der sich eine soziale Bewegung oder eine Gruppe befindet. Es ist zu vermuten, daß bei Beginn des Engagements, wenn zunächst andere Bürger mobilisiert und Aktionen vorbereitet werden, ein hohes Engagement auch dazu führt, daß Personen in hohem Maße mit der Realisierung ihrer Ziele rechnen. Inaktivität ist normalerweise nicht erfolgreich. Inwieweit aber nach einer gewissen Zeit immer noch eigene Aktionen als erfolgreich angesehen werden, hängt von den Reaktionen der Akteure ab, *gegen die sich Protest richtet*. Im Extremfall ist es denkbar, daß die Aktivitäten einer Protestgruppe völlig ignoriert werden, so daß den Mitgliedern deutlich wird, daß sie ihre Ziele nicht erreichen können. Wir vermuten jedoch, daß diejenigen, die sich dennoch relativ stark engagieren, ein erhebliches Maß an kognitiver Dissonanz, d.h. an kognitiven Kosten, erfahren werden, wenn sie ihren Einfluß zur Erreichung ihrer politischen Ziele geringer einschätzen als zu Beginn ihres Engagements. Im allgemeinen vermuten wir also, daß hohes Engagement dazu führt, daß auch ein relativ hoher Einfluß wahrgenommen wird. Inwieweit dies der Fall ist, hängt jedoch, wie wir sagten, von den Reaktionen der Regierung und zusätzlich von dem Erfolg von Mobilisierungsaktivitäten ab.

Bei unseren Befragten erscheint es besonders plausibel zu vermuten, daß ein hohes Ausmaß von Protest auch den perzipierten Einfluß erhöht: wie wir gesehen haben, glauben die meisten Befragten, daß nach dem Reaktorunfall die Erfolgsaussichten der Anti-Atomkraftbewegung *und* des eigenen Engagements größer geworden sind. Dabei werden sich vermutlich diejenigen als besonders einflußreich betrachten, die relativ aktiv sind.

Wir vermuten dabei, daß diejenigen, die sich in hohem Maße *legal* engagieren, auch meinen, ihr Einfluß durch *legale* Handlungen sei groß. Diejenigen dagegen, die sich in hohem Maße illegal engagieren, werden - da sie illegalen Protest als besonders wirksam ansehen, auch glauben, daß illegales Handeln ihren Einfluß erhöht.

Unsere Überlegungen werden in folgender These zusammengefaßt:

Hypothese über die Wirkung von Einfluß und Protest: In je höherem Maße sich Personen in legaler (illegaler) Weise engagieren, desto größer werden sie ihren Einfluß einschätzen, durch legale (illegale) Mittel ihre politischen Zielen zu erreichen.

Die letzte Frage, mit der wir uns befassen wollen, betrifft die Wirkung verschiedener Arten von wahrgenommenem Einfluß. Zur Erklärung von Protest gegen Atomkraftwerke ist gemäß unseren theoretischen Überlegungen von Bedeutung, inwieweit Personen glauben, durch Protest zur Erreichung bestimmter Ziele beitragen zu können. Es ist nicht von Bedeutung, inwiefern sie *allgemein* glauben, politisch einflußreich zu sein. Es wäre nämlich denkbar, daß man zwar glaubt, im allgemeinen, d.h. bei den meisten vom Staat hergestellten Kollektivgütern, einflußreich zu sein, aber bei einigen Kollektivgütern mag man seinen Einfluß relativ gering, bei anderen relativ hoch einschätzen.

Im Hinblick auf die Kernenergie zeigen unsere Daten (vgl. Kapitel II), daß nach der Meinung der Befragten ihr wahrgenommener Einfluß auf eine Änderung der Atompolitik nach dem Reaktorunfall gestiegen ist. Es ist aber wenig plausibel anzunehmen, daß auch der wahrgenommene *allgemeine* politische Einfluß gestiegen ist.

Obwohl also bei der Erklärung politischen Protests speziell der Einfluß auf diejenigen Kollektivgüter von Bedeutung ist, zu deren Herstellung durch Protest ein Beitrag geleistet werden soll, ist es von Interesse zu wissen, ob trotzdem der allgemeine politische Einfluß eine ähnliche Wirkung wie spezielle Einflußarten hat. Wenn sich nämlich zeigt, daß ein allgemeines Einflußmaß Protest ebenso gut voraussagt wie Einflußskalen, die sich auf spezielle Kollektivgüter beziehen, dann könnte in Untersuchungen ein einziges Einflußmaß verwendet werden, das allgemeinen politischen Einfluß mißt.

Da nach Tschernobyl gemäß unseren Daten der Einfluß auf die Nutzung der Kernenergie und vermutlich nicht der allgemeine politische Einfluß gestiegen ist, erscheint folgende Hypothese plausibel:

Hypothese über die Wirkungen des allgemeinen politischen Einflusses und des Einflusses auf die Nutzung der Atomenergie: Einfluß auf die Nutzung der Atomenergie hat - bei gegebener Unzufriedenheit - eine stärkere Wirkung auf Protest als allgemeiner politischer Einfluß.

2.2. Die Messung der Variablen

Bei der Überprüfung unserer Hypothesen, die wir im vorigen Abschnitt diskutiert haben, werden erstens Variablen verwendet, deren Messung wir bereits in Abschnitt 1.2 dieses Kapitel beschrieben haben. Zweitens werden zusätzlich drei Maße für den wahrgenommenen Einfluß auf die Nutzung der Atomenergie verwendet, die wir im folgenden kurz beschreiben. Detailliertere Informationen finden sich im Anhang.

Einfluß auf die Nutzung der Atomenergie. Wir haben erstens ermittelt, inwieweit ein Befragter glaubt, durch Protest die Nutzung der Atomenergie beeinflussen zu können. Dabei haben wir den Befragten wiederum Behauptungen vorgegeben, denen sie mehr oder weniger zustimmen konnten. Eine dieser Behauptungen lautet: "Ein Einzelner, der etwas gegen den Bau von Atomkraftwerken unternimmt, kann die Entwicklung doch nicht aufhalten." Wenn jemand durch seine Antwort zum Ausdruck bringt, daß er einen hohen Einfluß zu haben glaubt, wurde ihm ein relativ hoher Punktwert zugeordnet. Wer z.B. bei obiger Behauptung "stimme voll zu" antwortet, erhält fünf Punkte.

Für jeden Befragten wurden die Punktwerte der Untersuchung 1982 und 1987 getrennt addiert, so daß sich zwei Skalen ergeben: "Einfluß auf die Nutzung der Atomenergie 1982" und "Einfluß auf die Nutzung der Atomenergie 1987". Hohe Werte einer Skala bedeuten, daß der Befragte sich in hohem Maße als einflußreich betrachtet.

Einfluß durch legalen und illegalen Protest. Eine unserer Interviewfragen lautete, ob ein Befragter glaubt, den Zielen der Anti-Atomkraftbewegung eher zu nützen, wenn er sich an legalen, an illegalen oder je nach Situation an beiden Protestformen beteiligt oder wenn er weder an legalen noch an illegalen Protestformen teilnimmt.

Ein hoher Wert der Variablen bedeutet, daß jemand glaubt, daß je nach Situation legaler oder illegaler Protest nützlich sei. Ein niedriger Wert bedeutet, daß legaler Protest als relativ nützlich angesehen wird.

Allgemeiner politischer Einfluß. Die bisherigen Fragen bezogen sich auf den vom Befragten wahrgenommenen Einfluß auf die Nutzung der Atomenergie. Darüber hinaus haben wir ermittelt, inwieweit sich ein Befragter allgemein politisch als einflußreich betrachtet. Die entsprechenden Fragen wurden nur in der Befragung von 1987 gestellt.

Den Befragten wurden wiederum Behauptungen vorgegeben, denen sie mehr oder weniger zustimmen konnten, z.B.: "Leute wie ich haben so oder so keinen Einfluß darauf, was die Regierung tut." Wiederum wurde einem Befragten ein hoher Punktwert zugeordnet, wenn er eine Antwort gab, die zum Ausdruck brachte, daß er sich generell als relativ einflußreich ansah.

2.3. Das Ausmaß des wahrgenommenen Einflusses

Unsere zentrale These lautet, daß sich auch in großen Gruppen Individuen häufig politisch als einflußreich betrachten und daß das Ausmaß des wahrgenommenen politischen Einflusses bei den einzelnen Individuen verschieden ist. Wir wollen im folgenden berichten, inwieweit diese Thesen durch unsere Untersuchung bestätigt werden.

Betrachten wir zunächst die Skala "Einfluß auf die Nutzung der Atomenergie". Der mögliche Wertebereich der Skale erstreckt sich von 0 bis 1. Der Mittelwert bei der Untersuchung von 1982 beträgt .70, der Mittelwert bei der Untersuchung von 1987 beträgt .72. Die Werte der Standardabweichung sind .19 (1982) und .21 (1987).

Bei der Frage nach dem Einfluß des Engagements durch legale oder illegale Protestformen haben nur 5% der Befragten angegeben, sie könnten weder durch legale noch durch illegale Protestformen den Zielen der Anti-Atomkraftbewegung nutzen.

Auch die Skala "Allgemeiner politischer Einfluß" kann Werte zwischen 0 und 1 annehmen. Der Mittelwert der Skale beträgt .64 (bei einer Standardabweichung von .22).

Würden die früher genannten Thesen gelten, daß in großen Gruppen der tatsächliche Einfluß gleich dem wahrgenommenen Einfluß ist und daß beide null sind, dann würde man bei den ersten beiden Einflußmaßen einen Mittelwert erwarten, der nahe bei null liegt. Die tatsächlichen Mittelwerte liegen jedoch erheblich höher, wie wir sahen (siehe auch den Anhang). Bei der zuletzt genannten Frage wäre entsprechend zu erwarten, daß ein erheblicher Prozentsatz der Befragten weder legalen noch illegalen Protest als nützlich für die Ziele der Anti-Atomkraftbewegung ansieht. Jedoch haben, wie gesagt, nur 5% der Befragten diese Ansicht geäußert.

Auch die *Variation* des wahrgenommenen Einflusses ist relativ groß: würden alle Befragten ihren Einfluß in ähnlicher Weise wahrnehmen, müßte die Standardabweichung nahe dem Wert null liegen. Dies ist jedoch nicht der Fall.

Wir können also festhalten, daß sich unsere Befragten in relativ hohem Maße als politisch einflußreich betrachten und daß das Ausmaß, in dem sie sich als einflußreich wahrnehmen, bei den Befragten verschieden ist.

2.4. Das zu prüfende Modell

Wir haben in Abschnitt 2.1 einige Hypothesen in allgemeiner Weise formuliert. In diesem Abschnitt wollen wir zunächst zeigen, wie wir diese Hypothesen mit unseren Daten überprüfen können. Wir lassen dabei unsere Hypothesen über die Wirkungen von Einfluß auf Protest und über die Wirkung allgemeinen politischen Einflusses zunächst außer acht.

In unserer Untersuchung wurden folgende Variablen gemessen: "Unzufriedenheit mit der Atomenergie 1982", "Unzufriedenheit mit der Atomenergie 1987", "legaler Protest 1982" und "illegaler Protest 1987". Das in Figur III.3 dargestellte Modell kann mit diesen Variablen in folgender Weise überprüft werden - vgl. Figur III.4.

Wenn zeitverzögerte Effekte zwischen Unzufriedenheit und Protest bestehen, dann ist zu erwarten, daß "Unzufriedenheit 1982" direkte positive Wirkungen auf "Unzufriedenheit 1987", "legaler Protest 1987" und "illegaler Protest 1987" hat. Ein reziproker Effekt von Unzufriedenheit und Protest wäre gegeben, wenn "legaler Protest 1982" und "illegaler Protest 1982" direkt auf "Unzufriedenheit 1987" wirken.

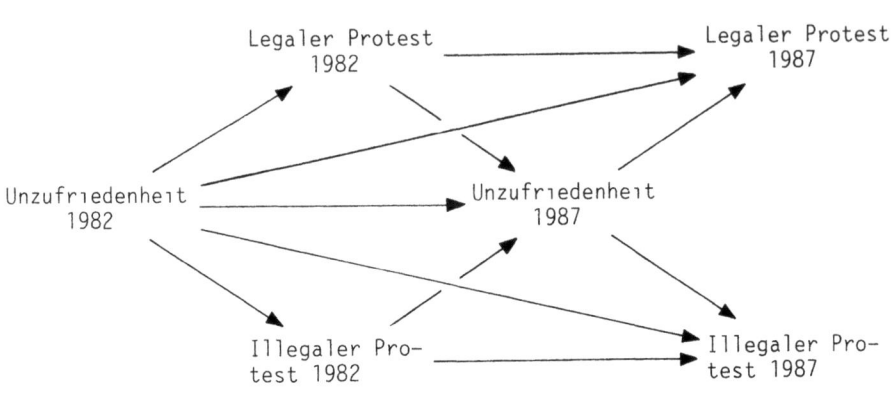

Wir sagten, daß diese Beziehungen nicht nur zwischen zwei Zeitperioden zutreffen, sondern auch innerhalb einer Zeitperiode (siehe die vertikalen Pfeile in Figur III.3). Entsprechend ist damit zu rechnen, daß auch simultane Wirkungen von Unzufriedenheit und Protest vorliegen. Insbesondere ist zu erwarten: (1) ein positiver Effekt von "Unzufriedenheit 1982" auf "legaler Protest 1982" und "illegaler Protest 1982", (2) eine positive Wirkung von "Unzufriedenheit 1987" auf "legaler Protest 1987" und "illegaler Protest 1987".

Die in Figur III.3 dargestellten Hypothesen implizieren, daß eine positive Wirkung von "legaler Protest 1982" auf "legaler Protest 1987" und von "illegaler Protest 1982" auf "illegaler Protest 1987" besteht.

Aufgrund der Instrumentalitäts-Hypothese ist zu erwarten, daß simultane und zeitverzögerte Effekte von Unzufriedenheit auf legalen Protest größer sind als auf illegalen Protest. Aus der Aggressions-Hypothese würde genau die entgegengesetzte Erwartung folgen.

Unsere Hypothese über das Fehlen einer reziproken Beziehung von legalem und illegalem Protest impliziert, daß weder eine Wirkung von "legaler Protest 1982" auf "illegaler Protest 1987" noch von "illegaler Protest 1982" auf "legaler Protest 1987" existiert.

Wenn eine reziproke Wirkung zwischen legalem und illegalem Protest besteht, dann können wir dies nicht nur prüfen, indem wir zeitverzögerte Wirkungen, sondern auch indem wir simultane Wirkungen ermitteln. Wenn z.B. "legaler Protest 1982" zu einem Ansteigen von "illegaler Protest 1987" führt und wenn "illegaler Protest 1982" zu einem Ansteigen von "legaler Protest 1987" führt, dann erwarten wir, einen reziproken Effekt von "legaler Protest 1987" auf "illegaler Protest 1987" zu finden.

Die Überprüfung von simultanen Effekten bereitet oft Schwierigkeiten, da die betreffenden Strukturgleichungen mathematisch nicht identifizierbar sind. So ist z.B.

ein Modell, in dem behauptet wird, daß alle möglichen Beziehungen in eine einzige kausale Richtung bestehen (d.h. daß ein vollständiges rekursives Modell als richtig unterstellt wird) und daß zusätzlich noch Rückwirkungen existieren, nicht identifizierbar und somit auch empirisch nicht prüfbar. Wenn jedoch relativ wenige Beziehungen in eine kausale Richtung bestehen, dann ist unter bestimmten Bedingungen auch ein Modell mit Rückwirkungen prüfbar.

Es empfiehlt sich entsprechend, zunächst nur ein rekursives Modell, also ein Modell ohne Rückwirkungen, zu prüfen. Erst wenn sich zeigt, daß bestimmte Wirkungen nicht vorliegen, ist festzustellen, ob zusätzlich das Vorliegen von Rückwirkungen geprüft werden kann.

Um unser in Figur III.4 dargestelltes Modell zu prüfen, ist es nicht nur erforderlich festzustellen, ob die dort *postulierten* Beziehungen zutreffen. Ein strengerer Test liegt vor, wenn wir zusätzlich prüfen, ob die Beziehungen, die wir *nicht* erwarten, vielleicht doch vorliegen.

Entsprechend haben wir zunächst Regressionsgleichungen berechnet, in die für jede abhängige Variable alle kausal vorhergehenden Variablen als unabhängige Variablen aufgenommen wurden. So haben wir für "legaler Protest 1987" als abhängige Variable die folgenden unabhängigen Variablen in die Analyse einbezogen: "Unzufriedenheit 1987", "legaler Protest 1982", "illegaler Protest 1982" und "Unzufriedenheit 1982". Die Ergebnisse dieser Analysen sind in Tabelle III.2 dargestellt. Um den Vergleich der in Figur III.4 behaupteten Beziehungen mit den durch unsere Daten bestätigten Beziehungen zu erleichtern, haben wir in Figur III.5A nur solche Beziehungen dargestellt, deren standardisierte Regressionskoeffizienten einen t-Wert aufweisen, der größer als 1.50 (in absoluten Zahlen) ist, der also knapp unter dem Signifikanzniveau von .05 liegt. Es ist sinnvoll, solche Regressionskoeffizienten in die weitere Analyse einzubeziehen, da geringe Veränderungen in einem Modell dazu führen können, daß diese Koeffizienten signifikant werden. Wir wollen nun die Ergebnisse im einzelnen beschreiben.

2.5. Unzufriedenheit und Protest

Aus Figur III.5A (und aus Tabelle III.2) geht zunächst hervor, daß die erwarteten simultanen Effekte von Unzufriedenheit und Protest vorliegen: in der Untersuchung von 1982 beträgt die Korrelation zwischen "Unzufriedenheit 1982" und "legaler Protest 1982" .58, zwischen "Unzufriedenheit 1982" und "illegaler Protest 1982" .40.[9] In der zweiten Untersuchung von 1987 beträgt der standardisierte Regressionskoeffizient von "Unzufriedenheit 1987" und "legaler Protest 1987" .24. Wider Erwarten wirkt jedoch "Unzufriedenheit 1987" nicht auf "illegaler Protest 1987": der standardisierte Regressionskoeffizient hat nur einen nicht signifikanten Wert von .10.

Die geringe Größe dieser beiden Koeffizienten ist darauf zurückzuführen, daß die der jeweiligen abhängigen Variablen entsprechenden zeitverzögerten Variablen

---

[9] Da hier nur Beziehungen zwischen zwei Variablen geprüft werden, ist der Korrelationskoeffizient gleich dem standardisierten Regressionskoeffizienten.

in die Analyse einbezogen wurden. Bei einer relativ hohen Stabilität, d.h. bei einer relativ starken Wirkung der zeitverzögerten Variablen auf die entsprechende abhängige Variable (z.B. bei der Wirkung von "legaler Protest 1982" auf "legaler Protest 1987") wird bereits ein relativ großer Prozentsatz der Varianz der abhängigen Variablen erklärt. Somit muß der Einfluß der übrigen unabhängigen Variablen gering sein, da wenig Restvarianz übrigbleibt, die erklärt werden kann.

TABELLE III.2: Die Beziehungen zwischen Unzufriedenheit mit der Atomenergie und Protest

Unabhängige Variablen	Abhängige Variablen				
	Legaler Prot.82	Illegal. Prot.82	Unzufr. 87	Legaler Prot.87	Illegaler Protest 87
Legaler Protest 1982	–	–	.18	.72**	.11
Illegaler Protest 1982	–	–	-.05	-.14	.44**
Unzufriedenheit 1982	.58**	.40**	.34**	-.05	-.09
Unzufriedenheit 1987	–	–	-	.24**	.10
Angepaßtes $R^°$	.33	.15	.18	.53	.23

* signifikant auf dem .05 Niveau; ** signifikant auf dem .01 Niveau.

Im Hinblick auf die behaupteten zeitverzögerten Wirkungen von Unzufriedenheit und Protest zeigt sich, daß die Unzufriedenheit vor Tschernobyl (1982) weder auf legalen noch auf illegalen Protest nach Tschernobyl (1987) wirkt. Es bestehen jedoch indirekte Effekte: "Unzufriedenheit 1982" führt zu einem Ansteigen von "legaler Protest 1987" über "legaler Protest 1982" und über "Unzufriedenheit 1987". Zu "illegaler Protest 1987" führt nur ein Pfad bzw. Pfeil von "Unzufriedenheit 1982" über "illegaler Protest 1982". Das Ausmaß der Unzufriedenheit vor einem kritischen Ereignis hat somit den erwarteten direkten Effekt weder auf legale noch auf illegale Protestformen nach einem kritischen Ereignis.

Erhöht Protest Unzufriedenheit? Wenn dies der Fall wäre, dann müßten "legaler Protest 1982" und "illegaler Protest 1982" auf "Unzufriedenheit 1987" wirken. Wir fanden jedoch nur einen sehr schwachen, statistisch nicht signifikanten Effekt von "legaler Protest 1982" auf "Unzufriedenheit 1987" (der standardisierte Regressionskoeffizient ist gleich .18). "illegaler Protest 1982" wirkt auch nicht auf "Unzufriedenheit 1987" (Beta ist gleich -.05). Es ergibt sich somit, daß Unzufriedenheit Protest erhöht, nicht jedoch, daß Protest die Unzufriedenheit mit der Atomenergie erhöht.[10]

In welchem Ausmaß beeinflussen Unzufriedenheit und Protest vor einem kritischen Ereignis Unzufriedenheit und Protest nach einem kritischen Ereignis? Alle zeitverzögerten Effekte einer Variablen der Untersuchung 1982 auf dieselbe Variable der Untersuchung 1987 sind statistisch signifikant auf dem .01 Niveau. Die stärkste Wirkung hat "legaler Protest 1982" auf "legaler Protest 1987". Dies bedeutet, daß legaler Protest erheblich stabiler nach einem kritischen Ereignis ist als illegaler Protest.

Wenden wir uns nun unserer Hypothese über den *Schock-Effekt*, d.h. über die Art der funktionalen Beziehung zwischen den vor und nach Tschernobyl gemessenen Variablen zu. Wir haben die Schock-Hypothese nur für solche Beziehungen überprüft, die sich bestätigt haben (siehe die in Figur III.5A dargestellten Beziehungen). Ohne Ausnahme sind die (unstandardisierten) B-Koeffizienten für die geprüften Beziehungen kleiner als 1 und größer als 0. Die Konstanten (d.h. die Schnittpunkte mit der y-Achse) sind erwartungsgemäß größer als 0.

Wir haben in verschiedener Weise geprüft, ob nicht-lineare Beziehungen vorliegen. Streudiagramme ließen solche Beziehungen nicht erkennen. Auch verschiedene Transformationen der abhängigen und/oder unabhängigen Variablen wie Logarithmierung oder Quadrierung erbrachten keinerlei Hinweise auf nicht-lineare Beziehungen.

2.6. Die Instrumentalität von politischem Protest

Aufgrund unserer Annahme, daß die meisten Individuen legale Formen politischen Protests als relativ wirksam betrachten, sagten wir voraus, daß ein hohes Ausmaß an Unzufriedenheit einen stärkeren Effekt auf legalen als auf illegalen Protest hat. Diese Voraussage wird klar bestätigt, wie Figur III.5A zeigt: die Korrelation von "Unzufriedenheit 1982" mit "legaler Protest 1982" ist höher als mit "illegaler Protest 1982". Darüber hinaus besteht eine signifikante Beziehung nur zwischen "Unzufriedenheit 1987" und "legaler Protest 1987", aber nicht zwischen "Unzufriedenheit 1987" und "illegaler Protest 1987". Weiterhin zeigen unsere Daten einen deutlich stärkeren *indirekten* Effekt von "Unzufriedenheit 1982" auf "legaler Protest 1987" (über "legaler Protest 1982" und "Unzufriedenheit 1987") als auf "illegaler Protest 1987" (über "illegaler Protest 1982").

Fragen wir nun, ob sich die Instrumentalitäts-Hypothese auch bestätigt, wenn wir sie direkt überprüfen. Die Hypothese behauptet, daß Unzufriedenheit einen relativ starken Effekt auf legalen (illegalen) Protest hat, wenn der Einfluß auf die

---

[10] Dieses Ergebnis wird bestätigt, wenn wir mittels des Two-Stage-Least-Squares Verfahrens ein nicht-rekursives Modell schätzen, in dem eine Rückwirkung von "Unzufriedenheit 1987" und "legaler Protest 1987" angenommen wird und in dem "Unzufriedenheit 1982" nur auf "Unzufriedenheit 1987" und "legaler Protest 1982" nur auf "legaler Protest 1987" wirkt. Der standardisierte Regressionskoeffizient, der die Wirkung von "legaler Protest 1987" auf "Unzufriedenheit 1987" beschreibt, ist .16 und nicht signifikant.

Herstellung von Kollektivgütern durch legalen (illegalen) Protest als relativ wirksam angesehen wird.

Um zu prüfen, ob ein solcher Interaktionseffekt vorliegt, haben wir die Skalen "Einfluß auf die Nutzung der Atomenergie 1982", "Einfluß auf die Nutzung der Atomenergie 1987" (im folgenden bezeichnet als "Einfluß 1982" und "Einfluß 1987") und "Einfluß durch legalen und illegalen Protest" (nur 1987 gemessen) mit den entsprechenden Skalen für Unzufriedenheit multipliziert. Wir erhalten also drei Interaktionsterme:

(1) (Unzufriedenheit 82) * (Einfluß 82);
(2) (Unzufriedenheit 87) * (Einfluß 87);
(3) (Unzufriedenheit 87) * (Einfluß durch legalen/illegalen Protest 87)

Wie wirken diese Interaktionsterme auf legalen und illegalen Protest? Ein Problem bei der Beantwortung dieser Frage besteht darin, daß sich die Skalen "Einfluß 1982" und "Einfluß 1987" nicht auf spezifische Arten von Protest beziehen. Da illegale Formen von Protest relativ selten ausgeführt werden, nehmen wir an, daß die Befragten bei der Beantwortung der Einflußfragen vor allem an legale Protestformen gedacht haben.

Wir vermuten also, daß die Maße "Einfluß 1982" und "Einfluß 1987" messen, wie die Befragten ihren Einfluß auf die Nutzung der Atomenergie durch *legale* Protestformen wahrnehmen. Wenn dies richtig ist, dann müßten die ersten beiden Interaktionsterme stärker auf legalen als auf illegalen Protest wirken.

Dabei wird der erste Interaktionsterm relativ stark auf legalen und relativ schwach auf illegalen Protest 1982, nicht aber auf legalen und illegalen Protest 1987 wirken, da, wie wir sahen, "Unzufriedenheit 1982" keinen Effekt auf "legaler Protest 1987" und "illegaler Protest 1987" hatte.

Der zweite Interaktionsterm wird entsprechend einen relativ starken Effekt auf "legaler Protest 1987" und einen relativ schwachen Effekt auf "illegaler Protest 1987" haben.

Der dritte Interaktionsterm wird relativ stark "illegaler Protest 1987" und relativ schwach "legaler Protest 1987" beeinflussen. Der Grund ist, daß Personen mit einem hohen Wert bei dem dritten Interaktionsterm glauben, daß die Wirkungen von legalem oder illegalem Protest situationsspezifisch sind. D.h. diese Personen werden relativ häufig illegalen Protest als wirksam betrachten.

Das zu prüfende Modell mit den genannten Interaktionstermen entspricht dem in Figur III.5A dargestellten Modell, wenn wir "Unzufriedenheit 1982" durch den ersten Interaktionsterm und wenn wir "Unzufriedenheit 1987" durch den zweiten und dritten Interaktionsterm ersetzen. Das zu prüfende Modell besteht also aus drei Interaktionstermen.

Das Modell und die Resultate der Regressionsanalysen sind in Figur III.5B und in Tabelle III.3 dargestellt. Figur III.5B enthält wiederum nur diejenigen Regressionskoeffizienten, die einen t-Wert haben, der - in absoluten Zahlen - größer als 1.50 ist. Darüber hinaus haben wir bei den Regressionsanalysen wiederum alle kausal vorgeordneten Variablen einbezogen.

FIGUR III.5: Bestätigte Beziehungen zwischen Unzufriedenheit mit der Atomenergie, Einfluß und Protest (Beta-Koeffizienten mit einem t-Wert größer als 1.50)[a]

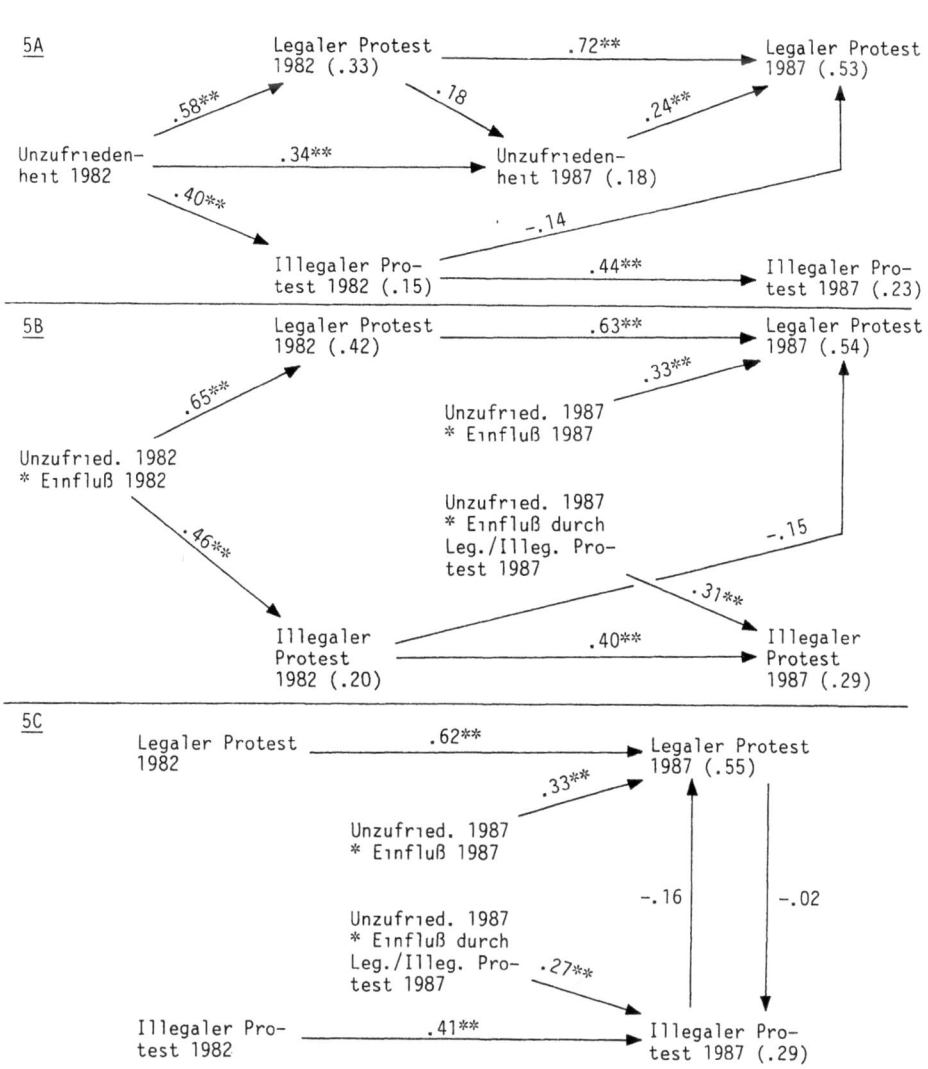

a) Koeffizienten unter oder neben einer Variablen bezeichnen das korrigierte R^2.
* signifikant auf dem .05 Niveau; ** signifikant auf dem .01 Niveau.

TABELLE III.3: Die Beziehungen zwischen Unzufriedenheit mit der Atomenergie, Einfluß und Protest (standardisierte Regressionskoeffizienten)

Unabhängige Variablen	Abhängige Variablen			
	Legaler Prot.82	Illeg. Prot.82	Legaler Prot.87	Illeg. Prot.87
Unzufried. 82 * Einfluß 82	.65**	.46**	-.01	-.13
Legaler Protest 82	-	-	.63**	.11
Illegaler Protest 82	-	-	-.15	.40**
Unzufried. 87 * Einfluß 87	-	-	.33**	-.06
Unzufried. 87 * Einfl. Leg./ Illeg. Pr. 87	-	-	-.04	.31**
Angepaßtes R^2	.42	.20	.54	.29

* signifikant auf dem .05 Niveau; ** signifikant auf dem .01 Niveau.

Betrachten wir die Ergebnisse unserer Analysen. "Unzufriedenheit 1982", multipliziert mit "Einfluß 1982" hat, wie erwartet, einen deutlich stärkeren Effekt auf "legaler Protest 1982" als auf "illegaler Protest 1982". Der zweite und dritte Interaktionsterm haben ebenfalls die erwarteten Effekte: wenn der erwartete Einfluß durch legalen Protest ("Einfluß 1987") relativ stark ist, dann hat "Unzufriedenheit 1987" einen stärkeren Effekt auf "legaler Protest 1987" (Beta = .33) als auf "illegaler Protest 1987" (Beta = .06, siehe Tabelle III.3). Der Interaktionsterm, der aus "Unzufriedenheit 1987" und "Einfluß durch legalen/illegalen Protest" besteht, hat einen stärkeren Effekt auf "illegaler Protest 1987" (Beta = .31) als auf "legaler Protest 1982" (Beta = -.04, siehe Tabelle III.3).

Es sei darauf hingewiesen, daß der Koeffizient für die Beziehung zwischen "illegaler Protest 1982" und "legaler Protest 1987" (-.15) fast signifikant auf dem .05 Niveau ist (p ist gleich .055).

Wenn wir die Wirkungen der Interaktionsterme (Figur III.5B) mit den Wirkungen der *einzelnen* Unzufriedenheits-Skalen (Figur III.5A) vergleichen, dann zeigt sich, daß die Wirkungen der Interaktionsterme auf Protest stärker sind als die Wirkungen der betreffenden einzelnen Unzufriedenheits-Variablen. Darüber hinaus sind drei der erklärten Varianzen der vier Protestvariablen größer in dem Modell mit Interaktionstermen.

Wir haben die Wirkungen der Interaktionsterme noch in anderer Weise überprüft. Zunächst wurden die Skalen "Einfluß 1982" und "Einfluß 1987" jeweils dichotomisiert, d.h. wir haben unsere Befragten in zwei Gruppen aufgeteilt: in Personen,
die 1982 und 1987 jeweils einen niedrigen und die einen hohen Einfluß zu haben
glauben. Die Dichotomisierung haben wir so vorgenommen, daß in jede Gruppe in
etwa gleich viele Befragte fallen. Für jede Kategorie dieser Skalen und zusätzlich
für jede Kategorie der Skala "Einfluß durch legalen/illegalen Protest" haben wir die
Korrelation berechnet zwischen verschiedenen Unzufriedenheits- und Protest-Skalen.
Die Ergebnisse finden sich in Tabelle III.4.

TABELLE III.4: Korrelationen zwischen Unzufriedenheit mit der Atomenergie und
Protest für unterschiedliche Grade des Einflusses[a]

Korrelierte Variablen	Einfluß 1982		Einfluß 1987		Einfluß durch Leg./Ill.Pr.87	
	Niedrig	Hoch	Niedrig	Hoch	Nein	Ja
1	2	3	4	5	6	7
(1) Unzufried. 82 – Legaler Prot. 82	.48**	.65**	.50**	.60**	.65**	.53**
(2) Unzufried. 82 – Legaler Prot. 87	.38**	.39**	.31**	.44**	.47**	.39**
(3) Unzufried. 82 – Illegaler Pr. 82	.41**	.33**	.33**	.39**	.41**	.36**
(4) Unzufried. 82 – Illegaler Pr. 87	.11	.29*	.12	.17	.28	.07
(5) Unzufried. 87 – Legaler Prot. 87	.37**	.53**	.28*	.61**	.50**	.41**
(6) Unzufried. 87 – Illegaler Pr. 87	.15	.23	.17	.09	.14*	.36**

a) Unterstrichene Koeffizienten sind simultane Korrelationen;
* signifikant auf dem .05 Niveau; ** signifikant auf dem .01 Niveau.

In der ersten Spalte der Tabelle sind die Paare von Variablen aufgeführt, für
die die Korrelationen berechnet wurden. In den anderen Spalten werden die Korrelationen für Personen berichtet, die einen niedrigen bzw. hohen Einfluß bei den
entsprechenden Einflußmaßen zu haben glauben.
    Welche Korrelationen sind zu erwarten? Da wir annehmen, daß Unzufrieden-
heit und Einfluß auf Protest wirken, berücksichtigen wir nur zwei Arten von Korrelationen: (1) simultane Korrelationen, d.h. Korrelationen für Variablen, die zum

gleichen Zeitpunkt gemessen wurden, und (2) solche *zeitverzögerten Korrelationen*, bei denen Unzufriedenheit und Einfluß 1982 und legaler bzw. illegaler Protest 1987 gemessen wurden.

Die sechs Paare *simultaner* Korrelationskoeffizienten sind unterstrichen. Für diese Korrelationen ist folgendes zu erwarten: die Korrelation zwischen Unzufriedenheit und *legalem* Protest ist relativ hoch, wenn auch der Einfluß auf die Nutzung der Kernenergie relativ hoch ist. Dies ist deshalb zu erwarten, weil sich "Einfluß 1982" und "Einfluß 1987" auf Einfluß durch legalen Protest beziehen, wie wir bereits ausführten. Somit wird ein hoher wahrgenommener Einfluß vor allem legalen Protest erhöhen.

Die Korrelation zwischen Unzufriedenheit und *illegalem* Protest wird jedoch relativ hoch sein, wenn der Einfluß durch legalen Protest niedrig ist. Wir nehmen dabei an, daß Befragte, die legalen Protest als wenig erfolgversprechend ansehen, relativ häufig illegalen Protest als wirksam betrachten.[11]

Diese Voraussagen werden durch die vier Paare von Korrelationskoeffizienten für "Einfluß 1982" und "Einfluß 1987" bestätigt. Für diejenigen z.B., die 1982 einen geringen Einfluß zu haben glauben, ist die Korrelation zwischen "Unzufriedenheit 1982" und "legaler Protest 1982" .48; für diejenigen dagegen, die einen hohen Einfluß 1982 zu haben glauben, beträgt die Korrelation .65. Dies bedeutet: wenn legale Protestformen als relativ wirksam angesehen werden, besteht eine relativ hohe Korrelation zwischen Unzufriedenheit und legalem Protest.

Die Voraussagen für die simultanen Korrelationen werden ebenfalls bestätigt für die Frage nach dem Einfluß durch legalen/illegalen Protest (siehe die Zeilen 5 und 6 und die Spalten 6 und 7 von Tabelle III.4). Wenn z.B. legaler Protest als relativ wirksam betrachtet wird, dann ist die Korrelation zwischen Unzufriedenheit und legalem Protest relativ hoch (.50); wenn jedoch illegaler Protest je nach Situation als relativ erfolgversprechend angesehen wird, dann ist die Korrelation zwischen Unzufriedenheit und legalem Protest geringer (.41).

Im Hinblick auf die *zeitverzögerten* Korrelationen müssen wir zwei Paare von Korrelationskoeffizienten vergleichen (vgl. Spalten 2 und 3, Zeilen 2 und 4): die Korrelation zwischen "Unzufriedenheit 1982" und "legaler Protest 1987" müßte größer sein für hohen Einfluß als für niedrigen Einfluß. Beide Korrelationen sind jedoch gleich (.38 und .39). Entsprechend müßte die Korrelation zwischen "Unzufriedenheit 1982" und "illegaler Protest 1987" höher sein für Personen mit niedrigem als für Personen mit hohem Einfluß. Das Umgekehrte ist jedoch der Fall (.11 und .29). Die Ergebnisse bezüglich der zeitverzögerten Korrelationen entsprechen insofern unseren früheren Ergebnissen, als nur gleiche Variablen, die zu zwei Zeitpunkten gemessen wurden - z.B. "legaler Protest 1982" und "legaler Protest 1987" - miteinander in Beziehung stehen.

Aus der Instrumentalitäts-Hypothese folgt eine weitere Voraussage: die Korrelation zwischen einem der genannten Interaktionsterme und den betreffenden

---

[11] Diese Annahme wird durch unsere Daten bestätigt: bei der Frage, die Einfluß durch legalen/ illegalen Protest mißt, haben 95% der Befragten geantwortet, daß sie legalen und illegalen Protest nicht als gleich wirksam betrachten. D.h. meist betrachtet man entweder legalen oder (evt. auch je nach Situation) illegalen Protest als relativ erfolgversprechend.

abhängigen Protest-Skalen müßte größer sein als die Korrelation jeder einzelnen Variablen des Interaktionsterms mit denselben abhängigen Variablen (siehe Muller und Opp 1986). So müßte die Korrelation zwischen "Unzufriedenheit 1982 * Einfluß 1982" und "legaler Protest 1982" erstens größer sein als die Korrelation zwischen "Unzufriedenheit 1982" und "legaler Protest 1982" und zweitens größer sein als die Korrelation zwischen "Einfluß 1982" und "legaler Protest 1982".

Um diese Voraussagen zu überprüfen, haben wir solche Korrelationen miteinander verglichen, bei denen die unabhängigen Variablen entweder zur gleichen Zeit oder früher als die abhängigen Variablen gemessen wurden. Für die drei vorher genannten Interaktionsterme und für die vier abhängigen Protest-Skalen entsprechen sieben von acht Korrelationen der Interaktionsterme mit den abhängigen Variablen unseren Voraussagen. Diese Ergebnisse bestätigen also ebenfalls die Instrumentalitäts-Hypothese.[12]

Fassen wir zusammen. Wir haben die Instrumentalitäts-Hypothese durch verschiedene Verfahren überprüft. Es zeigte sich: hohe Unzufriedenheit führt nicht zu aggressiven Reaktionen, sondern es werden generell solche Handlungen gewählt, die als erfolgversprechend für die Erreichung politischer Ziele angesehen werden.

2.7. Rückwirkungen zwischen legalem und illegalem Protest

Eines unserer Ergebnisse war (vgl. Figur III.5A), daß keine zeitverzögerte Wirkung von "legaler Protest 1982" auf "illegaler Protest 1987" vorlag. Es bestand jedoch ein schwacher negativer Effekt von "illegaler Protest 1982" auf "legaler Protest 1987", d.h. wenn illegaler Protest 1982 relativ hoch ist, dann ist legaler Protest 1987 relativ niedrig. Wenn tatsächlich illegaler Protest sozusagen von der Wahl legalen Protests abschreckt, dann müßte sich dies auch herausstellen, wenn wir eine simultane reziproke Beziehung zwischen "legaler Protest 1987" und "illegaler Protest 1987" berechnen.

Zur Berechnung einer solchen Beziehung können wir entweder von dem in Figur III.5A oder von dem in Figur III.5B dargestellten Modell ausgehen und das Modell jeweils um einen simultanen reziproken Effekt ergänzen.

Wir schätzten die Koeffizienten beider Modelle mit dem Verfahren Two-Stage-Least-Squares. Die Ergebnisse sind in Figur III.5c und Tabelle III.5 dargestellt.

---

[12] Wir sind uns der Probleme bewußt, die bei der Überprüfung von Interaktionseffekten bestehen: Intervallskalen können willkürlich transformiert und die Koeffizienten entsprechend manipuliert werden. Zur Lösung dieses Problems sind wir bei den vorangegangenen Analysen in folgender Weise vorgegangen. Wir haben die Variablen so transformiert, daß die Wertebereiche theoretisch sinnvoll erscheinen: der niedrigstmögliche Wert der Unzufriedenheits-Skalen wurde als null festgesetzt, der Wertebereich der Einflußskala reicht von null bis eins. Wenn wir die Skalen somit multiplizieren, dann nehmen die Interaktionsterme den Wert null an, wenn sich eine Person entweder als einflußlos ansieht oder wenn sie im Hinblick auf das Kollektivgut indifferent ist. Wir betrachten den Wertebereich der Variablen als einen Teil unserer theoretischen Annahmen. Es ist deshalb nicht erforderlich, Verfahren anzuwenden, die davon ausgehen, daß die Wertebereiche von Variablen willkürlich gewählt werden können (vgl. z.B. Allison 1977, Friedrich 1982).

TABELLE III.5: Ein Modell mit reziproken Beziehungen zwischen legalem und illegalem Protest 1987 (standardisierte Regressionskoeffizienten)

Unabhängige Variablen	Abhängige Variablen	
	Legaler Protest 87	Illegaler Protest 87
Legaler Protest 82	.62**	-
Unzufried. 87 * Einfluß 87	.33**	-
Unzufried. 87 * Einfluß durch Leg./ill.Pr. 87	-	.27**
Illegaler Pr. 82	-	.41**
Legaler Protest 87 (vorausges. Wert)	-	-.02
Illegaler Prot. 87 (vorausges. Wert)	-.16	-
Angepaßtes R^2	.55	.29

* signifikant auf dem .05 Niveau; ** signifikant auf dem .01 Niveau.

Wegen des Problems der Multikollinearität war es in beiden Fällen nicht möglich, zusätzlich zu der genannten simultanen reziproken Beziehung noch zu prüfen, ob eine Wirkung von "illegaler Protest 1982" auf "legaler Protest 1987" vorliegt. Die Ergebnisse beider Analysen waren identisch. Da das in Figur III.5B dargestellte Modell theoretisch plausibler ist, soll im folgenden nur über die Ergebnisse der Überprüfung dieses Modells berichtet werden.

Unsere Berechnungen zeigen, daß "illegaler Protest 1987" nur einen sehr schwachen negativen Effekt auf "legaler Protest 1987" hat. Dieses Ergebnis und der ebenfalls geringe zeitverzögerte Effekt von "illegaler Protest 1982" auf "legaler Protest 1987" legen die Vermutung nahe, daß es zwischen legalem und illegalem Protest keine reziproken Effekte gibt, sondern daß nur ein schwacher negativer Effekt von illegalem auf legalen Protest besteht. Es gibt somit keine Erweiterung des Handlungsrepertoires von legalen zu illegalen oder von illegalen zu legalen Protestformen. Ein hohes Ausmaß illegalen Protests reduziert dagegen legalen Protest, wenn auch diese Wirkung sehr gering ist.

2.8. Politische Entfremdung, Einfluß und Protest

Wir haben unterschieden zwischen Unzufriedenheit mit der Atomenergie und Unzufriedenheit mit der politischen Ordnung generell (d.h. "politische Entfremdung"). In diesem Abschnitt wollen wir prüfen, inwieweit die Hypothesen, die wir in den vorangegangenen Abschnitten für "Unzufriedenheit mit der Atomenergie" formuliert und geprüft haben, auch für "politische Entfremdung" gelten. Wir wollen dies auf der Grundlage von Figur III.6 darstellen, die der Figur III.5 entspricht.

Wie Figur III.6A zeigt, liegen die erwarteten simultanen Effekte von Entfremdung für 1982 vor. Für 1987 sind sie sehr schwach und nicht signifikant. Sowohl für Unzufriedenheit mit der Atomenergie als auch für Entfremdung gilt also, daß die simultanen Effekte für 1982 stärker als für 1987 sind.[13]

Die erwarteten zeitverzögerten Wirkungen von Entfremdung auf Protest liegen - wie bei der Unzufriedenheit mit der Atomenergie - ebenfalls nicht vor. "Entfremdung 1982" wirkt wiederum indirekt auf legalen und illegalen Protest 1987, nämlich über legalen/illegalen Protest 1982 und Entfremdung 1987.

Genau so wenig wie bei der Unzufriedenheit mit der Atomenergie gilt auch für politische Entfremdung: ein hohes Ausmaß an Protest erhöht nicht das Ausmaß politischer Entfremdung. Unzufriedenheit erhöht also Protest, Protest vergrößert jedoch nicht die Unzufriedenheit.

Unsere bisherigen Analysen zeigen, daß jeweils die 1982 gemessenen Variablen signifikante Effekte auf die betreffenden 1987 gemessenen Variablen haben. Dies gilt auch für "Entfremdung": der standardisierte Koeffizient beträgt .55 - im Gegensatz zu dem niedrigen Koeffizienten von .34 für Unzufriedenheit mit der Atomenergie.

Die Schock-Hypothese wird auch für Entfremdung bestätigt. Nicht-lineare Beziehungen zwischen Entfremdung und den übrigen in unserem Modell enthaltenen Variablen wurden in der in Abschnitt 2.5 beschriebenen Weise geprüft. Wiederum konnten nur lineare Beziehungen gefunden werden.

Unsere Folgerung aus der Instrumentalitäts-Hypothese lautete, daß Unzufriedenheit stärker auf legalen als auf illegalen Protest wirkt. Diese Hypothese läßt sich für politische Entfremdung nicht bestätigen. In der Untersuchung von 1982 ist die Wirkung auf "legaler Protest 1982" kleiner als auf "illegaler Protest 1982" (.40 und .49, siehe Figur III.6A). Für 1987 sind beide Effekte gleich.

Bedeutet dies, daß sich im Hinblick auf politische Entfremdung die Teilnehmer an politischen Protestaktionen entsprechend der Instrumentalitäts- oder der Aggressions-Hypothese verhalten? Bevor wir diese Frage beantworten, wollen wir zunächst die Instrumentalitäts-Hypothese direkt prüfen. Zu diesem Zweck haben wir wiederum - wie für "Unzufriedenheit mit der Atomenergie", siehe Abschnitt 2.6 - drei Interaktionsterme gebildet und die Koeffizienten der betreffenden Regressionsgleichungen überprüft. Die Ergebnisse der Regressionsanalysen sind in Figur III.6B dargestellt.

---

[13] Zur Erklärung vgl. unsere Überlegungen über die Wirkungen von Unzufriedenheit mit der Kernenergie auf Protest in Abschnitt 2.5.

FIGUR III.6: Bestätigte Beziehungen zwischen politischer Entfremdung, Einfluß und Protest (Beta-Koeffizienten mit einem t-Wert größer als 1.50)[a]

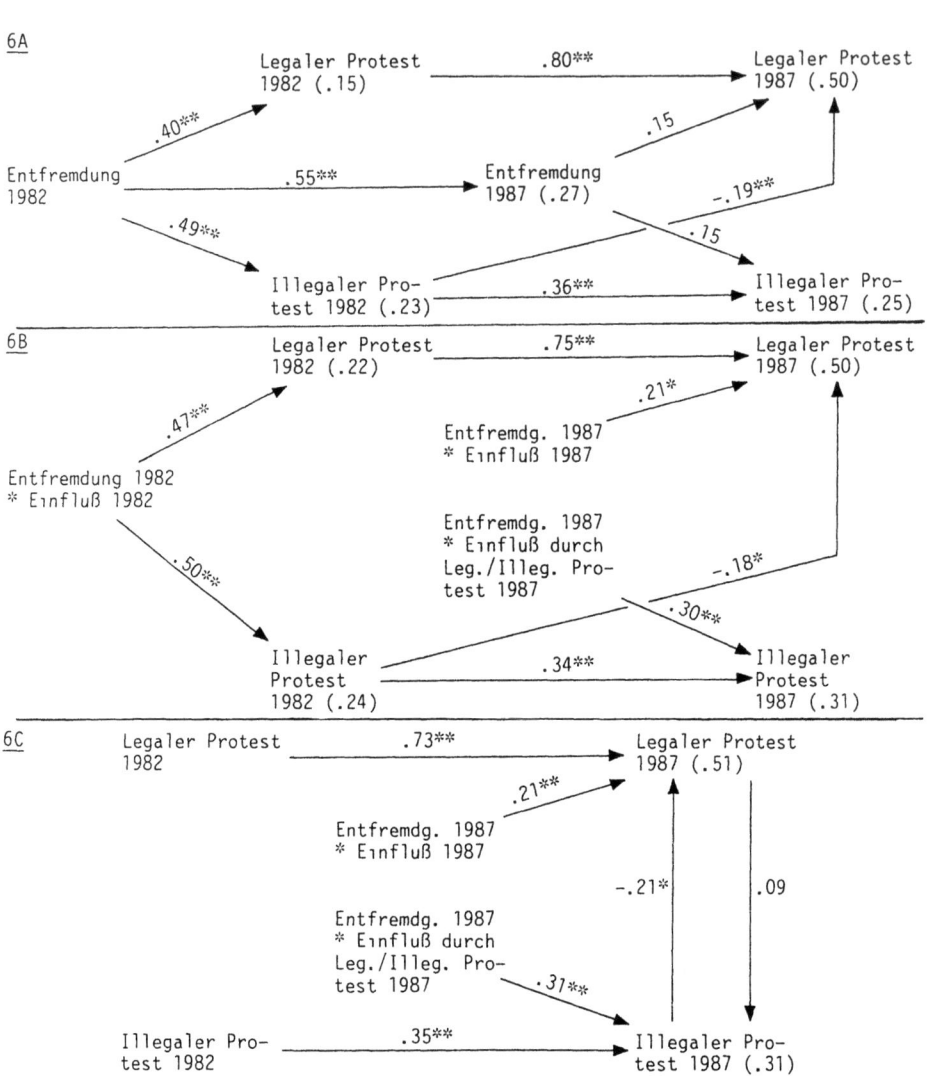

a) Koeffizienten unter oder neben einer Variablen bezeichnen das angepaßte R^2.
* signifikant auf dem .05 Niveau; ** signifikant auf dem .01 Niveau.

- 92 -

Wenn die Instrumentalitäts-Hypothese richtig ist, ist zu erwarten, daß "Entfremdung 1982 * Einfluß 1982" stärker auf "legaler Protest 1982" als auf "illegaler Protest 1982" wirkt. Dies ist aber nicht der Fall: die Wirkungen sind in etwa gleich: die Koeffizienten betragen .47 und .50.

Bei unserer Untersuchung von 1987 entsprechen jedoch die Ergebnisse unseren Erwartungen: "Entfremdung 1987 * Einfluß 1987" wirkt nur auf "legaler Protest 1987"; "Entfremdung 1987 * Einfluß durch legalen/illegalen Protest 1987" wirkt nur auf "illegaler Protest 1987".

Wir haben in Kapitel 2.6 die Interaktionseffekte von Einfluß und Unzufriedenheit durch ein zweites Verfahren überprüft: die Einflußvariablen wurden dichotomisiert und Korrelationen zwischen bestimmten Unzufriedenheits- und Protestskalen berechnet (vgl. Tabelle III.4). In derselben Weise sind wir auch für die Variable "Entfremdung" vorgegangen: wir haben die in Tabelle III.4 dargestellten Koeffizienten berechnet, indem wir die jeweilige Unzufriedenheitsskala durch die betreffende Entfremdungsskala ersetzten.

Unsere Voraussagen wurden dabei nicht für *legalen Protest* bestätigt. Es zeigte sich vielmehr folgendes: wenn der Einfluß durch legalen Protest als niedrig eingeschätzt wurde, dann waren die Korrelationen zwischen legalem Protest und Entfremdung immer höher als wenn der Einfluß durch legalen Protest als hoch eingeschätzt wurde. Die umgekehrte Beziehung ist zu erwarten, wenn die Instrumentalitäts-Hypothese gilt. Für *illegalen Protest* entsprachen die Koeffizienten unseren Erwartungen: wenn der Einfluß durch legalen Protest als niedrig eingeschätzt wurde, fanden wir relativ hohe Korrelationen zwischen Entfremdung und illegalem Protest. Insgesamt entsprachen also von acht Voraussagen nur vier Voraussagen unseren Erwartungen.

Bei der Überprüfung der Instrumentalitäts-Hypothese für die Variable "Unzufriedenheit" hat sich folgende Voraussage weitgehend bestätigt: die Korrelation zwischen einem der genannten Interaktionsterme und den betreffenden abhängigen Protestskalen müßte größer sein als die Korrelation jeder einzelnen Variablen des Interaktionsterms mit denselben abhängigen Variablen. Wir haben diese These in der früher beschriebenen Weise auch für die oben angeführten drei Interaktionsterme geprüft, nachdem wir "Unzufriedenheit" durch "Entfremdung" ersetzt haben. Von insgesamt zehn Korrelationen eines Interaktionsterms mit einer unserer abhängigen Variablen war in sieben Fällen die Korrelation des Interaktionsterms mit einer abhängigen Variablen größer als die entsprechenden Korrelationen der Variablen, aus denen der Interaktionsterm bestand. Hier wurde also die Instrumentalitäts-Hypothese weitgehend bestätigt.

Zusammenfassend läßt sich sagen, daß verschiedene Verfahren bei der Überprüfung von Interaktionseffekten der Variablen "Entfremdung" und "Einfluß" zu unterschiedlichen Ergebnissen führten. D.h. die Instrumentalitäts-Hypothese wurde zum Teil bestätigt, zum Teil widerlegt. In Abschnitt 3 werden wir uns mit diesem Ergebnis weiter beschäftigen.

Wenden wir uns nun der Frage zu, inwieweit zwischen legalem und illegalem Protest eine Rückwirkung besteht. Wie Figur III.6C zeigt, haben wir diese Hypothese auch unter Einbeziehung der Variablen "Entfremdung" geprüft. Dies ist sinnvoll, da sich in einem Modell die Koeffizienten zuweilen ändern, wenn einzelne Variablen ausgetauscht werden.

Ein Vergleich der in Figur III.5C und in Figur III.6C dargestellten Modelle zeigt, daß bei beiden Modellen "illegaler Protest 1987" negativ auf "legaler Protest 1987" wirkt. Für das Modell mit der Variablen "Entfremdung" ist dieser Effekt zwar immer noch gering, jedoch statistisch signifikant. Eine Wirkung von "legaler Protest 1987" auf "illegaler Protest 1987" liegt jedoch nicht vor.

2.9. Protest als Ursache für wahrgenommenen politischen Einfluß

Unsere Hypothese, die wir in Abschnitt 2.1 diskutierten, lautet, daß Einfluß auf Protest wirkt. Um dies zu überprüfen, haben wir Regressionsgleichungen für folgende *abhängige Variablen* geschätzt - siehe Figur III.7: "Legaler Protest 1987", "Einfluß 1987", "illegaler Protest 1987", und "Einfluß durch legalen/illegalen Protest".[14] In jede dieser Gleichungen haben wir folgende unabhängige Variablen eingeführt: "legaler Protest 1982", "Einfluß 1982" und "illegaler Protest 1982". Die Ergebnisse zeigt Tabelle III.6. Figur III.7 enthält nur die bestätigten, statistisch signifikanten Beziehungen.

Aus Figur III.7 wird zunächst ersichtlich, daß - wie bei allen bisherigen Analysen - jede 1982 gemessene Variable auf die entsprechende 1987 gemessene Variable hochsignifikante zeitverzögerte Effekte hat.

Zweitens bestätigen die Daten einen signifikanten zeitverzögerten Effekt von "legaler Protest 1982" auf "Einfluß 1987". Dies ist in Einklang mit unserer Hypothese. Ein zeitverzögerter Effekt von "Einfluß 1982" auf "legaler Protest 1987" besteht jedoch nicht. Ein solcher Effekt braucht auch aufgrund des Modells rationalen Verhaltens nicht aufzutreten: hier wird lediglich eine Wirkung von Einfluß *und* Unzufriedenheit erwartet.

"Illegaler Protest" 1982 wirkt nicht auf "Einfluß 1987", es besteht jedoch ein signifikanter Effekt auf "Einfluß durch legalen/illegalen Protest". Auch dies entspricht unserer Hypothese: wer sich illegal engagiert, wird erwarten, daß sein Einfluß eher durch illegale als durch legale Mittel steigt.

Finkel (1987) fand bei der Sekundäranalyse eines Panels, daß Protest und Gewalt im allgemeinen eher dazu führen, daß der wahrgenommene Einfluß sinkt. Zur Erklärung der unterschiedlichen Ergebnisse der Analyse Finkels und unserer eigenen Analyse wäre die Situation der Befragten in den verschiedenen Untersuchungen zu vergleichen, insbesondere das Ausmaß, in dem es in der Vergangenheit gelungen ist, Dritte zu mobilisieren und inwieweit die Regierung die Herstellung der betreffenden Kollektivgüter noch möglich erscheinen läßt.

---

[14] Die Variable "Einfluß durch legalen/illegalen Protest" ist eine dichotome Variable. Regressionsanalysen, in denen solche Variablen als abhängige Variablen verwendet werden, sind problematisch. Eine Diskriminanzanalyse zeigte jedoch sehr ähnliche Ergebnisse.

TABELLE III.6: Zeitverzögerte Wirkungen von Einfluß und Protest (standardisierte Regressionskoeffizienten)

Unabhängige Variablen	A b h ä n g i g e	V a r i a b l e n		
	Legaler Protest 87	Einfluß 87	Illega-ler Pro-test 87	Einfluß leg./ill. Protest
Legaler Protest 82	.77**	.27**	.12	.05
Einfluß 82	.05	.38**	-.09	-.10
Illegaler Protest 82	-.16	.10	.45**	.27*
Angep. R°	.48	.34	.23	.06

* signifikant auf dem .05 Niveau; ** signifikant auf dem .01 Niveau.

FIGUR III.7: Zeitverzögerte Wirkungen von Einfluß und Protest (bestätigte Beziehungen, standardisierte Regressionskoeffizienten)

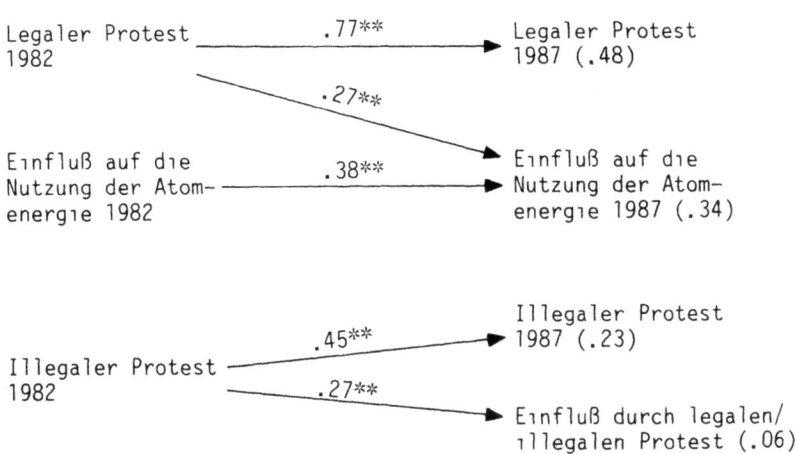

* signifikant auf dem .05 Niveau; ** signifikant auf dem .01 Niveau.

2.10. Einfluß auf die Nutzung der Atomenergie und allgemeiner politischer Einfluß

Im folgenden soll entsprechend der in Abschnitt 2.1 formulierten Hypothese über die Wirkung verschiedener Arten des Einflusses geprüft werden, inwieweit unsere Skala "allgemeiner Einfluß" (nur 1987 gemessen) ähnliche Wirkungen auf Protest hat wie unsere beiden Skalen "Einfluß auf die Nutzung der Atomenergie 1987" (im folgenden "Einfluß 1987" genannt). Diese beiden Skalen messen den wahrgenommenen Einfluß in sehr ähnlicher Weise, so daß es sinnvoll ist, sie miteinander zu vergleichen. Entsprechend wollen wir unser drittes Einflußmaß, nämlich "Einfluß durch legalen/illegalen Protest", zunächst außer acht lassen, da dieses Maß nur aus einem einzigen Indikator besteht und in anderer Weise konzipiert ist. Da "Allgemeiner Einfluß" nur 1987 gemessen wurde, befassen wir uns nur mit der Wirkung dieses Maßes und der Skala "Einfluß 1987" auf die Protestskalen aus unserer Untersuchung von 1987.

Entsprechend der vorher erwähnten Hypothese erwarten wir, daß "allgemeiner Einfluß" eine schwächere Wirkung auf Protest hat als "Einfluß 1987". Da Einfluß, wie wir sahen, multiplikativ mit Unzufriedenheit auf Protest wirkt, betrachten wir auch die Wirkung der entsprechenden Interaktionsterme auf unsere 1987 gemessenen Protestvariablen.

Unserer Analysen ergaben, daß "Einfluß 1987" ohne Ausnahme stärker auf beide Protestvariablen wirkt als "Allgemeiner Einfluß". Dabei sind die Unterschiede nicht sehr stark ausgeprägt. Das Bild ist ähnlich bei den Interaktionstermen. Ohne Ausnahme korrelieren die Interaktionsterme, die die Skala "allgemeiner politischer Einfluß" enthalten, niedriger mit den Protestskalen als die Interaktionsterme, die die Skala "Einfluß auf die Nutzung der Atomenergie" enthalten. So hat der Korrelationskoeffizient für den Interaktionsterm "Unzufriedenheit mit der Atomenergie * Allgemeiner Einfluß" und "legaler Protest 1987" den Wert .54; die Korrelation zwischen "Unzufriedenheit mit der Atomenergie * Einfluß auf die Nutzung der Atomenergie" und "legaler Protest 1987" beträgt dagegen .59. Die Rangfolge dieser Koeffizienten entspricht zwar unseren Erwartungen, die Größe des Unterschiedes ist jedoch nicht beeindruckend.

Diese Ergebnisse bestätigen die Annahme, daß wir in dieser Untersuchung auch das allgemeine Einflußmaß hätten verwenden können. Beide Einflußmaße korrelieren mit .62.

Wir haben zwar "Einfluß durch legalen/illegalen Protest" nicht in unsere bisherige Analyse einbezogen. Es ist jedoch interessant zu vergleichen, wie dieses und die beiden anderen Maße korrelieren. Die beiden genannten Einflußmaße korrelieren nicht mit "Einfluß durch legalen/illegalen Protest": die Korrelationskoeffizienten betragen .04 ("Allgemeiner Einfluß" - "Einfluß durch legalen/illegalen Protest") und .01 ("Einfluß auf die Nutzung der Atomenergie" mit "Einfluß durch legalen/illegalen Protest"). Obwohl "Allgemeiner Einfluß" und "Einfluß auf die Nutzung der Atomenergie" einerseits und "Einfluß durch legalen/illegalen Protest" unterschiedlich gemessen wurden, ist die niedrige Korrelation doch überraschend.

3. Theoretische Überlegungen zur Erklärung einiger Ergebnisse

Die Ergebnisse unserer Analysen werfen eine Reihe von Fragen auf, die wir in diesem Abschnitt diskutieren wollen.

Wenn wir die erklärten Varianzen für legalen und illegalen Protest miteinander vergleichen, dann zeigt sich, daß wir legalen Protest besser als illegalen Protest erklären konnten. Dies gilt sowohl für simultane als auch für zeitverzögerte Effekte. Wie ist dies zu erklären? Es ist möglich, daß die selektiven Anreize wichtiger für die Erklärung von illegalem Protest sind. Inwieweit dies der Fall ist, werden wir später prüfen.

Eine andere mögliche Erklärung ist, daß illegaler Protest spontaner und ungeplanter auftritt als legaler Protest und somit in größerem Maße von den Kosten und Nutzen der Protestsituation abhängt. Solche Nutzen und Kosten haben wir nicht gemessen. Zumindest im Hinblick auf die Art der illegalen Protesthandlungen, die Gegenstand unserer Studie sind, erscheint diese Erklärung wenig überzeugend. Teilnahme an illegalen Demonstrationen, Bauplatzbesetzungen und Anti-Akw-Plakate kleben sind geplante Aktivitäten. Auch die beiden restlichen Handlungen, die wir ermittelt haben - Absperrungen durchbrechen oder ähnliches bei Demonstrationen und Widerstand gegen die Polizei leisten, wenn die Polizei angreift - sind weitgehend geplant, obwohl es Demonstranten geben mag, die diese Handlungen spontan ausführen.

Ein Problem, das in der bisherigen Forschung und auch in diesem Kapitel vernachlässigt wurde, betrifft die *ideologische Verankerung von Deprivationen*. Unzufriedenheit mit der Kernenergie wird oft nicht einfach gerechtfertigt durch einzelne Argumente, sondern sie wird gesehen als Ausfluß des kapitalistischen Systems, das abgelehnt wird. Die Frage, in welchem Ausmaß Ideologie Unzufriedenheit hervorbringt und ob Unzufriedenheit, die auf einer Ideologie basiert, unterschiedliche - kurz- oder langfristige - Wirkungen hat, wäre durch die weitere Forschung zu klären.

Wir haben bisher nicht die Hypothese überprüft, die wir in der Einleitung erwähnt haben, daß nämlich die Wirkung von Unzufriedenheit abhängt von protestfördernden sozialen Strukturen. Ergebnisse unserer bisherigen Analysen lassen jedoch vermuten, daß Unzufriedenheit auf jeden Fall einen separaten (d.h. additiven) Effekt hat: wenn soziale Strukturen Protest erleichtern, dann ist zu erwarten, daß Individuen, die diesen Strukturen ausgesetzt sind, sich auch als relativ einflußreich betrachten. Unzufriedenheit und Einfluß haben dann auch in der Tat, wie wir sahen, einen Interaktionseffekt.

Ein Ergebnis unserer Analysen ist aus der Sicht der Theorie kollektiven Handelns unerwartet, nämlich der starke additive Effekt von Unzufriedenheit. Die Bedeutung, die die Theorie kollektiven Handelns dem Einfluß, den Individuen auf die Herstellung von Kollektivgütern haben, zuschreibt, läßt einen starken additiven Effekt von Unzufriedenheit unplausibel erscheinen.

Da es Untersuchungen gibt, in denen überhaupt kein Effekt von Unzufriedenheit auf politische Partizipation gefunden wurde, entsteht die Frage: unter welchen Bedingungen führt Unzufriedenheit zu mehr oder weniger Protest? Eine mögliche Antwort könnte ausgehen von der Idee des "framing", wie sie von Kahneman und Tversky (1979; 1982; 1984; siehe auch Tversky und Kahneman 1981) formuliert wurde. Ein Bezugsrahmen für eine Entscheidung ("decision frame") bezieht sich darauf, wie ein Akteur die konkrete Handlung, die zur Wahl steht, die Handlungsergebnisse und die Handlungssituation wahrnimmt. Bei einer Protesthandlung könnte ein Individuum seine Überlegungen nur auf den Zusammenhang zwischen der auszuführenden Handlung und dem Kollektivgut richten. Bei der Entscheidung, sich zu engagieren, werden andere Anreize also nicht in Betracht gezogen.

Unter welchen Bedingungen ist zu erwarten, daß "framing" in der genannten Weise stattfindet, d.h., daß vorwiegend Kollektivgut-Anreize bei der Entscheidung, sich zu engagieren, eine Rolle spielen?

(1) Die Konzipierung einer Situation in Bezug auf das Kollektivgut ist um so eher zu erwarten, je niedriger die Kosten der in Betracht gezogenen Handlung sind. Bei der Beteiligung an einer politischen Wahl z.B. sind die entstehenden Kosten relativ gering. Dies gilt auch für die Teilnahme an vielen Protestaktivitäten.

(2) In je höherem Maße eine Handlung Nutzen und in je geringerem Maße sie Kosten verursacht, desto eher ist "framing" wahrscheinlich. Im Gegensatz z.B. zu dem Wechsel eines Arbeitsplatzes oder zu dem Umzug in eine andere Wohngegend kann politischer Protest die Situation im Hinblick auf das Kollektivgut, für dessen Herstellung protestiert wird, nicht verschlechtern. Schlimmstenfalls wird das Ziel einer sozialen Bewegung nicht erreicht.

Es ist zwar denkbar, daß eine soziale Bewegung für geplante Aktionen nur wenige Personen mobilisieren kann. Dies mag dann für die Regierung ein Anreiz sein, das Kollektivgut nicht bereit zu stellen. Aber selbst in diesem Falle kann aus der Sicht des einzelnen Akteurs seine Teilnahme nicht zu einer schlechteren Situation führen.

(3) Wenn der Status quo von den Mitgliedern einer sozialen Bewegung negativ bewertet wird, dann scheint die Nutzenfunktion konkav zu sein, d.h. Personen sind risikofreudig (siehe die vorher erwähnte Arbeiten von Kahneman und Tversky). Dies bedeutet, daß der Nutzen z.B. einer zusätzlichen Einheit eines Kollektivgutes besonders groß ist. Im Hinblick auf kollektive Übel wie Umweltverschmutzung, Waffen oder Atomenergie bewerten viele Mitglieder sozialer Bewegungen den Status quo negativ. Wir vermuten, daß dann, wenn der Nutzen aus Protest relativ groß ist, "framing" relativ wahrscheinlich ist. Andere Kosten und Nutzen fallen nicht ins Gewicht.

(4) "Framing" erscheint auch dann relativ wahrscheinlich, wenn die Intensität der Präferenz für ein Kollektivgut relativ - d.h. im Vergleich zu den Präferenzen für andere Kollektivgüter - groß ist.

Wir behaupten, daß dann, wenn die vier genannten Bedingungen vorliegen, die Situation von den Akteuren so konzipiert wird, daß sie bei ihren Kosten-Nutzen-Überlegungen vorwiegend die Vorteile in Betracht ziehen, die bei der Herstellung des Kollektivgutes entstehen. Wenn diese Vorteile als relativ groß angesehen werden, dann ist auch zu erwarten, daß Präferenzen für Kollektivgüter allein einen Effekt auf Protest haben.

Die Ergebnisse unserer Analysen werfen ein weiteres Problem auf: die Instrumentalitäts-Hypothese wurde durch die Skala "politische Entfremdung" relativ schlecht - im Vergleich zu den Unzufriedenheits-Skalen - bestätigt. Wie ist dies zu erklären?

Eine mögliche Erklärung ist, daß die Aggressions-Hypothese zwar nicht für "Unzufriedenheit mit der Kernenergie", jedoch für "politische Entfremdung" gilt. D.h. Personen, die sich für die Herstellung spezifischer Kollektivgüter einsetzen, wählen Handlungen, die sie als erfolgversprechend ansehen, während Personen, die die gesamte Gesellschaftsordnung ablehnen, eher dazu tendieren, aggressiv zu handeln. Wenn dies richtig ist, dann wäre zu erwarten gewesen, daß für "politische Entfremdung" die Instrumentalitäts-Hypothese generell widerlegt worden wäre.

Eine andere Erklärung erscheint plausibler. Es wäre denkbar, daß Personen, die eine relativ große Anzahl von politischen Zielen wie z.B. die Veränderung der gesamten Gesellschaftsordnung erreichen wollen, glauben, dies nicht durch legale Protesthandlungen erreichen zu können. Im Gegensatz dazu könnten Personen, die speziell an der Realisierung einzelner Ziele interessiert sind, häufiger denken, daß sie mit legalen Mitteln erfolgreich sind.

Diese These wird durch unsere Daten bestätigt: "Einfluß durch legalen/illegalen Protest" korreliert erheblich höher mit den beiden Entfremdungsskalen (.29 mit "Entfremdung 1982" und .21 mit "Entfremdung 1987") als mit den Unzufriedenheits-Skalen (.12 mit "Unzufriedenheit 1982" und -,12 mit "Unzufriedenheit 1987").

Wenn dies richtig ist, hätte dann nicht die Instrumentalitäts-Hypothese besser bestätigt werden müssen? Bei der Beantwortung dieser Frage ist zu berücksichtigen, daß wir den perzipierten Einfluß, politische Ziele durch legalen oder illegalen Protest zu erreichen, nur durch eine einzige Frage gemessen haben. Hinzu kommt, daß die Verteilung der Antworten extrem schief war. Es ist nicht auszuschließen, daß bei einer solchen Messung eine Hypothese relativ schlecht bestätigt wird.

Entsprechend diesen Überlegungen müßte in zukünftigen Untersuchungen genauer ermittelt werden, inwieweit Personen glauben, durch legale oder illegale Protestformen ihre politischen Ziele erreichen zu können.

4. Zusammenfassung

Wir haben in diesem Kapitel einen Beitrag zur Beantwortung folgender Fragen zu leisten versucht: (1) Warum sind Personen mit der Atomenergie unzufrieden? (2) Ist Unzufriedenheit eine Ursache für politischen Protest, erhöht politischer Protest Unzufriedenheit oder besteht eine reziproke Beziehung zwischen Unzufriedenheit und Protest? (3) In welchem Ausmaß beeinflußt Unzufriedenheit vor dem Auftreten kritischer Ereignisse die Unzufriedenheit danach? (4) Wählen Teilnehmer an Protestaktivitäten die Art des Protests "rational" in dem Sinne, daß sie Handlungen den Vorzug geben, die sie als relativ erfolgversprechend ansehen, oder besteht eine Tendenz zur Aggressivität in dem Sinne, daß hohe Unzufriedenheit zu illegalem politischen Handeln führt? (5) Inwieweit führt Protest dazu, daß der wahrgenommene Einfluß steigt? (6) Unterscheidet sich die Wirkung des wahrgenommenen Einflusses auf die Herstellung der Kernenergie von der Wirkung des wahrgenommenen allgemeinen politischen Einfluß?

Diese Fragen haben wir für zwei Arten der Unzufriedenheit gestellt: für Unzufriedenheit mit der Atomenergie und für Unzufriedenheit mit der politischen Ordnung (d.h. für politische Entfremdung).

Zur Beantwortung dieser Fragen haben wir eine Reihe von Hypothesen formuliert und überprüft. Im folgenden sollen die wichtigsten Ergebnisse unserer Analysen zusammengefaßt werden.

(1) Im Hinblick auf die Ursachen der Unzufriedenheit zeigte sich - ausgehend von einer generellen sozialpsychologischen Theorie zur Erklärung von Präferenzen, daß die Anzahl der von den Befragten akzeptierten Argumente gegen die Kernenergie sowohl einen Einfluß auf die Unzufriedenheit mit der Kernenergie als auch auf die politische Entfremdung hat. Andererseits zeigte sich, daß Unzufriedenheit mit der Atomenergie und politische Entfremdung die Akzeptierung von Argumenten gegen die Kernenergie beeinflussen.

(2) Unzufriedenheit mit der Kernenergie und politische Entfremdung sind in der Tat Ursachen für politischen Protest. Es bestehen aber keine zeitverzögerten direkten Effekte von Unzufriedenheit und Entfremdung (gemessen 1982) auf Protest (gemessen 1987). Effekte zeigten sich nur innerhalb der beiden Zeitperioden (simultane Effekte), d.h. das Ausmaß an Unzufriedenheit und Entfremdung vor dem Reaktorunfall in Tschernobyl hatte keinen direkten Effekt auf Protest nach dem Unfall. Wir fanden jedoch einen positiven (linearen) Effekt von Unzufriedenheit (Entfremdung) vor dem Reaktorunfall auf Unzufriedenheit (Entfremdung) nach dem Unfall: Unzufriedenheit mit der Atomenergie und Entfremdung nach dem Reaktorunfall nahm bei denjenigen stark zu, deren Unzufriedenheit und Entfremdung vor dem Unfall relativ gering war. Der Reaktorunfall hatte offensichtlich einen Schock-Effekt bei den wenig Unzufriedenen und bei den in geringem Grade politisch Entfremdeten.

(3) Es zeigte sich, daß Personen, die in hohem Maße legalen Protest wählen, ihr Handlungsrepertoire nicht in Richtung auf illegalen Protest erweitern. Es zeigt sich jedoch, daß Personen, die in hohem Maße illegalen Protest wählen, in geringem Maße legalen Protest aus. Dieser Effekt ist allerdings schwach.

(4) Bezüglich der Wirkung von Unzufriedenheit mit der Atomenergie geben unsere Daten keinen Hinweis auf einen Frustrations-Aggressions-Effekt: Teilnehmer an sozialen Bewegungen wählen diejenige Art von Protest, die sie als relativ wirksam zur Realisierung ihrer Ziele ansehen. Damit wird die These der Theorie der Ressourcen-Mobilisierung gestützt, die davon ausgeht, daß Protest ein Instrument zur Erreichung politischer Ziele und kein "Ausleben" von Aggressionen ist.

Bei "politischer Entfremdung" wird diese Hypothese nur teilweise gestützt.

(5) Es zeigt sich, daß ein relativ umfangreiches Ausmaß legalen (illegalen) Protests dazu führt, daß Personen in hohem Maße glauben, die Herstellung von Kollektivgütern durch legale (illegale) Mittel beeinflussen zu können.

(6) Der allgemeine wahrgenommene Einfluß hatte sehr ähnliche Wirkungen auf Protest wie der Einfluß speziell auf die Nutzung der Atomenergie.

IV. INTERNE ANREIZE VON PROTEST: NORMEN, AGGRESSIONSBEREITSCHAFT UND DER UNTERHALTUNGSWERT VON PROTEST[1]

In diesem Kapitel wollen wir uns mit der Wirkung selektiver *interner* Anreize auf Protest befassen. Es handelt sich bei diesen Anreizen um Protest- und Gewaltnormen sowie um intrinsische Belohnungen von Protest, d.h. um den Unterhaltungswert und den Katharsiswert von Protest (vgl. hierzu im einzelnen Kapitel I). Darüber hinaus wollen wir fragen, wie normative Erwartungen der sozialen Umwelt auf Protest wirken.

Als Protest- bzw. Gewaltnormen bezeichnen wir das Ausmaß, in dem sich Personen verpflichtet fühlen, politisch in legaler Weise aktiv zu sein (Protestnormen) oder in dem sie die Anwendung von Gewalt bei politischen Aktionen für legitim halten (Gewaltnormen). Bei einer Befolgung internalisierter Protest- oder Gewaltnormen entsteht für den Einzelnen Nutzen ("gutes Gewissen"), während eine Nicht-Befolgung kostspielig ist ("schlechtes Gewissen). Gemäß dem Modell rationalen Verhaltens sind also Protest- und Gewaltnormen Determinanten von Protest.

Die intrinsischen Belohnungen beziehen sich zum einen auf das Ausmaß, in dem Protest an sich "Spaß" macht, d.h. einen Unterhaltungswert besitzt, und zum anderen darauf, inwieweit durch Protest aus der Sicht der Akteure Aggression bzw. Ärger abgebaut werden kann (Katharsiswert von Protest).

1. Hypothesen

Für eine Vielzahl menschlicher Verhaltensweisen existieren Normen. Wir vermuten, daß auch Normen bestehen, die sich auf die Teilnahme an Protesthandlungen beziehen. Legale Protestformen unterliegen dabei vermutlich anderen Normen als illegale Protestformen. Da sich Protestnormen definitionsgemäß auf legale und Gewaltnormen auf illegale Protestformen beziehen, und da die Befolgung von Normen mit Nutzen und die Nicht-Befolgung mit Kosten verbunden ist, folgt aus dem Modell rationalen Handelns:

Hypothese über die Wirkungen von Protest- und Gewaltnormen: Je stärker Personen Protestnormen akzeptieren, um so eher werden sie sich in legaler Weise engagieren. Je stärker Gewalt als gerechtfertigt angesehen wird (d.h. in je stärkerem Maße Gewaltnormen akzeptiert werden), desto eher werden illegale Protestformen gewählt.

Nicht nur internalisierte Normen, sondern auch normative Erwartungen Dritter beeinflussen Protest. Vermutlich gilt dies insbesondere für die Erwartungen von Bezugspersonen, d.h. von Personen, an deren Verhalten und Meinungen sich eine Person orientiert. Die Befolgung solcher Erwartungen ist mit besonders hohem Nutzen verbunden, während die Nicht-Befolgung kostspielig ist. Die *Art* der Erwartungen beeinflußt die Art des Protestverhaltens:

---

[1] Verfaßt von *Martin Stolle*.

Hypothese über die direkten Wirkungen normativer Erwartungen: In je höherem Maße Bezugspersonen eines Akteurs legalen (illegalen) Protest erwarten, desto eher wird der Akteur legalen (illegalen) Protest ausführen.

Diese Hypothese behauptet einen *direkten* Effekt von Erwartungen auf Protest. Wir vermuten darüber hinaus, daß Erwartungen einen *indirekten* Effekt auf Protest haben. Die Internalisierung von Normen wird durch die Interaktion mit anderen Personen, insbesondere mit Bezugspersonen, beeinflußt. Inwieweit Protest- oder Gewaltnormen akzeptiert werden, hängt davon ab, inwieweit Bezugspersonen politisches Engagement befürworten bzw. erwarten:

Hypothese über die Wirkungen von Erwartungen auf Normen: In je stärkerem Maße legale (illegale) Protesthandlungen von Bezugspersonen erwartet werden, in desto stärkerem Maße werden Protestnormen (Gewaltnormen) akzeptiert.

Erwartungen haben also einen direkten Effekt auf Protest. Darüber hinaus wirken sie indirekt, indem sie die Akzeptierung von Normen erhöhen, die wiederum Protest beeinflussen.

Im Hinblick auf den *Unterhaltungswert* von Protest vermuten wir, daß vor allem *legale* Protestformen einen Unterhaltungswert besitzen, da hier das Risiko von Konfrontationen mit der Polizei oder von negativen Sanktionen relativ gering ist. Man unterhält sich normalerweise besser in Situationen, in denen die erwarteten Kosten gering sind. Entsprechend behaupten wir:

Hypothese über den Unterhaltungswert von Protest: Wenn der Unterhaltungswert von Protest relativ groß ist, wird eher legaler als illegaler Protest ausgeführt.

Auch bezüglich des *Katharsiswertes von Protest* (Aggressionsbereitschaft) vermuten wir, daß Personen, die in hohem Maße politisch unzufrieden sind und die sich sozusagen erleichtert fühlen, wenn sie "sich abreagieren", eher legalen als illegalen Protest wählen. Der Grund ist, daß bei illegalem Protest wegen der damit verbundenen hohen Kosten eher neue Frustrationen erwartet werden:

Hypothese über die Wirkung des Katharsiswertes von Protest: Wenn die Aggressionsbereitschaft relativ groß ist, wird eher legaler als illegaler Protest gewählt.

Unsere Hypothese über die Wirkungen von Protest- und Gewaltnormen behauptet, daß internalisierte Normen Protest beeinflussen. Eine andere Hypothese erscheint jedoch ebenfalls plausibel. Wenn sich Personen in hohem Maße in sozialen Bewegungen engagieren, dann werden sie in hohem Maße den normativen Erwartungen der anderen Mitglieder sozialer Bewegungen ausgesetzt, sich an Aktionen zur Erreichung der Gruppenziele zu beteiligen. Wir vermuten, daß dies zu einem Lerneffekt führt: die Normen werden übernommen oder in stärkerem Maße internalisiert. Personen, die sich in hohem Maße in legaler Weise engagieren, sind eher mit Erwartungen konfrontiert, die sich auf legale Protestformen beziehen. Dagegen werden Personen, die sich in illegaler Weise engagieren, eher mit Rechtfertigungen für Gewalt konfrontiert. Diese Personen dürften in hohem Maße Gewaltnormen akzeptieren. Wir behaupten also:

Hypothese über die Wirkungen von Protest auf Normen: In je höherem Maße sich Personen an legalen (illegalen) Protesthandlungen beteiligen, desto stärker werden sie Protestnormen (Gewaltnormen) akzeptieren.

2. Die Messung der Variablen

Die Messung von Protestnormen, Gewaltnormen, Erwartungen und des Katharsiswertes von Protest wird im Anhang beschrieben. Wir wollen deshalb an dieser Stelle die Operationalisierung dieser Variablen nur skizzieren.

Zur Messung der internalisierten *Protestnormen* wurde den Befragten eine Reihe von Behauptungen vorgelegt, denen sie mehr oder weniger zustimmen konnten. Ein Beispiel für eine solche Behauptung ist: "Wenn ich nichts gegen den Bau von Atomkraftwerken unternehme, dann habe ich ein schlechtes Gewissen". Wenn ein Befragter in hohem Maße einer Behauptung zustimmt, die eine starke normative Verpflichtung zu Protest ausdrückt, dann erhielt er einen hohen Punktwert. Die Punktwerte wurden für 1982 und 1987 getrennt addiert. Wir erhalten somit die Skalen "Protestnormen 1982" und "Protestnormen 1987".

Zur Messung von *Gewaltnormen* baten wir die Befragten anzugeben, ob sie Gewalt gegen Sachen und Gewalt gegen Personen moralisch für gerechtfertigt halten. Die Antwortmöglichkeiten reichten von "nie" (niedriger Punktwert) bis "immer" (hoher Punktwert). Die Punktwerte wurden für 1982 und 1987 getrennt zu den Skalen "Gewaltnormen 1982" und "Gewaltnormen 1987" addiert. Hohe Punktwerte geben an, daß ein Befragter gewaltsamen Protest für gerechtfertigt hält.

Die *Erwartungen* wurden ermittelt, indem die Befragten gebeten wurden anzugeben, inwieweit Personen, auf deren Meinung sie Wert legen (Freunde etc.) politisches Engagement positiv bzw. negativ einschätzen. Da die meisten Befragten sich legal engagieren, nehmen wir an, daß diese Variable Erwartungen hinsichtlich *legalem* Protest mißt.

Der *Katharsiswert* von Protest ist für einen Befragten um so höher, je stärker der Befragte der Behauptung zustimmt, daß er etwas dagegen tun muß, wenn er sich ärgert, und je stärker er sich über den Bau von Atomkraftwerken ärgert.

Der *Unterhaltungswert von Protest* bezieht sich auf das Ausmaß, in dem es einem Befragten "Spaß" macht, sich zu engagieren.

Die bisher genannten Variablen wurden sowohl in der Untersuchung von 1982 als auch in der Untersuchung von 1987 gemessen. Nur in der Untersuchung von 1987 haben wir "Gewaltnormen" zusätzlich noch in anderer Weise operationalisiert. Das betreffende Konstrukt bezeichnen wir als *ereignisbezogene Gewaltnormen*.

Bei der Messung dieser Variablen wurden die Befragten gebeten, bei den folgenden sechs Situationen anzugeben, ob sie sich selbst für die Anwendung von Gewalt entschließen könnten: Weiterbau der Wiederaufbereitungsanlage, Bau einer Schnellstraße in der Nähe der Wohnung, Stationierung weiterer Raketen in der Bundesrepublik, Bau eines Atomkraftwerkes in der Nachbarschaft, Verschärfung des Demonstrationsstrafrechts und Einsatz von Schußwaffen bei Demonstrationen durch die Polizei. Die entsprechenden Fragen konnten entweder mit "ja" (Kodierung 1) oder "nein" (Kodierung 0) beantwortet werden. Wir nehmen an, daß bei einer hohen

Bereitschaft für Gewalt auch in hohem Maße Rechtfertigungen für Gewalt akzeptiert werden.

Die genannten Indikatoren wurden einer Hauptkomponentenanalyse unterzogen. Es ergab sich eine Hauptkomponente mit einem Eigenwert von 3.43 und einer erklärten Varianz von 57.1%. Für die Bildung der Skala "ereignisbezogene Gewaltnormen 1987" wurden die Indikatoren "Weiterbau der Wiederaufarbeitungsanlage", "Stationierung weiterer Raketen" und "Bau eines Atomkraftwerkes in der Nachbarschaft" ausgewählt, weil sie auf dem Faktor deutlich die höchsten Ladungen aufwiesen.

Für jeden Befragten wurde ausgezählt, bei wievielen dieser drei Situationen er zur Anwendung von Gewalt bereit wäre. Hohe Werte der Skala bedeuten also eine hohe Bereitschaft zur Ausübung von Gewalt. Die Werte der Skala reichen von 0 bis 3. Der Mittelwert beträgt 1.03 bei einer Standardabweichung von 1.22.

Wir haben Gewaltnormen also in zweierlei Weise gemessen: zum einen haben wir in genereller Weise die Befürwortung von Gewalt, zum anderen die Bereitschaft zur Gewalt in unterschiedlichen Situationen ermittelt. Es wäre möglich, für die Untersuchung von 1987 eine einzige Gewaltnormen-Skala aus den Indikatoren der Skalen "Gewaltnormen 1987" und "ereignisbezogene Gewaltnormen 1987" zu bilden. Wir verzichten jedoch darauf, weil wir auch zeitverzögerte Wirkungen der Normen prüfen wollen. Hierbei ist es sinnvoll, zu zwei Zeitpunkten dieselben Skalen zu verwenden.[2]

3. Ergebnisse

Wenden wir uns nun der Überprüfung unserer Hypothesen zu. Die Korrelationen der beschriebenen Anreizvariablen mit legalem und illegalem Protest enthält Tabelle IV.1.

Protestnormen korrelieren, wie erwartet, sowohl 1982 als auch 1987 stärker mit legalem als mit illegalem Protest. Umgekehrt korrelieren Gewaltnormen stärker mit illegalem als mit legalem Protest. Auch dies entspricht unserer Hypothesen über die Beziehung zwischen Protest- und Gewaltnormen einerseits und legalem bzw. illegalem Protest andererseits.

Unsere nur 1987 gemessene Variable "ereignisbezogene Gewaltnormen" hat ebenfalls die erwarteten Wirkungen: Bereitschaft zur Gewalt hat einen stärkeren Effekt auf illegalen als auf legalen Protest. Der Unterschied zwischen den Korrelationen (.47 und .51) ist allerdings nicht groß.

Unsere Hypothese über die direkte Wirkung von Erwartungen auf Protest wird nur für die Untersuchung 1987 bestätigt. Nur hier korrelieren Erwartungen, die sich, wie wir annahmen, auf legalen Protest beziehen, stärker mit legalem als mit illegalem Protest. In der Untersuchung von 1982 sind beide Korrelationen fast gleich hoch. Wir konnten nicht überprüfen, welche Wirkungen Erwartungen, sich illegal zu engagieren, haben.

---

[2] Die Korrelation zwischen "Gewaltnormen 1987" und "ereignisbezogene Gewaltnormen 1987" beträgt .51.

TABELLE IV.1: Bivariate Korrelationen der internen Anreize und Erwartungen 1982 (1987) mit den Protestskalen 1982 (1987)

	Legaler Protest 1982 (1987)	Illegaler Protest 1982 (1987)
Protestnormen 82 (87)	.44** (.53**)	.22 (.27*)
Gewaltnormen 82 (87)	.33** (.26*)	.51** (.44**)
Ereignisbezogene Gewaltnormen (87)	(.47**)	(.51**)
Erwartungen anderer Personen 82 (87)	.28* (.24*)	.29* (.08)
Unterhaltungswert von Protest 82 (87)	.33** (.42**)	.23 (.26*)
Katharsiswert von Protest 82 (87)	.15 (.32**)	.09 (.15)

* Signifikant auf dem .05 Niveau; ** Signifikant auf dem .01 Niveau.

Unterhaltungs- und Katharsiswert von Protest korrelieren sowohl in unserer Untersuchung 1982 als auch 1987 stärker mit legalem als mit illegalem Protest. Dies entspricht unserer Hypothese. Von den vier Korrelationen der Variablen "Katharsiswert von Protest" ist allerdings nur eine einzige Korrelation statistisch signifikant.

Inwieweit wird unsere Hypothese über die Wirkungen von Erwartungen von Bezugspersonen auf Normen bestätigt? Gemäß unserer Hypothese müßten sich folgende Voraussagen bestätigen:

(1) Erwartungen, gemessen 1982, korrelieren stärker mit Protestnormen als mit Gewaltnormen, jeweils gemessen 1982.
(2) Erwartungen, gemessen 1987, korrelieren stärker mit Protestnormen als mit Gewaltnormen, jeweils gemessen 1987.
(3) Erwartungen, gemessen 1982, korrelieren stärker mit Protestnormen als mit Gewaltnormen, jeweils gemessen 1987.

Die Voraussagen (1) und (2) behaupten die in unserer Hypothese vermuteten Wirkungen jeweils bei einer unserer Untersuchungen 1982 und 1987. Es handelt sich also um Effekte innerhalb eines Zeitraums. Voraussage (3) dagegen behauptet eine zeitverzögerte Wirkung von Erwartungen auf Normen.

Tabelle IV.2 zeigt die Ergebnisse. Voraussage (1) wird nicht bestätigt: die Größe der Korrelationen ist genau umgekehrt als vorausgesagt: Erwartungen 82 korrelieren stärker mit Gewaltnormen 82 (r = .32) als mit Protestnormen 82 (r = .01). Voraussage (2) bestätigt sich jedoch: die Korrelation von "Erwartungen 87" ist höher mit Protestnormen 87 (r = .25) als mit Gewaltnormen 87 (r = .09) und mit ereignisbezogenen Gewaltnormen (r = .15). Voraussage (3) wird wiederum durch die Daten widerlegt.

TABELLE IV.2: Bivariate Korrelationen zwischen Normen und Erwartungen

Normen	Erwartungen 1982	Erwartungen 1987
Protestnormen 1982	.01	–
Gewaltnormen 1982	.32**	–
Protestnormen 1987	.12	.25**
Gewaltnormen 1987	.23*	.09
Ereignisbezogene Gewaltnormen 1987	.13	.15

* signifikant auf dem .05 Niveau; ** signifikant auf dem .01 Niveau.

Wie wirken unsere unabhängigen Variablen *gemeinsam* auf legalen und illegalen Protest? Betrachten wir zunächst die Wirkungen der unabhängigen Variablen, die sowohl 1982 als auch 1987 gemessen wurden. In den beiden ersten Spalten von Tabelle IV.3 sind die standardisierten Regressionskoeffizienten der 1982 gemessenen unabhängigen Variablen für die abhängigen Variablen legaler/illegaler Protest 1982 aufgeführt. Die beiden letzten Spalten enthalten die Regressionskoeffizienten der 1987 gemessenen unabhängigen Variablen für die abhängigen Variablen legaler/illegaler Protest 1987.

Protestnormen wirken wiederum, wie erwartet, relativ stark auf legalen Protest und relativ schwach auf illegalen Protest. Dies gilt für 1982 und für 1987. Auch die Wirkungen von Gewaltnormen, die sich bei den Korrelationen in Tabelle IV.1 zeigten, bleiben bei der Regressionsanalyse bestehen. Allerdings sind die Regressionskoeffizienten generell niedriger als die entsprechenden Korrelationskoeffizienten.

Erwartungen von Bezugspersonen haben nur noch auf legalen Protest 1982 eine statistisch signifikante Wirkung. Bei den Variablen "Unterhaltungswert" und "Katharsiswert" ist lediglich noch ein einziger Regressionskoeffizient statistisch signifikant.

Insgesamt ergeben sich also deutliche Bestätigungen nur für unsere Hypothese über die Wirkungen von Protest- und Gewaltnormen.

Wir wollen nun prüfen, ob sich die in Tabelle IV.3 berichteten Ergebnisse für die Untersuchung von 1987 bestätigen, wenn wir die Skala "ereignisbezogene Gewaltnormen 87" in die Analyse einbeziehen. In Tabelle IV.4 werden, um den Vergleich der Ergebnisse zu erleichtern, zuerst noch einmal die Regressionskoeffizienten für unser Modell mit "Gewaltnormen 87" aus Tabelle IV.3 berichtet (siehe Modell 1 in der Tabelle). Die beiden mittleren Spalten (Modell 2) enthalten die Ergebnisse von Regressionsanalysen mit der Variablen "ereignisbezogene Gewaltnormen 87", also ohne die Variable "Gewaltnormen 87". In den beiden letzten Spalten (Modell 3) werden die Ergebnisse von Regressionsanalysen berichtet, in denen beide Skalen gleichzeitig unabhängige Variablen sind.

TABELLE IV.3: Beziehungen zwischen internen Anreizen, Erwartungen, legalem und illegalem Protest 1982 (1987), standardisierte Regressionskoeffizienten

Unabhängige Variablen	Legaler Protest 1982	Illegaler Protest 1982	Legaler Protest 1987	Illegaler Protest 1987
Protestnormen 82/87	.39**	.19*	.39**	.16
Gewaltnormen 82/87	.26**	.46**	.09	.38**
Unterhaltungswert von Protest 82/87	.13	.09	.24**	.14
Katharsiswert von Protest 82/87	-.01	.02	.05	-.04
Erwartungen 82/87 anderer Personen	.18*	.14	.09	-.03
Angepaßtes R²	.32	.31	.34	.21

* Signifikant auf dem .05 Niveau; ** Signifikant auf dem .01 Niveau.

Wenn "ereignisbezogene Gewaltnormen 87" und nicht "Gewaltnormen 87" in die Analyse einbezogen werden (vgl. Modell 2), bestätigt sich unsere Hypothese über den Einfluß von Gewaltnormen auf Protest ebenfalls: es zeigt sich ein relativ starker Effekt auf illegalen und ein schwächerer Effekt auf legalen Protest. Die standardisierten Regressionskoeffizienten der Skala "ereignisbezogene Gewaltnormen 87" sind höher als die Regressionskoeffizienten der Skala "Gewaltnormen 87". Die Koeffizienten der übrigen Variablen sind in den Modellen sehr ähnlich.

Bezieht man "Gewaltnormen 87" und "ereignisbezogene Gewaltnormen 87" gemeinsam in die Analyse ein (vgl. Modell 3 in Tabelle IV.4), werden die Wirkungen beider Skalen auf illegalen Protest geringer als wenn nur eine der beiden Skalen in die Analyse einbezogen wird. Dies ist durch die hohe Korrelation der beiden Skalen (r = .51) bedingt.

Wir wollen uns nun der Überprüfung zeitverzögerter Effekte zuwenden. Fragen wir zunächst, inwieweit unsere Anreizvariablen, gemessen 1982, auf legalen und illegalen Protest, gemessen 1987 wirken. Regressionsanalysen ergaben, daß nur die zeitverzögerten Variablen einen Effekt haben. Kein interner Anreiz, gemessen 1982, wirkt also auf legalen oder illegalen Protest, gemessen 1987. Dieses Ergebnis ändert sich jedoch, wenn wir in den Regressionsanalysen jeweils die zeitverzögerten Variablen (also legalen bzw. illegalen Protest 1982) unberücksichtigt lassen. Dadurch wird die Multikollinearität vermindert, die für diese beiden Variablen jeweils etwa .70 beträgt. In diesem Falle zeigen sich statistisch signifikante Effekte von Protestnormen 1982 auf legalen Protest 1987 und Gewaltnormen 1982 auf illegalen Protest 1987. Dieses Ergebnis zusammen mit den Ergebnissen unserer Querschnittanalysen ist in Einklang mit der These, daß Protestnormen legalen und Gewaltnormen illegalen Protest beeinflussen.[3]

TABELLE IV.4: Multiple Regressionen der internen Anreize 1987 mit den Protestskalen 1987 (standardisierte Regressionskoeffizienten)

Unabhängige Variablen	Modell 1		Modell 2		Modell 3	
	Legaler Protest 1987	Illeg. Protest 1987	Legaler Protest 1987	Illeg. Protest 1987	Legaler Protest 1987	Illegaler Protest 1987
Protestnormen 87	.39**	.16	.32**	.08	.32**	.08
Gewaltnormen 87	.09	.38**	–	–	-.05	.22*
Ereignisbezogene Gewaltnormen 87	–	–	.29**	.46**	.31**	.36**
Unterhaltungswert von Protest 87	.24**	.14	.22**	.15	.23**	.13
Katharsiswert von Protest 87	.05	-.04	.04	-.03	.05	-.05
Erwartungen 87	.09	-.02	.07	-.04	.07	-.04
Angepaßtes R^2	.34	.21	.41	.26	.40	.29

* Signifikant auf dem .05 Niveau; ** Signifikant auf dem .01 Niveau.

Wir wollen nun unsere Hypothese überprüfen, nach der die Beteiligung an Protest eine Determinante für die Akzeptierung von Normen ist. Wir gehen dabei so vor, daß wir ermitteln, inwieweit Protest, gemessen 1982, einen Effekt auf Normen hat, die 1987 gemessen wurden. Darüber hinaus wollen wir prüfen, inwieweit sich unsere Hypothesen über die Wirkungen interner Anreize auf Protest auch dann bestätigen, wenn die Variablen zu zwei verschiedenen Zeitpunkten gemessen werden.

Tabelle IV.5 zeigt die Ergebnisse für die Modelle mit "Protestnormen 87" und "Gewaltnormen 87" als abhängigen Variablen. "Legaler Protest 82" hat einen statistisch signifikanten Effekt auf "Protestnormen 87", während "Illegaler Protest 82" einen statistisch signifikanten Effekt auf "Gewaltnormen 87" hat. Dies entspricht unserer obigen Hypothese. Darüber hinaus wirken auf die beiden genannten abhängigen Variablen jeweils nur noch die entsprechenden zeitverzögerten Variablen.

---

3 Nicht-rekursive Modelle, in denen eine simultane Rückwirkung von Normen und Protest (jeweils gemessen 1987) geprüft wird und in denen 1982 gemessene Variablen als exogene Variablen eingeführt werden, konnten nicht geschätzt werden, da die Modelle nicht identifizierbar waren.

TABELLE IV.5: Determinanten von Protest- und Gewaltnormen (standardisierte Regressionskoeffizienten)

Unabhängige Variablen	Protest-normen 1987	Gewalt-normen 1987
Legaler Protest 82	.27*	.00
Illegaler Protest 82	-.04	.44**
Protestnormen 82	.28**	-.07
Gewaltnormen 82	.01	.20*
Unterhaltungswert von Protest 82	.03	.10
Katharsiswert von Protest 82	.08	.08
Erwartungen 82	.04	.02
Angepaßtes R^2	.20	.33

* Signifikant auf dem .05 Niveau; ** Signifikant auf dem .01 Niveau.

Wenn wir mit "ereignisbezogene Gewaltnormen 87" als abhängige Variable und mit den unabhängigen Variablen aus Tabelle IV.5 eine Regressionsanalyse durchführen, ergibt sich ein schwächerer Effekt von "Illegaler Protest 82" von .20, der knapp unter der Signifikanzgrenze von .05 liegt (der t-Wert beträgt 1.66). Auch dieses Ergebnis ist in Einklang mit unserer Hypothese.

4. Zusammenfassung

Gemäß unseren Überlegungen in Kapitel I sind für die Ausführung von Protest u.a. interne Anreize von Bedeutung. Hierzu gehören zunächst einmal Protest- und Gewaltnormen. D.h. je stärker sich Personen verpflichtet fühlen, sich in legaler Weise zu engagieren (in je stärkerem Maße sie also Protestnormen akzeptieren), desto eher werden sie sich in legaler Weise engagieren; in je höherem Maße Rechtfertigungen für Gewalt akzeptiert werden oder eine Bereitschaft für Gewalt besteht (d.h. je stärker Gewaltnormen akzeptiert werden), desto eher wird illegaler Protest ausgeführt.

Zu den internen Anreizen gehören auch intrinsische Belohnungen für Protest: die Teilnahme an Protestaktivitäten könnte einen Unterhaltungswert haben oder aus der Sicht der Akteure zum Abbau von Aggressionen nützlich sein. Je höher solche intrinsischen Belohnungen sind, desto stärker wird sich ein Akteur engagieren. Wir vermuten weiterhin, daß ein hoher Unterhaltungswert von Protest und eine hohe Aggressionsbereitschaft (d.h. ein hoher Katharsiswert von Protest) eine Determinante vor allem legalen Protests ist.

Auch normative Erwartungen der sozialen Umwelt hinsichtlich der Ausführung von Protest dürften ein Anreiz für Protest sein: in je höherem Maße insbesondere Bezugspersonen die Ausführung von legalen (illegalen) Protestaktivitäten erwarten, desto eher wird sich ein Akteur in legaler (illegaler) Weise engagieren.

Wenn wir die Ergebnisse einfacher Korrelationsanalysen, jeweils für die beiden Untersuchungen getrennt, mit unseren Hypothesen vergleichen, dann zeigt sich, daß sich unsere Hypothesen vor allem hinsichtlich der Wirkung von Normen auf Protest gut bestätigen. Regressionsanalysen, in denen alle erwähnten Variablen gleichzeitig berücksichtigt werden, ergaben, daß ausschließlich Protest- und Gewaltnormen in der erwarteten Weise auf Protest wirken.

Unsere Analysen zeigten weiterhin, daß legaler (illegaler) Protest einen Einfluß auf die Akzeptierung von Protestnormen (Gewaltnormen) hat. Zwischen Protest und Normen besteht also eine Rückwirkung.

V. RESSOURCEN ALS DETERMINANTEN POLITISCHEN PROTESTS[1]

Unser allgemeines Modell zur Erklärung politischen Protests (vgl. Kap. I) besagt, daß das Auftreten politischen Protests abhängt von den Präferenzen für ein Kollektivgut, dem Ausmaß, in dem man glaubt, durch politisches Engagement einen Beitrag zur Herstellung dieses Kollektivgutes leisten zu können, und von selektiven Anreizen. Hierzu zählen auch die zeitlichen und persönlichen Ressourcen, über die ein Individuum verfügt. In diesem Kapitel wollen wir einige Hypothesen über die Wirkungen dieser Ressourcen formulieren und mittels unserer Daten überprüfen.

1. Hypothesen

Die Ausführung von Protesthandlungen ist mit einem mehr oder weniger hohen Aufwand an Zeit verbunden. D.h. bei der Entscheidung, eine Protesthandlung auszuführen, muß auf einen mehr oder weniger hohen Nutzen verzichtet werden, der bei alternativen Handlungen auftreten würde. Es entstehen also Opportunitätskosten. Diese sind bei unterschiedlichen Arten von Protesthandlungen unterschiedlich: bei eher "passiven" Handlungen wie "Tragen einer Plakette politischen Inhalts" sind sie extrem gering, bei "Mitarbeit in einer Bürgerinititative" relativ hoch.

Wenn in der Literatur die zeitlichen Ressourcen von Individuen zur Erklärung von Protest angeführt werden, dann ist gemeint, daß die dem Individuum entstehenden Kosten der Zeit Determinanten politischen Protests sind. Ein Beispiel mag dies illustrieren: der hohe Anteil von Studenten bei sozialen Bewegungen wird dadurch erklärt, daß Studenten relativ viel "Zeit haben", d.h. in hohem Maße über zeitliche Ressourcen verfügen. Dies bedeutet, daß bei Studenten die Kosten der Zeit gering sind. D.h. sie verzichten, im Vergleich zu anderen Bevölkerungsgruppen wie Selbständige, auf relativ wenig Nutzen, wenn sie sich politisch engagieren. Wenn wir also im folgenden von "zeitlichen Ressourcen" sprechen, dann ist dies gleichbedeutend mit "Kosten der Zeit": hohe zeitliche Ressourcen sind gleichbedeutend mit geringen Kosten der Zeit.

Die Kosten der Zeit können *materieller* Art sein. Selbständige z.B. werden oft auf einen Teil ihres Einkommens verzichten, wenn sie sich engagieren; Eltern kleiner Kinder werden zusätzliche finanzielle Aufwendungen für die Betreuung ihrer Kinder haben, zumindest bei solchen Protesthandlungen, bei denen die Kinder entweder stören (Briefe an Politiker schreiben) oder zu Schaden kommen könnten (gewalttätige Demonstrationen).

Die zeitlichen Aufwendungen für politisches Engagement werden häufig aber auch mit *nicht-materiellen* Kosten verbunden sein. Wenn man sich engagiert, wird man z.B. dem Partner oder den Kindern weniger Zeit widmen können als man gern möchte oder zumindest nach eigener Ansicht sollte. Es verbleibt weniger Zeit zur Pflege sozialer Kontakte außerhalb des "Protest-Netzwerkes", weniger Zeit für Sport und Hobbies, aber auch für Aus- und Weiterbildung.

---

[1] Verfaßt von *Petra Hartmann*.

Opportunitätskosten dieser Art treten bei allen Personen auf, die sich politisch engagieren. Diese Kosten sind um so höher, je weniger Zeit dem einzelnen Individuum zur persönlichen Disposition bleibt, d.h. je mehr Zeit zur Erfüllung anderweitiger Verpflichtungen vor allem im beruflichen und familiären Bereich aus der Sicht des Individuums aufgewendet werden muß. Viele solcher Verpflichtungen sind langfristig und können kurzfristig kaum oder nur mit erheblichen Kosten aufgelöst werden.

Je stärker man in Beruf und Familie eingebunden ist, desto begrenzter ist die Zeit, die für andere Aktivitäten einschließlich politischen Protests maximal zur Verfügung steht. Der Zeitaufwand, der zur Erfüllung beruflicher und familiärer Verpflichtungen erforderlich ist, wirkt also als Restriktion: wir können nicht mehr Zeit etwa für die Arbeit in einer Bürgerinitiative aufwenden als uns tatsächlich zur freien Verfügung steht. Hier hat ein Student, der sein Studium relativ frei selbst gestalten kann, zumal, wenn er noch im Haushalt der Eltern lebt, sicherlich mehr Möglichkeiten zu politischen Engagement als eine berufstätige Frau und Mutter, die zusätzlich zu ihrer Erwerbstätigkeit noch umfangreiche Dienstleistungen für ihre Familie zu erbringen hat. Für jemanden, der Hobbies oder Sport betreibt, sich häufig mit Freunden trifft und viel Zeit seiner Familie widmet, werden die Opportunitätskosten politischen Protests hoch sein. Wir erwarten also:

Hypothese über die Wirkung zeitlicher Ressourcen: Je geringer die zeitlichen Ressourcen bzw. je höher die Kosten der Zeit für politisches Engagement sind, desto geringer wird das Ausmaß politischen Protests sein.

Diese Hypothese impliziert nicht, daß die Verfügung über zeitliche Ressourcen der einzige Anreiz für Protest ist. Es handelt sich lediglich um eine bestimmte Art von Kosten, die bei der Erklärung von Protest zu berücksichtigen ist.

Die genannte Hypothese geht, wie unsere vorangegangenen Überlegungen zeigen, von den Kosten der Zeit aus der Sicht des Individuums aus. Objektiv, d.h. aus der Sicht eines Beobachters, verfügt jede Person über 24 Stunden Zeit täglich. Dies gilt z.B. auch für Angestellte, die acht Stunden täglich arbeiten. Sie sind ja objektiv in der Lage, ihren Arbeitsplatz jederzeit zu verlassen. Allerdings würde dies mit hohen Kosten verbunden sein.

Nicht alle Protesthandlungen sind mit dem gleichen Zeitaufwand verbunden. Zum Tragen einer Plakette politischen Inhalts benötigt man z.B. nicht mehr Zeit als zum Anbringen der Plakette erforderlich ist, während die aktive Mitarbeit in einer Bürgerinitiative das Zeitbudget relativ stark belastet. Demnach sind also die Kosten der Zeit für das Tragen einer Plakette geringer als für die Mitarbeit in einer Bürgerinitiative. Entsprechend modifizieren wir unsere vorangegangene Hypothese:

Hypothese über die Wirkungen zeitlicher Ressourcen bei spezifischen Protestarten: Die Kosten der für politischen Protest aufgewendeten Zeit haben nur bei zeitaufwendigen Protesthandlungen einen protestmindernden Effekt, nicht aber bei kaum oder sehr wenig zeitaufwendigen Handlungen.

Zeit ist zwar ein wichtiger, nicht aber der einzige Faktor, der das Ausmaß politischen Protests beeinflußt. Verschiedene Protesthandlungen stellen zum Teil recht unterschiedliche Anforderungen an die persönlichen Fähigkeiten und Kenntnisse der Akteure.

Das Tragen einer Plakette z.B. setzt nicht mehr voraus als das Wissen, wo man sich eine solche Plakette beschaffen kann. Die Organisation von Aktionen gegen Atomkraftwerke hingegen erfordert zumindest ein gewisses Mindestmaß an organisatorischen Fähigkeiten oder "Organisationstalent". Für das Sammeln von Unterschriften benötigt man ein gewisses Maß an Überzeugungskraft. Andere für Protest relevante persönliche Eigenschaften sind Wissen sowie die Fähigkeit, sich erforderliches Wissen rasch anzueignen. Für Personen, die über derartige Fähigkeiten und Kenntnisse verfügen, ist Engagement (zumindest bei bestimmten Handlungen) weniger kostspielig. Derartige persönliche Fähigkeiten und Kenntnisse, die die Kosten von Protest mindern und so das Auftreten von Protest begünstigen, bezeichnen wir als *persönliche Ressourcen.*

Wir werden im folgenden die Wirkung von drei Arten persönlicher Ressourcen auf Protest untersuchen, und zwar die Wirkung von (1) organisatorischen Fähigkeiten, (2) Überzeugungskraft und (3) Bildung. Für jede dieser persönlichen Ressourcen erwarten wir:

Hypothese über die Wirkung persönlicher Ressourcen: Je höher das Ausmaß ist, in dem die betreffende persönliche Ressource vorhanden ist, desto höher ist das Ausmaß politischen Protests.

Da, wie wir sahen, unterschiedliche Protesthandlungen unterschiedliche persönliche Ressourcen erfordern, gilt - ähnlich wie bei den zeitlichen Ressourcen:

Hypothese über die Wirkungen persönlicher Ressourcen bei spezifischen Protestarten: Das Ausmaß, in dem eine bestimmte persönliche Ressource vorhanden ist, hat nur auf solche Protesthandlungen einen Effekt, bei denen die betreffende Ressource eine notwendige Voraussetzung für die erfolgreiche Ausführung der Handlung ist.

Bisher sind wir davon ausgegangen, daß das Ausmaß bestimmter Ressourcen direkt auf politischen Protest wirkt, wobei wir für Protest, der einen hohen Aufwand an Ressourcen erfordert, einen stärkeren Effekt erwarten als für Protest, der einen geringeren Einsatz von Ressourcen erfordert. In der Untersuchung von Opp, Hartmann und Hartmann (1988: 345) zeigte sich jedoch, daß das Ausmaß vorhandener Ressourcen (Bildung, Einkommen, persönliche Fähigkeiten und Integration in Gruppen und Organisationen) vor allem auf den wahrgenommenen Einfluß eines Individuums wirkt. In diesem Fall bestünde also ein indirekter Effekt von Ressourcen auf Protest. Dieser Effekt besteht gemäß unserem Modell jedoch nur dann, wenn sich die Akteure nicht nur als einflußreich wahrnehmen, sondern zugleich auch Interesse an der Herstellung des in Frage stehenden Kollektivgutes haben. Entsprechend gilt:

Hypothese über die indirekte Wirkung von Ressourcen: Über je mehr protestrelevante Ressourcen ein Individuum verfügt, desto größer schätzt es seinen Einfluß ein. Bei gegebenen Präferenzen für ein Kollektivgut erhöht sich somit mit dem Ausmaß dieser Ressourcen auch das Ausmaß politischen Protests.

Ein derartiger indirekter Effekt ist auch für die zeitlichen Ressourcen plausibel: je weniger Zeit jemand für politisches Engagement hat oder, genauer, zu haben meint, desto geringer wird er auch seine Möglichkeiten einschätzen, einen Beitrag zur Erreichung eines bestimmten politischen Ziels zu leisten. Wer z.B. nur gelegentlich in einer Bürgerinitiative mitarbeitet, hat weniger Einfluß als stark engagierte Mitglieder dieser Gruppe.

2. Die Messung der Variablen

Die empirische Überprüfung unserer Hypothesen setzt voraus, daß wir nicht nur, wie bisher, zwischen legalem und illegalem Protest unterscheiden, sondern zusätzlich zwischen Protestarten, die einen unterschiedlichen Einsatz von Ressourcen erfordern. Die von uns getroffenen Unterscheidungen werden im folgenden zuerst diskutiert. Sodann werden wir uns mit zwei Arten der Messung zeitlicher Ressourcen befassen.

2.1. Arten legalen Protests und die Kosten der Zeit

Fragen wir zunächst, wie die von uns untersuchten Protesthandlungen im Hinblick auf den erforderlichen Zeitaufwand einzustufen sind. Von den in unseren Skalen enthaltenen legalen Protesthandlungen (siehe Tabelle AII.2.2 des Anhangs) sind (1) Anti-AKW-Plakette tragen, (2) Anti-AKW-Aufkleber am eigenen Fahrzeug und (3) Unterschriftenliste gegen AKWs unterschreiben praktisch mit keinerlei Zeitaufwand verbunden. Gleiches gilt für die Handlung (7) Geld spenden für Organisationen, die gegen AKWs arbeiten. Mit sehr hohem Zeitaufwand verbunden hingegen sind die Handlungen (4) Flugblätter gegen AKWs verteilen, (5) Unterschriften sammeln, (6) Mitarbeit bei einer Anti-AKW-Bürgerinitiative, und (13) Organisation von Aktionen gegen AKWs.

Weniger eindeutig ist die Situation bei den beiden verbleibenden legalen Protesthandlungen (8) Teilnahme an einer genehmigten Demonstration und (14) Anti-AKW-Plakate kleben. Bei der Zuordnung dieser beiden Handlungen werden wir uns daher am Ergebnis einer von uns durchgeführten Hauptkomponentenanalyse orientieren. Bei dieser Analyse ergaben sich drei inhaltlich gut interpretierbare Dimensionen: aufwendige legale, nicht-aufwendige legale und illegale Protesthandlungen. "Teilnahme an einer genehmigten Demonstration" lud dabei auf der Hauptkomponente der nicht-aufwendigen legalen Handlungen, "Anti-AKW-Plakate kleben" hingegen auf der Komponente der aufwendigen legalen Protesthandlungen.

Ausgehend von den jeweils fünf aufwendigen bzw. nicht-aufwendigen legalen Protesthandlungen haben wir zwei (Teil-) Skalen legalen Protests gebildet, und zwar jeweils für die beiden Untersuchungszeitpunkte 1982 und 1987. Wir sind dabei in der gleichen Weise vorgegangen wie bei der Bildung der Gesamtskala "legaler Protest". Einzelheiten hierzu sind im Anhang dokumentiert.

Bei den illegalen Protesthandlungen ist eine Differenzierung von zeitaufwendigen und nicht zeitaufwendigen Aktivitäten schwieriger. Wieviel Zeit beispielsweise benötigt man, um die Handlungen (10) "Widerstand gegen Polizei leisten, wenn Polizei angreift" oder (11) "Teilnahme an einer Bauplatzbesetzung" auszuführen? Keine der vier illegalen Handlungsalternativen ist vermutlich so zeitintensiv wie die aufwendigen legalen Handlungen. Andererseits ist aber auch keine der illegalen Handlungen mit einem ähnlich minimalen Zeitaufwand durchzuführen wie etwa das

Tragen einer Anti-AKW-Plakette. Aus diesem Grund werden wir uns bei der Untersuchung der Wirkung zeitlicher Ressourcen auf insgesamt drei Arten von Protesthandlungen beschränken: (1) legale, nicht aufwendige Handlungen, (2) legale, aufwendige Handlungen und (3) illegale Handlungen.

Für die Überprüfung unserer Hypothese bezüglich der Wirkung persönlicher Ressourcen benötigen wir ebenfalls eine Unterscheidung der Protesthandlungen nach dem Ausmaß der benötigten persönlichen Ressourcen. Der jeweils bei einer Handlung notwendige Einsatz persönlicher Ressourcen ist jedoch sehr viel schwerer zu bestimmen als der jeweils erforderliche Zeitaufwand. Es erscheint jedoch plausibel anzunehmen, daß die zeitlich relativ wenig aufwendigen *legalen* Protesthandlungen auch keine besonderen Ansprüche an die persönlichen Fähigkeiten und Kenntnisse der Akteure stellen.

Bei den *illegalen* Protesthandlungen hingegen ist eine Differenzierung entsprechend dem jeweils benötigten Ausmaß persönlicher Ressourcen ebenso unmöglich wie bereits zuvor hinsichtlich des erforderlichen Zeitaufwands. Wir werden uns daher auch bei der Überprüfung der Auswirkungen persönlicher Ressourcen auf drei Arten politischen Protests beschränken: legaler aufwendiger Protest, legaler nicht-aufwendiger Protest und illegaler Protest.

2.2. Die Messung zeitlicher Ressourcen durch subjektive Indikatoren

Die zeitlichen und persönlichen Ressourcen haben wir in zweierlei Weise gemessen. Zum einen haben wir eine Reihe von subjektiven Einschätzungen benutzt, zum anderen aber auch in geeigneter Weise aufbereitete soziodemographische Merkmale.

Bei den subjektiven Einschätzungen verfügen wir bei der 1982 durchgeführten Untersuchung nur über zwei Einzelmessungen der Ressourcen "Überzeugungskraft" und "Organisationstalent". Diese Indikatoren wurden auch 1987 gemessen. Zusätzlich wurden 1987 zwei weitere Indikatoren für die Ressource "Organisationstalent", sowie vier Indikatoren zur Erfassung des perzipierten Ausmaßes zeitlicher Ressourcen gemessen. Die einzelnen Indikatoren sind im Wortlaut und mit den üblichen deskriptiven Statistiken in Tabelle V.1 wiedergegeben. Als Antwortmöglichkeiten waren jeweils fünf Kategorien vorgegeben, von "stimme voll zu" (Kodierung 1) bis "lehne voll ab" (Kodierung 5).

Die acht Einzelindikatoren, die 1987 gemessen wurden, haben wir einer Hauptkomponentenanalyse unterzogen. Bei Zugrundelegung von Kaisers Eigenwertkriterium ergaben sich nicht die zwei erwarteten Dimensionen "zeitliche" und "persönliche Ressourcen", sondern drei Dimensionen, die jeweils 25.6%, 19% und 12.8% der Varianz erklären. Die erste dieser Hauptkomponenten ist gekennzeichnet durch hohe Ladungen der Indikatoren 1 und 3, beides Maße der persönlichen Ressource "Organisationstalent". Ebenfalls auf der ersten Hauptkomponente lädt überraschenderweise, allerdings weniger stark, der Indikator 8, der von uns als Indikator für zeitliche Ressourcen konzipiert war. Die zweite Hauptkomponente läßt sich am besten als arbeitsbedingte Begrenzung der zeitlichen Ressourcen verstehen. Diese Komponente ist gekennzeichnet durch extrem hohe, über .85 liegende Ladungen der beiden Indikatoren 6 und 7, die die Aufteilung Arbeitszeit/Freizeit thematisieren.

Auf der dritten Hauptkomponente schließlich weist nur der Indikator 5 eine hohe Ladung auf. Dieser bezieht sich auf eine Beschränkung der zeitlichen Ressourcen durch Familie und Freunde. Die verbleibenden Indikatoren 2 und 4 schließlich weisen auf keiner der drei Komponenten hohe Ladungen auf.

TABELLE V.1: Die Indikatoren und Skalen zur Messung persönlicher und zeitlicher Ressourcen 1982 (1987)

Indikatoren und Skalen	Mittel- wert	Standard- abweichg.	Mini- mum	Maxi- mum	Gültige Fälle
1 Es fällt mir im allgemeinen schwer, etwas zu organisieren	3.49 (3.57)	1.08 (1.11)	1 (1)	5 (5)	121 (120)
2 Es fällt mir leicht, andere von meinen Ideen zu überzeugen	2.70 (2.71)	0.75 (0.85)	1 (1)	5 (5)	120 (120)
3 Mir fehlen einfach die Möglichkeiten, um etwas zu organisieren	- (3.43)	- (0.98)	- (1)	- (5)	- (120)
4 Wenn ich nicht selbst etwas organisiere, dann tut es normalerweise überhaupt keiner	- (3.57)	- (0.97)	- (1)	- (5)	- (121)
5 Ich verbringe viel Zeit mit meiner Familie und meinen Freunden	- (2.07)	- (0.91)	- (1)	- (5)	- (121)
6 Meine Arbeit nimmt mich zeitlich voll in Anspruch	- (2.40)	- (1.05)	- (1)	- (5)	- (118)
7 Meine Freizeit ist sehr knapp bemessen	- (2.71)	- (1.11)	- (1)	- (5)	- (121)
8 Meine Hobbies nehmen mich zeitlich sehr in Anspruch	- (3.07)	- (1.07)	- (1)	- (5)	- (121)
Skala "Persönliche Ressourcen" 1982 (1987)	5.84 (5.85)	1.14 (1.51)	1 (1)	9 (9)	121 (121)
Erweiterte Skala "Persönliche Ressourcen" (1987)	- (9.71)	- (2.41)	- (1)	- (17)	- (121)
Skala "Zeitliche Ressourcen" (1987)	- (7.26)	- (2.19)	- (1)	- (17)	- (121)

Das Ergebnis unserer Hauptkomponentenanalyse wird theoretisch auch dann nicht befriedigender, wenn wir die beiden auch 1982 gemessenen Indikatoren 1 und 2 zusätzlich mit in die Analyse einbeziehen. Zwar laden dann, wie gewünscht, die beiden sich jeweils entsprechenden Messungen desselben Indikators 1982 und 1987 in etwa gleicher Höhe auf derselben Hauptkomponente, doch ansonsten bleibt das

Ladungsmuster im wesentlichen unverändert: jedoch laden nun die beiden problematischen Indikatoren 2 und 4 auf jeweils einer zusätzlichen Hauptkomponente.

Aufgrund der theoretisch wenig befriedigenden Ergebnisse unserer Dimensionalitätsprüfung werden wir in zweierlei Weise verfahren: wir werden erstens die Beziehungen der genannten acht Einzelindikatoren mit unseren abhängigen Variablen analysieren. In einem zweiten Schritt werden wir theoretisch sinnvoll erscheinende Skalen zur Messung persönlicher bzw. zeitlicher Ressourcen versuchsweise einsetzen. Wir haben hierzu zwei verschiedene Skalen zur Messung persönlicher Ressourcen gebildet. Die erste dieser Skalen besteht aus den Indikatoren 1 und 2 und ist somit für beide Untersuchungszeitpunkte verfügbar. Unter Hinzunahme der 1987 zusätzlich gemessenen Indikatoren 3 und 4 erhalten wir für 1987 eine erweiterte Skala zur Messung persönlicher Ressourcen. Nur für 1987 verfügbar ist die aus den Indikatoren 5 bis 8 bestehende Skala zur Messung zeitlicher Ressourcen.

Bei der Skalenkonstruktion sind wir generell so vorgegangen, daß wir zunächst alle Indikatoren so kodiert haben, daß hohen Werten ein hohes Ausmaß der Verfügung über die betreffende Ressource entspricht. Für fehlende Werte bei den Indikatoren wurden Mittelwerte substituiert. Sodann wurden die Indikatoren ungewichtet addiert. Der Wertebereich der Skalen wurde schließlich so transformiert, daß das theoretische Minimum bei 1 liegt. Deskriptive Statistiken für die so gebildeten Skalen können ebenfalls der Tabelle V.1 entnommen werden.

2.3. Die Messung zeitlicher Ressourcen durch indirekte Indikatoren

Zusätzlich zu den subjektiven Einschätzungen vorhandener Ressourcen haben wir soziodemographische Indikatoren als indirekte Maße für Ressourcen verwendet. Als indirekter Indikator für das Ausmaß zeitlicher Ressourcen kommt vor allem der Beschäftigungsstatus in Frage. Es ist offensichtlich, daß für jemanden, der einer Vollzeitbeschäftigung nachgeht oder aber seinen Wehr- oder Zivildienst ableistet, die Kosten der Zeit größer sind als für jemanden, der nicht oder nur teilzeitbeschäftigt ist. Wir haben insgesamt drei verschiedene Gruppen gebildet, wobei sich die Zuordnung von Zahlenwerten am vermuteten Ausmaß der frei verfügbaren Zeit orientiert: Gruppe 1 mit Vollzeitbeschäftigten, Wehr- und Zivildienstleistenden (Kodierung 1), Gruppe 2 mit den übrigen nicht Vollzeiterwerbstätigen, Hausfrauen sowie Arbeitslosen (Kodierung 2), und schließlich die Gruppe 3 mit Schülern und Studenten sowie anderen nicht erwerbstätigen Personen (Kodierung 3).[2]

Als zusätzliche indirekte Indikatoren für zeitliche Ressourcen bieten sich vor allem der Familienstand und die Anzahl der vorhandenen Kinder an, da sowohl die Pflege ehelicher Gemeinschaft als auch die Betreuung von Kindern einen erheblichen Zeitaufwand erfordern. Eine ähnliche Beschränkung der zeitlichen Ressourcen ist zwar auch bei nicht legalisierten Lebensgemeinschaften zu erwarten, doch stehen uns hierfür keine Indikatoren zur Verfügung. Wir beschränken uns daher auf

---

[2] Diese Unterscheidung weicht bewußt ab von Mullers (1978 und 1979) Index "availability for collective action". Unseres Erachtens gibt das Kriterium der zeitlichen Belastung durch Arbeit keinen Anlaß dazu, Hausfrauen und Rentner derselben Gruppe zuzuordnen wie die Vollzeitbeschäftigten.

die Untersuchung des Ehestandes (verheiratet vs. nicht verheiratet) und der Anzahl vorhandener Kinder. Information über die Kinderzahl liegt allerdings nur für 1987 vor.[3]

Weitere zeitliche Belastungen können sich aus der Art der Freizeitgestaltung ergeben. Sportliche Betätigung, Hobbies und die Umsetzung kultureller Interessen erfordern Zeit. Die tatsächlich für derartige Freizeitaktivitäten aufgewendete Zeit läßt sich im Rahmen unserer Untersuchung allenfalls sehr grob abschätzen, und zwar durch die Anzahl von Mitgliedschaften in entsprechenden Vereinen und Organisationen. Mitgezählt bei der Abschätzung der zeitlichen Belastung durch Freizeitaktivitäten haben wir Mitgliedschaften in Gesangsvereinen, Sportvereinen, sonstigen Hobby-Vereinen, Heimat- und Bürger- sowie Schützenvereinen und schließlich in sonstigen geselligen Vereinen (Kegelklub usw.).

Zur indirekten Messung der persönlichen Ressourcen ist der höchste erzielte formale Bildungsabschluß geeignet. Entsprechend der üblichen Unterscheidung liegen fünf Ausprägungen dieser Variablen vor: kein Abschluß (1), Volks-/Hauptschule (2), Mittlere Reife/Realschulabschluß (3), Fachhochschulreife (4) und Abitur (5). Hier wurde die Wertzuweisung so vorgenommen, daß hohen Zahlenwerten ein hohes Ausmaß der Ressource "Bildung" entspricht.

Zur indirekten Messung der bereits erwähnten persönlichen Ressourcen "organisatorische Fähigkeiten" und "Überzeugungskraft" eignen sich Informationen zum ausgeübten Beruf und zur Stellung im Beruf. Die Fähigkeit zu überzeugen ist erforderlich oder zumindest sehr hilfreich bei solchen Berufen, bei denen in vielfältiger Weise Kontakte mit anderen Menschen bestehen. Hierzu gehören zunächst die klassischen sozialen Berufe wie z.B. Erzieher, Sozialarbeiter, Pastor, Arzt, Pflegepersonal und andere "Heil"-Berufe, Lehrer und Hochschullehrer. Entsprechendes gilt aber auch z.B. für Journalisten, Anwälte, Architekten, Steuerberater, Handelsvertreter und Berufsoffiziere. Entsprechend haben wir unterschieden zwischen Personen, die einen der genannten Berufe ausüben, der also ein gewisses Maß an Überzeugungskraft erfordert, und allen übrigen Personen. Diese Dichotomie benutzen wir als indirekten Indikator der Ressource "Überzeugungskraft".

Ausgangspunkt für die Bildung eines indirekten Maßes für die Ressource "Organisatorische Fähigkeiten" war die Überlegung, daß gehobene berufliche Positionen mit Führungsaufgaben nicht nur Führungsqualitäten, sondern auch organisatorische Fähigkeiten erfordern. Wir unterscheiden entsprechend zwischen beruflichen Positionen mit und ohne Führungsaufgaben. Zu den Positionen mit Führungsaufgaben haben wir alle Angehörigen freier akademischer Berufe und Selbständige mit mindestens zwei Mitarbeitern, Beamte des gehobenen und höheren Dienstes, Angestellte mit Verantwortung für die Tätigkeit anderer, sowie Vorarbeiter und Meister gerechnet.

---

[3] Unsere Frage "Wieviele Kinder haben Sie?" könnte auch zur Nennung solcher "Kinder" geführt haben, die diese Bezeichnung aufgrund ihres Alters schon längst nicht mehr verdienen. Für unsere Untersuchung ergibt sich daraus jedoch keine besondere Schwierigkeit, da auch solche Kinder das Zeitbudget ihrer Eltern noch belasten, vor allem dann, wenn diese Kinder ihrerseits bereits Nachwuchs haben.

Schließlich verwenden wir eine weitere, üblicherweise als wichtig angesehene Ressource, nämlich das monatliche Haushalts-Nettoeinkommen.

Zusätzlich zu unseren subjektiven Einschätzungen persönlicher und zeitlicher Ressourcen haben wir somit acht weitere indirekte Indikatoren auf der Grundlage soziodemographischer Information für die Überprüfung unserer Hypothesen zur Verfügung. Die einzelnen indirekten Indikatoren sowie die üblichen deskriptiven Statistiken sind in Tabelle V.2 wiedergegeben.

Die von uns vorgenommene Unterscheidung der berufsabhängigen Indikatoren hat zu Gruppen geführt, deren Größe nicht allzu stark voneinander abweicht. Auffällig ist ferner, daß sich die Anzahl der Fälle ohne gültige Werte von 1982 auf 1987 deutlich verringert hat. Das liegt daran, daß seit der ersten Erhebung weitere Personen in das Erwerbsleben eingetreten sind und somit eine Zuordnung aufgrund beruflicher Merkmale 1987 möglich wurde.

TABELLE V.2: Indirekte Indikatoren von persönlichen und zeitlichen Ressourcen 1982 (1987)

Indikatoren	Mittel-wert	Standard-abweichg.	Mini-mum	Maxi-mum	Gültige Fälle
Beschäftigungsstatus (verbleibende Zeit)	1.52 (1.47)	0.53 (0.63)	1 (1)	3 (3)	121 (119)
Ehestand	0.48 (0.54)	0.50 (0.51)	0 (0)	1 (1)	121 (119)
Kinderzahl	- (1.05)	- (1.16)	- (0)	- (4)	- (119)
Mitgliedschaft in Freizeit-vereinen und -organisationen	0.46 (0.55)	0.63 (0.70)	0 (0)	2 (3)	121 (121)
Bildung	3.80 (3.78)	1.31 (1.26)	1 (1)	5 (5)	119 (119)
Beruf, der Überzeugungskraft erfordert	0.40 (0.43)	0.49 (0.50)	0 (0)	1 (1)	103 (119)
Position mit Führungsaufgaben	0.30 (0.41)	0.46 (0.49)	0 (0)	1 (1)	102 (117)
Einkommen	8.28 (9.43)	3.29 (3.08)	1 (2)	16 (16)	116 (115)

Man könnte vermuten, daß die von uns verwandten subjektiven Einschätzungen vorhandener Ressourcen einen deutlichen Zusammenhang mit den entsprechenden indirekten Indikatoren aufweisen. So erschiene es z.B. plausibel, daß der perzipierte Aufwand für Familie und Freunde eine hohe positive Korrelation mit dem Ehestand und der Anzahl der Kinder hat. Entgegen unseren Erwartungen finden wir jedoch lediglich nicht-signifikante Korrelationen von .13 mit Ehestand und .12 mit Kinderzahl.

Ähnlich enttäuschend sind auch die Ergebnisse für die Inanspruchnahme durch den Beruf: die Korrelation mit Beschäftigungsstatus ist mit nur .16 nicht signifikant. Eine auf dem .01 Niveau signifikante Korrelation von .30 finden wir allerdings zwischen der perzipierten Belastung durch Hobbies und der Mitgliedschaft in entsprechenden Vereinen. Bei den persönlichen Ressourcen finden wir auf dem .05 Niveau signifikante Beziehungen nur zwischen der Ausübung eines Berufes, der Überzeugungskraft erfordert, mit unserem subjektiven Indikator (1) der organisatorischen Fähigkeiten (1982: .30 und 1987: .23).

Insgesamt bleibt jedoch festzuhalten, daß die Höhe selbst der signifikanten Korrelationen zwischen subjektiven Einschätzungen vorhandener Ressourcen und den entsprechenden indirekten Indikatoren in keinem Fall so hoch ist, daß man von einer Übereinstimmung ausgehen könnte. Es ist somit zweckmäßig, beide Arten von Indikatoren bei der Überprüfung unserer Hypothesen einzubeziehen.

3. Ergebnisse

Betrachten wir zunächst die Beziehungen unserer Protestvariablen mit den subjektiven Maßen persönlicher und zeitlicher Ressourcen, die in Tabelle V.3 aufgeführt sind. Gemäß unserer Hypothesen müßten wir positive Zusammenhänge finden zwischen den einzelnen Indikatoren der verschiedenen Ressourcen und aufwendigem legalem Protest, keine Zusammenhänge hingegen mit nicht aufwendigem Protest. Hypothesen bezüglich der Wirkung dieser Ressourcen auf illegalen Protest hatten wir nicht formuliert.

Wie Tabelle V.3 zeigt, haben sich unsere Erwartungen nur zum Teil bestätigt. Sowohl für die einfache Skala "persönliche Ressourcen" als auch für die entsprechende erweiterte Skala finden wir schwache positive Korrelationen mit aufwendigem legalen Protest, die jedoch nur für 1987 auf dem .05 Niveau signifikant sind.

Entgegen unseren Erwartungen finden wir jedoch ebenfalls, mit einer Ausnahme, signifikante schwache positive Korrelationen mit nicht aufwendigem legalen Protest. Zwischen persönlichen Ressourcen und illegalem Protest bestehen keine signifikanten Beziehungen. Fast perfekte Null-Korrelationen finden wir zwischen dem Ausmaß zeitlicher Ressourcen und allen Protestvariablen: keine dieser Korrelationen ist größer als .03. Haben zeitliche Ressourcen also überhaupt keine Wirkung auf das Ausmaß politischen Protests?

Angesichts der bereits beschriebenen Schwierigkeiten, die sich bei der Skalenbildung ergaben, haben wir zusätzlich die Korrelationen unserer einzelnen Indikatoren mit den verschiedenen Protestvariablen berechnet. Diese Ergebnisse sind ebenfalls in Tabelle V.3 wiedergegeben. Sie entsprechen im wesentlichen den Resultaten, über die wir bereits bei den Skalen berichtet haben. Von Interesse ist hier allenfalls die vergleichsweise hohe Korrelation (.24) zwischen der Überzeugungskraft (Indikator 2) und illegalem Protest für 1982.

Das perzipierte Ausmaß persönlicher Ressourcen ist also für das Auftreten aufwendiger Protesthandlungen nur von geringer Bedeutung. Das perzipierte Ausmaß zeitlicher Ressourcen ist sogar ohne jeden nachweisbaren Effekt.

TABELLE V.3: Korrelationen der subjektiven Indikatoren persönlicher und zeitlicher Ressourcen 1982 (1987) mit politischem Protest

Indikatoren	Legaler Protest ohne bes. Aufwand	mit hohem Aufwand	Insge- samt	Illega- ler Pro- test
1 Es fällt mir im allgemeinen schwer, etwas zu organisieren	-.19* (-.03)	-.05 (-.13)	-.13 (-.09)	-.11 (-.01)
2 Es fällt mir leicht, andere von meinen Ideen zu überzeugen	.15 (.21*)	.19* (.16)	.19* (.21*)	.24** (.14)
3 Mir fehlen einfach die Mög- lichkeiten um etwas zu organi- sieren	- (-.14)	-- (-.11)	- (-.14)	- (-.04)
4 Wenn ich nicht selbst etwas organisiere, dann tut es norma- lerweise überhaupt keiner	- (.12)	- (.14)	-- (.14)	- (.13)
5 Ich verbringe viel Zeit mit meiner Familie und meinen Freunden	- (.00)	- (-.05)	-- (-.02)	- (-.12)
6 Meine Arbeit nimmt mich zeit- lich voll in Anspruch	- (-.03)	-- (-.03)	- (-.04)	- (-.02)
7 Meine Freizeit ist sehr knapp bemessen	- (.04)	- (.03)	- (.04)	- (.09)
8 Meine Hobbies nehmen mich zeitlich sehr in Anspruch	- (-.05)	-- (.09)	- (.01)	-- (-.03)
Skala "Persönliche Ressourcen" 1982 (1987)	.22* (.14)	.11 (.19*)	.18* (.18*)	.14 (.06)
Erweiterte Skala "Persönliche Ressourcen" (1987)	- (.20*)	- (.22*)	- (.23**)	- (.10)
Skala "Zeitliche Ressourcen" (1987)	- (.00)	-- (-.03)	- (-.01)	- (.03)

* signifikant auf dem .05 Niveau; ** signifikant auf dem .01 Niveau.

Betrachten wir nun die Wirkungen der indirekten Indikatoren persönlicher und zeitlicher Ressourcen auf die Protestvariablen (vgl. Tabelle V.4). Auch hier werden unsere theoretischen Erwartungen enttäuscht. Wir finden zwar durchweg positive Beziehungen der drei indirekten Indikatoren für persönliche Ressourcen (Bildung; Beruf, der Überzeugungskraft erfordert; Position mit Führungsaufgaben) mit politischem Protest, die zum Teil sogar recht hoch sind. Aber die Zusammenhänge sind fast regelmäßig stärker mit nicht-aufwendigem als mit aufwendigem legalem Protest.

Ähnlich verhält es sich auch mit den vier indirekten Indikatoren für zeitliche Ressourcen. Um die Wirkung von Ehestand und Kinderzahl auf Protest zu untersuchen, sollten wir allerdings etwaige Alterseffekte (vgl. im einzelnen Opp et al. 1988) kontrollieren, also partielle Korrelationen anstelle der einfachen betrachten. Wenn man so vorgeht, zeigen sich ausschließlich protestmindernde Effekte des Ehestandes. Jedoch sind die Effekte bei den nicht-aufwendigen Protesthandlungen ausgeprägter als bei den aufwendigen. Den einzigen signifikanten protestmindernden Effekt finden wir, wenn wir Alterseffekte kontrollieren, von Ehestand auf illegalen Protest 1982 mit einer partiellen Korrelation von -.25.

TABELLE V.4: Korrelationen der indirekten Indikatoren für persönliche und zeitliche Ressourcen 1982 (1987) mit politischem Protest

Indikatoren	Legaler Protest ohne bes. Aufwand	mit hohem Aufwand	Insge- samt	Illegaler Protest
Beschäftigungsstatus (verbleibende Zeit)	.05 (-.30**)	.10 (-.15)	.08 (-.26*)	.25* (-.02)
Ehestand[1]	-.13 (-.06)	-.07 (-.02)	-.11 (-.05)	-.25* (-.13)
Kinderzahl[1]	- (-.02)	- (.07)	- (.02)	- (-.08)
Mitgliedschaft in Freizeit- vereinen und -organisationen	-.06 (.04)	-.04 (.18)	-.06 (.11)	-.18 (-.04)
Bildung	.36** (.23*)	.22* (.12)	.32** (.20)	.43** (.23*)
Beruf, der Überzeugungskraft erfordert	.26* (.30**)	.15 (.24*)	.23* (.30**)	.21 (.08)
Position mit Führungsaufgaben	.15 (.21)	.14 (.24*)	.16 (.25*)	-.01 (.02)
Einkommen	-.06 (.13)	.02 (.19)	-.03 (-.17)	-.36** (-.09)

* signifikant auf dem .05 Niveau; ** signifikant auf dem .01 Niveau.
1) Partielle Korrelation unter Kontrolle von Alter.

Der Beschäftigungsstatus und die Mitgliedschaft in Freizeitvereinen und -organisationen zeigen für 1982 und 1987 recht unterschiedliche Beziehungen mit politischem Protest. Nur für 1982 haben die entsprechenden Korrelationen das erwartete Vorzeichen: je mehr Zeit mangels beruflicher Einbindung zur Verfügung bleibt, desto höher ist das Ausmaß politischen Protests; je stärker das Engagement in Freizeitvereinen und -organisationen ist, desto geringer ist das Ausmaß politischen Protests. Signifikant sind diese Beziehungen 1982 allerdings nur jeweils mit illegalem Protest (.25 bzw. -.18). 1987 hingegen zeigt sich kein Effekt von Beschäftigungsstatus und den Vereinsmitgliedschaften. Bei den Korrelationen mit den drei legalen Protestvariablen kehrt sich 1987 sogar das Vorzeichen um: je mehr freie

Zeit mangels beruflicher Einbindung verfügbar ist, desto geringer ist das Ausmaß (vor allem nicht-aufwendigen) legalen Protests (r = -.30); je größer die Anzahl von freizeitorientierten Vereinen ist, in denen jemand Mitglied ist, desto größer ist das Ausmaß aufwendigen legalen Protests (.18). Auch diese Ergebnisse sind mit unseren Hypothesen zur Wirkung zeitlicher Ressourcen nicht vereinbar.

Bisher haben wir uns lediglich mit bivariaten Beziehungen zwischen Ressourcen und politischem Protest befaßt. Wir wollen uns nun einfachen rekursiven Modellen ohne zeitverzögerte Variablen zuwenden. Diese Modelle sollen uns ermöglichen, die relative Stärke der Wirkung einzelner Ressourcen zu schätzen. Als unabhängige Variablen haben wir alle zum jeweiligen Zeitpunkt verfügbaren Indikatoren der verschiedenen Ressourcen verwandt. Die Ergebnisse unserer Regressionsanalysen sind in Tabelle V.5 zusammengefaßt.

Betrachten wir zunächst die unterste Zeile der Tabelle, die für jedes der geschätzten Modelle das Ausmaß der erklärten Varianz in Form des korrigierten R^2 enthält. Entsprechend unserer Hypothesen müßten die verschiedenen Ressourcen vor allem aufwendigen legalen Protest erklären, in erheblich geringerem Grade nicht-aufwendigen legalen Protest.

Das genaue Gegenteil ist der Fall: persönliche und zeitliche Ressourcen gemeinsam tragen praktisch nichts zur Erklärung aufwendigen legalen Protests bei: der Anteil der jeweils erklärten Varianz liegt lediglich bei .03 bzw .08. Die erklärte Varianz für nicht-aufwendigen legalen Protests ist zwar größer, aber insgesamt mit einem R^2 von .21 bzw. .12 ebenfalls gering. Befriedigend ist allenfalls die Erklärung illegalen Protests für 1982 mit einem vergleichsweise hohem R^2 von .33. Überraschend ist dabei allerdings, daß das entsprechende Modell 1987 überhaupt keine Erklärungskraft hat.

Betrachten wir nun die Wirkungen der einzelnen Indikatoren. Insgesamt sind sie als Prädiktoren politischen Protests nicht geeignet. Subjektive Einschätzungen der vorhandenen zeitlichen Ressourcen sind in jedem Fall bedeutungslos zur Erklärung politischen Protests. Bei den persönlichen Ressourcen erweist sich lediglich die erweiterte Fassung der Skala 1987 als halbwegs geeigneter Prädiktor.

Signifikante Effekte der indirekten Indikatoren gibt es für 1987 nur bei nicht aufwendigem legalen Protest: das Ausmaß nicht aufwendigen legalen Protests sinkt mit dem Ausmaß der frei verfügbaren Zeit und erhöht sich bei Berufen, die Überzeugungskraft erfordern.

Für 1982 finden wir signifikante Wirkungen indirekter Indikatoren ebenfalls bei nicht-aufwendigem legalen Protest: hier wirkt der Ehestand protestmindernd. Dies gilt auch für illegalen Protest. Hier findet sich zusätzlich ein positiver, d.h. protestfördernder Effekt von Bildung und Beschäftigungsstatus.

Die von uns gefundenen Effekte sind zwar mit unserer Hypothese zur Wirkung zeitlicher und persönlicher Ressourcen vereinbar; problematisch ist jedoch, daß wir bei gleichzeitiger Berücksichtigung subjektiver und indirekter Indikatoren fast nur signifikante Wirkungen einiger indirekter Indikatoren gefunden haben, die zudem auch in den verschiedenen von uns geschätzten Modellen recht unterschiedlich sind.

Bislang haben wir in unseren Modellen keine zeitverzögerten Wirkungen berücksichtigt. Es wäre jedoch z.B. denkbar, daß Ressourcen (vor allem persönliche Ressourcen) nicht nur simultan auf Protest wirken, sondern ihrerseits auch eine Funktion früherer Protestaktivitäten sind. Die Arbeit in einer Bürgerinitiative könnte beispielsweise zum Erwerb organisatorischer Fähigkeiten oder zu weiteren Kenntnissen verhelfen.

TABELLE V.5: Die Beziehungen zwischen persönlichen Ressourcen, den Kosten der Zeit und Protest 1982 (1987) (standardisierte Regressionskoeffizienten)

Unabhängige Variablen	Legaler Protest ohne besonderen Aufwand	mit hohem Aufwand	Insgesamt	Illegaler Protest
Skala "Persönliche Ressourcen"[1]	.10 (.05)	.08 (.21*)	.10 (.13)	.11 (.00)
Skala "Zeitliche Ressourcen" 1987	(.05)	(.01)	(.04)	(.00)
Beschäftigungsstatus (verbleibende Zeit)	.09 (-.23*)	.17 (-.03)	.14 (-.16)	.17* (.00)
Ehestand	-.23* (-.12)	-.17 (-.15)	-.22 (-.15)	-.22* (-.10)
Kinderzahl 1987	(.00)	(.13)	(.07)	(-.06)
Mitgliedschaft in Freizeitvereinen und -organisationen	-.02 (.00)	-.02 (.19*)	-.02 (.09)	-.06 (-.03)
Bildung	.17 (.10)	.11 (.00)	.16 (.06)	.23* (.16)
Beruf, der Überzeugungskraft erfordert	.14 (.21*)	.07 (.14)	.12 (.20*)	.09 (.04)
Position mit Führungsaufgaben	.07 (.03)	.08 (.13)	.09 (.09)	.00 (-.05)
Einkommen	.18 (.08)	.17 (.05)	.19 (.07)	-.07 (.02)
Alter	-.20 (-.05)	-.01 (.06)	-.12 (.00)	-.16 (-.11)
Angepaßtes R^2	.21 (.12)	.03 (.08)	.14 (.12)	.33 (.01)

* signifikant auf dem .05 Niveau; ** signifikant auf dem .01 Niveau.
1) Für 1987 wurde die reliablere erweiterte Fassung der Skala benutzt.

Bei den meisten der von uns bisher analysierten Variablen ist eine Beeinflussung durch frühere Protestaktivitäten, welcher Art diese auch immer sein mögen, fast immer auszuschließen. Das gilt zunächst für den höchsten erreichten Schulabschluß, für Ehestand und auch für die Kinderzahl. Aber auch bei den meisten anderen Variablen ist die Annahme einer Beeinflussung durch Protest nicht plausibel. Warum z.B. sollte das Ausmaß perzipierter zeitlicher Ressourcen von früherem Protest abhängen? Es ist allenfalls denkbar, daß Protestvariablen das perzipierte Ausmaß persönlicher Ressourcen beeinflussen, d.h. daß Protest Lernprozesse auslöst.

Welche zeitverzögerten Wirkungen zwischen unseren Variablen liegen vor? Zur Beantwortung dieser Frage haben wir eine Vielzahl unterschiedlicher Regressionsmodelle mit zeitverzögerten Variablen geschätzt. Dabei wurden entweder allein die zeitverzögerten Variablen oder zusätzlich die simultan gemessenen Ressourcen-Variablen als unabhängige Variablen in die Regressionen einbezogen.

Die Ergebnisse dieser Analysen waren enttäuschend. Signifikante Effekte ließen sich ausnahmslos nur bei den Stabilitäten nachweisen, d.h. der einzige signifikante Prädiktor einer 1987 gemessenen Variablen war die entsprechende Variable für 1982. Da die übrigen Beziehungen jeweils nicht nur nicht signifikant, sondern auch von der Größenordnung der standardisierten Regressionskoeffizienten her ausgesprochen schwach waren, wollen wir auf eine ausführlichere Darstellung unserer Ergebnisse verzichten.

Wir wollen uns nun der Überprüfung unserer letzten Hypothese zuwenden, die besagte, daß Ressourcen auf das Ausmaß des perzipierten Einflusses wirken und somit einen indirekten Effekt auf Protest haben. Die Wirkung von perzipiertem Einfluß in Zusammenhang mit Unzufriedenheit und politischer Entfremdung ist in Kapitel III untersucht worden.

Um die Beziehungen zwischen persönlichen und zeitlichen Ressourcen einerseits und perzipiertem Einfluß andererseits zu überprüfen, haben wir zunächst bivariate Korrelationen berechnet. Die Ergebnisse unserer Analysen sind in Tabelle V.6 wiedergegeben.

Zwischen allen subjektiven Maßen persönlicher und zeitlicher Ressourcen und perzipiertem Einfluß bestehen signifikante positive Korrelationen. Bei den indirekten Indikatoren ist vor allem Bildung stark positiv mit Einfluß korreliert. Diese Ergebnisse bestätigen unsere Hypothese, daß Ressourcen einen positiven Effekt auf perzipierten Einfluß haben.

Um die relative Stärke der einzelnen Effekte zu prüfen, haben wir jeweils für 1982 und 1987 ein Regressionsmodell mit "Einfluß" als abhängiger Variablen und allen zum gleichen Zeitpunkt ebenfalls verfügbaren direkten und indirekten Indikatoren persönlicher und zeitlicher Ressourcen geschätzt (zu den unabhängigen Variablen vgl. Tabelle V.6). Für das Modell 1987 haben wir nur die reliablere erweiterte Fassung der Ressourcen-Skala verwendet.

Die Ergebnisse dieser Regressionsanalysen sollen nur kurz berichtet werden. Wie schon zuvor bei der Erklärung von Protest sind auch hier die meisten der standardisierten Regressionskoeffizienten nicht einmal näherungsweise signifikant. Den einzigen signifikanten Effekt auf Einfluß 1982 hat das perzipierte Ausmaß persönlicher Ressourcen (.20, signifikant auf dem .05 Niveau), den nächst stärkeren Effekt mit .18 (knapp über dem Signifikanzniveau von .05) hat Bildung. Das korrigierte R^2 für 1982 beträgt .17. Für den Zeitpunkt 1987 sind die Ergebnisse deutlich besser, obwohl in der Tendenz gleich. Das korrigierte R^2 beträgt .29. Die stärksten Effekte gehen wieder von den perzipierten persönlichen Ressourcen (.24) und von Bildung (.34) aus. Beide standardisierten Regressionskoeffizienten sind auf dem 1%-Niveau signifikant. Hinzu kommt jedoch noch ein weiterer, ebenfalls auf dem 1%-Niveau signifikanter Effekt, und zwar der des perzipierten Ausmaßes zeitlicher Ressourcen (.21). Messungen dieser Variablen lagen nur für 1987 vor.

TABELLE V.6: Korrelationen zwischen Ressourcen und perzipiertem Einfluß

Indikatoren	Perzipierter Einfluß 1982	1987
Skala "Persönliche Ressourcen" 1982 (1987)	.28** (.31**)	.25* (.29**)
Erweiterte Skala "Persönliche Ressourcen" 1987	– (.33**)	– (.38**)
Skala "Zeitliche Ressourcen" 1987	– (.30**)	– (.21*)
Beschäftigungsstatus (verbleibende Zeit)	.12 (.03)	–.05 (–.14)
Ehestand[1]	–.15 –	– (–.09)
Kinderzahl[1]	– –	– (–.03)
Mitgliedschaft in Freizeitvereinen und –organisationen	–.07 (.01)	–.14 (–.08)
Bildung	.36** (.34**)	.49** (.45**)
Beruf, der Überzeugungskraft erfordert	.22* (.20)	.28* (.18)
Position mit Führungsaufgaben	.17 (.18)	.21 (.26*)
Einkommen	–.14 (–.01)	–.04 (.07)

* signifikant auf dem .05 Niveau; ** signifikant auf dem .01 Niveau
1) Es handelt sich hier um eine partielle Korrelation unter Kontrolle von Alter.

Auch hier stellt sich die Frage, ob zusätzlich zeitverzögerte Effekte wirken bzw. ob es Rückwirkungen von Einfluß auf persönliche Ressourcen gibt. Zur Beantwortung dieser Frage wurde eine Regressionsanalyse durchgeführt, deren Ergebnisse in Figur V.1 dargestellt sind.

Sowohl subjektive persönliche Ressourcen als auch Bildung behalten ihre signifikante Wirkung auf den perzipierten Einfluß 1987, auch dann, wenn man den zeitverzögerten Effekt des Einflusses 1982 berücksichtigt. Einfluß 1982 wirkt auf Einfluß 1987 nicht nur direkt, sondern auch indirekt über die perzipierten persönlichen Ressourcen 1987. Bemerkenswert ist, daß sich die relative Stärke der Wirkungen von Bildung und subjektiven persönlichen Ressourcen auf Einfluß von 1982 auf 1987 nicht ändert. Die sich entsprechenden standardisierten Regressionskoeffizienten sind praktisch jeweils gleich.

FIGUR V.1: Beziehungen zwischen persönlichen Ressourcen und perzipiertem Einfluß (standardisierte Regressionskoeffizienten)[a]

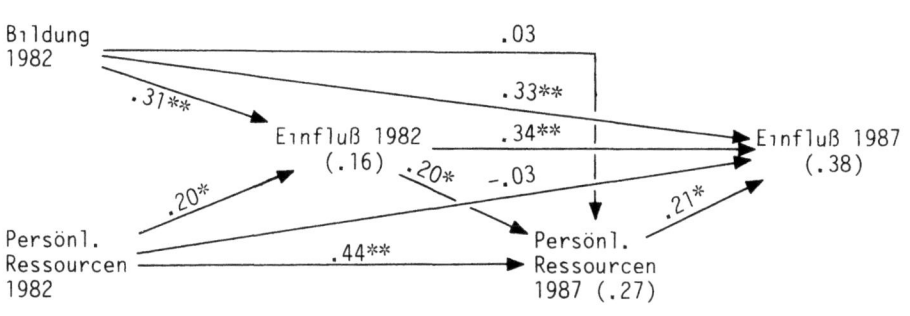

* signifikant auf dem .05 Niveau; ** signifikant auf dem .01 Niveau.
a) Koeffizienten unter oder neben den Variablen bezeichnen das korrigierte R^2.

4. Zusammenfassung und Diskussion der Ergebnisse

In diesem Kapitel haben wir uns mit der Wirkung verschiedener Arten von Ressourcen auf Protest befaßt. Nicht alle Arten politischen Protests erfordern im gleichen Umfang den Einsatz von Ressourcen. Es erschien deshalb sinnvoll, zwischen mehr oder weniger aufwendigen Arten politischen Protests zu unterscheiden. Bezüglich der nicht aufwendigen Formen legalen Protest haben wir vermutet, daß vorhandene Ressourcen nicht protestfördernd wirken. Hypothesen hinsichtlich der Wirkung von Ressourcen auf illegalen Protest haben wir nicht formuliert, da bei den in unserer Untersuchung gemessenen illegalen Protesthandlungen der jeweils erforderliche Aufwand nicht einzuschätzen war.

Im einzelnen haben wir folgende Fragen zu beantworten versucht: (1) Welche Ressourcen begünstigen aufwendigen und nicht aufwendigen legalen Protest? (2) Wirkt Protest auch auf bestimmte Arten von Ressourcen? (3) Beeinflußt die Verfügung über bestimmte Arten von Ressourcen das Ausmaß, in dem sich Personen für einflußreich halten? Gibt es also einen indirekten Effekt von Ressourcen über perzipierten Einfluß auf politischen Protest? Die wichtigsten Ergebnisse sollen im folgenden zusammengefaßt werden.

(1) Zwar gibt es deutliche Beziehungen zwischen den verschiedenen Formen politischen Protests und einzelnen Ressourcen, diese Beziehungen sind jedoch nicht konsistent, d.h. es ist nicht der Fall, daß alle Ressourcen-Variablen auf bestimmte Protestskalen in gleicher Weise wirken.

Die Erklärungskraft aller von uns in diesem Zusammenhang überprüften Modelle war gering. Auch unsere Hypothesen über die relative Stärke der Wirkungen von Ressourcen auf aufwendigen bzw. nicht aufwendigen legalen Protest wurden nicht bestätigt.

(2) Bezüglich unserer zweiten Frage ergaben unsere Analysen, daß Protest keinen Effekt auf Ressourcen hat. Zwar haben wir ausnahmslos signifikante und positive bivariate Beziehungen zwischen dem perzipiertem Ausmaß persönlicher Ressourcen 1987 und den verschiedenen Protestskalen 1982 gefunden; wenn man jedoch das Ausmaß der 1982 perzipierten persönlichen Ressourcen kontrolliert, ergeben sich keinerlei signifikante Wirkungen der Protestvariablen auf persönliche Ressourcen. Kurz gesagt, man erwirbt auch durch engagierten Protest keine nachweisbaren zusätzlichen persönlichen Fähigkeiten.

(3) Unsere dritte Frage ist zu bejahen: es bestehen indirekte Wirkungen verschiedener Ressourcen auf Protest über den wahrgenommenen Einfluß. Die wichtigsten Determinanten des perzipierten Einflusses sind persönliche Fähigkeiten und Kenntnisse, d.h. Bildung und das perzipierte Ausmaß persönlicher Ressourcen. Diese Effekte bleiben auch dann bestehen, wenn man zusätzlich zeitverzögerte Wirkungen zuläßt. Nur in diesem Zusammenhang spielen zeitliche Ressourcen eine Rolle.

Wenn Untersuchungsergebnisse nicht den Erwartungen entsprechen, besteht immer die Möglichkeit, daß die Messung der Variablen mit Problemen behaftet ist. Dies ist sicherlich der Fall bei unseren indirekten Maßen: Bildung, Beschäftigungsstatus und Ehestand messen nicht nur die Verfügung über Ressourcen, sondern eine Vielzahl anderer Sachverhalte. Wenn jedoch Ressourcen einen direkten Effekt auf Protest haben, dann hätte sich dieser Effekt bei der Verwendung unserer direkten Maße ergeben müssen. Wir glauben also, daß in der Tat für die Erklärung der von uns gemessenen Protestarten und bei der speziellen Stichprobe, die wir befragten, Ressourcen nur mittelbar von Bedeutung sind, d.h. keine direkten Effekte auf Protest haben. Es scheint, daß bei unseren Befragten, die meist Mittelschicht-Angehörige sind, die für die erhobenen Protesthandlungen erforderlichen persönlichen Ressourcen generell vorliegen. Hinsichtlich der zeitlichen Ressourcen sind die üblichen Protestformen vermutlich so wenig zeitaufwendig, daß der Nutzen, auf den bei Ausführung einer Protesthandlung verzichtet werden muß, äußerst gering ist.

VI. SANKTIONEN UND PROTEST[1]

In demokratischen Gesellschaften ist in der Regel eine Vielzahl verschiedener Protestformen zugelassen. Da sich die Aktionen von sozialen Bewegungen normalerweise im Rahmen dieser gesetzlich erlaubten Möglichkeiten bewegen, ist eigentlich zu erwarten, daß staatliche Instanzen hier nicht einzugreifen brauchen und auch nicht eingreifen. Wenn staatliche Reaktionen bei der Erklärung von Protest bedeutsam sind, dann - so scheint es - kann dies nur für *illegale* Protestformen der Fall sein.

Tatsächlich müssen aber auch Teilnehmer an legalen Protestaktionen mit staatlichen Sanktionen rechnen. Diese Reaktionen können für die Betroffenen sehr unangenehm sein. So wurden in der Bundesrepublik häufig Personen, die auf dem Weg zu einer Demonstration waren, von der Polizei intensiv daraufhin kontrolliert, ob sie Wurfgeschosse oder vermeintlich gefährliche Gegenstände mitführten. Friedliche Demonstranten wurden von der Polizei geschlagen, festgenommen und erkennungsdienstlich behandelt, wenn sie in der Nähe von Gruppen waren, die die Polizei provoziert hatten. Im "Hamburger Kessel" wurden Demonstranten, die keine Straftat begangen hatten, von der Polizei mehrere Stunden lang festgehalten. Im Rahmen des Radikalenerlasses mußten Bewerber für den öffentlichen Dienst damit rechnen, daß ihnen auch die Teilnahme an legalen Demonstrationen vorgehalten wurde. Schließlich hat es bei Demonstrationen an der Wiederaufarbeitungsanlage Wackersdorf mehrfach harte Polizeieinsätze auch gegen friedliche Demonstranten gegeben.

Kriesi (1982: 239-250) berichtet, daß auch in der Schweiz Anhänger sozialer Bewegungen staatlichen Repressionen ausgesetzt waren.

Auch in demokratisch verfaßten Gesellschaften müssen also Personen, die sich an Protesthandlungen beteiligen, mit staatlichen Reaktionen verschiedener Art rechnen.

In diesem Kapitel steht die Frage im Mittelpunkt, *wie negative staatliche Sanktionen, zusammen mit anderen Anreizen, auf politischen Protest wirken.*

Wir werden im folgenden zunächst einige in diesem Zusammenhang wichtige Ergebnisse der Forschung über die Wirkung von Sanktionen darstellen. Hiervon ausgehend werden wir einige Hypothesen über die Wirkungen negativer Sanktionen entwickeln. Sodann werden wir mit unseren Daten prüfen, inwieweit diese Hypothesen bestätigt werden.

Der Ausgangspunkt unserer Überlegungen ist, daß in der empirischen Forschung, die sich mit der Wirkung von Sanktionen beschäftigt, zwei Effekte von staatlichen Sanktionen gefunden wurden. Zum einen wurde ein *Radikalisierungseffekt* festgestellt, d.h. Sanktionen haben nicht dazu geführt, daß ein Verhalten seltener ausgeführt wird, sondern im Gegenteil dazu, daß es häufiger ausgeführt wird. Zum anderen zeigte sich aber auch, daß negative Sanktionen einen *Abschreckungseffekt* haben. Im Mittelpunkt unserer Überlegungen steht die Frage, unter welchen Bedingungen welcher der beiden Effekte auftritt.

---

[1] Verfaßt von *Wolfgang Roehl*.

1. Der Stand der Forschung

Soziale Bewegungen, Protest und Revolutionen sind bisher hauptsächlich auf der *Makroebene* untersucht worden. Mehrere Untersuchungen haben sich auch mit dem Einfluß staatlicher Sanktionen beschäftigt. Gurr (1969) hat in einer Untersuchung von 114 Ländern im Zeitraum von 1961 bis 1965 als Maß für staatliche Sanktionen die Größe der Militär- und Polizeikräfte im Verhältnis zur Einwohnerzahl verwendet. Er kommt zu dem Ergebnis, daß Länder mit sehr schwachen oder sehr starken Ordnungskräften weniger soziale Unruhen haben als Länder mit Ordnungskräften mittlerer Stärke, d.h. es besteht eine umgekehrte U-Funktion zwischen der Stärke der Ordnungskräfte (x-Achse) und dem Ausmaß sozialer Unruhen (y-Achse).

Hibbs (1973: 180-195) kommt zu dem Ergebnis, daß negative Sanktionen kurzfristig Protest verstärken und die Gefahr einer Eskalation eines Konflikts, d.h. eines Bürgerkrieges, erhöhen. Gleichzeitig führt stärkerer Protest auch zu mehr negativen Sanktionen, d.h. es besteht eine Rückkoppelung zwischen Sanktionen und Protest. Langfristig haben negative Sanktionen einen Abschreckungseffekt und führen dazu, daß die Gefahr eines Bürgerkrieges kleiner wird. Langfristig tritt also ein Abschreckungseffekt, kurzfristig ein Radikalisierungseffekt auf.

Weede (1977: 65) kommt bei einer erneuten Analyse der Daten von Hibbs und zusätzlicher Daten zu dem Ergebnis, daß Hibbs die Stärke der Rückkoppelung überschätzt, und daß es eine Kausalkette von Protest über negative Sanktionen zu bewaffneten Angriffen gibt. Auch bei Weedes Analyse zeigt sich aber, daß negative Sanktionen seitens der Regierung zu einer Eskalation von Protesten und hin zur Gewalt gegen die Repräsentanten des politischen Systems führen - d.h. auch Weede findet einen Radikalisierungseffekt durch negative staatliche Sanktionen.

Muller (1985) analysierte die Daten von 50 Staaten für zwei Zeiträume. Für den Zeitraum von 1958 bis 1967 findet Muller einen kurzfristigen Radikalisierungseffekt und einen langfristigen Abschreckungseffekt durch negative Sanktionen. Für den Zeitraum von 1968 bis 1977 zeigen sich sowohl kurz- als auch langfristig Radikalisierungseffekte durch negative Sanktionen. Weiterhin findet Muller, daß die negativen Sanktionen zum späteren Zeitpunkt nur von den Sanktionen zum früheren Zeitpunkt abhängen, nicht aber vom Ausmaß politischer Gewalt. Die von Hibbs gefundene Rückkoppelung wird somit nicht bestätigt.

Muller fand darüber hinaus - ähnlich wie Gurr (siehe oben) - eine umgekehrte U-Beziehung zwischen staatlichen Repressionen und politischer Gewalt: sowohl in stark repressiven Gesellschaften als auch in demokratischen Gesellschaften ist das Ausmaß politischer Gewalt relativ gering, während in Gesellschaften mit einem mittleren Grad von Repression Gewalt relativ häufig auftritt. Diese Beziehungen wurden von Weede (1987) bestätigt.

In der Literatur über *soziale Bewegungen* werden die Wirkungen von negativen staatlichen Sanktionen für die Erklärung von Protest selten explizit in Betracht gezogen. Die Theorie der Ressourcen-Mobilisierung scheint von der Annahme auszugehen, daß Ressourcen lediglich mobilisiert werden, um in legaler Weise politische Ziele zu erreichen. Dabei, so scheint angenommen zu werden, spielen staatliche Sanktionen keine oder kaum ein Rolle. Wenn man diese Annahme fallen läßt, so fragt sich, inwieweit es sozialen Bewegungen aufgrund von staatlichen Repressionen erschwert wird, Ressourcen - etwa Personen und Organisationen, die für Protestaktionen zur Verfügung stehen oder diese fördern, zu mobilisieren.

Auf der *Mikroebene* ist der Einfluß, den staatliche Sanktionen auf die Bereitschaft zu und die Ausführung von Protestverhalten haben, bisher kaum untersucht worden. Eine Ausnahme bilden Muller und Opp (1986), die die Daten der ersten Welle der Untersuchung, die im Mittelpunkt dieses Buches steht, analysieren. Sie finden auf der Mikroebene einen Radikalisierungseffekt durch negative Sanktionen: Befragte, die bei Protest relativ starke negative Sanktionen erwarten, zeigen dennoch eine stärkere Tendenz, sich an Protestaktionen zu beteiligen, als solche Befragten, die schwache negative Sanktionen erwarten.

Die Ergebnisse von Kriesi (1982: 239-250; 1985: 414-427) weisen in eine ähnliche Richtung: Personen, die sich politisch relativ stark engagieren, erfahren stärkere Repressionen als Personen, die sich nicht oder in geringem Maße engagieren. Kriesi findet also ebenfalls einen Radikalisierungseffekt.

Insgesamt zeigen die makro- und mikrotheoretischen Arbeiten über Protest und soziale Bewegungen, in denen der Einfluß staatlicher Sanktionen auf das Protestverhalten untersucht wurde, daß es sowohl einen Abschreckungs- als auch einen Radikalisierungseffekt durch negative staatliche Sanktionen zu geben scheint.

In der *Kriminologie* stand und steht die Abschreckungshypothese im Mittelpunkt des Interesses. Gemäß der *ökonomischen Theorie der Kriminalität* ist die Wirkung von Strafen klar: Strafen sind Kosten. Entsprechend gilt: Je schwerer die Strafen sind und je wahrscheinlicher sie auftreten, desto seltener wird das Verhalten, für das Strafe angedroht wird, ausgeführt. McKenzie und Tullock (1984: 197) drücken dies so aus: "Die Theorie des Abschreckungseffektes der Bestrafung ist ja schließlich nur eine spezielle Version des allgemeinen ökonomischen Prinzips, daß eine Steigerung des Preises irgendeiner Sache die gekaufte Menge wird sinken lassen".

In der *Soziologie des abweichenden Verhaltens* gibt es zwei konkurrierende Hypothesen über die Wirkung von Strafen. Im ätiologischen Ansatz wird in Anlehnung an Durkheim behauptet, daß Strafe sowohl den Täter als auch andere Mitglieder eines Kollektivs abschreckt, insbesondere dann, wenn die Strafe sicher, schnell und schwer ist. Der Labeling-Ansatz behauptet dagegen, daß Strafen stigmatisierend wirken und zu vermehrtem abweichendem Verhalten des Normbrechers führen.

Es gibt eine Reihe von Untersuchungen, in denen die abschreckende Wirkung von Strafen nachgewiesen werden konnte[2]. Andererseits gibt es aber auch Untersuchungen, die die Labeling-Hypothese bestätigen. Amelang (1986: 260) kann deshalb aus den vorliegenden empirischen Untersuchungen nur das Fazit ziehen, "daß in einigen Situationen einige Personen von einigen Verbrechen durch Strafe abgeschreckt werden".

Insgesamt zeigt die bisherige Forschung sowohl zu sozialen Bewegungen als auch zur Erklärung abweichenden Verhaltens, daß bei negativen staatlichen Sanktionen manchmal ein Abschreckungseffekt zu beobachten ist, manchmal aber auch ein Radikalisierungseffekt. Welcher dieser Effekte tatsächlich beobachtet wird, hängt offenbar von weiteren, in einer Situation wirksamen Faktoren ab. Die Frage

---

[2] Eine Zusammenfassung dieser Diskussion und weitere Literaturhinweise gibt Amelang 1986: 240-287.

ist nun, welche Faktoren es sind, die zu diesen völlig unterschiedlichen Ergebnissen führen.

2. Einige Hypothesen zur Erklärung der Wirkung von Sanktionen

Wenn negative Sanktionen zuweilen abschreckend und zuweilen radikalisierend wirken, dann fragt es sich, unter welchen Bedingungen welche Wirkungen zu erwarten sind. Bei der Suche nach solchen Bedingungen erscheint es sinnvoll, von einem zentralen Befund des Reaktionsansatzes in der Soziologie des abweichenden Verhaltens auszugehen: Danach fördern staatliche Sanktionen dann abweichendes Verhalten, wenn ein Delinquent als Folge dieser Sanktionen mit bestimmten Reaktionen der sozialen Umwelt konfrontiert wird. Da jedoch negative Sanktionen nicht immer kriminalitätsfördernd wirken, ist zu vermuten, daß die zu einer kriminellen Karriere führenden sozialen Prozesse nur unter bestimmten Bedingungen ausgelöst werden. Bei der Erklärung der Wirkung negativer staatlicher Sanktionen auf Protest ist es deshalb sinnvoll zu fragen, *unter welchen Bedingungen welche sozialen Prozesse durch staatliche Sanktionen ausgelöst werden.*

Zu erwarten ist also, daß negative staatliche Sanktionen erstens einen *direkten* Effekt auf Protest haben: negative Sanktionen sind Kosten und damit negative Anreize für Protest. Entsprechend wird das Auftreten von Protest vermindert.

Negative staatliche Sanktionen haben zweitens häufig einen *indirekten* Effekt auf Protest, d.h. sie beeinflussen die Werte von Drittvariablen, die wiederum direkt auf Protest wirken. Bei diesen Drittvariablen handelt es sich um soziale Prozesse, die durch negative Sanktionen ausgelöst werden können. So können negative Sanktionen z.B. dazu führen, daß die sanktionierte Person besondere Aufmerksamkeit erfährt, oder daß sie von anderen Personen positive Bestätigung erfährt. Es ist aber auch denkbar, daß negative staatliche Sanktionen soziale Prozesse auslösen, die die direkte Wirkung der Sanktionen noch verstärken: jemand, der z.B. wegen politischer Gewalttaten verurteilt wird, könnte zusätzlich von seinen Freunden negativ sanktioniert werden.

Diese Überlegungen verdeutlicht Figur VI.1. Der Zusammenhang zwischen Sanktionen und Protestverhalten hängt davon ab, wie stark der direkte Effekt ist und wie stark die indirekten Effekte sind. Ist die direkte Wirkung stärker als die indirekte Wirkung, dann ist ein Abschreckungseffekt zu beobachten. Sind dagegen die indirekten Wirkungen stärker, kann es zu einem Radikalisierungseffekt kommen, d.h. das sanktionierte Verhalten wird häufiger oder intensiver ausgeführt. Es ist schließlich denkbar, daß sich die Effekte gegenseitig aufheben, so daß keine Korrelation zwischen Sanktionen und Protest besteht.

Die Frage ist nun, welche direkten und indirekten Effekte negativer staatlicher Sanktionen bei Protest gegen Atomkraftwerke zu erwarten sind.

Befassen wir uns zunächst mit der *direkten* Wirkung von negativen staatlichen Sanktionen auf den Protest gegen Atomkraftwerke. Wir haben bisher in allgemeiner Weise von dem Auftreten von Sanktionen gesprochen. Gemäß dem Modell rationalen Verhaltens sind für die Erklärung von Protest zunächst die von den Akteuren *erwarteten* negativen Sanktionen, also die negativen Sanktionen, mit deren Auftreten ein individueller Akteur bei Protest in mehr oder weniger hohem Maße rechnet, von

Bedeutung. Dabei ist es zunächst unerheblich, ob die erwarteten Sanktionen auch tatsächlich eintreten.

FIGUR VI.1: Direkter und indirekter Effekt von negativen staatlichen Sanktionen

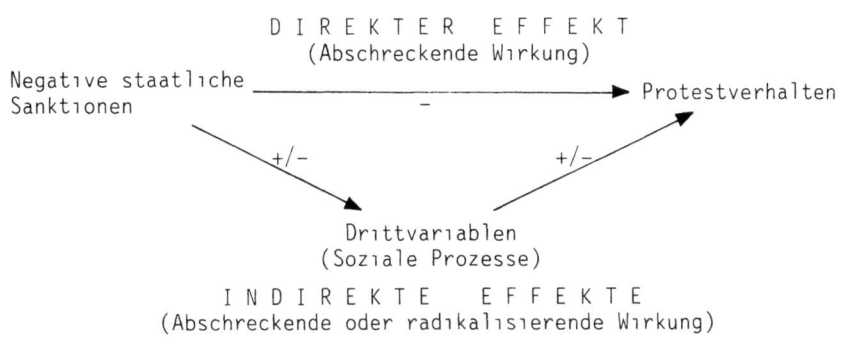

Sanktionen sind bestimmte Handlungskonsequenzen. Wie diese auf andere Akteure wirken, hängt gemäß dem Modell rationalen Verhaltens von zwei Merkmalen der betreffenden Handlungskonsequenzen ab. Wichtig ist zum einen, wie *sicher* mit dem Eintreten der Sanktion gerechnet wird, d.h. mit welcher *subjektiven Wahrscheinlichkeit* eine Sanktion erwartet wird. Eine Sanktion, deren Eintreten von einer Person als völlig ausgeschlossen angesehen wird, wird diese Person in ihrer Entscheidung für oder gegen eine bestimmte Protestaktivität nicht beeinflussen, während eine Sanktion, deren Eintreten mit Sicherheit erwartet wird, für die Wahl einer Handlung wichtig ist.

Neben dieser subjektiven Wahrscheinlichkeit ist für die Erklärung von Protest zweitens wichtig, wie eine Person eine Sanktion *bewertet*, d.h. ob sie eine Reaktion als sehr unangenehm oder schlimm empfindet, ob ihr diese Reaktion völlig gleichgültig ist, oder ob für sie diese Reaktion sogar angenehm und wünschenswert ist.

Eine mit Sicherheit erwartete Reaktion wird eine Person nur dann von einem Verhalten abhalten, wenn ihr diese Reaktion unangenehm ist, während eine Reaktion ein positiver Anreiz für ein Verhalten ist, wenn diese Reaktion für die Person angenehm ist. Ist aber einer Person eine Reaktion gleichgültig, dann wird es für das Verhalten dieser Person keine Rolle spielen, wie sicher diese Reaktion erwartet wird: Sie ist für die Handlungsentscheidung irrelevant.

Je unangenehmer also eine erwartete Sanktion ist und je stärker mit ihrem Eintreten gerechnet wird, desto stärker bestimmt diese Sanktion das Verhalten. Bei hoher negativer Bewertung und hoher erwarteter Auftrittswahrscheinlichkeit haben Sanktionen also einen relativ starken *direkten Abschreckungseffekt*. Wir erwarten also:

Hypothese über die direkte Wirkung negativer staatlicher Sanktionen: Wenn keine indirekten Wirkungen staatlicher Sanktionen vorliegen, dann gilt: Je negativer diese Sanktionen bewertet werden und je wahrscheinlicher das Eintreten negativer Sanktionen erwartet wird, desto schwächer ist der Anreiz, Protesthandlungen auszuführen.

Welches sind nun die sozialen Prozesse, die durch negative staatliche Sanktionen ausgelöst werden können? Wie wir bereits andeuteten, kann es sich erstens um *positive informelle Sanktionen* bzw. *Reaktionen* der Umwelt handeln. Diese bestehen vor allem aus Prestige oder Zuwendungen, die Personen zuteil werden, wenn sie negativen staatlichen Sanktionen ausgesetzt sind. Derartige Reaktionen sind für die Betroffenen positive Folgen der ausgeführten Protesthandlungen und führen zu einem Ansteigen von Protest.

Staatliche Sanktionen können jedoch auch *negative informelle Sanktionen* auslösen: Personen, die staatlichen Reaktionen ausgesetzt waren, können etwa von Freunden gemieden werden, oder sie können berufliche Nachteile haben. Derartige Reaktionen sind für die Betroffenen kostspielig und vermindern Protest.

Unter welchen Bedingungen werden welche Arten von informellen sozialen Reaktionen ausgelöst? Wir vermuten erstens, daß bei staatlichen Repressionen um so eher informelle positive Sanktionen auftreten, in je höherem Maße Repressionen als illegitim, d.h. als ungerechtfertigt, angesehen werden. Werden jedoch staatliche Repressionen als legitim, d.h. als gerechtfertigt, angesehen, ist in der sozialen Umwelt eher mit negativen Reaktionen zu rechnen. Dabei nehmen wir an, daß in der Bevölkerung und von den meisten Mitgliedern sozialer Bewegungen staatliche Repressionen um so stärker verurteilt werden, je stärker sich diese Protestaktionen im legalen Rahmen bewegen. Wir vermuten also:

Hypothese über das Auftreten informeller positiver und negativer Sanktionen: In je stärkerem Maße negative staatliche Sanktionen von der sozialen Umwelt als illegitim betrachtet werden, in um so höherem Maße werden von den sanktionierten Personen informelle positive Sanktionen und um so seltener werden von ihnen informelle negative Sanktionen erwartet.

Hypothese über die Legitimität staatlicher Sanktionen: Bei der Ausführung von legalem Protest werden negative staatliche Sanktionen in höherem Maße als illegitim angesehen als bei illegalem Protest.

Aus diesen Hypothesen folgt: Wenn sich Personen in *legaler* Weise engagieren und dabei staatliche Repressionen erfahren, werden diese Personen in relativ hohem Maße positive und in relativ geringem Maße negative informelle Sanktionen erwarten. Bei *illegalem* Engagement und staatlichen Reaktionen werden dagegen in geringerem Maße informelle positive und in stärkerem Maße informelle negative Sanktionen erwartet. In Figur VI.2. sind diese Effekte genauer in Form eines Kausaldiagramm dargestellt.

Nicht jede Person wird dasselbe *Ausmaß von positiven und negativen informellen Sanktionen* bei staatlichen Repressionen erfahren. Ob jemand mehr oder weniger stark von seiner sozialen Umgebung sanktioniert wird, wenn er staatlichen Sanktionen ausgesetzt war, hängt von dem Ausmaß seiner *Integration in soziale Netzwerke* ab. Wenn Personen relativ intensive soziale Kontakte haben, werden auch die erfahrenen informellen Reaktionen relativ stark sein.

FIGUR VI.2: Indirekte Effekte durch positive informelle und durch negative informelle Sanktionen

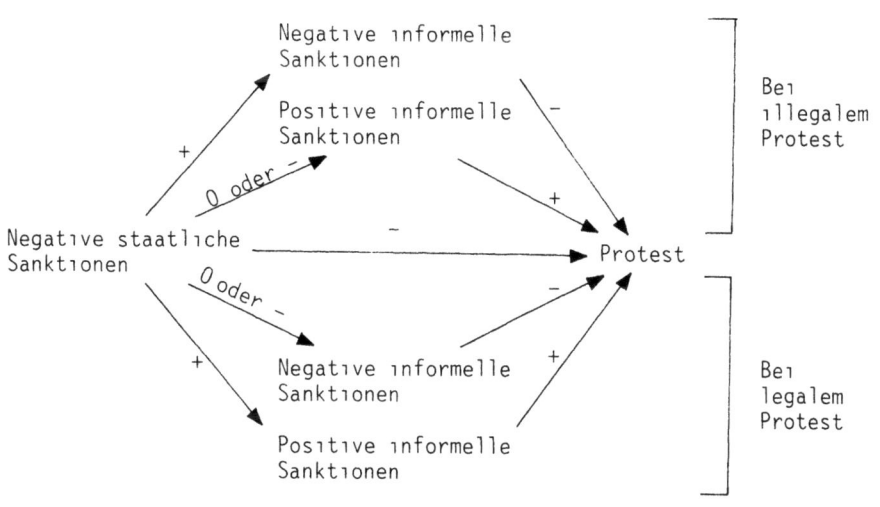

Für welche Art von Protesthandlungen wird eine Person von den Mitgliedern ihres Netzwerkes informelle Sanktionen erfahren? Die Art der sanktionierten Handlungen hängt davon ab, welches Verhalten die Mitglieder des Netzwerkes für legitim halten und fördern: Wenn Personen in hohem Maße in Gruppen integriert sind, die Protest in relativ hohem Maße befürworten, dann wird das Ausmaß positiver Sanktionen für Protest relativ stark und das Ausmaß negativer Sanktionen relativ schwach sein, wenn staatliche Sanktionen auftreten. Diese Überlegung wollen wir in einer Hypothese zusammenfassen:

Hypothese über die Wirkung sozialer Netzwerke bei Protest: Je stärker Personen in protestfördernde (oder -ermutigende) Netzwerke integriert sind, desto eher erwarten sie positive und desto weniger erwarten sie negative informelle Sanktionen bei Protest.

Bei der Überprüfung dieser Hypothese werden wir die Integrations-Variable dichotomisieren: Wir unterscheiden zwischen Integration in Protest ermutigende und in Protest nicht ermutigende Netzwerke. Bei den zuletzt genannten Netzwerken handelt es sich meist um Netzwerke, die Protest mißbilligen.

Wir unterscheiden weiter zwischen staatlichen Sanktionen, die sich gegen legalen und illegalen Protest richten.

Wir unterscheiden nicht zwischen Netzwerken, die legalen Protest fördern, und solchen, die illegalen Protest fördern. Die meisten Protestgruppen in demokratischen westlichen Gesellschaften unterstützen vor allem legalen Protest und nur in schwachem Maße illegalen Protest. Darüber hinaus sind die Befragten der Untersuchungen, die wir zur Überprüfung unserer Hypothesen verwenden, überwiegend nicht Mitglieder von Gruppen, die illegalen Protest nicht befürworten. Wir wollen deshalb darauf verzichten, Hypothesen zu formulieren, die sich auf die Wirkungen von negativen Sanktionen in *illegalen* Protest fördernde Netzwerke beziehen.

Welche Korrelationen zwischen negativen staatlichen Sanktionen einerseits und negativen und positiven informellen Sanktionen andererseits sind bei den verschiedenen Ausprägungen der vorher genannten Variablen zu erwarten? Diese Frage wird in Tabelle VI.1 beantwortet.

Angenommen, Teilnehmer an einer angemeldeten Demonstration sind staatlichen Sanktionen ausgesetzt gewesen, obwohl sie sich *legal* verhalten haben. In diesem Fall werden die Mitglieder von Protest ermutigenden Netzwerken mehr positive informelle und weniger negative informelle Sanktionen erwarten als die Personen, die nicht Mitglieder solcher Netzwerke sind. Wir erwarten also, daß bei den integrierten Personen die negativen staatlichen Sanktionen stärker mit den positiven informellen Sanktionen korrelieren als bei den nichtintegrierten Personen. Die Korrelation zwischen den negativen staatlichen und den negativen informellen Sanktionen müßte dagegen bei den nichtintegrierten Personen stärker sein als bei den integrierten Personen.

TABELLE VI.1: Staatliche Sanktionen, informelle Sanktionen und Integration in soziale Netzwerke[a]

Arten staatlicher Sanktionen	Integration in	
	Legalen Protest ermutigende Netzwerke	Legalen Protest nicht ermutigende Netzwerke
	Korrelation negativer staatlicher Reaktionen mit:	
Staatliche Sanktionen bei Ausführung von legalem Protest	PosInfSk: ++ NegInfSk: 0 oder −	PosInfSk: + oder 0 NegInfSk: +
Staatliche Sanktionen bei Ausführung von illegalem Protest	PosInfSk: 0 oder − NegInfSk: +	PosInfSk: −− NegInfSk: ++

a) Erläuterung: PosInfSk = Positive informelle Sanktionen; NegInfSk = Negative informelle Sanktionen. ++ bedeutet eine höhere positive Korrelation als +: −− bedeutet eine höhere negative Korrelation als −.

Angenommen, Personen haben sich in *illegaler* Weise politisch betätigt und seien dabei staatlichen Sanktionen ausgesetzt. Wenn diese Personen nicht in legalen

Protest ermutigende Netzwerke integriert sind, dann werden sie weniger positive und mehr negative informelle Sanktionen erfahren als integrierte Personen. Die entsprechenden Korrelationen mit den negativen staatlichen Sanktionen werden also bei den nichtintegrierten Personen stärker sein als bei den integrierten Personen.

Wenn wir die Beziehungen in Tabelle VI.1 und in Figur VI.2 miteinander vergleichen, dann zeigt sich: die in Figur VI.2 eingezeichneten Effekte von "Negative staatliche Sanktionen" auf negative und positive informelle Sanktionen werden stärker, wenn die betreffenden Akteure in protestfördernde Netzwerke integriert sind. Die Beziehungen sind schwächer, wenn die Akteure in Protest mißbilligende Netzwerke integriert sind.

Nicht nur das Ausmaß der Integration in soziale Netzwerke und die Art der Netzwerke sind für die Wirkung von staatliche Repressionen auf Protest von Bedeutung, sondern auch *individuelle Eigenschaften* der Akteure. Zu den individuellen Eigenschaften, die für die Wirkung von Sanktionen von Bedeutung sind, gehören zum einen die *internalisierten Normen*, die sich auf die Legitimität staatlicher Reaktionen und auf die bei illegitimen staatlichen Reaktionen erforderlichen Reaktionen der Bürger beziehen. Eine solche Norm wird z. B. durch die Parole ausgedrückt: "Wo Recht zu Unrecht wird, wird Widerstand zur Pflicht". Wenn solche Normen bestehen, dann werden diese bei starken und als illegitim erachteten staatlichen Repressionen aktualisiert, d.h. ihre Befolgung ist ein positiver Anreiz für Protest.

Wenn die Integration in Gruppen, die legalen Protest fördern, relativ hoch ist, dann dürfte die Aktualisierung von Normen besonders häufig vorkommen: Mitglieder dieser Gruppen werden häufig an die Geltung solcher Normen erinnert und hören oft Argumente für die Wichtigkeit ihrer Befolgung.

Wir vermuten, daß solche Normen vor allem bei relativ scharfen staatlichen Repressionen in demokratischen Gesellschaften wichtige Anreize für Protest sind. Diese Normen sind besonders stark wirksam bei staatlichen Repressionen, die bei *legalem* Protest auftreten. Diese Überlegungen wollen wir in folgender Weise zusammenfassen:

Hypothese über die Aktualisierung von Normen: Negative staatliche Sanktionen führen dazu, daß bei den Betroffenen solche Normen aktualisiert werden, die zu Widerstand gegen staatliche Repressionen verpflichten oder diesen Widerstand rechtfertigen. Je stärker diese Normen sind, desto eher werden Protesthandlungen ausgeführt. Aufgrund staatlicher Sanktionen werden Normen besonders stark aktualisiert, wenn legaler Protest sanktioniert wird und wenn die sanktionierten Personen in protestfördernde Netzwerke integriert sind.

Ein hohes Ausmaß negativer staatlicher Reaktionen, insbesondere bei legalem Protest, dürfte schließlich zu starker *politischer Entfremdung* führen, d.h. zu Unzufriedenheit mit den politischen Verhältnissen in der Bundesrepublik generell.

Diese Unzufriedenheit wiederum führt dann zu mehr Protest, wenn eine Person glaubt, durch ihren Protest diese Verhältnisse verändern zu können, d.h. wenn sie glaubt, ihr Protest habe einen *Einfluß* auf die politischen Verhältnisse.

Auch dieser Effekt dürfte dann relativ stark sein, wenn eine Person in solche sozialen Netzwerke integriert ist, die den politischen Verhältnissen in der Bundesrepublik kritisch gegenüberstehen. Hier wird sie am ehesten Argumenten ausgesetzt sein, die staatliche Repressionen auf grundsätzliche Mängel des politischen Systems zurückführen. D.h.:

Hypothese über das Auftreten von Entfremdung: Negative staatliche Sanktionen führen dazu, daß politische Entfremdung bei den Betroffenen zunimmt. Je stärker Personen politisch entfremdet sind, desto eher werden Protesthandlungen ausgeführt. Staatliche Sanktionen wirken besonders stark auf Entfremdung, wenn legaler Protest sanktioniert und wenn Personen in protestfördernde Gruppen integriert sind.

Unsere Überlegungen über direkte und indirekte Effekte von negativen staatlichen Sanktionen auf Normen und auf Entfremdung, gewichtet mit Einfluß, sind in Figur VI.3 zusammengefaßt.

FIGUR VI.3: Direkter Effekt und indirekte Effekte durch negative staatliche Sanktionen

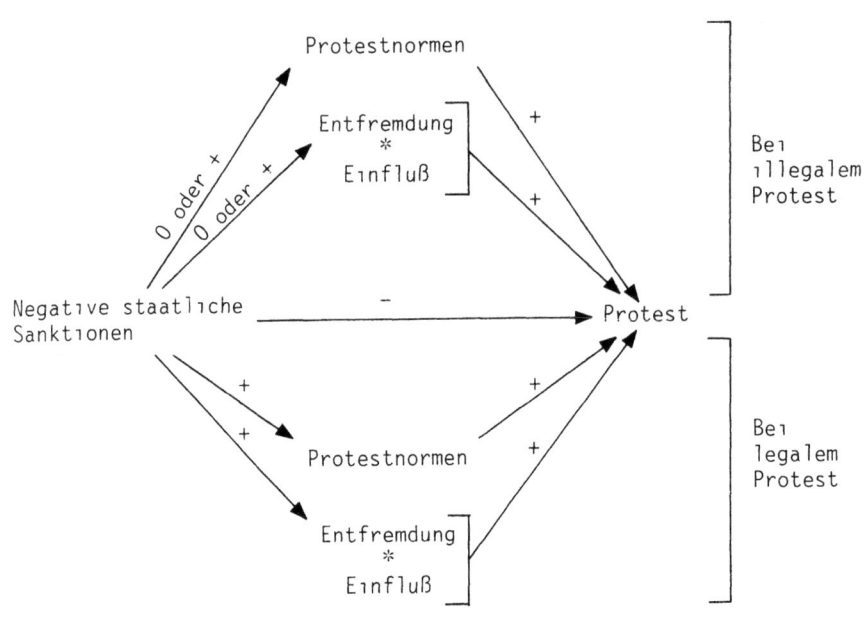

Die dort eingezeichneten Beziehungen werden gemäß unseren vorangegangenen Hypothesen verstärkt, wenn Personen in protestfördernde Netzwerke integriert sind.

Wir wollen nun fragen, wie sich *im Zeitablauf* Sanktionserwartungen und Protestverhalten verändern und gegenseitig beeinflussen.

Ein wesentlicher Faktor, der die Sanktionserwartungen beeinflußt, dürften die selbst erlebten oder bei anderen beobachteten Sanktionen von Protesthandlungen in der Vergangenheit sein. Einen Einfluß dürfte die Beobachtung von Sanktionen zum einen auf die Wahrscheinlichkeit haben, mit der solche Sanktionen erwartet werden. Wer sich an Protesthandlungen beteiligt, kann wesentlich genauer einschätzen, in welchen Situationen es zu negativen staatlichen Sanktionen kommt, und wie wahrscheinlich es ist, selbst davon betroffen zu werden. Aber auch die Bewertung einzelner Sanktionen kann davon abhängen, welche Erfahrungen jemand mit diesen Sanktionen gesammelt hat, ob er z.B. Sanktionen als weniger schlimm oder schlimmer als zuvor angenommen erlebt hat.

Die Gelegenheit, solche Sanktionen zu erleben, dürfte um so häufiger sein, je stärker sich eine Person an Protesthandlungen beteiligt. Zu erwarten ist also folgende Kausalkette:

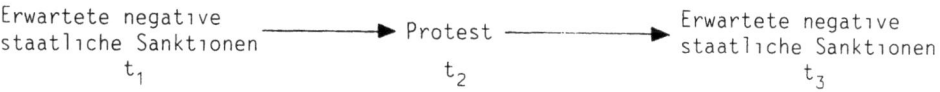

Hypothese über die Wirkung von Protest auf die Sanktionserwartungen: Je häufiger eine Person an Protestaktivitäten teilnimmt, desto eher erwartet sie, daß negative staatliche Sanktionen eintreten.

FIGUR VI.4: Kurz- und langfristige Effekte von Sanktionen

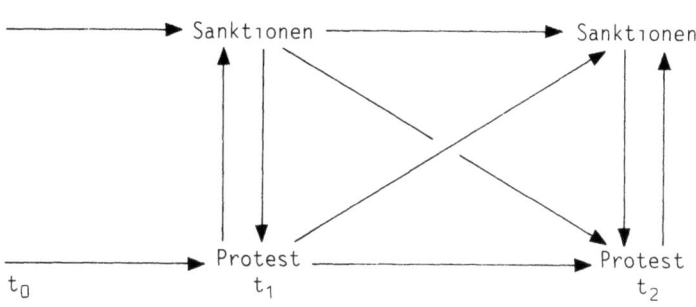

Kurzfristig müßte sich ein solcher Effekt in einer simultanen reziproken Beziehung zwischen Sanktionen und Protest niederschlagen. *Langfristig* bedeutet ein solcher Effekt, daß ein Zusammenhang zwischen dem Protestverhalten zu einem Zeitpunkt und den erwarteten Sanktionen zu einem späteren Zeitpunkt nachweisbar ist.

Zu erwarten ist also eine kausale Struktur, wie sie in Figur VI.4. dargestellt ist. Das Ausmaß, in dem Protestverhalten und Sanktionserwartungen über die Zeit *stabil* bleiben, wird durch die waagerechten Pfeile zwischen gleichen Variablen dargestellt. *Änderungen in den Sanktionserwartungen*, die durch vorherige Protestaktivität erklärt werden können, werden durch die Pfeile von Protest zu den Sanktionen dargestellt. Entsprechend werden *Änderungen im Protestverhalten*, die durch die Sanktionserwartungen erklärt werden können, durch die Pfeile von den Sanktionen auf Protest dargestellt.

FIGUR VI.5: Direkter Effekt und indirekte Effekte durch negative staatliche Sanktionen

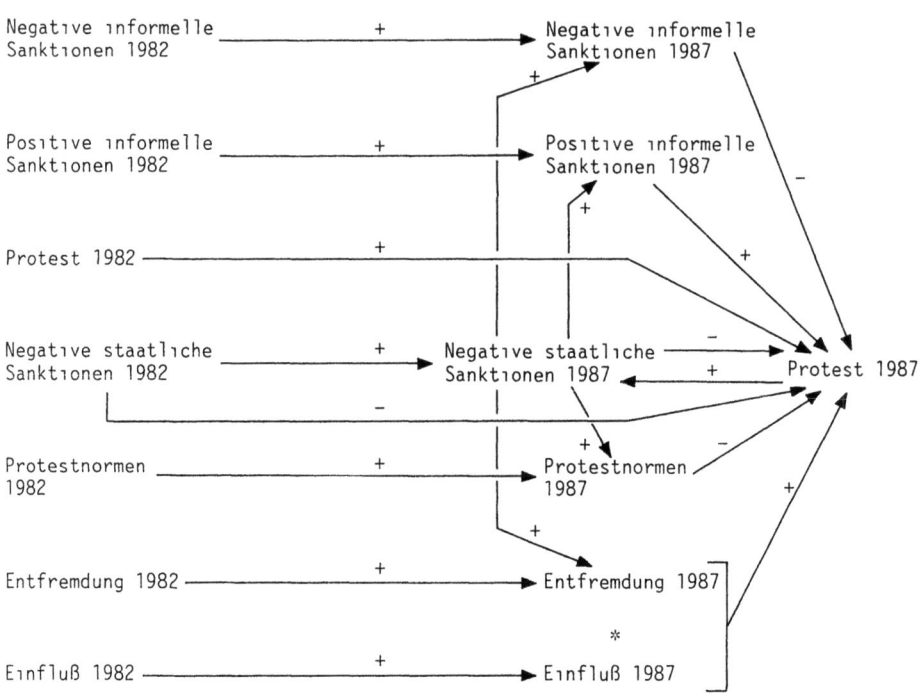

Wir können entsprechend das Kausalmodell in Figur VI.3 um Effekte im Zeitablauf erweitern. Das Modell in Figur VI.5 ist um die langfristigen und die kurzfristig zeitverzögerten Effekte für 1987 erweitert. Die Rückwirkung für 1982 (Effekt der

negativen staatlichen Sanktionen 1982 auf Protest 1982 und umgekehrt) und die Beziehungen zwischen den Variablen für 1982 sind nicht eingezeichnet, damit das Modell nicht zu unübersichtlich wird.

Zudem ist es nicht möglich, diese Effekte für 1982 in gleicher Weise wie für 1987 zu prüfen. Eine solche Prüfung würde voraussetzen, daß zusätzlich für einen dritten, früheren Zeitpunkt (vor 1982) Daten vorhanden sind, um für 1982 ebenfalls die Stabilitäten (waagerechte Pfeile zwischen gleichen Variablen zu unterschiedlichen Zeitpunkten) in der Berechnung berücksichtigen zu können. Solche früheren Daten stehen uns aber nicht zur Verfügung. Die Rückwirkung zwischen Protest und negativen staatlichen Sanktionen können wir also nur für 1987 prüfen.

3. Die Messung der Variablen

In diesem Abschnitt wird die Messung der Sanktionsvariablen und der Integration in protestfördernde Gruppen kurz beschrieben. Eine genauere Beschreibung der Messungen befindet sich in Anhang II. Die Messung von Protest, Entfremdung und Einfluß ist bereits in Kapitel III kurz dargestellt worden. Die Messung der Normenskalen wurde in Kapitel IV bereits skizziert.

Sanktionen. Den Befragten wurde eine Liste möglicher Konsequenzen von Protest, meistens Sanktionen der sozialen Umwelt, vorgegeben (siehe Anhang II.9). Diese Liste enthielt positive Konsequenzen, wie z.B. "Ich werde ermutigt, weiter so zu handeln", und negative Folgen, wie z.B. "Ich werde bei Polizeieinsätzen verletzt". Für jede Konsequenz wurde erhoben, für wie *wahrscheinlich* es die Befragten halten, daß diese Konsequenz bei Protest tatsächlich auftritt. Den Antworten wurden Punktwerte zwischen 0 (Sanktion tritt keinesfalls auf) und 1 (Sanktion tritt ganz sicher auf) zugeordnet.

Für jede Konsequenz wurde sodann gefragt, wie sie *bewertet* wird, wenn sie tatsächlich auftritt. Den Antworten wurden Punktwerte zwischen -1 (sehr schlimm) und +1 (sehr gut) zugeordnet.

Durch Multiplikation der Wahrscheinlichkeiten und Bewertungen wurde der *Nettowert* jeder Konsequenz gebildet. Diese Nettowerte wurden jeweils für die *erwarteten negativen staatlichen Sanktionen*, für die *erwarteten informellen positiven Sanktionen* und die *erwarteten informellen negativen Sanktionen* addiert. Wir erhalten also sechs Sanktionsskalen, jeweils drei für 1982 und für 1987. Die Skalen für negative Sanktionen wurden mit -1 multipliziert. Je höher ein Wert bei diesen Skalen ist, desto stärkere Kosten erwartet ein Befragter bei Protest. Bei den Skalen für positive Sanktionen bedeuten hohe Werte, daß ein Befragter starke positive Sanktionen erwartet.

Integration in protestfördernde Gruppen. Die Befragten sollten angeben, in welchen Gruppen und Organisationen sie Mitglied sind. Für jede dieser Organisationen wurden sie gefragt, ob die anderen Mitglieder ihrer Meinung nach für oder gegen Atomkraftwerke eingestellt sind und Protest gegen Atomkraftwerke eher ermutigen oder eher mißbilligen. Eine Organisation wurde als protestfördernd (aus der Sicht der von uns befragten Mitglieder) eingestuft, wenn mehr als die Hälfte der von uns befragten Mitglieder der Meinung war, daß die Mehrheit der anderen

Mitglieder gegen Atomkraftwerke ist und Protest befürwortet. Ein Befragter wird als integriert in protestfördernde Gruppen bezeichnet, wenn er Mitglied in mindestens einer protestfördernden Organisation ist.[3]

4. Direkte und indirekte Wirkungen von Sanktionen

Wenden wir uns nun der Überprüfung unserer Hypothesen zu. Diese bestehen, wie wir sahen, aus folgenden Variablen, die jeweils 1982 und 1987 gemessen wurden:

Abhängige Variablen: Legaler Protest und illegaler Protest;

Unabhängige Variablen: Negative staatliche Sanktionen, Negative informelle Sanktionen, Positive informelle Sanktionen, Protestnormen, Gewaltnormen, Entfremdung, Einfluß.

Wir wollen vorerst die Integration in Protest ermutigende oder mißbilligende Netzwerke vernachlässigen.

Betrachten wir zunächst die einfachen (bivariaten) Korrelationen zwischen den unabhängigen und abhängigen Variablen, und zwar jeweils für 1982 und 1987. Mit den zeitverzögerten Korrelationen - also mit den Beziehungen einer 1982 und einer 1987 gemessenen Variablen - werden wir uns später befassen. Die Korrelationen beschreiben die Wirkungen der Variablen insgesamt. Es wird also im folgenden zunächst noch nicht zwischen direkten und indirekten Effekten getrennt.

Tabelle VI.2, Spalte 1 und 2, zeigt zunächst einen *Radikalisierungseffekt durch negative staatliche Sanktionen:* Negative staatliche Sanktionen 1982 und legaler Protest 1982 korrelieren mit .45, die Korrelation mit illegalem Protest 1982 beträgt .29. Die betreffenden Korrelationen für 1987 sind niedriger. Je stärker also die negativen Sanktionen sind, desto stärker ist auch Protest.

Die Tabelle zeigt weiter, daß für 1982 die Korrelationen mit legalem Protest stärker sind als mit illegalem Protest. Die Korrelationen von 1987 sind in etwa gleich (.20 und .23).

Die *negativen informellen Sanktionen* zeigen eine schwache abschreckende Wirkung, während die *positiven informellen Sanktionen* eine klare positive Anreizwirkung ausüben. Hier sind die Beziehungen sowohl für 1982 als auch für 1987 für legalen Protest deutlich höher als für illegalen Protest.

Die - mit einer Ausnahme - stärkeren Korrelationen der Variablen "Negative staatliche Sanktionen" und "Positive informelle Sanktionen" mit legalem Protest lassen sich durch die Formulierung der Fragen erklären, durch die Sanktionen gemessen wurden. Es wurde nicht gefragt, ob für legalen oder illegalen Protest Sanktionen erwartet wurden. Man kann davon ausgehen, daß die Befragten die Sanktionen auf ihr gegenwärtiges Engagement bezogen haben - und die Interviewer sollten bei Nachfragen ausdrücklich darauf hinweisen, daß Sanktionen bei dem

---

[3] Wir werden in diesem Kapitel nicht prüfen, inwieweit unsere Hypothesen auch für ein mehr oder weniger hohes Maß an Integration in die *Nachbarschaft* gelten, da wir Integration in Gruppen für die Überprüfung der in diesem Kapitel diskutierten Hypothesen besser gemessen haben.

gegenwärtigen Engagement der Befragten gemeint sind. Da die meisten Befragten nur legale Protestformen ausgeführt haben, wurden also vor allem Sanktionen bei legalem Protest gemessen.

TABELLE VI.2: Sanktionen, Normen, Entfremdung, Einfluß und Protest: Korrelationen 1982 (1987)

	Legaler Protest 82 (87)	Illegaler Protest 82 (87)	Negative staatliche Sanktionen 82 (87)
	(1)	(2)	(3)
Negative staatliche Sanktionen 82 (87)	.45** (.20*)	.29** (.23**)	-
Negative informelle Sanktionen 82 (87)	-.10 (-.07)	-.09 (-.13)	.27** (.16*)
Positive informelle Sanktionen 82 (87)	.44** (.42**)	.27** (.21*)	.27** (.06)
Protestnormen 82 (87)	.44** (.53**)	.22** (.27**)	.16* (.12)
Gewaltnormen 82 (87)	.33** (.26*)	.51** (.44**)	.19* (.32**)
Entfremdung 82 (87)	.40** (.19*)	.49** (.29**)	.29** (.17*)
Einfluß 82 (87)	.40** (.43**)	.34** (.25**)	.09 (.13)
Einfluß * Entfremdung 82 (87)	.47** (.41**)	.50** (.33**)	.22** (.20*)

* Signifikant auf dem .05 Niveau; ** Signifikant auf dem .01 Niveau.

Entsprechend unseren Hypothesen aus Abschnitt 2 vermuten wir, daß die direkte abschreckende Wirkung der negativen staatlichen Sanktionen durch indirekte Wirkungen der informellen negativen und positiven Sanktionen überlagert wird. Ein erster Hinweis auf solche indirekten Wirkungen zeigt sich in Spalte 3 von Tabelle VI.2: Negative sowie positive informelle Sanktionen korrelieren positiv mit den negativen staatlichen Sanktionen.

Wir haben zwei Arten von Normen unterschieden: Zum einen *Protestnormen*, die aussagen, inwieweit ein Befragter generell seine Beteiligung an Protest gegen Atomkraftwerke für geboten hält, und zum anderen *Gewaltnormen*, die aussagen, inwieweit ein Befragter auch gewaltsamen Protest für gerechtfertigt hält. Wir vermuten, daß sowohl Protest- als auch Gewaltnormen besonders bei negativen staatlichen Reaktionen auf legalen Protest aktualisiert werden. Die Daten in Tabelle VI.2

sprechen für diese Vermutung: Beide Arten von Normen korrelieren positiv mit den erwarteten negativen staatlichen Sanktionen.

Wir haben weiterhin vermutet, daß durch negative staatliche Sanktionen ein *Entfremdungseffekt* ausgelöst wird, d.h. daß durch negative staatliche Sanktionen die Entfremdung bei den Betroffenen steigt. Entfremdung ist wiederum ein Anreiz für die Teilnahme an Protest, insbesondere, wenn für diesen Protest ein Einfluß auf das politische Geschehen gesehen wird. Wie Tabelle VI.2 zeigt, sprechen die bivariaten Zusammenhänge für diese Vermutung: Das Ausmaß der Entfremdung ist um so stärker, je mehr negative staatliche Sanktionen erwartet werden. Weiterhin nimmt mit der Entfremdung auch die Beteiligung an Protest zu, wobei der Zusammenhang stärker ist, wenn Entfremdung mit dem wahrgenommenen Einfluß gewichtet wird. Der wahrgenommene Einfluß von Protest selbst ist unabhängig von den erwarteten negativen staatlichen Sanktionen - eine andere Beziehung haben wir auch nicht erwartet.

Die bivariaten Analysen geben zwar einige Hinweise darauf, daß einige unserer Hypothesen zutreffen. Bivariate Korrelationsanalysen erlauben es jedoch nicht zu überprüfen, inwieweit unsere Vermutung zutrifft, daß negative staatliche Reaktionen die beschriebenen Prozesse auslösen. Hierzu sind *multivariate Analysen* erforderlich. Dies läßt sich in folgender Weise zeigen.

Unsere zentrale These lautet, wie wir sahen, daß negative staatliche Sanktionen einen *direkten* negativen, d.h. abschreckenden, Effekt und *indirekte* Effekte auf Protest haben, indem sie informelle positive Sanktionen etc. auslösen, die wiederum direkt Protest beeinflussen. In Figur VI.2 haben wir diese Überlegungen verdeutlicht.

Es ist also möglich, daß trotz starker negativer staatlicher Sanktionen *insgesamt* Protest steigt. Der *gesamte* Effekt staatlicher Reaktionen auf Protest wird durch die bivariaten Korrelationen gemessen. Wenn wir nun in einer Regressionsanalyse die indirekten Effekte sozusagen konstant setzen, d.h. auspartialisieren, dann müßte allein der direkte negative Effekt der negativen staatlichen Sanktionen übrigbleiben. Man kann sich dies so vorstellen, daß durch eine Regressionsanalyse, in der Protest die abhängige und alle anderen Variablen (staatliche negative Sanktionen, informelle Sanktionen, etc.) unabhängige Variablen sind, die Wirkungen der Variablen "Informelle negative Sanktionen" etc. praktisch unwirksam werden. Damit kann die direkte Wirkung der negativen staatlichen Sanktionen isoliert ermittelt werden.

Wir wollen nun Regressionsanalysen durchführen, in denen legaler bzw. illegaler Protest abhängige und in denen die Variablen "Staatliche negative Sanktionen", "Negative informelle Sanktionen", "Positive informelle Sanktionen", "Protestnormen", "Gewaltnormen" und "Entfremdung * Einfluß" unabhängige Variablen sind. Diese Analysen werden zunächst nur für solche Variablen berechnet, die zum gleichen Zeitpunkt gemessen wurden. Wir berechnen also jeweils getrennt Regressionsanalysen mit "Legaler Protest 1982" (und den 1982 gemessenen unabhängigen Variablen), mit "Legaler Protest 1987" (und den 1987 gemessenen unabhängigen Variablen) und entsprechend mit "Illegaler Protest 1982" und "Illegaler Protest 1987".

FIGUR VI.6: Direkter Effekt und indirekte Effekte durch negative staatliche Sanktionen auf *legalen* Protest (bivariate Korrelationen und standardisierte Regressionskoeffizienten 1982 (1987))

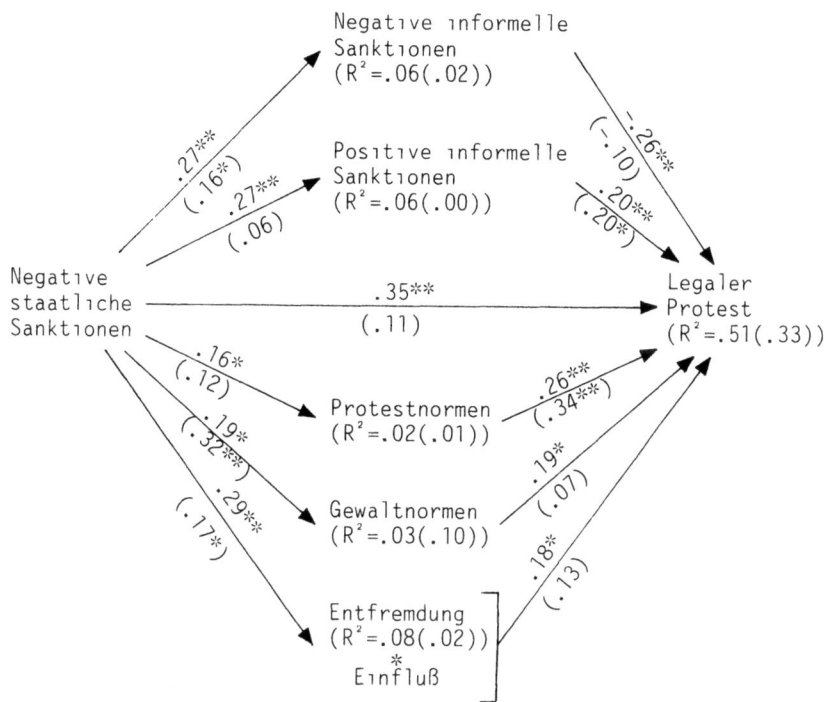

* Signifikant auf dem .05 Niveau; ** Signifikant auf dem .01 Niveau.

Entsprechend unserer Überlegungen in diesem Abschnitt und in Übereinstimmung mit unseren Hypothesen im vorigen Abschnitt über direkte und indirekte Effekte negativer staatlicher Reaktionen sind bei diesen Regressionsanalysen folgende Ergebnisse zu erwarten:

(1) Es ergibt sich ein negativer (abschreckender) Effekt negativer staatlicher Reaktionen auf legalen und illegalen Protest.

(2) Es ergibt sich ein negativer (abschreckender) Effekt der negativen informellen Sanktionen auf legalen und illegalen Protest. Diese Wirkung müßte bei illegalem Protest stärker sein als bei legalem Protest.

(3) Positive informelle Sanktionen, Normen und Entfremdung haben eine positive (radikalisierende) Wirkung auf legalen und illegalen Protest. Die Wirkung der positiven Sanktionen müßte bei legalem Protest stärker sein als bei illegalem Protest. Protestnormen müßten stärker auf legalen als auf illegalen, Gewaltnormen müßten stärker auf illegalen als auf legalen Protest wirken.

Die Ergebnisse der Regressionsanalysen sind in Figur VI.6 für legalen und in VI.7 für illegalen Protest als abhängige Variablen dargestellt.

FIGUR VI.7: Direkter Effekt und indirekte Effekte durch negative staatliche Sanktionen auf *illegalen* Protest (bivariate Korrelationen und standardisierte Regressionskoeffizienten 1982 (1987))

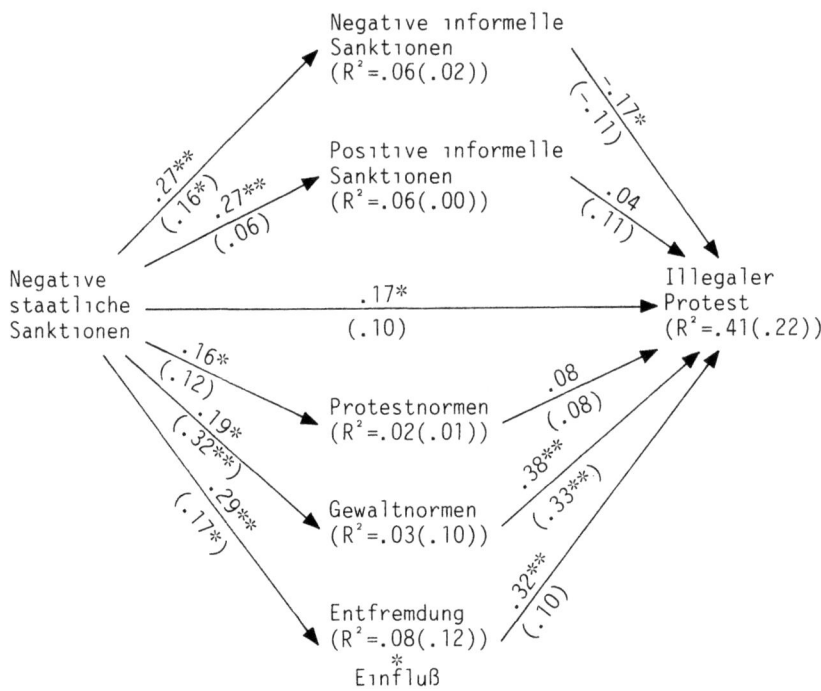

* Signifikant auf dem .05 Niveau; ** Signifikant auf dem .01 Niveau.

Inwieweit werden unsere Hypothesen bestätigt? Unsere erste Vermutung, daß die negativen staatlichen Sanktionen bei Konstanthaltung der intervenierenden

Variablen eine abschreckende Wirkung haben, bestätigt sich nicht: Es bleibt bei einem direkten Radikalisierungseffekt durch die negativen staatlichen Sanktionen. Signifikant ist dieser Effekt nur für 1982, und zwar sowohl für legalen als auch für illegalen Protest: die Regressionskoeffizienten betragen .35 und .17. Für die Daten von 1987 ist der Effekt sowohl für legalen als auch für illegalen Protest unter dem .05 Niveau (.11 und .10). Vergleicht man die Effekte der negativen staatlichen Sanktionen auf Protest in den multivariaten Modellen mit den bivariaten Korrelationen (siehe Tabelle VI.2), dann zeigt sich, daß der Radikalisierungseffekt deutlich schwächer geworden ist. D.h. einen Teil des Gesamteffekts der negativen staatlichen Sanktionen kann durch die intervenierenden Variablen erklärt werden.

Eine abschreckende Wirkung ergibt sich, wie vorausgesagt (siehe unsere zweite Vermutung), durch die negativen informellen Sanktionen. Auch dieser Effekt ist nur für 1982 signifikant. Der standardisierte Regressionskoeffizient ist stärker als die entsprechende bivariate Korrelation (siehe Tabelle VI.2). Der Regressionskoeffizient ist für legalen Protest stärker als für illegalen Protest. Unsere Vermutung, daß dieser indirekte Effekt gerade bei illegalen Handlungen besonders stark auftritt, bestätigt sich also nicht.

Durch die positiven informellen Sanktionen kommt es, wie von uns vermutet, zu einem indirekten Radikalisierungseffekt. Dieser Effekt ist, entsprechend unserer dritten Vermutung, für legalen Protest stärker als für illegalen Protest.

Durch die Aktualisierung von Normen kommt es ebenfalls zu einem indirekten Radikalisierungseffekt. Dabei wirken Protest- und Gewaltnormen positiv auf legalen und illegalen Protest. Erwartungsgemäß wirken Protestnormen stärker und Gewaltnormen schwächer auf legalen als auf illegalen Protest.

Der vermutete Radikalisierungseffekt durch Entfremdung, gewichtet mit dem wahrgenommenen Einfluß, ist nur für 1982 deutlich ausgeprägt; er ist bei illegalem Protest stärker als bei legalem Protest.

TABELLE VI.3: Korrelationen der negativen staatlichen Sanktionen 1982 (1987) mit den positiven informellen und den negativen informellen Sanktionen, für verschiedene Grade illegalen Protests

Korrelation zwischen:	Alle Befragten	Selten illega-ler Protest	Häufig illega-ler Protest
Negative informelle Sanktionen - negative staatliche Sanktionen	.27** (.16*)	.25* (.18)	.29* (.19)
Positive informelle Sanktionen - negative staatliche Sanktionen	.27** (.06)	.27* (.10)	.22 (-.07)
	(N = 121)	(N = 68)	(N = 53)

* Signifikant auf dem .05 Niveau; ** Signifikant auf dem .01 Niveau

Wir können unsere Hypothesen, daß es bei legalem Protest eher zu einem indirekten Effekt durch positive informelle und bei illegalem Protest durch negative informelle Sanktionen kommt (vgl. die vorangegangenen Thesen 2 und 3), noch auf eine andere Weise prüfen.

Wir haben unsere Befragten in eine Teilgruppe, die in geringem Maße illegalen Protest, und eine zweite Teilgruppe, die in hohem Maße illegalen Protest ausführt, unterteilt. Die Teilung erfolgte so, daß beide Gruppen etwa gleich stark besetzt sind. Wenn unsere Vermutung stimmt, dann müßte die Korrelation zwischen negativen staatlichen und informellen positiven Sanktionen bei der Gruppe stärker sein, die wenig illegalen Protest ausführt. Umgekehrt müßte der Zusammenhang zwischen negativen staatlichen und negativen informellen Sanktionen bei der Gruppe stärker sein, die in hohem Maße illegalen Protest ausführt. Wie Tabelle VI.3 zeigt, unterscheiden sich die Korrelationen in der von uns vermuteten Richtung. Allerdings sind die Unterschiede zwischen den Gruppen relativ schwach.

TABELLE VI.4: Anzahl und Prozentsatz der Befragten, die angeben, eine Reaktion bei Protest zu erfahren (nur ermittelt 1987)

	Ermutigung		Mißbilligung	
Reaktionen des näheren sozialen Umfeldes (Freunde, Familie) ...	N	%	N	%
...bei legalem Protest	112	(92.6%)	23	(19.0%)
...bei illegalem Protest	34	(28.1%)	104	(86.0%)
Reaktionen des entfernteren sozialer Umfeldes (Nachbarn, Kollegen, Vereine und Gruppen) ...				
...bei legalem Protest	71	(58.7%)	33	(27.3%)
...bei illegalem Protest	28	(23.1%)	89	(73.6%)

Anmerkung: Da Mehrfachnennungen möglich waren, addieren sich die Prozentwerte nicht auf 100%.

Wir wollen die zuletzt genannte Hypothese noch auf eine weitere Weise prüfen. Für 1987 wurde erhoben, mit welchen Sanktionen das soziale Umfeld eines Befragten aus seiner Sicht auf legalen und auf illegalen Protest reagiert.[4] Es wurde für

---

[4] Die Frage lautete: "Angenommen, Sie nehmen an einer genehmigten Demonstration teil oder Sie arbeiten in einer Bürgerinitiative mit oder Sie beteiligen sich an einer Unterschriftensammlung. Bitte sagen Sie mir für jede Personengruppe ..., ob diese Gruppe derartige legale Aktionen eher ermutigt, ob sie sie eher mißbilligt, oder ob sie ihr gleichgültig sind." Vorgegeben wurden folgende Personengruppen: (1) Familie, (2) gute Freunde/-innen, (3) Nachbarn, (4) Arbeitskollegen, (5) Ver-

einzelne Personenkreise gefragt, ob diese legalen und illegalen Protest eher ermutigen oder eher mißbilligen würden. Es zeigt sich, daß sowohl aus dem näheren sozialen Umfeld (Familie und Freunde) als auch aus dem weiteren sozialen Umfeld (Nachbarn, Kollegen, Vereinskameraden) vor allem Ermutigung für legale und Mißbilligung für illegale Protestformen erwartet werden (siehe Tabelle VI.4). Aus dem näheren sozialen Umfeld werden dabei generell mehr Reaktionen erwartet als aus dem weiteren sozialen Umfeld. Auf jeden Fall überwiegt aber die Ermutigung legaler und die Mißbilligung illegaler Protestformen.

TABELLE VI.5: Einzelne informelle positive und negative Sanktionen bei legalem und illegalem Protest[a]

	Die Konsequenz tritt eher auf bei:					
	Legalen Aktionen		Beiden Arten		Illegalen Aktionen	
	N	%	N	%	N	%
Informelle negative Sanktionen:						
Manche Leute, auf deren Meinung ich Wert lege, kritisieren, daß ich mich gegen Atomenergie engagiere.	2	(1.7%)	27	(22.3%)	92	(76.0%)
Gute Freunde wollen nichts mehr mit mir zu tun haben.	0	(0%)	16	(13.9%)	99	(86.1%)
Die Nachbarn meiden mich.	0	(0%)	27	(23.5%)	88	(76.5%)
Informelle positive Sanktionen:						
Ich bekomme soziale Anerkennung bei AKW-Gegnern	32	(26.7%)	73	(60.8%)	15	(12.5%)
Ich werde ermutigt, weiter so zu handeln	84	(69.4%)	36	(29.8%)	1	(0.8%)
Ich empfinde Solidarität mit anderen AKW-Gegnern	61	(50.4%)	62	(43.0%)	8	(6.6%)

a) Angegeben sind Anzahl und Prozentsatz der Personen, die eine Sanktion bei legalem, illegalem oder bei beiden Protestarten erwarten (nur 1987 ermittelt).

---

eine und Gruppen. Für illegale Aktionen lautete der Einleitungssatz: "Wie würden diese Personen reagieren, wenn Sie sich an illegalen Handlungen wie der Besetzung eines Bauplatzes oder an gewaltsamen Aktionen beteiligen?"

Wir haben weiterhin danach gefragt, ob einzelne Sanktionen eher bei legalen, bei illegalen oder bei beiden Arten von Protesthandlungen auftreten.[5] Tabelle VI.5 zeigt, daß informelle negative Sanktionen überwiegend bei illegalem Protest und informelle positive Sanktionen überwiegend bei legalem Protest erwartet werden.

Insgesamt haben sich unsere Hypothesen über die indirekten Wirkungen negativer staatlicher Sanktionen relativ gut bestätigt. Allerdings sind einige der vorausgesagten Effekte nur sehr schwach ausgeprägt. Nicht bestätigt hat sich die Vermutung, daß die negativen staatlichen Sanktionen einen Abschreckungseffekt haben, wenn die indirekten Effekte mit berücksichtigt werden: trotz der indirekten Effekte bleibt ein direkter Radikalisierungseffekt bestehen. Dieser ist allerdings, verglichen mit dem gesamten Effekt (vgl. die bivariaten Korrelationen in Tabelle VI.2), abgeschwächt.

Eine mögliche Erklärung für dieses Ergebnis ist, daß es noch weitere indirekte Effekte gibt, die wir in unserem Modell nicht berücksichtigt haben. Eine andere mögliche Erklärung sind zeitverzögerte Effekte, die wir bisher nicht in dem Modell berücksichtigt haben. Mit diesem Effekten wollen wir uns in Abschnitt 7 beschäftigen.

5. Integration in soziale Gruppen, Sanktionen und Protest

Wir gingen davon aus, daß es von dem Ausmaß der Integration in soziale Netzwerke abhängt, welche sozialen Prozesse durch negative staatliche Sanktionen ausgelöst werden. Gemäß unseren in Tabelle VI.1 und in Figur VI.3 zusammengefaßten Hypothesen ist generell zu erwarten, daß bei Personen, die in legalen Protest ermutigende Netzwerke integriert sind, die durch staatliche Sanktionen ausgelösten indirekten Wirkungen größer sind als bei Personen, die nicht in diese Netzwerke integriert sind.

Zur Überprüfung dieser Hypothese wurden die Befragten unterteilt in solche Personen, die Mitglied in mindestens einer Protest ermutigenden Gruppe oder Organisation sind, und in solche, für die dies nicht der Fall ist. Diese Personen sind also keine Mitglieder irgendwelcher Gruppen, die Protest positiv gegenüberstehen.

Prüfen wir zunächst, welche Unterschiede es zwischen diesen beiden Gruppen bezüglich der hier zur Diskussion stehenden Variablen gibt. Zu erwarten ist, daß die integrierten Personen mehr positive und weniger negative informelle Sanktionen erwarten (siehe hierzu Tabelle VI.1), daß sie in stärkerem Maße Protest- und

---

5 Der Fragetext lautete: "Ich möchte noch einmal auf die Konsequenzen (von Protest, W.R.) zurückkommen. Ich möchte Sie nun gern fragen, ob sich diese Konsequenzen je nach der Art des Engagements unterscheiden. Angenommen, Sie nehmen an einer genehmigten Demonstration teil oder arbeiten in eine Bürgerinitiative mit oder beteiligen sich an einer Unterschriftensammlung. Hierauf können z.B. Ihre Freunde und Bekannten anders reagieren, als wenn Sie sich an einer Bauplatzbesetzung oder an gewaltsamen Aktionen beteiligen. Was meinen Sie: Treten die Konsequenzen eher auf, wenn Sie sich an legalen Handlungen beteiligen, oder treten sie eher auf, wenn Sie sich an illegalen Handlungen beteiligen? Oder glauben Sie, daß die Konsequenzen bei beiden Arten von Handlungen in gleichem Maße auftreten?"

Gewaltnormen akzeptieren, stärker entfremdet sind und häufiger Protestaktivitäten ausführen.

In Tabelle VI.6 sind die Mittelwerte unserer Modellvariablen aufgeführt, und zwar jeweils für alle Befragten und zusätzlich getrennt für integrierte und nicht integrierte Befragte.

TABELLE VI.6: Mittelwerte der Modellvariablen 1982 (1987), für integrierte und nicht integrierte Befragte

	Alle Be- fragten	Nicht in- tegriert	Inte- griert	Signifikanz der Differenz[a]
Negative staatliche Sanktionen	1.96 (2.27)	1.62 (2.06)	2.23 (2.39)	.002* (.129)
Negative informelle Sanktionen	1.19 (0.96)	1.29 (1.10)	1.10 (0.87)	.261 (.191)
Positive informelle Sanktionen	4.85 (4.38)	4.45 (3.54)	5.18 (4.86)	.034* (.001)**
Protestnormen	18.08 (17.62)	17.61 (17.00)	18.47 (17.98)	.006** (.017)*
Gewaltnormen	3.69 (3.83)	3.50 (3.57)	3.85 (3.99)	.102 (.060)
Entfremdung	17.26 (17.14)	15.57 (16.75)	17.81 (17.36)	.029* (.179)
Legaler Protest	42.10 (40.74)	34.30 (30.60)	48.38 (46.53)	.000** (.000)**
Illegaler Protest	.91 (.79)	.81 (.63)	.99 (.89)	.044* (.009)**
N	121 (121)	54 (44)	67 (77)	

a) t-Test, einseitig. * Differenz signifikant auf dem .05 Niveau; ** Differenz signifikant auf dem .01 Niveau

Alle Mittelwerte unterscheiden sich in der von uns vermuteten Richtung. Die erwarteten negativen informellen Sanktionen bei Protest sind bei den nicht integrierten höher als bei den integrierten Befragten. Auch die positiven informellen Sanktionen sind bei integrierten Personen relativ hoch.

Protest- und Gewaltnormen werden von integrierten Personen in stärkerem Maße als von nicht integrierten Personen akzeptiert. Integrierte Personen weisen auch ein höheres Maß an Entfremdung auf als nicht integrierte Personen. Sehr groß ist der Unterschied bezüglich der Protestaktivitäten: integrierte Personen beteiligen sich deutlich stärker an Protest als nicht integrierte Personen. Die Tabelle zeigt darüber hinaus, daß die erwarteten staatlichen Sanktionen größer bei integrierten als bei nicht integrierten Personen sind. Die Unterschiede gelten sowohl für 1982 als auch für 1987. Obwohl alle Ergebnisse unseren Erwartungen entsprechen, sind die Unterschiede in den Mittelwerten insgesamt relativ gering.

Als nächstes wollen wir prüfen, ob sich bei integrierten und nicht integrierten Personen die Korrelationen zwischen erwarteten staatlichen Reaktionen einerseits und informellen negativen und positiven Sanktionen, Protest- und Gewaltnormen und Entfremdung in der erwarteten Weise unterscheiden.

Aus unseren Hypothesen folgt, daß bei den integrierten Personen die Korrelationen der indirekt wirkenden Variablen mit den negativen staatlichen Sanktionen stärker sein müßten als bei den nicht integrierten Personen. Nur bei den informellen negativen Sanktionen müßte die Korrelation schwächer sein.

Wie Tabelle VI.7 zeigt, unterscheiden sich die meisten Korrelationen in der von uns vermuteten Richtung: Mit steigenden negativen staatlichen Sanktionen erwarten die nicht integrierten Befragten mehr informelle negative Sanktionen als die integrierten Personen, während die integrierten Personen mehr positive informelle Sanktionen erwarten, stärkere Protest- und Gewaltnormen haben und stärker entfremdet sind. Allerdings sind die Unterschiede in den Koeffizienten teilweise sehr gering.

TABELLE VI.7: Korrelationen der negativen staatlichen Sanktionen 1982 (1987) mit positiven und negativen informellen Sanktionen, Normen und Entfremdung, für integrierte und nicht integrierte Personen

Korrelation der negativen staatlichen Sanktionen mit:	Alle Befragten	Nicht integriert	Integriert
Negative informelle Sanktionen	.27** (.16*)	.39** (.18)	.23* (.16)
Positive informelle Sanktionen	.27** (.06)	.22 (-.06)	.27* (.08)
Protestnormen	.16* (.12)	.11 (-.20)	.14 (.32**)
Gewaltnormen	.19* (.32**)	-.01 (.33**)	.31** (.31**)
Entfremdung	.29** (.17*)	.26* (-.06)	.28* (.26*)
N	121 (121)	54 (44)	67 (77)

* Signifikant auf dem .05 Niveau; ** Signifikant auf dem .01 Niveau.

Wirken negative staatliche Sanktionen bei integrierten Personen anders als bei nicht integrierten Personen? Unsere Vermutung ist wieder, daß die indirekten Wirkungen - mit Ausnahme der informellen negativen Sanktionen - bei den integrierten Personen stärker sind.

Wie Tabelle VI.8 zeigt, liegen die meisten Unterschiede zwischen den nicht integrierten und integrierten Personen in der vorhergesagten Richtung. Bei den nicht integrierten Personen haben die negativen informellen Sanktionen einen stärkeren Einfluß auf Protest, während die positiven informellen Sanktionen einen stärkeren Einfluß bei den integrierten Personen zeigen. Auch die Gewaltnormen haben bei den integrierten Personen einen stärkeren Einfluß, die Protestnormen sind hingegen - entgegen unserer Vermutung - bei den nicht integrierten Personen wirksamer. Bezüglich der Wirkung der Entfremdung gibt es keinen klaren Unterschied zwischen den Gruppen.

Ein ähnliches Bild ergibt sich, wenn man multivariate Modelle (entsprechend den Modellen in Figur VI.6 und VI.7) getrennt für integrierte und nicht integrierte Personen berechnet.

Ein weiterer wichtiger Sachverhalt wird in Tabelle VI.8 deutlich: Es zeigt sich, daß der *Radikalisierungseffekt durch negative staatliche Sanktionen nur bei denjenigen Befragten auftritt, die Mitglied in einer Protest ermutigenden Organisation oder Gruppe sind.* Bei den nicht integrierten Befragten ist die radikalisierende Wirkung der Sanktionen deutlich schwächer. Dies gilt, wie Tabelle VI.8 zeigt, nicht nur für die gesamte Skala "negative staatliche Sanktionen", sondern auch für die einzelnen Indikatoren, aus denen die Skala gebildet wurde (siehe den unteren Teil der Tabelle).

Gemäß unserer Hypothesen hängen die Wirkung staatlicher Sanktionen und entsprechend die durch diese ausgelösten sozialen Prozesse nicht nur von der Integration, sondern auch von der *Art des ausgeführten Protests* ab.

Entsprechend erwarten wir - bei *gegebener Integration* - unterschiedliche Korrelationen der in Tabelle VI.8 enthaltenen unabhängigen Variablen mit legalem und illegalem Protest. Erstens ist zu erwarten, daß negative informelle Sanktionen - bei gegebener Integration - stärker mit illegalem als mit legalem Protest korrelieren. Diese Beziehung gilt nur für 1987 und für nicht integrierte Personen (.10 versus -.23).

Weiter sind bei gegebener Integration positivere Sanktionen eher bei legalem als bei illegalem Protest zu erwarten. Diese Erwartung wird durchweg bestätigt. So beträgt bei den Nicht-Integrierten die Korrelation zwischen positiven informellen Sanktionen und legalem Protest 1982 .34, und zwischen informellen Sanktionen und illegalem Protest .22.

Die Korrelation von Protestnormen und Protest müßte bei gegebener Integration jeweils für legalen Protest größer als für illegalen Protest sein, was ausnahmslos zutrifft. Für Gewaltnormen müßten die umgekehrten Beziehung gelten. Auch dies ist der Fall.

"Entfremdung * Einfluß" korreliert nur in zwei von vier Fällen höher mit illegalem als mit legalem Protest und entspricht damit nicht unseren Erwartungen.

Gemäß unserer Hypothesen müßten wir auch Unterschiede in den Korrelationen unserer Modellvariablen bei *gegebener Art des Protests* und bei unterschiedlicher Integration erwarten. Erstens müßte die Korrelation zwischen negativen informellen Sanktionen und legalem Protest geringer bei Nicht-Integrierten sein. Dies ist in einem von zwei Fällen zutreffend: so beträgt die Korrelation zwischen negativen informellen Sanktionen und legalem Protest 1982 für Nicht-Integrierte -.20 und für Integrierte -.01. Für illegalen Protest trifft diese Beziehung in beiden Fällen zu (Koeffizienten: -.12 vs. -.04; -.23 vs. -.06).

TABELLE VI.8: Korrelationen der Protestskalen 1982 (1987) mit positiven und negativen informellen Sanktionen, Normen, Entfremdung, und einzelnen Sanktionen, für Befragte mit hoher und niedriger Integration

	Alle Befragten		Nicht inte-griert		Integriert	
	Lega-ler Prot.	Illega-ler Prot.	Lega-ler Prot.	Illega-ler Prot.	Lega-ler Prot.	Illega-ler Prot.
Negative staatliche Sanktionen	.45** (.20*)	.29** (.23**)	.19 (.02)	.22 (.05)	.51** (.21*)	.31** (.29**)
Negative informelle Sanktionen	-.10 (-.07)	-.09 (-.13)	-.20 (.10)	-.12 (-.23)	-.01 (-.09)	-.04 (-.06)
Positive informelle Sanktionen	.44** (.42**)	.27** (.21*)	.34** (.37**)	.22 (.09)	.46** (.35*)	.28* (.18)
Protestnormen	.44** (.53**)	.22** (.27**)	.50** (.52**)	.18 (.14)	.35** (.55**)	.21* (.32**)
Gewaltnormen	.33** (.26**)	.51** (.44**)	.08 (.14)	.38** (.39**)	.48** (.26*)	.62** (.44**)
Entfremdung * Einfluß	.47** (.41**)	.50** (.33**)	.51** (.36**)	.46** (.09)	.44** (.37**)	.51** (.40**)
Einzelne negative staatliche Sanktionen:						
Ich bekomme Berufsverbot	.18* (.12)	.13 (.17*)	.00 (.02)	.11 (.28*)	.21* (.26*)	.10 (.16)
Ich komme auf Listen der Polizei	.38** (.03)	.19* (.09)	.19 (-.04)	.04 (-.07)	.46** (.00)	.29** (.13)
Ich werde bei Polizei-einsätzen verletzt	.33** (.23**)	.24** (.22**)	.16 (.04)	.32** (.01)	.34** (.25*)	.15 (.29**)
Ich werde verhaftet	.43** (.23**)	.32** (.23**)	.09 (.06)	.19 (.02)	.55** (.25*)	.39** (.30**)
N	121 (121)		54 (44)		67 (77)	

* Signifikant auf dem .05 Niveau; ** Signifikant auf dem .01 Niveau.

Die Korrelation der positiven informellen Sanktionen müßte bei legalem Protest höher bei Integrierten als bei Nicht-Integrierten sein, was nur in einem von zwei

Fällen richtig ist. Für illegalen Protest trifft diese Vorhersage ausnahmslos zu. Die entsprechenden Beziehungen finden sich für Protestnormen nur in einem von zwei Fällen. Für Gewaltnormen entsprechen die Ergebnisse unseren Erwartungen. Die erwarteten Korrelation von "Entfremdung * Einfluß" sind nicht in Einklang mit unseren Erwartungen.

Insgesamt zeigt sich, daß unsere Hypothesen über die Wirkung der Integration in Protest ermutigende Gruppen relativ gut bestätigt werden. Dies gilt weniger für die Beziehungen, die für Integration und legalen bzw. illegalen Protest vorausgesagt wurden. Es ist weiter von Bedeutung, daß die Unterschiede zwischen den Gruppen oft relativ schwach ausgeprägt sind.

6. Die Wirkungen staatlicher Sanktionen aus der Sicht der Betroffenen

Die Wirkungen staatlicher Sanktionen können wir noch in einer anderen Weise analysieren. 1987 wurden einige Fragen zu den Polizeieinsätzen im Rahmen von Anti-Atomkraft-Demonstrationen der letzten Zeit gestellt[6]. Die Befragten sollten angeben, ob diese Polizeiaktionen sie selbst eher von der Teilnahme an Aktionen abschrecken, oder ob sie durch diese Aktionen eher zu verstärktem Protest motiviert werden. Weiterhin wurde ermittelt, wie die Befragten die Wirkung der Einsätze auf die Anti-Atomkraft-Bewegung insgesamt einschätzen, d.h. ob sie eher an eine abschreckende oder eher an eine radikalisierende Wirkung dieser Polizeieinsätze glauben (siehe Tabelle VI.9).

Die Verteilung der Antworten zeigt, daß die Mehrheit der Befragten selbst von den Polizeiaktionen *nicht abgeschreckt* wird (Fragen 1, 2 und 11), wenn auch in bestimmten Situationen zu Vorsicht geraten wird (Frage 6). Die Mehrheit der Befragten gibt an, daß die Polizeieinsätze auf sie eine *radikalisierende Wirkung* hatten (Fragen 7 bis 9).

Bezüglich der abschreckenden Wirkung der Polizeiaktionen auf die Anti-AKW-Bewegung insgesamt sind die Antworten nicht so klar ausgeprägt. Die meisten Befragten glauben aber nicht, daß die Polizeieinsätze eine abschreckende Wirkung (Fragen 3 - 5), sondern eher eine radikalisierende Wirkung auf die Anti-Atomkraft-Bewegung hatten (Fragen 10 und 11).

Aus den Antworten wurden durch Addition der Indikatoren Abschreckungs-und Radikalisierungsskalen gebildet. Zustimmende Antworten wurden hierfür mit hohen und ablehnende Antworten mit niedrigen Zahlen kodiert.

---

[6] Im Vorspann der Frage hieß es: "Nach dem Reaktorunfall in Tschernobyl hat es eine Reihe von Demonstrationen gegen Atomkraftwerke und gegen die geplante Wiederaufarbeitungsanlage in Wackersdorf gegeben. Dabei ist es zum Teil zu harten Polizeieinsätzen auch gegen friedliche Demonstranten gekommen. So wurden in Brokdorf gegen Demonstranten Wasserwerfer und Tränengas eingesetzt, Zufahrtswege wurden weiträumig gesperrt und Fahrzeuge durchsucht. In Hamburg wurden bei einer Demonstration über 800 Demonstranten von der Polizei auf dem Heiligengeistfeld eingeschlossen. Die eingeschlossenen Demonstrationsteilnehmer mußten bis zu 13 Stunden im Freien stehen, ehe sie von der Polizei abgeführt wurden".

TABELLE VI.9: Die Wirkung der Polizeieinsätze auf den Befragten und die vermutete Wirkung auf andere

	Zustimmung	Ablehnung
(I) Fragen zur Abschreckungswirkung		
(1) Die Polizeieinsätze haben mich davon abgeschreckt, an Demonstrationen teilzunehmen	33.1%	52.1%
(2) Ich habe jetzt regelrecht Angst, an einer Demonstration teilzunehmen	28.1%	50.4%
(3) Solche Polizeieinsätze zeigen, wie sinnlos es ist, mit Demonstrationen etwas gegen Atomenergie zu unternehmen	6.6%	86.0%
(4) Die Polizeieinsätze haben Angst davor verbreitet, künftig an Demonstrationen teilzunehmen	47.9%	28.9%
(5) Die Polizeieinsätze haben vielen vor Augen geführt, daß die AKW-Bewegung mit Gewalt nicht weiter kommt.	31.7%	40.8%
(6) Ich würde ihm[a] zu weniger gefährlichen Aktionen raten	47.9%	24.8%
(II) Fragen zur Radikalisierungswirkung		
(7) Jetzt fühle ich mich erst recht dazu verpflichtet, etwas gegen die Atomenergie zu unternehmen	57.9%	20.7%
(8) Nach diesen Polizeieinsätzen habe ich andere darin bestärkt, sich jetzt erst recht zu engagieren	47.1%	36.4%
(9) Jetzt werde ich erst recht an Demonstrationen teilnehmen, um zu zeigen, daß ich solche Einsätze nicht einfach hinnehme	43.0%	31.4%
(10) Viele werden sich jetzt erst recht gegen Atomenergie engagieren	53.7%	15.7%
(11) Viele sind jetzt eher bereit, sich auch an illegalen Protestaktionen zu beteiligen	39.7%	27.3%
(12) Ich würde ihn[a] bei der nächsten Demonstration begleiten	40.5%	17.4%
(13) Ich würde ihn[a] ermutigen, sich weiter zu engagieren.	75.2%	0.0%

Anmerkung: Die Differenz zu 100% in den Zeilen entspricht der Antwort "unentschieden".
a) Der Fragetext lautete: "Angenommen, einer Ihrer Freunde oder Bekannten wird bei einem solchen Polizeieinsatz festgenommen. Wie würden Sie da reagieren?"

Die Fragen 1, 2 und 6 messen, inwieweit ein Befragter persönlich durch die Polizeiaktionen abgeschreckt wurde. Aus diesen Fragen wurde die Skala "*persönliche Abschreckung*" gebildet.

Die Fragen 3, 4 und 5 messen, inwieweit ein Befragter glaubt, daß Strafen ein abschreckende Wirkung auf andere Personen hat. Aus diesen Fragen wurde die Skala "*Abschreckung von anderen*" gebildet.

Die Fragen 7, 8, 9, 12 und 13 messen, inwieweit die Polizeieinsätze auf einen Befragten eine radikalisierende Wirkung hatten. Aus diesen Fragen wurde die Skala "*persönliche Radikalisierung*" gebildet.

Die Fragen 10 und 11 messen, inwieweit ein Befragter an die radikalisierende Wirkung bei anderen glaubt, aus diesen Fragen wurde die Skala "*Radikalisierung bei anderen*" gebildet. Die Skalen haben um so höhere Werte, je stärker ein Befragter an die abschreckende bzw. an die radikalisierende Wirkung von Sanktionen glaubt.

Die vier Skalen haben folgende Kennwerte:

Skala:	Mittelwert	Std-Abw.	Minimum	Maximum
Persönliche Abschreckung	2.97	.94	1.00	5.00
Abschreckung von anderen	2.68	.67	1.33	5.00
Persönliche Radikalisierung	3.42	.73	1.80	5.00
Radikalisierung bei anderen	3.31	.69	1.50	5.00

Tabelle VI.10 zeigt den Zusammenhang dieser Skalen mit Protest, den Sanktionserwartungen und den indirekt wirkenden Variablen. Danach werden die Befragten durch die Polizeieinsätze um so weniger abgeschreckt und um so stärker radikalisiert, je stärker ihre Protestaktivitäten sind, je mehr positive informelle Sanktionen sie bei Protest erwarten und je stärker sie Gewaltnormen akzeptieren. Eine abschreckende Wirkung der Polizeiaktionen bei anderen wird vor allem von den Befragten vermutet, die bei Protest negative informelle Sanktionen erwarten. Eine abschreckende Wirkung wird von denen nicht erwartet, die starken illegalen Protest ausführen und die Gewaltnormen akzeptieren. Eine radikalisierende Wirkung bei anderen vermuten vor allem die Befragten, die starke Protest- und Gewaltnormen akzeptieren und die besonders stark entfremdet sind.

Um zu untersuchen, welchen Einfluß Integration hat, haben wir unsere Stichprobe wieder in zwei Gruppen unterteilt: In solche Befragte, die in mindestens einer protestfördernden Organisation Mitglied sind (integrierte Befragte) und in solche, die in keiner protestfördernden Gruppe Mitglied sind (nicht integrierte Befragte). Ein Vergleich der Mittelwerte der Skalen (siehe den unteren Teil von Tabelle VI.10) zeigt erwartungsgemäß, daß die integrierten Befragten durch die Polizeieinsätze im Mittel signifikant weniger persönlich abgeschreckt und stärker persönlich radikalisiert sind. Außerdem erwarten sie eine geringere Abschreckung bei anderen. Bezüglich der vermuteten radikalisierenden Wirkung bei anderen unterscheiden sich die beiden Gruppen nicht.

TABELLE VI.10: Korrelationen und Mittelwerte der Abschreckungs- und der Radikalisierungsskalen (nur 1987)

	Persönliche Abschreckung	Abschreckung bei anderen	Persönliche Radikalisierung	Radikalisierung bei anderen
Legaler Protest	-.21*	-.10	.57**	.12
Illegaler Protest	-.32**	-.24**	.45**	.17*
Negative staatliche Sanktionen	-.07	.04	.21*	-.14
Negative informelle Sanktionen	.16*	.28**	.02	-.13
Positive informelle Sanktionen	-.22**	-.05	.39**	.15
Protestnorm	-.14	-.06	.50**	.17*
Gewaltnorm	-.36**	-.35**	.35**	.18*
Entfremdung	-.07	-.09	.31**	.21**

Mittelwerte (Standardabweichung in Klammern):

Nicht integrierte Befragte (N=44)	3.27 (1.02)	2.88 (.70)	3.23 (.65)	3.34 (.74)
Integrierte Befragte (N=77)	2.79 (.86)	2.56 (.64)	3.53 (.75)	3.29 (.67)
Differenz, t-Test (einseitig)	0.48**	0.32**	-0.30*	0.05

* Signifikant auf dem .05 Niveau; ** Signifikant auf dem .01 Niveau.

7. Die Wirkung von Sanktionen im Zeitverlauf

Ausgangspunkt für die Beantwortung der Frage, wie negative staatliche Sanktionen im Zeitablauf wirken, ist das Modell in Figur VI.5, das u.a. (1) eine simultane reziproke Beziehung zwischen negativen staatlichen Sanktionen 1987 und Protest 1987 und (2) zeitverzögerte Beziehungen der 1982 und 1987 gemessenen Variablen enthält. Zeitverzögerte Beziehungen geben an, inwieweit eine Variable über diesen Zeitraum stabil geblieben ist, d.h. inwieweit sich der Wert der Variablen für 1987 durch den Wert von 1982 erklären läßt. Wir haben nicht nur vermutet, daß solche zeitverzögerten Wirkungen bestehen, sondern auch, daß Protest 1982 eine Wirkung auf die erwarteten negativen staatlichen Sanktionen 1987 hat, und daß die erwarteten negativen staatlichen Sanktionen 1982 einen Einfluß auf Protest 1987 haben.

Ein solches Modell läßt sich in dieser Form nicht empirisch testen, da die unabhängigen Variablen starke Multikollinearität aufweisen. Wir müssen das Modell deshalb für einen Test in mehrere Teilmodelle zerlegen und in mehreren Schritten vorgehen. Zunächst testen wir Modelle *ohne reziproke simultane Beziehung*, aber *mit zeitverzögerten Wirkungen*.

Im *ersten Modell* sind die negativen staatlichen Sanktionen 1987 die abhängige Variable. Erklärende Variablen sind die negativen staatlichen Sanktionen 1982 sowie Protest 1982 und 1987. Wir prüfen bei diesem Modell nicht nur, ob die von uns postulierten Beziehungen vorliegen, sondern auch, ob von uns nicht vermutete Beziehungen bestehen. Wir nehmen deshalb die indirekt wirkenden Variablen für 1982 ebenfalls als unabhängige Variablen in die Regressionsgleichungen auf. Es sind dies die informellen positiven und negativen Sanktionen, die Gewalt- und Protestnormen sowie die Entfremdung. Unser Modell hat also folgende Struktur:

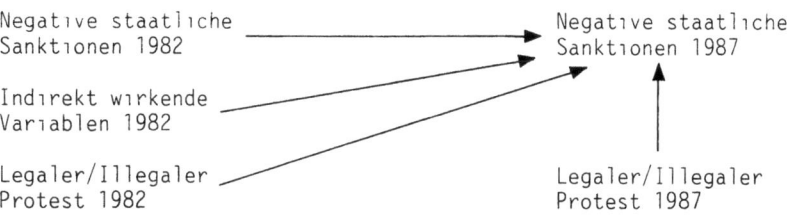

Dieses Modell beantwortet folgende Fragen: (1) Wie stark haben sich die erwarteten negativen staatlichen Sanktionen von 1982 nach 1987 verändert? (2) Wie gut läßt sich die Änderung der Sanktionserwartungen durch das Protestverhalten 1982 und 1987 und durch die indirekt wirkenden Variablen, d.h. durch erwartete informelle positive und negative Sanktionen, Protest- und Gewaltnormen und Entfremdung 1982, erklären?

Wir berechnen dieses Modell in zwei Varianten: einmal mit legalem Protest 1982 und 1987 und einmal mit illegalem Protest 1982 und 1987 als unabhängige Variablen. Der Grund hierfür ist, daß bei Einbeziehung aller vier Protestvariablen als unabhängige Variablen die Multikollinearität zu hoch ist.

Das Ergebnis dieser Analysen ist, daß nur die negativen staatlichen Sanktionen 1982 einen signifikanten Einfluß auf die negativen staatlichen Sanktionen 1987 haben (Beta = .41 im Modell mit legalem und .40 im Modell mit illegalem Protest).

Einige der unabhängigen Variablen liegen knapp unter der Signifikanzgrenze von .05.[7] Es sind dies "Entfremdung * Einfluß 1982", "Protestnormen 1982" und "Illegaler Protest 1987": Je größer die Entfremdung 1982 war (Beta = .17 im Modell mit legalem Protest), je schwächer die Protestnormen 1982 waren (Beta = -.15 im Modell mit illegalem Protest) und je mehr illegaler Protest 1987 ausgeführt wurde

---

[7] Als Grenze verwenden wir einen t-Wert, der größer als 1.50 ist. Koeffizienten mit einem solchen t-Wert können bei geringfügigen Modelländerungen, d.h. bei Weglassen oder Hinzufügen von Variablen, die Signifikanzgrenze überschreiten.

(Beta = .15), in desto höherem Maße wurden negative staatliche Sanktionen 1987 erwartet.

Im *zweiten Schritt* berechnen wir ein Modell, bei dem legaler bzw. illegaler Protest 1987 die abhängige Variable ist. Unabhängige Variablen sind die staatlichen negativen Sanktionen 1982 und 1987 sowie die indirekt wirkenden Variablen 1987. Dieses Modell hat also folgende Struktur (siehe die folgende Graphik).[8]

Dieses Modell beantwortet folgende Fragen: (1) Wie stark hat sich das Protestverhalten von 1982 nach 1987 verändert? (2) Wie gut läßt sich die Veränderung des Protestverhaltens durch die negativen staatlichen Sanktionen 1982 und 1987 und durch die indirekt wirkenden Variablen 1987 erklären? Unsere Hypothese ist, daß sowohl die negativen staatlichen Sanktionen 1987 als auch die indirekt wirkenden Variablen 1987 einen Effekt auf Protest 1987 haben.

Wir berechnen auch dieses Modell in zwei Varianten: einmal mit legalem Protest und einmal mit illegalem Protest. Die Regressionsanalysen zeigen, daß legaler Protest eine größere Stabilität aufweist als illegaler Protest (Beta = .53 bei legalem und .33 bei illegalem Protest). Weiterhin wird um so mehr legaler Protest 1987 ausgeführt, je stärker die Protestnormen 1987 sind (Beta = .24, signifikant auf dem .01-Niveau) und je mehr positive informelle Sanktionen 1987 erwartet werden (Beta = .14, t-Wert = 1.86). Auf illegalen Protest haben nur die Gewaltnormen 1987 einen Einfluß (Beta = .19, t-Wert = 1.82): Je stärker die Gewaltnormen 1987 sind, desto mehr illegaler Protest wird 1987 ausgeführt. Die negativen staatlichen Sanktionen 1982 haben keinen Effekt auf Protest 1987; einen solchen Effekt haben wir auch nicht erwartet. Entgegen unseren Hypothesen haben die informellen negativen Sanktionen 1987 und Entfremdung 1987 in diesem Modell keinen Einfluß auf das Protestverhalten 1987.

Wir haben ein ähnliches Modell auch für die indirekt wirkenden Variablen 1982 (statt der für 1987) berechnet. In diesem Modell haben nur die positiven Sanktionen 1982 einen signifikanten Einfluß auf legalen Protest 1987. Dieser Einfluß sinkt stark ab, wenn zusätzlich die positiven Sanktionen 1987 in das Modell aufgenommen werden. Es ergibt sich also kein Effekt der indirekt wirkenden Variablen 1982 auf Pro-

---

[8] Streng genommen ist es nicht sinnvoll, unterschiedliche rekursive Modelle zu berechnen, bei denen dieselben Variablen einmal abhängige, ein anderes Mal unabhängige Variablen sind. Dieses Verfahren wird hier aus heuristischen Gründen gewählt.

test 1987. Ein solcher Effekt war gemäß unseren Hypothesen auch nicht zu erwarten.

Im *dritten* *Schritt* berechnen wir ein Modell, bei dem die indirekt wirkenden Variablen die abhängigen Variablen sind. Unabhängige Variablen sind die indirekt wirkenden Variablen 1982, die negativen staatlichen Sanktionen 1982 und 1987 sowie Protest 1982 und 1987. Das Modell hat also folgende Struktur:

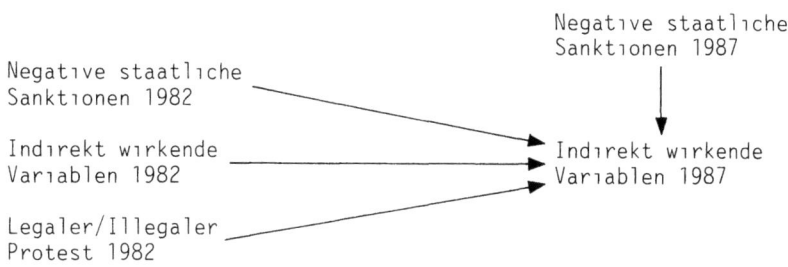

Dieses Modell beantwortet die Fragen: (1) Wie stark haben sich die indirekt wirkenden Variablen von 1982 bis 1987 verändert? (2) Wie gut läßt sich die Veränderung der indirekt wirkenden Variablen durch die negativen staatlichen Sanktionen 1982 und 1987 und durch das Protestverhalten 1982 und 1987 erklären?

Wir haben für jede indirekt wirkende Variable - also für die informellen positiven und negativen Sanktionen, für Protest- und Gewaltnormen und für Entfremdung 1987 - ein solches Modell gerechnet. In die Modelle wurde für 1982 sowohl legaler als auch illegaler Protest aufgenommen.

Für die positiven informellen Sanktionen und die Entfremdung ergeben sich relativ hohe Stabilitäten (Beta = .54 bei den Sanktionen und .53 bei Entfremdung, beide signifikant auf dem .01 Niveau). Die informellen positiven Sanktionen und die Normen haben eine geringe Stabilität (Beta = .17, t-Wert = 1.84, nicht signifikant für informelle positive Sanktionen, Beta = .21 bei Protestnormen und Beta = .19 bei Gewaltnormen, beide signifikant auf dem .05 Niveau). Ein signifikanter Effekt der negativen staatlichen Sanktionen 1987 ergibt sich nur auf die positiven informellen Sanktionen 1987 und auf die Gewaltnormen 1987.

Die Ergebnisse der ersten drei Schritte sind in Figur VI.8 zusammengefaßt. Dieses Modell entspricht dem Modell in Figur VI.5. Wir haben hier aber nur die Beziehungen eingezeichnet, deren Regressionskoeffizienten einen t-Wert größer 1.50 haben. Stabilitäten indirekt wirkender Variablen wurden der Übersichtlichkeit halber weggelassen.

Figur VI.8: Direkter Effekt und indirekte Effekte durch negative staatliche Sanktionen, unter Berücksichtigung der zeitverzögerten Effekte (Beziehungen mit einem t-Wert größer 1.50)

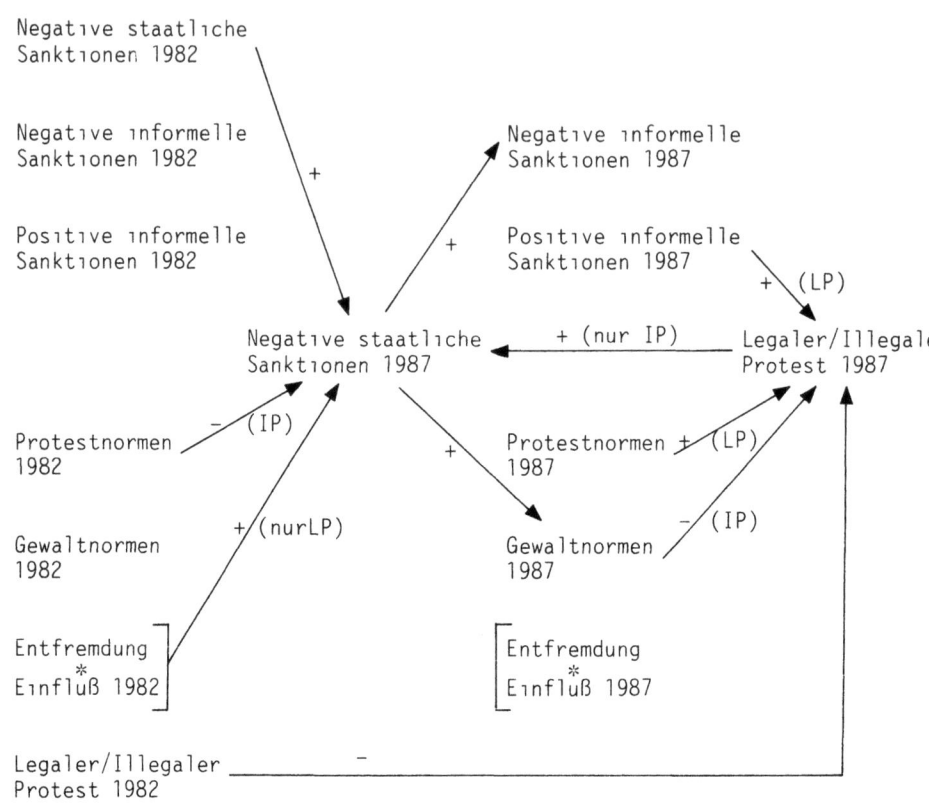

Fassen wir die Ergebnisse der ersten drei Schritte unserer Analyse der zeitverzögerten Wirkungen zusammen:

(1) Im Modell mit zeitverzögerten Wirkungen besteht keine direkte Wirkung der erwarteten staatlichen Sanktionen 1987 auf Protest 1987. Dagegen hat der illegale Protest 1987 eine schwache Wirkung auf die Sanktionserwartungen 1987.

(2) Eine indirekte Wirkung der negativen staatlichen Sanktionen 1987 gibt es nur auf illegalen Protest 1987. Dieser indirekte Effekt verläuft über die Gewaltnormen 1987. Alle anderen indirekten Effekte verschwinden in diesem Modell.

(3) Weder haben die erwarteten staatlichen negativen Sanktionen 1982 einen Einfluß auf Protest 1987, noch hat Protest 1982 einen Einfluß auf die negativen

staatlichen Sanktionserwartungen 1987. "Kreuzwirkungen" wie in Figur VI.4 lassen sich also nicht nachweisen.

Im *vierten Schritt* wollen wir nun ein Modell mit simultaner reziproker Beziehung zwischen negativen staatlichen Sanktionen 1987 und Protest 1987 berechnen. Dieses Modell hat also folgende Struktur:

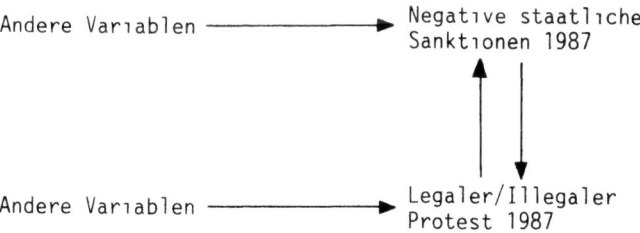

Dieses Modell beantwortet die Frage, ob es eine Wechselwirkung zwischen Protest und Sanktionserwartungen gibt. Wir verwenden für die Berechnung ein "Two-Stage-Least-Square" Verfahren. Als zusätzliche unabhängige Variablen nehmen wir solche Variablen in das Modell auf, die in den ersten drei Schritten einen Einfluß hatten, d.h. die in Figur VI.8 eingezeichnet sind. Die Ergebnisse sind in Figur VI.9 dargestellt.

Für legalen wie für illegalen Protest läßt sich keine simultane reziproke Beziehung nachweisen: Weder hat legaler Protest eine Wirkung auf die Sanktionserwartungen, noch beeinflussen die Sanktionserwartungen das legale Protestverhalten.

Für illegalen Protest gibt es nur eine Wirkung von Protest auf die Sanktionserwartungen, während sich kein Effekt von den Sanktionserwartungen auf illegalen Protest zeigt.

Zur Überprüfung der Wirkung von Integration in protestfördernde Gruppen haben wir die Modelle mit simultaner reziproker Beziehung zwischen negativen staatlichen Sanktionen und Protest getrennt berechnet für Personen, die Mitglied in protestfördernden Gruppen sind, und solche Personen, die dort nicht Mitglied sind.

Es zeigt sich, daß weder für legalen noch für illegalen Protest eine Wirkung der negativen staatlichen Sanktionen auf Protest bestätigt wird. Für die integrierten Personen zeigt sich überhaupt kein Zusammenhang, für die nicht integrierten Personen gibt es einen schwachen Radikalisierungseffekt bei legalem Protest und eine schwache abschreckende Wirkung bei illegalem Protest (Beta = .14 und -.22).

Für die Rückwirkung von Protest auf staatliche Sanktionen gilt: Durch legalen Protest werden die Sanktionserwartungen bei den nicht integrierten Personen leicht verringert, bei den integrierten Personen dagegen leicht erhöht (Beta = -.13 und .13). Durch illegalen Protest werden die Sanktionserwartungen bei beiden Gruppen erhöht, bei den integrierten Personen stärker als bei den nicht integrierten (Beta = .14 und .25).

FIGUR VI.9: Simultane reziproke Beziehungen bei legalem und bei illegalem Protest (standardisierte Regressionskoeffizienten)

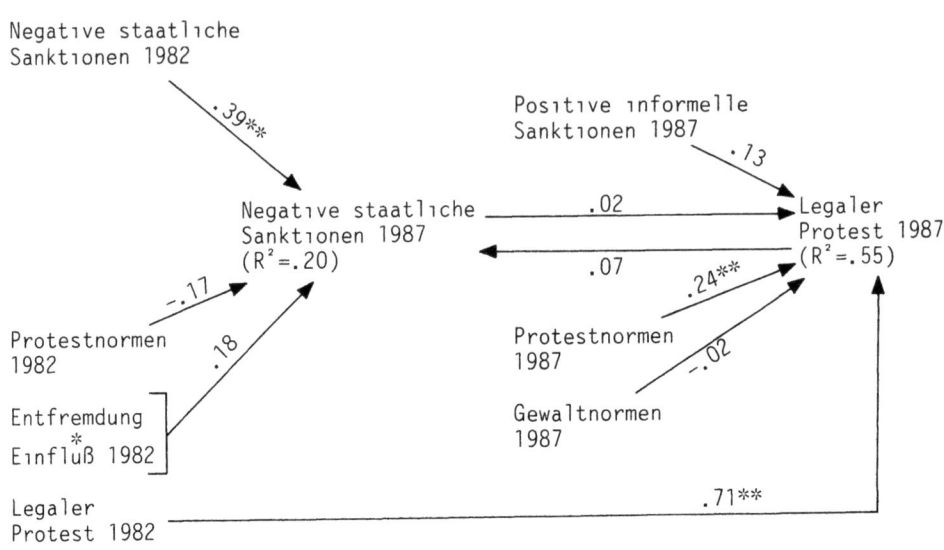

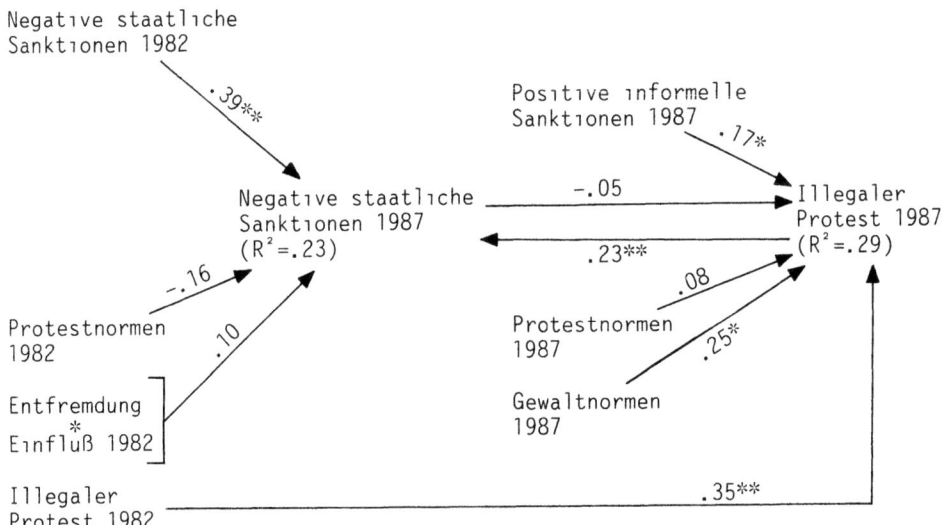

FIGUR VI.10: Simultane reziproke Beziehungen bei legalem und bei illegalem Protest (standardisierte Regressionskoeffizienten; erste Zahl = nicht integrierte Personen, N=44; zweite Zahl = integrierte Personen, N=77)

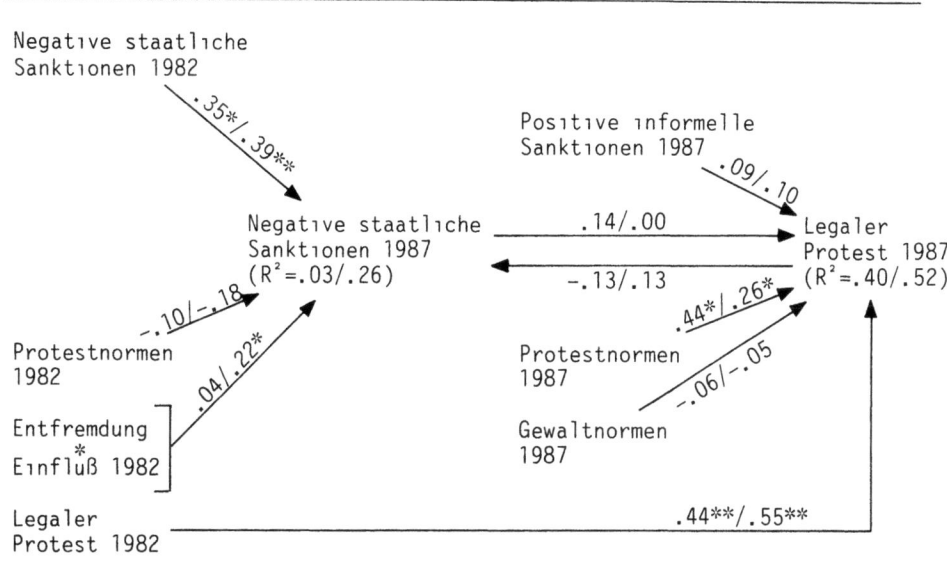

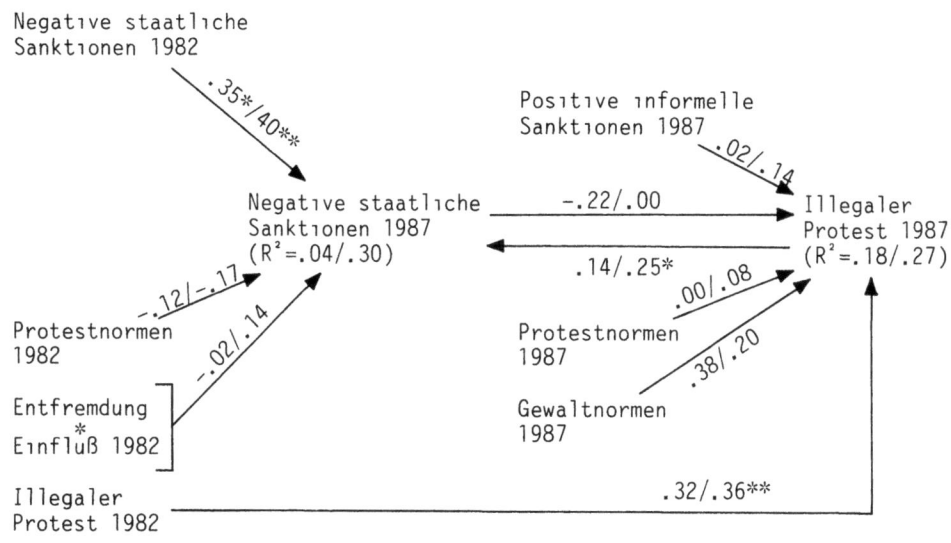

Insgesamt zeigt die Analyse der verzögerten und der simultanen zeitlichen Wirkungen also, daß kein direkter Effekt der negativen staatlichen Sanktionen auf Protest mehr besteht. Stattdessen besteht ein schwacher Effekt von illegalem Protest auf die Sanktionserwartungen, d.h. je mehr illegaler Protest ausgeführt wird, desto stärkere staatliche Sanktionen werden erwartet. Von den indirekten Wirkungen bleibt nur die über die Gewaltnormen auf illegalen Protest bestehen: Je mehr staatliche Sanktionen eine Person erwartet, desto stärker sind ihre Gewaltnormen, und desto mehr illegalen Protest führt sie aus. Dieser Effekt tritt nur bei den Personen auf, die in Protestgruppen integriert sind.

8. Zusammenfassung und Diskussion

Wir haben in diesem Kapitel versucht, einen Beitrag zur Beantwortung der Frage zu leisten, wie negative staatliche Sanktionen, zusammen mit anderen Anreizen, auf politischen Protest wirken. Dabei haben wir folgende Fragen untersucht: (1) Welche sozialen Prozesse werden durch negative staatliche Sanktionen ausgelöst, und welche direkte Wirkung und welche indirekten Wirkungen haben negative staatliche Sanktionen auf Protest? (2) Inwieweit hängt die Wirkung negativer staatlicher Sanktionen auf Protest von der Integration in protestfördende Gruppen ab? (3) Wie stark beeinflußt Protest Sanktionserwartungen zu einem späteren Zeitpunkt?

Zur Beantwortung dieser Fragen haben wir eine Reihe von Hypothesen formuliert und überprüft. Die wichtigsten Ergebnisse sollen im folgenden zusammengefaßt werden.

Unsere Hypothese über die direkte Wirkung negativer staatlicher Sanktionen lautete, daß Protest um so seltener ausgeführt wird, je mehr negative Sanktionen bei Protest erwartet werden, d.h. wir haben einen direkten Abschreckungseffekt für negative staatliche Sanktionen erwartet.

Ein solcher direkter abschreckender Effekt ließ sich auch bei Berücksichtigung der indirekten Wirkungen nicht nachweisen. Die direkte radikalisierende Wirkung negativer staatlicher Sanktionen wird aber schwächer, wenn die indirekten Wirkungen durch positive und negative informelle Sanktionen, Normen und Entfremdung berücksichtigt werden.

Eine mögliche Erklärung für dieses Ergebnis ist, daß es weitere indirekte Wirkungen gibt, die wir in unserer Analyse nicht berücksichtigt haben. Wir haben weiter vermutet, daß negative staatliche Sanktionen zu sozialen Prozessen führen, durch die es zu Anreizen für oder zur Abschreckung von Protest kommt (indirekte Wirkungen). Zu diesen indirekten Wirkungen haben wir eine Reihe von Hypothesen formuliert. Eine Hypothese lautete, daß negative staatliche Sanktionen zu informellen positiven und negativen Sanktionen führen. Diese Hypothese hat sich bestätigt: Wir haben eine indirekte abschreckende Wirkung negativer staatlicher Sanktionen durch negative informelle Sanktionen und eine indirekte radikalisierende Wirkungen durch positive informelle Sanktionen, Normen und Entfremdung gefunden.

Eine weitere Vermutung war: Je stärker Repressionen von der sozialen Umwelt als illegitim betrachtet werden, um so häufiger treten informelle positive Sanktionen und um so seltener treten informelle negative Sanktionen auf. Wir haben weiter vermutet, daß bei der Ausführung von legalem Protest staatliche Repressionen in höherem Maße als illegitim angesehen als bei illegalem Protest. Wir haben deshalb erwartet: Wenn sich Personen in *legaler* Weise engagieren und dabei staatliche Repressionen erfahren, dann werden relativ viele positive und relativ wenige negative informelle Sanktionen auftreten. Bei *illegalem* Engagement und staatlichen Reaktionen werden dagegen in geringerem Maße informelle positive und in stärkerem Maße informelle negative Sanktionen auftreten.

In den multivariaten Modellen hat sich diese Hypothese nur für legalen Protest bestätigt. Subgruppen mit hohem und geringem illegalen Protest unterscheiden sich bei beiden informellen Sanktionen in der vorausgesagten Richtung.

Die Antworten auf die Frage, wie das soziale Umfeld des Befragten auf legalen und illegalen Protest reagiert, sprechen ebenfalls für unsere Hypothese: Die meisten Befragten gaben an, daß das soziale Umfeld auf legalen Protest mit Ermutigung, d.h. mit informellen positiven Sanktionen, und auf illegalen Protest mit Mißbilligung, d.h. mit informellen negativen Sanktionen, reagiert.

Unsere Hypothese über die Wirkung von Normen lautete, daß negative staatliche Sanktionen dazu führen, daß bei den Betroffenen Normen aktualisiert werden, die zu Widerstand gegen staatliche Repressionen verpflichten (Protestnormen). Je stärker solche Normen sind, desto eher werden Protesthandlungen ausgeführt. Derartige Normen wirken besonders stark, wenn legaler Protest sanktioniert wird. Diese Hypothese hat sich gut bestätigt: Durch negative staatliche Sanktionen kommt es bei legalem Protest über Protestnormen und bei illegalem Protest über Gewaltnormen zu einem indirekten radikalisierenden Effekt.

Unsere Hypothese über die Wirkung von Entfremdung lautete, daß negative staatliche Sanktionen dazu führen, daß die politische Entfremdung bei den Betroffenen zunimmt. Je stärker Personen politisch entfremdet sind, desto eher werden Protesthandlungen ausgeführt. Auch dieser indirekte radikalisierende Effekt durch negative staatliche Sanktionen hat sich relativ gut bestätigt.

Wir haben weiterhin eine Reihe von Hypothesen über die Wirkung sozialer Netzwerke formuliert. Unsere Hypothesen lauteten: (1) Je stärker die Integration in Protest unterstützende Netzwerke ist, desto eher treten informelle positive Sanktionen und desto seltener treten informelle negative Sanktionen bei Protest auf. (2) Protestnormen als Reaktion auf staatliche Sanktionen werden besonders stark bei solchen Personen aktualisiert, die in protestfördernde Gruppen integriert sind. (3) Wenn Personen in protestfördernde Gruppen integriert sind, dann ist der Entfremdungseffekt durch negative staatliche Sanktionen besonders stark.

Zur Prüfung dieser Hypothesen haben wir die Stichprobe in zwei Subgruppen unterteilt: In Personen, die in protestfördernde Gruppen integriert sind, und in solche, die es nicht sind. Ein Mittelwertvergleich ergab Unterschiede in den Gruppen in der von uns vermuteten Richtung. Auch die meisten Korrelationen zwischen den negativen staatlichen Sanktionen und den indirekt wirkenden Variablen unterscheiden sich - teilweise allerdings nur sehr schwach - in der von uns vermuteten Richtung. Dies gilt auch für die Effekte dieser indirekt wirkenden Variablen auf Protest. Nur für die Protestnormen und die Entfremdung ergab diese Prüfung keine Bestätigung. Insgesamt wurden die Hypothesen zur Wirkung der Integration gut bestätigt.

Unsere letzte Hypothese war: Je häufiger eine Person an Protestaktivitäten teilnimmt, desto eher erwartet sie, daß negative staatliche Sanktionen eintreten, und desto negativer bewertet sie diese Sanktionen. *Kurzfristig* haben wir eine simultane reziproke Beziehung zwischen Sanktion und Protest erwartet, langfristig einen Zusammenhang zwischen dem Protestverhalten zu einem Zeitpunkt und der erwarteten Sanktionen zu einem späteren Zeitpunkt.

Eine zeitverzögerte Wirkung von Protest 1982 auf die Sanktionserwartungen 1987 oder umgekehrt konnte nicht nachgewiesen werden. Welche negativen staatlichen Sanktionen für 1987 erwartet werden, hängt also nicht davon ab, welche Protestaktivitäten der Befragte 1982 ausgeführt hat. Umgekehrt sind die Protestaktivitäten für 1987 auch unabhängig davon, welche negativen staatlichen Sanktionen 1982 erwartet wurden. Dieses Ergebnis ist nicht unplausibel, wenn man den langen Zeitraum bedenkt, der zwischen den beiden Messungen liegt. Zeitverzögerte Wirkungen dürften, wenn sie überhaupt auftreten, in wesentlich kürzeren Intervallen stattfinden.

Auch eine simultane reziproke Beziehung zwischen negativen staatlichen Sanktionen 1987 und Protest 1987 konnte nicht nachgewiesen werden. Für legalen Protest gibt es keinen Zusammenhang zwischen Sanktionserwartungen und Protest, für illegalen Protest gibt es eine Wirkung von Protest auf die Sanktionserwartungen bei den integrierten Personen.

Abschließend sei auf zwei Probleme bei der Überprüfung unserer Hypothesen hingewiesen. Unsere Hypothesen über die Beziehungen zwischen Sanktionen einerseits und legalem und illegalem Protest andererseits wurden zum Teil nicht in dem Maße bestätigt, wie wir aufgrund unserer Hypothesen erwarteten. Ein Grund hierfür könnte sein, daß unsere Befragten in hohem Maße *sowohl legalen als auch illegalen Protest ausführten.* Die bivariaten Korrelationen zwischen "Legaler Protest 82" und "Illegaler Protest 82" beträgt .63; die entsprechende Korrelation für 1987 beträgt .47. Wegen der geringen Fallzahl von 121 Befragten konnten wir unsere Hypothesen nicht prüfen für Personen, die *nur* legalen und die *nur* illegalen Protest ausführten.

Darüber hinaus enthält unsere Stichprobe kaum Befragte, die relativ extreme Arten illegalen Protests ausgeführt haben. Vielleicht würden unsere Hypothesen besser bestätigt, wenn die Variable "illegaler Protest" eine größere Variation in den Protestarten aufweist. Praktisch ist es allerdings schwierig, Befragte zu finden, die relativ schwerwiegende illegale Protesthandlungen ausgeführt haben.

Ein weiteres Problem bei der Überprüfung unserer Hypothesen war, daß wir Sanktionen lediglich für Protest allgemein, aber nicht getrennt für legalen und illegalen Protest erhoben haben. Es wäre sinnvoll, in künftigen Untersuchungen die Sanktionen explizit auf legale und auf illegale Protesthandlungen zu beziehen.

VII. SOZIALE NETZWERKE UND POLITISCHER PROTEST[1]

Die Beziehung zwischen der Integration in soziale Gruppen oder, allgemein gesagt, in soziale Netzwerke und der Teilnahme am politischen Leben wird in den Sozialwissenschaften intensiv diskutiert.[2] Welche Wirkungen hat ein mehr oder weniger hohes Ausmaß an sozialer Integration auf politische Beteiligung? Zu dieser Frage existieren unterschiedliche Erklärungsansätze.

Die *Theorie der Massengesellschaft* (Kornhauser 1959) geht davon aus, daß soziale Gruppen sozusagen einen Schutzwall für die Eliten einer Gesellschaft bilden. Sie schirmen die Eliten von dem Einfluß der Massen ab. Dies hat die Konsequenz, daß sich Personen, die in hohem Maße in Gruppen integriert sind, in geringem Maße an politischen Aktivitäten wie Protest beteiligen. Mitglieder von Protestgruppen sind also gemäß der Theorie der Massengesellschaft Personen, die sozial isoliert sind. Entsprechend ist zu erwarten: je stärker die Integration in soziale Netzwerke, desto geringer ist das Ausmaß politischer Beteiligung.

Die gegenwärtig vorherrschende Strömung in der Soziologie sozialer Bewegungen, die sog. *Perspektive der Ressourcen-Mobilisierung*, behauptet, daß soziale Gruppen keineswegs immer im Interesse der Eliten handeln. Die Gruppen haben vielmehr eigenständige Ziele. Wenn jemand Mitglied in sozialen Gruppen ist, dann stehen ihm in höherem Maße als Nicht-Mitgliedern Ressourcen zur Verfügung, die politisches Engagement erleichtern. Es ist also zu erwarten: je stärker die Integration in soziale Netzwerke ist, desto größer ist das Ausmaß politischer Beteiligung.

Die Resultate empirischer Forschung sind unterschiedlich. In einer Vielzahl von Studien wird die These der Perspektive der Ressourcen-Mobilisierung zwar bestätigt (vgl. z.B. Curtis und Zurcher 1973, Snow u.a. 1980); andererseits fand man jedoch, daß Integration nicht mit politischer Beteiligung in Zusammenhang steht oder daß hohe Integration zu geringer politischer Beteiligung führt (vgl. z.B. Isaac u.a. 1980; Orbell und Uno 1972; Useem 1980).

In einer solchen Situation ist es sinnvoll zu fragen: *unter welchen Bedingungen* fördert Integration Protest? Unter welchen Bedingungen ist bei hoher Integration damit zu rechnen, daß politische Beteiligung gering ist? Unter welchen Bedingungen wird man keinerlei Beziehung zwischen politischer Beteiligung und Protest erwarten?

Im folgenden werden wir einige Hypothesen zur Beantwortung dieser Fragen entwickeln und mittels unserer Daten prüfen. Wir unterscheiden dabei zwischen *Integration in Gruppen und Organisationen* einerseits (vgl. Abschnitt 2) und *Integra-*

---

[1] Abschnitte 1 und 3 wurden von *Karl-Dieter Opp*, Abschnitt 2 wurde von *Wolfgang Roehl* und Abschnitt 4 wurde gemeinsam verfaßt.

[2] Wir wollen Personen als in relativ hohem Maße *"integriert"* bezeichnen, wenn sie sich in hohem Maße an den Aktivitäten organisierter Gruppen beteiligen oder wenn sie relativ enge Beziehungen mit relativ vielen Nachbarn oder Freunden haben. Allgemein gesagt: ein hohes Ausmaß an Integration liegt vor, wenn relativ viele und intensive Beziehungen zu anderen Personen oder Gruppen bestehen.

tion in persönliche Netzwerke, d.h. mehr oder weniger engen Beziehungen zu Freunden und Nachbarn, andererseits (Abschnitt 3).

1. Einige Hypothesen über die Beziehungen zwischen Integration und Protest

Unter welchen Bedingungen hat die Integration in soziale Netzwerke, d.h. in Gruppen bzw. Organisationen oder in persönliche Netzwerke, welche Wirkungen auf Protest? Wir wollen bei der Beantwortung dieser Frage von dem Modell rationalen Verhaltens ausgehen.

Danach hängt Protest von den Nutzen und Kosten ab, die mit Protest und mit alternativen Handlungen verbunden sind. Entsprechend kann man aufgrund der blossen Tatsache, daß jemand z.B. Mitglied einer Gruppe ist, noch keine Voraussagen darüber treffen, in welcher Art und in welchem Ausmaß er sich politisch engagiert. Wie Integration wirkt, hängt von den Nutzen und Kosten für politische Partizipation ab, die gemeinsam mit einer mehr oder weniger hohen Integration auftreten. Diese Kosten und Nutzen können sehr unterschiedlich sein. Wir wollen drei Fälle unterscheiden.

Es ist erstens möglich, daß Personen, die in soziale Netzwerke integriert sind, relativ starken *positiven* Anreizen für Protest durch die anderen Mitglieder ausgesetzt sind, wie z.B. in Umweltschutzgruppen. In diesem Falle ist zu erwarten, daß Integration positiv mit Protest korreliert.

Es ist zweitens möglich, daß die Mitglieder von Gruppen starke *negative* Anreize für Protest von den anderen Mitgliedern erfahren. Wenn sich z.B. die Mitglieder eines Arbeitgeberverbandes an Protesten gegen die Atomenergie beteiligen, dann werden sie mit starken negativen Sanktionen rechnen.

Es ist drittens möglich, daß die Mitglieder von Gruppen *weder positive noch negative* Anreize für politisches Engagement erwarten. Dies ist vermutlich der Fall bei Freizeitclubs. Hier wird es den Mitgliedern oft gleichgültig sein, ob sich die anderen Mitglieder politisch engagieren oder nicht.

Die Anreize für Protest gehen nicht nur von den Mitgliedern sozialer Netzwerke aus, in die eine Person integriert ist. Beispiele für Quellen anderer Anreize sind Medien und staatliche Instanzen.

Wir wollen diese Überlegungen in Figur VII.1 zusammenfassen. Angenommen, wir finden eine *positive Korrelation* zwischen Integration und Protest (siehe die durchgezogene Linie A zwischen "Integration" und "Protest"). Wenn eine solche Beziehung besteht, dann ist dies dadurch zu erklären, daß Integration dazu führt, daß in relativ hohem Maße positive Anreize für Protest erfahren werden (Pfeil B in Figur VII.1). Diese Anreize und andere Anreize, die nicht von den betreffenden Gruppen ausgehen (Pfeil C), bewirken Protest (Pfeil D).

Wenn *keine Beziehung* zwischen Integration und Protest besteht, wenn also Beziehung A gleich null ist, dann ist zu erwarten, daß auch die Beziehung B nicht vorliegt, d.h. Integration ist weder mit positiven noch mit negativen Anreizen für Protest verbunden.

Wenn eine *negative Korrelation* zwischen Integration und Protest vorliegt, dann sind mit Integration relativ hohe Kosten für Protest verbunden, die Protest vermindern.

FIGUR VII.1: Ein allgemeines Modell zur Erklärung der Beziehung zwischen Integration und Protest

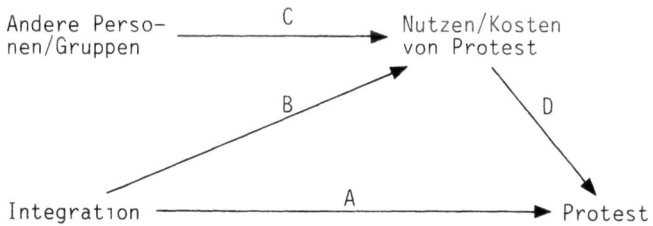

Im Gegensatz zu den genannten Thesen der Theorie der Massengesellschaft und der Perspektive der Ressourcen-Mobilisierung folgt aus dem Modell rationalen Verhaltens also keine einfache Hypothese der Art, daß Integration Protest erhöht oder vermindert. Man kann erst dann eine Voraussage über die Wirkung von Integration auf Protest treffen, wenn bekannt ist, welche Anreize für welche Art politischer Partizipation mit Integration in soziale Netzwerke gemeinsam auftreten.

In den Schriften zur Theorie der Massengesellschaft und zur Perspektive der Ressourcen-Mobilisierung sind diese Überlegungen implizit enthalten. Es scheint, daß beide Erklärungsansätze unterschiedliche Annahmen über die Anreize treffen, die mit Integration in Gruppen verbunden sind. Wenn z.B. die Theorie der Massengesellschaft behauptet, Gruppen seien ein Schutzwall für die Eliten, dann wird davon ausgegangen, daß in Gruppen Anreize wirksam sind, die Engagement der Mitglieder weitgehend verhindern. Die Perspektive der Ressourcen-Mobilisierung trifft die entgegengesetzte Annahme: hier wird davon ausgegangen, daß im allgemeinen für Personen, die in soziale Netzwerke integriert sind, die Kosten für Protest relativ gering und die Nutzen hoch sind.

Es erscheint jedoch nicht sinnvoll, solche generellen Annahmen zu treffen. Es ist vielmehr zu vermuten, daß sich je nach der Art der Gruppen die Anreize für Protest unterscheiden. Welche Arten von Anreizen könnten auftreten, *wenn* Integration positiv mit Protest korreliert? Wir wollen zwischen drei Arten von Anreizen unterscheiden, die mit einer Integration in soziale Netzwerke verbunden sind:

(1) Integration in soziale Netzwerke erhöht die Möglichkeiten für Protest;
(2) Integration hat einen Sozialisationseffekt, d.h. sie hat die Änderung von Präferenzen zur Folge.
(3) Integration ist mit sozialer Kontrolle, d.h. mit positiven oder negativen sozialen Anreizen, verbunden.

Im folgenden soll auf diese Arten von Anreizen genauer eingegangen werden.

Eine zentrale Hypothese der Perspektive der Ressourcen-Mobilisierung lautet, daß Integration in soziale Netzwerke die Mobilisierung von Protest erleichtert und somit für das Auftreten von Protest förderlich ist (siehe McAdam 1982; 1983; Morrison 1971; Oberschall 1973; Oliver 1984; Pinard 1971; Pollock III 1982; Snow u.a. 1980; Useem 1980). Eine "Erleichterung" der Mobilisierung könnte darin bestehen, daß andere mögliche Teilnehmer an Protestaktionen leichter erreicht und daß somit eine relativ große Anzahl von Personen mit geringen Kosten mobilisiert werden können. Wenn in Gruppen die tatsächlichen Möglichkeiten der Mobilisierung und die Erfolgschancen für Protest groß sind, dann ist auch zu erwarten, daß bei hoher Integration der wahrgenommene *Einfluß* auf das Erreichen politischer Ziele relativ groß ist.

Wir sagten, daß die Integration in soziale Netzwerke zweitens einen Sozialisationseffekt hat. Gemäß der Theorie der Massengesellschaft sozialisieren Gruppen ihre Mitglieder dahingehend, daß sie die demokratischen Spielregeln akzeptieren (Pinard 1971: 183). Eine solche Spielregel, die von den meisten Gruppen akzeptiert werden dürfte, lautet, daß die Anwendung von Gewalt zur Erreichung politischer Ziele nicht legitim ist. Somit ist zu erwarten, daß Personen, die in soziale Netzwerke integriert sind, in relativ hohem Maße *Gewalt ablehnen*. Da jedoch legaler Protest den demokratischen Spielregeln entspricht, ist zu erwarten, daß integrierte Personen in hohem Maße *Protestnormen* akzeptieren.

Mitgliedschaft in sozialen Netzwerken dürfte auch dazu führen, daß die *Präferenzen für die Kollektivgüter*, deren Herstellung Ziel der Gruppen ist, bei den Mitgliedern intensiver werden. Der Grund ist, daß eine Person dann, wenn sie Mitglied einer Gruppe wird, in höherem Maße als vorher neuen Argumenten für die Bedeutung und Geltung der Gruppenziele ausgesetzt ist.

Mitglieder in sozialen Netzwerken sind drittens in relativ hohem Maße direkten Belohnungen für politische Partizipation ausgesetzt (siehe Finifter 1974; Oberschall 1973; Putnam 1966; Wilson und Orum 1976). Da vermutlich andere Gruppenmitglieder oft Bezugspersonen sind, werden integrierte Personen in hohem Maße *Erwartungen von Bezugspersonen*, sich zu engagieren, ausgesetzt sein. Darüber hinaus werden generell *positive informelle Sanktionen* stark und *negative informelle Sanktionen* für Protest gering sein.

Auch die erwarteten *staatlichen Sanktionen* dürften bei hoher Integration gering sein. Wenn sich Personen gemeinsam engagieren, dann wird der Einzelne relativ geringe staatliche Sanktionen erwarten. Wenn Gruppen staatliche Sanktionen erwarten, dann werden sie Strategien entwickeln, die zu deren Vermeidung führen. Schließlich werden in Gruppen vermutlich auch die Bewertungen staatlicher Sanktionen beeinflußt: wenn Gruppen staatlichen Sanktionen ausgesetzt sind, führt dies oft zu positiven Reaktionen anderer Mitglieder (siehe hierzu Kapitel VII). Dies hat die Konsequenz, daß staatliche Sanktionen weniger negativ eingeschätzt werden.

Wenn schließlich bestimmte politische Handlungen relativ lange in hohem Maße belohnt werden, dann wird ihre Ausführung intrinsisch belohnend. Darüber hinaus dürfte Protest ebenfalls ein Mittel sein, um Aggressionen abzubauen. Wir erwarten also, daß unsere beiden Variablen "*Unterhaltungswert von Protest*" und "*Aggressionsbereitschaft*" positiv mit Integration korrelieren.

Die vorangegangenen Hypothesen sind in Figur VII.2 zusammengefaßt. Sie zeigt, in welcher Weise Integration auf die erwähnten Anreizvariablen wirkt, die wiederum mit Protest in einer kausalen Beziehung stehen. Die Klammer um "Einfluß" und die Kollektivgutvariablen drückt aus, daß wir von einem multiplikativen Effekt dieser

Variablen auf Protest ausgehen (siehe Kapitel III). Die Linie von "Integration" zu "Protest" soll eine korrelative, keine kausale Beziehung bezeichnen.

Vergleicht man Figur VII.2 mit Figur VII.1, dann fällt auf, daß wir die Anreize, die von sozialen Netzwerken ausgehen, nicht von den übrigen Anreizen getrennt haben. Wir nehmen an, daß diejenigen, die in hohem Maße in bestimmte soziale Netzwerke integriert sind, auch in relativ hohem Maße positive oder negative Anreize für Protest von den Mitgliedern dieser Netzwerke erfahren.

Wir sind bisher davon ausgegangen, daß Integration einen indirekten Effekt auf Protest, und zwar über die Nutzen und Kosten politischer Partizipation, hat. Es ist aber auch denkbar, daß Integration in soziale Netzwerke keinen oder nur einen geringen indirekten Effekt auf Protest hat, sondern daß diejenigen Personen Mitglieder in sozialen Netzwerken werden, die bereits in hohem Maße positiven Anreizen für Protest ausgesetzt sind. In diesem Falle würde nicht Integration bewirken, daß Personen mit Anreizen für Protest konfrontiert werden, sondern Anreize für Protest würden dazu führen, daß Personen Mitglieder sozialer Netzwerke werden. Darüber hinaus könnte auch die Teilnahme an Protestaktivitäten dazu führen, daß man Kontakte mit sozialen Gruppen findet und Mitglied wird.

Die Unterschiede zwischen diesen beiden Hypothesen sind in Figur VII.3 verdeutlicht. Die erste Hypothese, nach der Integration indirekt auf Protest wirkt (vgl. den gestrichelten Pfeil von "Integration" auf "Protest" in der oberen linken Teilfigur), und zwar über "Anreize für Protest", bezeichnen wir als *Integrations-Hypothese*. Die zweite Hypothese, nach der Anreize für Protest und Protest selbst dazu führen, daß Personen Mitglieder in Gruppen werden, nennen wir *Rekrutierungs-Hypothese*. Damit ist gemeint, daß bereits vorliegende Anreize eine Ursache für die Rekrutierung von Mitgliedern sozialer Gruppen sind (siehe die obere rechte Teilfigur).

Wir haben in unserer Untersuchung Integration, Anreize für Protest und Protest sowohl 1982 als auch 1987 gemessen. Es ist also möglich zu überprüfen, inwieweit die erwähnten Hypothesen zutreffen. Die untere linke Teilfigur von Figur VII.3 enthält die zeitverzögerten Effekte, die zu erwarten sind, wenn die *Integrations-Hypothese* gilt: Integration (gemessen 1982) müßte einen indirekten Effekt auf Protest (gemessen 1987) und einen direkten Effekt auf die Anreizvariablen (gemessen 1987) haben.

Da die Beziehung zwischen Integration und Protest dadurch zu erklären ist, daß Integration dazu führt, daß die Mitglieder positiven Anreizen für Protest ausgesetzt sind, müßte die indirekte Beziehung von Integration und Protest nahe null werden, wenn die Anreize konstant gesetzt werden (z.B. in einer Regressionsanalyse als Drittvariablen eingeführt werden).

Zusätzlich gehen wir davon aus, daß eine 1982 gemessene Variable einen Effekt auf die entsprechende 1987 gemessene Variable hat. Diese Beziehungen sind der Übersichtlichkeit halber nicht in der Figur enthalten.

Wenn die *Rekrutierungs-Hypothese* gilt, dann müßten "Protest 1982" und "Anreize 1982" auf "Integration 1987" wirken. Ein hohes Maß an Integration dürfte dagegen weder Protest noch Anreize für Protest beeinflussen.

FIGUR VII.2: Die Beziehungen zwischen Integration, einzelnen Anreizen für Protest und Protest

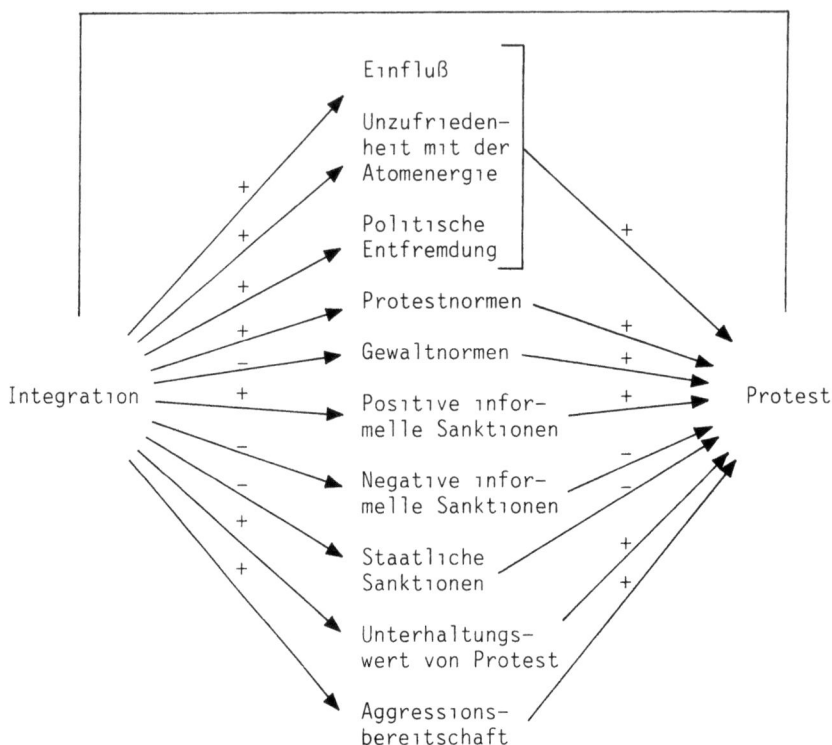

Anmerkung: Pfeile bedeuten kausale Beziehungen. Die Linie bezeichnet eine bivariate Korrelation. Die Klammer um "Einfluß" und die Kollektivgutvariablen soll andeuten, daß Interaktionseffekte bestehen.

Welche der beiden Hypothesen trifft zu? Da die Integrations- und Rekrutierungs-Hypothese logisch nicht widersprüchlich sind, ist nicht auszuschließen, daß beide Hypothesen richtig sind. Dies ist in der Tat plausibel. Die Rekrutierungs-Hypothese erscheint insofern plausibel, als Personen nur dann in Gruppen eintreten werden, wenn sie zumindest die Ziele der Gruppen und die Art, wie diese ihre Ziele zu realisieren versuchen, akzeptieren. D.h. wir vermuten, daß Personen, die 1982 in geringem Maße integriert sind, die in relativ hohem Maße mit der Atomenergie unzufrieden, die politisch entfremdet sind und die in hohem Maße Protestnormen akzeptieren, im Jahre 1987 eher Mitglieder in Gruppen sind als Personen, die mit der Atomenergie relativ zufrieden sind etc.

FIGUR VII.3: Mögliche Beziehungen zwischen Integration, Anreizen für Protest und Protest

Integrations-Hypothese

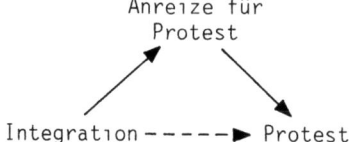

Rekrutierungs-Hypothese

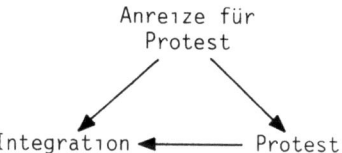

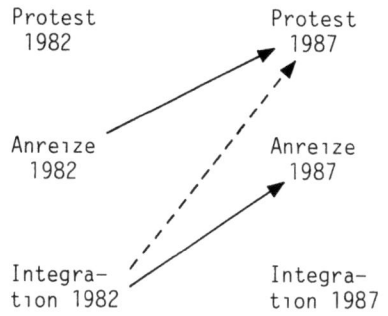

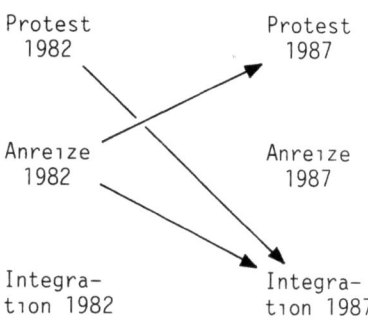

Anmerkung: Durchgezogene Pfeile symbolisieren direkte Wirkungen; der gestrichelte Pfeil kennzeichnet einen indirekten Effekt. Zeitverzögerte Effekte derselben Variablen wurden der Übersichtlichkeit halber nicht eingezeichnet.

Andererseits erscheint es auch plausibel, daß Integration die von der Integrations-Hypothese behaupteten Wirkungen hat. Es ist anzunehmen, daß Personen, die Mitglieder in sozialen Netzwerken werden, mit einer Vielzahl neuer Anreize für Protest konfrontiert werden, die u.a. zur Verstärkung bestimmter Präferenzen führen.

Wir vermuten also, daß sowohl die von der Integrations- als auch die von der Rekrutierungs-Hypothese behaupteten Effekte vorliegen.

Entsprechend ist von einem *sozialen Prozeß* auszugehen, bei dem zunächst verschiedene Anreize für Protest auftreten. Je stärker diese Anreize sind, desto eher tritt Protest auf und desto eher werden Personen Mitglieder in bestimmten sozialen Netzwerken. Die Mitgliedschaft in diesen Netzwerken führt dazu, daß die Personen zusätzlichen positiven Anreizen für Protest ausgesetzt werden. Dies führt wiederum dazu, daß Protest häufiger auftritt und daß sich bestimmte Präferenzen (z.B. für Kollektivgüter) ändern.

Wenn sich Variablen *im Zeitablauf*, also in diesem Falle 1982 und 1987, wechselseitig beeinflussen, dann müßten die betreffenden Beziehungen auch *innerhalb einer Zeitperiode* gelten. Wenn z.B. "Integration 1982" auf "Protest 1987" und "Protest 1982" auf "Integration 1987" wirken, dann müßte sich z.B. bei den 1987 erhobenen Daten eine *simultane Rückwirkung* von Protest und Integration zeigen. Da die Ermittlung solcher simultaner Rückwirkungen oft mit Problemen der Multikollinearität behaftet ist, werden wir im folgenden nur wenige solcher simultanen Rückwirkungen prüfen.

Aufgrund der vorangegangenen Überlegungen ist es sinnvoll, in *fünf Schritten* vorzugehen.

Erstens ist zu ermitteln, wie unsere Integrationsmaße (die später behandelt werden) mit Protest korrelieren. Sodann ist zu prüfen, inwieweit die aufgrund bestehender oder nicht bestehender Korrelation von Integration und Protest zu erwartenden Beziehungen zwischen den Integrationsmaßen und den Anreizvariablen vorliegen.

Drittens muß ermittelt werden, ob die Anreizvariablen tatsächlich Bedingungen für Protest sind. Wir behaupten ja, daß Beziehungen zwischen Integration und Protest dadurch erklärt werden können, daß Integration mit Anreizvariablen zusammenhängt, die wiederum Protest bedingen. Im folgenden werden wir entsprechend diejenigen Anreizvariablen verwenden, die sich in früheren Analysen als bedeutsame Faktoren für die Erklärung von Protest erwiesen haben.

Im vierten Schritt ist zu fragen, inwieweit es uns gelungen ist, Beziehungen zwischen Integration und Protest zu erklären.

Schließlich sind die genannten zeitverzögerten Wirkungen und simultanen Rückwirkungen zu prüfen.

2. Integration in Gruppen und Organisationen

Im vorangegangenen Abschnitt haben wir uns mit den Wirkungen der Integration in soziale Netzwerke *generell* befaßt. In diesem Abschnitt wollen wir eine spezifische *Art von Integration* behandeln: ausgehend von den Überlegungen des vorigen Abschnitts sollen zunächst einige Hypothesen über die Wirkungen von *Integration in Gruppen* (einschließlich Organisationen wie z.B. Parteien) vorgeschlagen und dann mittels unserer Daten überprüft werden.

2.1. Hypothesen

Ausgehend von dem Modell rationalen Verhaltens haben wir behauptet, daß Integration nur dann protestfördernd wirkt, wenn mit Integration ein relativ hoher Nutzen und relativ geringe Kosten für Protest auftreten. Für die Integration in Gruppen folgt daraus:

Hypothese über die Wirkung von Integration in Gruppen auf Protest: Je mehr positive Anreize für Protest und je weniger Kosten für Protest einer Person durch ihre Mitgliedschaft in einer Gruppe (oder Organisation) entstehen, desto stärker wird diese Person protestieren.

Da es jedoch neben den Gruppen, in denen Personen Mitglieder sind, weitere Quellen von Anreizen gibt (siehe Figur VII.1), ist nicht zu erwarten, daß eine Korrelation zwischen Integration in Gruppen und Protest durch unsere Anreizvariablen vollständig erklärt werden kann.

Wir vermuten, daß die Anreize für Protest, denen Mitglieder einer Gruppe ausgesetzt sind, von den *Einstellungen der anderen Mitglieder* einer Gruppe zu Protest und zu dem Kollektivgut, dessen Herstellung durch Protest erreicht werden soll, abhängen. Wenn die Einstellungen zu Protest und die Intensität der Präferenzen für ein Kollektivgut bei relativ vielen Mitgliedern einer Gruppe relativ intensiv sind, dann werden die Mitglieder in hohem Maße z.B. positive Sanktionen für Protest und normative Erwartungen über die Teilnahme an Protestaktivitäten äußern. Wir behaupten entsprechend:

Hypothese über die Wirkung der Einstellung der Mitglieder einer Gruppe auf Protest: Je mehr Mitglieder einer Gruppe Protest ermutigen oder billigen und das Kollektivgut, dessen Herstellung durch Protest erreicht werden soll, befürworten, desto mehr positive Anreize und desto weniger Kosten für Protest entstehen durch die Mitgliedschaft in der betreffenden Gruppe, soweit sich der Protest auf die Herstellung der betreffenden Kollektivgüter richtet.

Wir erwarten also, daß Personen, die in Gruppen Mitglied sind, deren Mitglieder Protest ermutigen und z.B. Atomkraftwerke ablehnen, besonders häufig gegen Atomkraftwerke protestieren. Weiterhin erwarten wir, daß diejenigen, die Mitglied in Gruppen sind, deren Mitglieder Protest mißbilligen und Atomkraftwerke befürworten, selten gegen Atomkraftwerke protestieren. Wichtig dabei ist, welche Einstellung ein Mitglied bei den anderen Mitgliedern vermutet oder wahrnimmt. Es kommt dabei nicht darauf an, ob diese Wahrnehmung richtig ist.

Welche positiven Anreize und welche Kosten einer Person durch die Mitgliedschaft in einer Gruppe entstehen, dürfte weiterhin davon abhängen, wie aktiv die Person in einer Gruppe ist. Relativ aktive Mitglieder kommen relativ häufig mit anderen Mitgliedern dieser Gruppe zusammen und sind entsprechend in hohem Maße positiven und auch negativen Anreizen für Protest ausgesetzt. Wir vermuten also:

Hypothese über aktive und passive Mitglieder: Je aktiver eine Person in einer Gruppe engagiert ist, in desto stärkerem Maße ist die Person positiven und negativen Anreizen für Protest seitens anderer Gruppenmitglieder ausgesetzt.

Wie ist es zu erklären, daß Personen in einer protestfördernden Gruppe Mitglied werden? Gemäß der Rekrutierungs-Hypothese (vgl. Abschnitt VII.1, Figur

VII.3) ist zu erwarten, daß das Ausmaß des Protests einen Einfluß auf die Mitgliedschaft in protestfördernden Gruppen hat. Wer sich an vielen Protestaktivitäten beteiligt, wird solche Gruppen verlassen, die seinem Protest mißbilligend gegenüberstehen, und sich gleichartige Gruppen suchen, bei denen dies nicht der Fall ist. Weiterhin werden Personen um so eher Mitglied in einer protestfördernden Gruppe werden, je mehr Anreize für Protest für sie bestehen. In der folgenden Hypothese sind unsere beiden Vermutungen zusammengefaßt:

Rekrutierungshypothese: Je stärker sich eine Person an Protestaktivitäten beteiligt und je mehr Anreize für Protest eine Person erfährt, desto stärker wird sie in protestfördernde Gruppen integriert sein.

Bezüglich der zeitverzögerten Wirkungen von Integration auf Protest bzw. von Protest auf Integration sei auf die in Figur VII.3 zusammengefaßten Hypothesen verwiesen, die für Integration generell formuliert wurden und somit auch für Integration in Gruppen oder Organisationen gelten.

2.2. Die Messung der Integration in Gruppen

In diesem Abschnitt wird kurz beschrieben, wie die Integration in Gruppen gemessen wurde. Eine genauere Beschreibung der Messung enthält Anhang II.

Den Befragten wurde eine Liste mit 27 Gruppen und Organisationen vorgelegt. Diese Liste enthielt berufsbezogene Gruppen wie z.B. "Gewerkschaft im DGB", Freizeitvereinigungen wie z.B. "Gesangverein", politische Vereinigungen wie z.B. Parteien, und alternative Gruppierungen wie z.B. "Frauengruppe" oder "Friedensinitiative". Zusätzlich hatten die Befragten die Möglichkeit, Gruppen zu nennen, die nicht in der Liste aufgeführt waren.

Zu jeder Gruppe oder Organisation sollten die Befragten zunächst angeben, ob sie Mitglied sind oder nicht. 1982 wurde sodann für jede Gruppe, in der ein Befragter Mitglied war, ermittelt, wie aktiv er in dieser Gruppe mitarbeitet. Die Antwortkategorien reichten 1982 von "sehr aktiv" bis "sehr inaktiv". 1987 wurde nur gefragt, ob sich ein Befragter eher als aktives oder eher als passives Mitglied einschätzt.

Nur 1987 wurde für jede Gruppe, in der ein Befragter Mitglied war, gefragt, ob die anderen Mitglieder dieser Gruppe seiner Meinung nach eher für oder eher gegen die Nutzung der Atomenergie sind, und ob die anderen Mitglieder ein Engagement gegen Atomkraftwerke eher ermutigen oder eher mißbilligen.

Aus diesen Angaben der Befragten haben wir insgesamt *acht Integrationsmaße* gebildet: (1) Bei jedem Befragten wurde ermittelt, in wievielen Gruppen er Mitglied ist, in denen die anderen Mitglieder Protest ermutigen. Ergebnis ist die Skala "*Ermutigung von Protest durch andere Mitglieder 1987*". (2) Sodann haben wir für jeden Befragten die Gruppen gezählt, in denen die anderen Mitglieder Protest mißbilligen (Skala "*Mißbilligung von Protest durch andere Mitglieder 1987*"). (3) Entsprechend wurde gezählt, in wievielen Gruppen ein Befragter Mitglied ist, deren andere Mitglieder Atomkraftwerke ablehnen (Skala "*Ablehnung der Atomenergie durch andere Mitglieder 1987*") bzw. (4) befürworten (Skala "*Befürwortung der*

Atomenergie durch andere Mitglieder 1987"). Da entsprechende Fragen nur 1987 gestellt wurden, konnten diese Skalen auch nur für 1987 gebildet werden.

Zur Bildung der Skalen 5 bis 8 haben wir zunächst eine Gruppe dann als *protestfördernd oder -ermutigend* eingestuft, wenn über 50% der von uns 1987 befragten Mitglieder der jeweiligen Gruppe der Meinung sind, die anderen Mitglieder dieser Gruppe würden Protest ermutigen, und wenn gleichzeitig über 50% der 1987 befragten Mitglieder meinen, die anderen Mitglieder würden Atomkraftwerke ablehnen. Alle anderen Gruppen haben wir als *nicht-protestfördernd* eingestuft.

Auch für 1982 haben wir die Gruppen nach dieser 1987 durchgeführten Messung eingestuft. Wir nehmen also an, daß sich die Einstellung der Mitglieder in den Gruppen von 1982 nach 1987 nicht grundlegend verändert hat. Es ist nicht auszuschließen, daß diese Annahme für einige Gruppen nicht zutrifft. In diesem Fall ist zu erwarten, daß wir für 1982 einige Gruppen falsch einstufen, und daß sich unsere Hypothesen, soweit sie sich auf die Skalen 5 bis 8 beziehen, für 1982 schlechter bestätigen als für 1987.

Wir haben aufgrund dieser Überlegungen *vier weitere Skalen* gebildet, indem wir für jeden Befragten die Anzahl der Mitgliedschaften in protestfördernde und nicht protestfördernde Gruppen 1982 und 1987 gezählt haben.

2.3. Integration in soziale Gruppen und Protest

Zuerst wollen wir prüfen, ob die Einstellung der Mitglieder einer Gruppe zu Protest und zu Atomkraftwerken einen Einfluß darauf hat, in welchem Maße ein Befragter protestiert. Unsere Vermutung ist, daß das Ausmaß der Anreize und Kosten, die mit der Mitgliedschaft verbunden sind, wesentlich von diesen Einstellungen abhängen. Die Einstellungen der anderen Mitglieder dienen uns hier also als ein indirektes Maß für die Anreize und Kosten von Protest. Es ist also zu erwarten: *Je mehr Ermutigungen für Protest und je stärkere Ablehnung von Atomkraftwerken ein Befragter bei den anderen Mitgliedern einer Gruppen wahrnimmt, desto stärker beteiligt er sich an Protesthandlungen.*

Wie der obere Teil von Tabelle VII.1 zeigt, treten genau die vorhergesagten Effekte auf. Dabei sind die Korrelationen der vier Integrationsmaße mit legalem Protest größer als mit illegalem Protest. Dies erscheint auch plausibel: Bei der Messung der Integration in Gruppen wurde nicht unterschieden, ob die anderen Mitglieder nach Meinung des Befragten legalen oder illegalen Protest ermutigen. Da sich die meisten unserer Befragten vor allem in legaler Weise engagieren, dürften sie ihre Antwort auf legalen Protest bezogen haben. Zudem gibt es vermutlich nur sehr wenige Gruppen, deren Mitglieder illegalen Protest befürworten. Aus diesen Gründen ist zu erwarten, daß die Beziehung zu legalem Protest stärker ist als die zu illegalem Protest.

Die positive Korrelation zwischen Mißbilligung von Protest durch andere Mitglieder und legalem Protest ist nicht in Einklang mit unseren Erwartungen. Wir hatten vorausgesagt, daß Protest mit dem Ausmaß an Mißbilligung sinkt.

Eine mögliche Erklärung für diese Korrelation ist, daß die Kosten der Mißbilligung von Protest und die Kosten, die dadurch entstehen, daß andere die Nutzung der Atomenergie ablehnen, leicht verringert oder ganz vermieden werden können, indem man den Kontakt zu den anderen Mitgliedern nur sehr lose hält, oder indem man bestimmte Themen im Gespräch mit den anderen Mitgliedern meidet. Hingegen gibt es keinen Grund, positive Anreize zu vermeiden. Es ist deshalb zu erwarten, daß positive Anreize einen stärkeren Einfluß auf das Verhalten haben als negative Anreize.

TABELLE VII.1: Mitgliedschaft in Gruppen, Einstellungen der Mitglieder und Protest (Korrelationen)

Integrationsvariablen	Legaler Protest		Illegaler Protest	
	1982	1987	1982	1987
Ermutigung von Protest durch andere Mitglieder 1987	/	.42**	/	.18*
Mißbilligung von Protest durch andere Mitglieder 1987	/	.18*	/	-.06
Ablehnung der Atomenergie durch andere Mitglieder 1987	/	.55**	/	.24**
Befürwortung der Atomenergie durch andere Mitglieder 1987	/	.05	/	.01
Mitgliedschaft in protestfördernden Gruppen	.39**	.44**	.24**	.22**
Mitgliedschaft in nicht protestför- dernden Gruppen	-.06	-.05	-.15	-.02

* Signifikant auf dem .05 Niveau; ** Signifikant auf dem .01 Niveau.
/ bedeutet, daß die betreffenden Indikatoren 1982 nicht erhoben wurden.

Wie der untere Teil von Tabelle VII.1 zeigt, korreliert die Mitgliedschaft in protestfördernden Gruppen stark mit legalem und illegalem Protest: *Je mehr Mit-gliedschaften in protestfördernden Gruppen bestehen, desto stärker beteiligt sich ein Befragter an Protest.* Die Mitgliedschaft in nicht-protestfördernden Gruppen korreliert dagegen schwach negativ mit Protest. Es lassen sich also zwei unter-schiedliche Arten von Gruppen unterscheiden: solche, die Protest fördern, und sol-che, die Protest nicht fördern. Die Korrelationen für 1982 und 1987 unterscheiden sich jeweils nur geringfügig. Unser Vorgehen, die Gruppen auch 1982 gemäß den Messungen von 1987 zu klassifizieren, bewährt sich also.

Wenn der Zusammenhang zwischen Gruppenmitgliedschaft und Protest durch die Anreize zu erklären ist, dann müßte sich auch ein Unterschied zwischen *aktiven und passiven Mitgliedern* einer Gruppe ergeben. Aktive Mitglieder, die regelmäßig die Treffen von Gruppen besuchen und häufig Kontakt mit anderen Mitgliedern haben, sind ja in weitaus stärkerem Maße Anreizen für Protest ausgesetzt. Passive Mitglieder einer Gruppe hingegen, die vielleicht nur nominell Mitglied sind, die nur selten Treffen der Gruppe besuchen und kaum Kontakt zu anderen Mitgliedern haben, erfahren nur in geringem Maße Anreize, die von den anderen Mitgliedern der Gruppen ausgehen.

Es ist also zu erwarten, daß sich die aktiven Mitglieder in protestfördernden Gruppen stark engagieren, während die passiven Mitglieder nur in geringem Ausmaß an Protestaktivitäten teilnehmen. Bei den nicht-protestfördernden Gruppen ist hingegen kein Unterschied zwischen aktiven und passiven Mitgliedern zu erwarten.

Um diese Hypothese zu prüfen, haben wir acht neue Variablen (je vier für 1982 und für 1987) gebildet: Wir haben für jeden Befragten ermittelt, in wievielen protestfördernden Gruppen er aktives Mitglied und in wievielen er passives Mitglied ist. Analog haben wir diese Werte für die nicht-protestfördernden Gruppen ermittelt.

Wie Tabelle VII.2 zeigt, bestätigt sich unsere Hypothese sehr gut: Zwischen der aktiven Mitgliedschaft in protestfördernden Gruppen und Protest besteht ein starker Zusammenhang. Passive Mitgliedschaft in protestfördernden Gruppen hat dagegen nur einen schwachen protestfördernden Effekt. Bei nicht protestfördernden Gruppen gibt es im Vergleich zu protestfördernden Gruppen nur geringe Unterschiede zwischen aktiven und passiven Mitgliedern. Insgesamt ist der Zusammenhang zwischen Mitgliedschaft in nicht protestfördernden Gruppen und Protest bei aktiven und passiven Mitgliedern gleich schwach.

TABELLE VII.2: Aktivität in Gruppen und Protest (Korrelationen)

Aktivität in Gruppen	Legaler Protest 1982	Legaler Protest 1987	Illegaler Protest 1982	Illegaler Protest 1987
Aktive Mitglieder in protest- fördernden Gruppen	.45**	.45**	.28**	.29**
Passive Mitglieder in protest- fördernden Gruppen	.09	.18*	.01	.02
Aktive Mitglieder in nicht-protest- fördernden Gruppen	-.08	.09	-.17*	.01
Passive Mitglieder in nicht-protest- fördernden Gruppen	.04	.03	-.01	-.13

* Signifikant auf dem .05 Niveau; ** Signifikant auf dem .01 Niveau.

2.4. Integration in Gruppen und Anreize für Protest

Unsere Vermutung ist, wie wir in Abschnitt 1 sahen, daß sich empirisch ermittelte Korrelationen zwischen Integration und Protest deshalb unterscheiden, weil in Gruppen in unterschiedlichem Maße Anreize für Protest auftreten. Zur Überprüfung dieser Hypothese berechnen wir die Korrelationen zwischen der Mitgliedschaft in protestfördernden und nicht-protestfördernden Gruppen einerseits und den Anreizen für Protest andererseits. Wenn die genannte Vermutung zutrifft, dann müßte die Mitgliedschaft in protestfördernden Gruppen positiv mit den Anreizen und negativ mit Kosten für Protest korrelieren. Die Mitgliedschaft in nicht-protestfördernden Gruppen müßte dagegen gar nicht oder negativ mit den meisten Anreizen für Protest korrelieren.

TABELLE VII.3: Korrelationen zwischen Mitgliedschaft in Gruppen und Anreizen für Protest

	Mitgliedschaft in protestför- dernden Gruppen		Mitgliedschaft in nicht-protest- fördernden Gruppen	
Anreizvariablen	1982	1987	1982	1987
Unzufriedenheit	.21*	.30**	-.11	-.11
Entfremdung	.14	.02	-.12	-.10
Einfluß	.12	.30**	.00	-.03
Unzufriedenheit * Einfluß	.23**	.40**	-.07	-.05
Entfremdung * Einfluß	.15	.22**	-.06	-.07
Positive informelle Sanktionen	.11	.19*	-.08	.05
Negative informelle Sanktionen	-.10	-.05	.03	.03
Negative staatliche Sanktionen	.20*	.23**	-.08	.03
Protestnormen	.17*	.21**	.05	.03
Gewaltnormen	.26**	.12	.00	-.03
Erwartungen Dritter	.22**	.26**	-.05	-.06
Aggressionsbereitschaft	-.07	.19*	-.10	.06
Unterhaltungswert	.11	.18*	-.12	.04
Persönliche Abschreckung	/	-.22**	/	.03
Abschreckung bei anderen	/	-.16*	/	.08
Persönliche Radikalisierung	/	.21*	/	.02
Radikalisierung bei anderen	/	-.08	/	.00

* Signifikant auf dem .05 Niveau; ** Signifikant auf dem .01 Niveau.
/ bedeutet, daß die Variable 1982 nicht erhoben wurde.

Wie Tabelle VII.3 zeigt, *unterscheiden sich die Gruppen erwartungsgemäß deutlich bezüglich der Nutzen und Kosten für Protest.* Mit der Mitgliedschaft in protestfördernden Gruppen steigt die Unzufriedenheit mit der Atomenergie, die politische Entfremdung und der wahrgenommene Einfluß. Es werden mehr positive informelle Sanktionen erwartet, die Protest- und die Gewaltnormen sind stärker, es werden stärkere Erwartungen Dritter wahrgenommen, und Protest wird ein höherer Unterhaltungswert zugeschrieben. Negative staatliche Sanktionen erwarten vor allem

Mitglieder protestfördernder Gruppen. Bei den nicht-protestfördernden Gruppen sind die meisten dieser Korrelationen hingegen schwach negativ. Keine dieser Korrelationen ist signifikant.

Die positiven Korrelationen zwischen Mitgliedschaft in protestfördernden Gruppen und Gewaltnormen entspricht nicht der in Abschnitt 1 erwähnten These, daß Integration in Gruppen die demokratischen Spielregeln verstärkt: entsprechend dieser These wäre eine negative Korrelation zwischen Gewaltnormen und Integration in protestfördernde Gruppen zu erwarten gewesen.

Außer bei den Gewaltnormen sind die Effekte für 1987 stärker als für 1982. Dies kann, wie erwähnt, daran liegen, daß sich einige Gruppen seit 1982 verändert haben, so daß einige Gruppen falsch klassifiziert sind.

Auch bezüglich der abschreckenden Wirkung der Polizeiaktionen bei den Befragten und der vermuteten Wirkung bei anderen[3] unterscheiden sich die Mitglieder von protestfördernden Gruppen stark von den Mitgliedern nicht-protestfördernder Gruppen. *Je mehr Mitgliedschaften in protestfördernden Gruppen bestehen, desto stärker ist eine radikalisierende Wirkung der Polizeiaktionen, und desto weniger werden die Befragten durch solche Aktionen von weiterem Protest abgeschreckt.* Nur bezüglich der vermuteten radikalisierenden Wirkung solcher Aktionen bei anderen unterscheiden sich die Mitglieder beider Organisationsarten kaum.

2.5. Die Erklärung der Beziehung zwischen Integration und Protest

Wir wollen nun prüfen, inwieweit die beobachteten Korrelationen zwischen Integration und Protest, wie behauptet, Scheinkorrelationen sind, die durch die Wirkung der Anreizvariablen erklärt werden können. Wir berechnen zunächst Modelle getrennt für 1982 und 1987, d.h. wir lassen alle zeitverzögerten Effekte vorläufig außer acht.

Wie Tabelle VII.4 zeigt, kann die Korrelation zwischen Integration und Protest nur für illegalen Protest vollständig erklärt werden: die standardisierten Regressionskoeffizienten für den Einfluß von Mitgliedschaft in protestfördernde Gruppen auf illegalen Protest sind in dem multivariaten Modell nahezu Null. Dies bedeutet: *Bei konstant gehaltenen Anreizen hat die Integration in protestfördernde Gruppen keinen Einfluß mehr auf das Ausmaß illegalen Protestes.*

Für legalen Protest gilt dies nicht: Hier sind die standardisierten Regressionskoeffizienten des multivariaten Modells gegenüber den bivariaten Korrelationen etwa halbiert. Dies bedeutet: *Auch bei konstant gehaltenen Anreizen beteiligen sich diejenigen, die in protestfördernde Gruppen integriert sind, stärker an legalem Protest als diejenigen, die nicht integriert sind.* Es gibt also einen zusätzlichen Effekt der Integration, der nicht durch die Anreize erklärt werden kann.[4]

---

[3] Die Messung dieser Variablen ist in Kapitel VI beschrieben.

[4] Wir haben die Modelle für 1987 noch einmal berechnet, wobei wir den Protest 1982 als unabhängige Variable mit berücksichtigt haben. Auch in diesen Modellen hatte die Integration in protestfördernde Gruppen einen schwachen zusätzlichen direkten Effekt auf Protest (beta = .14, knapp

TABELLE VII.4: Mitgliedschaft in Gruppen, Anreize für Protest und legaler und illegaler Protest 1982 und 1987 (standardisierte Regressionskoeffizienten)

Anreizvariablen	Legaler Protest 1982	Legaler Protest 1987	Illegaler Protest 1982	Illegaler Protest 1987
Mitgliedschaft in protest- fördernden Gruppen	.13*	.22**	.01	.12
Unzufriedenheit * Einfluß[a]	.39**	.28**	/	/
Entfremdung * Einfluß[a]	/	/	.32**	.06
Positive informelle Sanktionen	.17*	.09	.05	.10
Negative informelle Sanktionen	-.17**	-.05	-.17*	-.08
Negative staatliche Sanktionen	.30**	.02	.17*	.08
Protestnormen	.20**	.23*	.08	.09
Gewaltnormen	.06	.03	.35**	.34**
Erwartungen Dritter	.13*	-.01	.12	-.06
Aggressionsbereitschaft	-.08	.01	.03	-.06
Unterhaltungswert	-.04	.18*	-.06	.09
Korrigiertes R^2	.62	.46	.41	.21

* Signifikant auf dem .05 Niveau; ** Signifikant auf dem .01 Niveau.
a) Wegen hoher Multikollinearität konnte jeweils nur einer der Interaktionsterme in die Regression aufgenommen werden.

Unsere Analysen haben gezeigt, daß es unterschiedliche Arten von Gruppen gibt: protestfördernde Gruppen, deren Mitglieder Protest ermutigen und Atomkraftwerke ablehnen, und nicht-protestfördernde Gruppen, deren Mitglieder Protest mißbilligen und die Nutzung der Atomenergie befürworten. Weiterhin hat sich gezeigt, daß sich die beiden Arten von Gruppen bezüglich der Anreize für Protest deutlich unterscheiden: *Mitglieder protestfördernder Gruppen erwarten mehr positive Anreize als Mitglieder nicht-protestfördernder Gruppen.*

Bisher haben wir nur simultane Beziehungen betrachtet. Im nächsten Abschnitt wollen wir nun auch die zeitverzögerten Wirkungen in die Analyse einbeziehen.

---

signifikant auf dem .05-Niveau), bei illegalem Protest aber nicht (beta = .14, nicht signifikant).

2.6. Die Integrations- und die Rekrutierungshypothese: zeitverzögerte und simultane Effekte

Wir wollen nun die zeitverzögerten Effekte, die aus der Integrations- und der Rekrutierungshypothese folgen, prüfen. Gemäß unseren theoretischen Überlegungen erwarten wir folgende *zeitverzögerten* Effekte:

(1) Protest 1987 hängt von den Anreizen für Protest 1982 ab. Eine Beziehung zwischen der Integration in protestfördernde Gruppen 1982 und Protest 1987 sollte sich als Scheinbeziehung erweisen, wenn die Anreizvariablen konstant gehalten werden (Integrations-Hypothese).

(2) Die Anreize für Protest 1987 hängen von dem Ausmaß der Integration in protestfördernde Gruppen 1982 ab (Integrations-Hypothese).

(3) Die Integration in protestfördernde Gruppen 1987 hängt von dem Protest 1982 und den Anreizen für Protest 1982 ab (Rekrutierungs-Hypothese).

Weiterhin müßten sich folgende *simultanen* Effekte, d.h. Effekte innerhalb eines Zeitraums, zeigen:

(4) Es gibt keine signifikante Beziehung zwischen Integration 1987 und Protest 1987, wenn die Anreize für Protest 1987 kontrolliert werden (Integrations-Hypothese).

(5) Je stärker die Integration 1987 ist, desto mehr Anreize für Protest 1987 werden erwartet (Integrations-Hypothese).

(6) Je stärker sich eine Person 1987 an Protest beteiligt, und je mehr Anreize für Protest eine Person 1987 erwartet, desto größer ist 1987 ihre Integration in protestfördernde Gruppen (Rekrutierungs-Hypothese).

Für die Prüfung dieser Hypothesen ist es sinnvoll, den Einfluß der Anreizvariablen *insgesamt* zu berücksichtigen. Dies ist möglich, indem wir die Anreizvariablen zu Konstrukten zusammenfassen. Bei der Bildung dieser Anreizkonstrukte gehen wir folgendermaßen vor:

Gehen wir zunächst von der abhängigen Variable "*legaler Protest 1987*" aus. Um ein Anreizkonstrukt für diese abhängige Variable zu bilden, berechnen wir zunächst eine Regression, bei der alle Anreizvariablen 1982 (Unzufriedenheit * Einfluß, Entfremdung * Einfluß, positive informelle Sanktionen, negative informelle Sanktionen, negative staatliche Sanktionen, Protestnormen, Gewaltnormen, Erwartungen Dritter, Aggressionsbereitschaft und Unterhaltungswert) die unabhängigen Variablen sind. Abhängige Variable ist legaler Protest 1987. Wir multiplizieren die unabhängigen Variablen, d.h. die Anreize 1982, mit den unstandardisierten Regressionskoeffizienten und addieren sodann die Produkte sowie die Regressionskonstante. Auf diese Weise erhalten wir ein Konstrukt "Anreize 1982 für legalen Protest 1987", in dem alle Anreize 1982 zusammengefaßt sind. Durch unser Vorgehen erfolgt die Zusammenfassung so, daß mit diesem Konstrukt die abhängige Variable, also der legale Protest 1987, optimal erklärt werden kann.

In derselben Weise berechnen wir eine Regression mit *illegalem Protest 1987* als abhängiger Variable und den Anreizen 1982 als unabhängigen Variablen. Wir erhalten so das Konstrukt "Anreize 1982 für illegalen Protest 1987". In diesem Konstrukt sind die Anreizvariablen 1982 so zusammengefaßt, daß mit ihnen der illegale Protest 1987 optimal erklärt werden kann. Schließlich bilden wir ein drittes Konstrukt "Anreize 1982 für Integration 1987", indem wir *Integration in protestfördernde Organisationen 1987* als abhängige und die Anreizvariablen 1982 als unabhängige Variablen verwenden.

In gleicher Weise haben wir die Anreizvariablen 1987 zu den Konstrukten "Anreize 1987 für legalen Protest 1987", "Anreize 1987 für illegalen Protest 1987" und "Anreize 1987 für Integration 1987" zusammengefaßt.

Schließlich haben wir noch ein Konstrukt gebildet, indem wir das Konstrukt "Anreize 1987 für legalen Protest 1987" als abhängige und alle Anreizvariablen 1982 als unabhängige Variablen verwendet haben. Ergebnis ist das Konstrukt "Anreize 1982 für Anreize 1987". In diesem Konstrukt sind die Anreize 1982 so zusammengefaßt, daß mit ihnen die ebenfalls in einem Konstrukt zusammengefaßten Anreize 1987 optimal erklärt werden können. Ein zweites Konstrukt dieser Art haben wir gebildet, indem wir als abhängige Variable das Konstrukt "Anreize 1982 für illegalen Protest 1987" verwendet haben.

Wir haben die Anreize also immer für *eine bestimmte abhängige Variable* zu einem Konstrukt zusammengefaßt. Da wir für die Anreize 1987 drei abhängige Variablen verwenden wollen, nämlich legalen Protest 1987, illegalen Protest 1987 und Integration 1987, haben wir drei Anreizkonstrukte 1987 gebildet. Für die Anreize 1982 wollen wir insgesamt fünf verschiedene abhängige Variablen verwenden - legalen Protest 1987, illegalen Protest 1987, Anreize für legalen Protest 1987, Anreize für illegalen Protest 1987 und Integration 1987, deshalb haben wir fünf verschiedene Anreizkonstrukte 1982 gebildet. In jedem dieser Konstrukte sind die Anreizvariablen so zusammengefaßt, daß sie jeweils eine bestimmte abhängige Variable optimal erklären. In den Modellen, die wir im folgenden prüfen, haben wir immer das Anreizkonstrukt verwendet, das für die jeweilige abhängige Variable des Modells erstellt wurde.

Prüfen wir zunächst unsere Hypothesen 1 und 4. Wir haben mehrere Regressionsmodelle berechnet, bei denen Protest 1987 die abhängige Variable ist (Tabelle VII.5). Wir haben für legalen und für illegalen Protest 1987 jeweils zwei Modelle geschätzt: Im ersten Modell haben wir nur Protest 1982, d.h. die jeweilige zeitverzögerte Protestvariable, Anreize 1982 und Integration 1982 als unabhängige Variablen verwendet (Modelle 1 und 3). Im zweiten Modell haben wir zusätzlich die Anreize 1987 und anstelle der Integration 1982 die Integration 1987 als unabhängige Variablen verwendet (Modelle 2 und 4); die gleichzeitige Berücksichtigung beider Integrationsvariablen war nicht möglich, da dann die Multikollinearität zu stark ansteigt.

Die Anreize 1982 korrelieren zwar stark mit Protest 1987 ($r = .62$ für legalen und $r = .40$ für illegalen Protest); in der Regressionsanalyse haben sie aber nur mit legalem Protest eine signifikante Beziehung (Beta = .23).

Die Anreize 1987 korrelieren stärker mit Protest 1987 als die Anreize 1982 (.68 für legalen und .52 für illegalen Protest). In der Regression haben sie einen signifikanten Effekt auf legalen und illegalen Protest (.38 für legalen und .33 für illegalen Protest). Werden die Anreize 1987 zusätzlich in die Regression aufgenommen, dann haben die Anreize 1982 keinen Einfluß mehr auf legalen Protest (Beta = .03).

Welche Effekte ergeben sich nun für die Integration? Die bivariaten Korrelationen sind relativ hoch (Integration 1982: $r = .30$ für legalen und $r = .26$ für illegale

Protest 1987; Integration 1987: r = .44 für legalen und r = .22 für illegalen Protest 1987). In der Regression hat die Integration aber keinen signifikanten Effekt, wenn die Anreizvariablen kontrolliert werden. Dieses Ergebnis entspricht genau der Voraussage aufgrund der Integrationshypothese, daß es sich bei der Beziehung zwischen Integration und Protest um eine indirekte Beziehung handelt, die nicht mehr besteht, wenn die Anreize kontrolliert werden.

TABELLE VII.5: Die Überprüfung der Integrationshypothese: Zeitverzögerte Effekte (standardisierte Regressionskoeffizienten)

Unabhängige Variablen	Legaler Protest 1987		Illegaler Protest 1987	
	Modell 1	Modell 2	Modell 3	Modell 4
Legaler Protest 1982	.50**	.40**	–	–
Illegaler Protest 1982	–	–	.39**	.31**
Anreizkonstrukt 1982	.23*	.03	.11	-.03
Anreizkonstrukt 1987	–	.38**	–	.33**
Integration 1982	.04	–	.13	–
Integration 1987	–	.13	–	.12
Korrigiertes R²	.49	.59	.25	.32

* Signifikant auf dem .05 Niveau; ** Signifikant auf dem .01 Niveau.

Insgesamt bestätigen diese Ergebnisse unsere Vermutung, daß *nicht Integration an sich, sondern die mit der Integration verbundenen Anreize* eine Wirkung auf die Beteiligung an Protest haben.

Eine weitere Vorhersage aufgrund der Integrationshypothese war, daß um so mehr Anreize für Protest erwartet werden, je stärker die Integration in protestfördernde Gruppen ist (Hypothese 2 und 5). Diese Hypothese bestätigt sich nicht, wie Tabelle VII.6 zeigt. Zwar sind die bivariaten Korrelationen zwischen Integration und Anreizen signifikant (Integration 1982: r = .24 mit Anreizen für legalen und r = .23 mit Anreizen für illegalen Protest 1987; Integration 1987: r = .38 mit Anreizen für legalen und r = .24 mit Anreizen für illegalen Protest 1987). In der Regression ergibt sich aber nur für die Integration 1987 ein schwacher signifikanter Effekt auf die Anreize 1987 für legalen Protest (Beta = .16).

Aufgrund der Rekrutierungshypothese haben wir erwartet, daß die Integration in protestfördernde Gruppen um so größer ist, je stärker die Beteiligung an Protest ist und je mehr Anreize für Protest es gibt (Hypothesen 3 und 6). Wir haben zwei Regressionsmodelle berechnet, um diese Hypothesen zu prüfen (Tabelle VII.7).

Für legalen Protest bestätigt sich unsere Vermutung: Die bivariaten Beziehungen sind relativ stark (Integration 1987: r = .40 für legalen Protest 1982 und r = .44 für legalen Protest 1987). Auch in der Regression ergeben sich signifikante Beziehungen (die standardisierten Koeffizienten betragen .28 und .21).

TABELLE VII.6: Die Überprüfung der Integrationshypothese: Zeitverzögerte Effekte (standardisierte Regressionskoeffizienten)

Unabhängige Variablen	Anreize 1987 für legalen Protest		Anreize 1987 für illegalen Protest	
	(1)	(2)	(3)	(4)
Legaler Protest 1982	.19*	.13	-	--
Illegaler Protest 1982	-	-	.28**	.29**
Anreizkonstrukt 1982	.57**	.57**	.46**	.44**
Integration 1982	.01	-	.03	-
Integration 1987	-	.16*	-	.10
Korrigiertes R²	.47	.46	.60	.59

* Signifikant auf dem .05 Niveau; ** Signifikant auf dem .01 Niveau.

Für illegalen Protest ist die Beziehung schwieriger zu interpretieren. Für illegalen Protest 1982 ergibt sich eine schwache bivariate Korrelation mit Integration 1987 (r = .10), in der Regression zeigt sich aber eine signifikante negative Beziehung (Beta = -.27). Für illegalen Protest 1987 ergibt sich eine stärkere bivariate Beziehung (r = .22), in der Regression ist die Beziehung aber nicht signifikant (Beta = -.05). Das Modell für 1982 weist eine starke Multikollinearität auf, so daß das ungewöhnliche Ergebnis für illegalen Protest 1982 möglicherweise ein methodisches Artefakt ist. Insgesamt muß man wohl davon ausgehen, daß zwischen illegalem Protest und dem Ausmaß der Integration in protestfördernde Gruppen kein Zusammenhang besteht.

Dieses Ergebnis könnte in folgender Weise erklärt werden: die in unserer Erhebung ermittelten Mitgliedschaftsgruppen ermutigen vorwiegend legalen Protest. Entsprechend ist zu erwarten, daß Personen, die illegal protestieren oder illegalen Protest befürworten, nicht in solche Gruppen eintreten. Daher ist eine stärkere Beziehung zwischen legalem Protest und Integration als zwischen illegalem Protest und Integration zu erwarten.

Die Anreize korrelieren zwar relativ stark mit der Integration (r = .44 für Anreize 1982 und r = .40 für Anreize 1987). In der Regression haben aber nur die Anreize 1982 einen signifikanten Einfluß auf die Integration, und zwar auch dann, wenn zusätzlich die Anreize 1987 in das Modell aufgenommen werden (.27 ohne und .19 mit Anreizen 1987 im Modell). Hier scheint also tatsächlich eine *zeitverzögerte* Wirkung der Anreize auf die Integration in protestfördernde Gruppen vorzuliegen.

Modelle mit einzelnen Anreizen anstelle des Anreizkonstruktes zeigen, daß die Aggressionsbereitschaft 1982 (Beta = -.20) und die Protestnormen 1982 (Beta = .23) einen signifikanten Einfluß auf die Integration in protestfördernde Gruppen 1987 haben. Je schwächer also die Aggressionsbereitschaft einer Person 1982 war, und je stärker sie Protestnormen internalisiert hat, desto häufiger ist sie 1987 Mitglied in protestfördernden Organisationen.

TABELLE VII.7: Eine Überprüfung der Rekrutierungshypothese: Zeitverzögerte Effekte (standardisierte Regressionskoeffizienten)

Unabhängige Variablen	Integration in protestfördernde Gruppen 1987	
Legaler Protest 1982	.28**	–
Illegaler Protest 1982	-.27**	–
Anreizkonstrukt 1982	.27**	.19*
Integration 1982	.34**	.33**
Legaler Protest 1987	–	.21**
Illegaler Protest 1987	–	-.05
Anreizkonstrukt 1987	–	.17
Korrigiertes R^2	.34	.36

* Signifikant auf dem .05 Niveau; ** Signifikant auf dem .01 Niveau.

Insgesamt zeigen unsere Analysen also, daß Integration in protestfördernde Gruppen erwartungsgemäß weder einen direkten langfristigen noch einen direkten kurzfristigen Effekt auf die Protestaktivität hat, wenn die Anreize für Protest kontrolliert werden. Dies ist eine Bestätigung für die Integrationshypothese, die ja besagt, daß nicht die Integration als solche eine Wirkung auf die Protestbereitschaft hat, sondern durch die Anreize wirkt, die mit der Integration verbunden sind.

Welche Anreize für Protest 1987 erwartet werden, hängt entgegen unseren Hypothesen aber nicht von dem Ausmaß der Integration 1982. Es zeigt sich lediglich ein schwacher Effekt der Integration auf die Anreize 1987 für legalen Protest. Dieses Ergebnis steht nicht in Einklang mit der Integrationshypothese, die einen stärkeren Effekt der Integration auf die Anreize erwarten läßt.

Die Integration 1987 hängt von den Anreizen 1982 für Protest und von dem legalen Protest 1982 und 1987 ab. Dies ist eine Bestätigung für die Rekrutierungshypothese. Illegaler Protest hat dagegen keinen Einfluß auf das Ausmaß der Integration.

Wir wollen die Folgerungen aus der Integrations- und der Rekrutierungshypothese noch auf eine andere Weise prüfen. Wenn beide Hypothesen richtig sind, dann müßte folgendes der Fall sein: `

(1) Von Protest muß ein Einfluß auf Integration ausgehen, nicht aber von Integration auf Protest, wenn die Anreize kontrolliert werden. Es gibt also *keine simultane Rückwirkung* zwischen Integration und Protest. (2) Zwischen Anreizen und Integration muß eine *simultane Rückwirkung* bestehen.

Wir wollen nun zwei Modelle mit simultanen Rückwirkungen prüfen: Im ersten Modell wollen wir prüfen, ob eine simultane Rückwirkung zwischen Protest und

Integration besteht. Im zweiten Modell prüfen wir, ob eine solche simultane Rückwirkung zwischen den Anreizen für Protest und Integration besteht.

Prüfen wir zunächst, ob zwischen Protest und Integration eine simultane Rückwirkung besteht. Wie das Modell in Figur VII.4 zeigt, besteht eine solche Rückwirkung nicht: es gibt nur einen Effekt von legalem Protest auf Integration, nicht
aber eine Rückwirkung von Integration auf Protest. Dies bedeutet: Je stärker eine
Person sich an legalen Protestaktivitäten beteiligt, desto häufiger wird sie Mitglied
in protestfördernden Organisationen. Für illegalen Protest gibt es dagegen keine
Rückwirkung auf die Integration.

FIGUR VII.4: Integration in protestfördernde Gruppen und Protestverhalten im
Zeitablauf.[a]

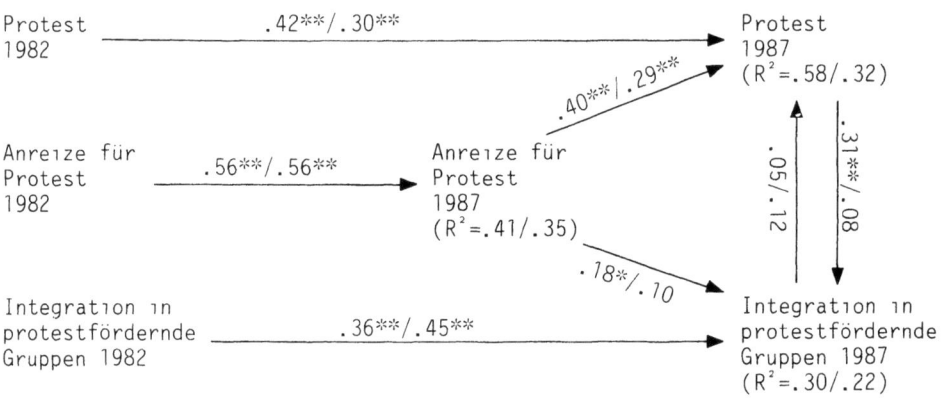

a) Standardisierte Regressionskoeffizienten, erster Koeffizient für legalen Protest,
zweiter Koeffizient für illegalen Protest.
* Signifikant auf dem .05 Niveau; ** Signifikant auf dem .01 Niveau.

Wir wollen nun prüfen, ob es zwischen den Anreizvariablen und der Integration
in protestfördernde Gruppen eine Rückwirkung gibt, d.h. ob die Integration zu verstärkten Anreizen und gleichzeitig die Anreize zu verstärkter Integration führen.

Wie das Modell in Figur VII.5 zeigt, konnte keine simultane Rückwirkung zwischen den Anreizen für Protest und der Integration in protestfördernde Gruppen
festgestellt werden. Bestätigt hat sich nur, daß Integration zu verstärkten Anreizen
für Protest führt, nicht aber, daß verstärkte Anreize auch zu verstärkter Integration führen.

Diese verschiedenen Querschnitt- und Längsschnittanalysen lassen sich in folgender Weise zusammenfassen. (1) Die Beziehung zwischen Integration und Protest
kann recht gut durch unsere Anreizvariablen erklärt werden. (2) Die Regressions-

analysen konnten nur teilweise die Hypothese bestätigen, daß Integration einen direkten Effekt auf Anreize für Protest hat, wenn die zeitverzögerten Anreize kontrolliert werden. (3) Insgesamt zeigen die Analysen, daß Anreize für Protest und legaler Protest Integration in Gruppen beeinflussen.

FIGUR VII.5: Integration in protestfördernde Gruppen und Protestverhalten im Zeitablauf.[a]

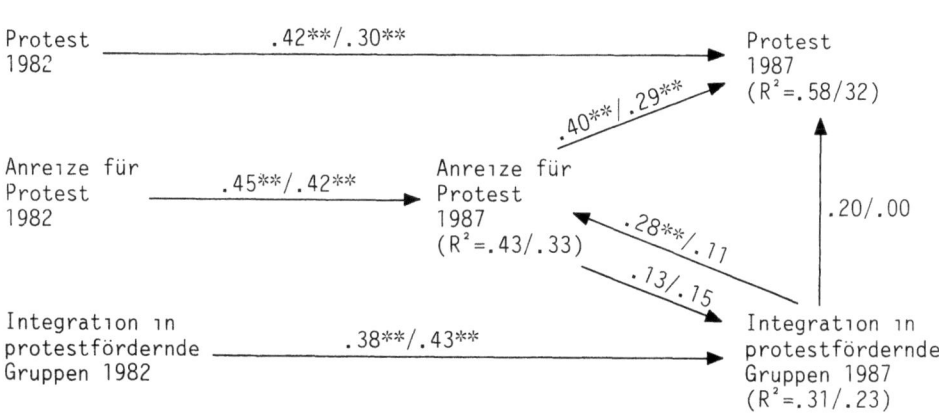

a) Standardisierte Regressionskoeffizienten, erster Koeffizient für legalen Protest, zweiter Koeffizient für illegalen Protest.
* Signifikant auf dem .05 Niveau; ** Signifikant auf dem .01 Niveau

3. Die Beziehungen zu Nachbarn und Freunden

Im folgenden wollen wir prüfen, inwieweit die in Abschnitt 1 formulierten Hypothesen für die *Integration in persönliche Netzwerke* gelten: sind enge Beziehungen zu Nachbarn und Freunden Bedingungen, die Protest fördern? Zur Beantwortung dieser Frage soll zunächst beschrieben werden, wie "Integration in persönliche Netzwerke" gemessen wurde. Sodann werden wir entsprechend der in Abschnitt 1 beschriebenen Schritte vorgehen.

3.1. Die Messung der Variablen

Anreize für Protest können erstens von Freunden ausgehen. Wenn jemand in einen Freundeskreis integriert ist, dann werden Anreize für Protest um so größer sein, je stärker sich Freunde politisch engagieren und dabei die politischen Ansichten einer Person teilen und je homogener die politischen Vorstellungen der Freunde sind. Zur Messung dieser Sachverhalte wurden in der Untersuchung von 1987 folgende Fragen gestellt:

(1) Sind die meisten Ihrer Freunde oder Bekannten *aktiv* in politischen Gruppen oder Organisationen, oder sind die meisten eher nicht aktiv? (Kodierung 1: nicht aktiv, Kodierung 2: aktiv);

(2) Wie aktiv sind Ihre Freunde und Bekannten *in der Anti-AKW-Bewegung*? Sind sie überwiegend aktiv oder überwiegend nicht aktiv? (Kodierung 1: nicht aktiv; Kodierung 2: aktiv);

(3) Wenn Sie Ihre Freunde und Bekannten treffen, wird dann meistens über Politik geredet, oder wird meistens über andere Dinge geredet? (Kodierung 1: meist über andere Dinge; Kodierung 2: meist über Politik).

(4) Angenommen, es findet eine Demonstration oder eine andere politische Aktion statt. Viele Leute erfahren das erst hinterher aus der Zeitung oder dem Fernsehen. Geht Ihnen das auch so, oder sind Sie häufig über politische Aktionen informiert, bevor diese stattfinden? (Kodierung 1: erst hinterher informiert; Kodierung 2: häufig vorher informiert).

Darüber hinaus wurde danach gefragt, (5) ob die meisten Freunde Atomkraftgegner sind, (6) ob die politischen Ansichten des Befragten mit denen der Freunde übereinstimmen und (7) ob der Befragte in einer Wohngemeinschaft lebt.

Diese Indikatoren wurden einer Hauptkomponentenanalyse unterzogen. Die ersten vier Fragen luden auf dem ersten Faktor (27.4% erklärte Varianz). Diese Indikatoren beziehen sich vor allem auf das *politische Engagement der Freunde*. Auf dem zweiten Faktor (19.3% erklärte Varianz) luden die zuletzt genannten Fragen 5 -und 6, die die *politische Homogenität der Freunde* messen. Die Frage nach der *Mitgliedschaft in einer Wohngemeinschaft* (Kodierung 1: nein, Kodierung 2: ja) lud auf dem dritten Faktor, der 15,6% der Varianz erklärte.

Diese Frage wird im folgenden als einzelner Indikator verwendet. In der Untersuchung 1982 (1987) gaben 19 (17) der Befragten an, in einer Wohngemeinschaft zu leben.

Die Skala "politisches Engagement der Freunde" wurde durch die Addition der Punktwerte für die Antworten auf die Fragen 1 bis 4 gebildet. Hohe Punktwerte bedeuten starkes Engagement der Freunde. Der mögliche und tatsächliche Wertebereich der Skala reicht von 4 bis 8. Der Mittelwert der Skala beträgt 5.31, die Standardabweichung 1.16.

Da die Korrelation der additiven Skala "politische Homogenität der Freunde", gebildet aus den auf dem zweiten Faktor hoch ladenden Fragen, mit "legaler Protest 1987" nur .17 und mit " illegaler Protest 1987" nur .12 betrug, wurde diese Skala nicht in die weitere Analyse einbezogen.

Beziehungen zu Nachbarn werden in der Literatur oft durch die Wohndauer und die Art des Wohnens (eigenes Haus, Mietwohnung etc.) gemessen. Entsprechend haben wir folgende Sachverhalte sowohl 1982 als auch 1987 ermittelt: (1) die *Wohndauer in der Wohnung*, in der der Befragte gegenwärtig wohnt - der Mittelwert für 1982 (1987) beträgt 6.36 (8.07) Jahre mit einer Standardabweichung von 6.32 (7.58); (2) Die *Wohndauer am Wohnort* (in Hamburg oder Geesthacht) - der Mittelwert 1982 (1987) beträgt 20.93 (25.32) und die Standardabweichung 13.44 (13.56); (3) die *Art* des Wohnens (Kodierung 1: eigenes Haus, Eigentumswohnung; Kodierung 2: Miete, sonstiges) - 1982 (1987) gaben 25 (30) Personen an, in einem eigenen Haus oder in einer Eigentumswohnung zu leben. Diese drei Indikatoren wurden getrennt in den folgenden Analysen verwendet.

Ein indirekter Indikator für die Integration in die Nachbarschaft ist die vom Befragten wahrgenommene *Hilfsbereitschaft der Nachbarn*. In der Untersuchung von 1987 wurden die Befragten gebeten anzugeben, für wie wahrscheinlich sie es halten, daß die Nachbarn (1) Post für sie entgegennehmen, (2) auf die Wohnung achten, wenn sie verreist sind, (3) Einkäufe erledigen, wenn sie krank sind, (4) ihnen etwas Geld leihen. Jeder Befragte konnte eine von fünf Antworten ankreuzen, die von "keinesfalls" (Kodierung 1) bis "ganz sicher" (Kodierung 5) reichten. Eine Hauptkomponentenanalyse ergab einen einzigen Faktor, der 64.4% der Varianz erklärte. Entsprechend wurden die Werte der einzelnen Indikatoren addiert. Die Skala kann Werte von 4 bis 20 annehmen, tatsächlich reichen die Werte von 7 bis 20. Der Mittelwert der Skala beträgt 16.35 bei einer Standardabweichung von 2.91. Hohe Werte bezeichnen starke Hilfsbereitschaft.

Zur Messung der *Homogenität der Nachbarschaft* haben wir nur 1987 ermittelt, inwieweit die Befragten glauben, daß die Nachbarn bezüglich einer Reihe von Fragen die gleiche Meinung wie sie selbst haben (Kodierung 2) oder nicht die gleiche Meinung bzw. ob sie die Meinung der Nachbarn nicht kennen (jeweils kodiert mit dem Wert 1). Bei diesen Fragen handelte es sich (1) um Kindererziehung, (2) darum, wie man seine Freizeit verbringt, (3) darum, wie man sich die Wohnung einrichtet, (4) um Probleme ausländischer Arbeitnehmer, (5) um die Stationierung von Raketen in der BRD, (6) um die Nutzung der Atomenergie.

Eine Hauptkomponentenanalyse mit diesen Indikatoren ergab zwei Faktoren mit 46% und 21.3% erklärter Varianz. Auf dem ersten Faktor luden die Indikatoren 4, 5 und 6, auf dem zweiten Faktor die übrigen Indikatoren 1 bis 3. Der erste Faktor bezieht sich auf die Homogenität der Nachbarn im Hinblick auf Fragen aus dem privaten Bereich, d.h. auf die *private Homogenität der Nachbarn*. Aus diesen drei Indikatoren wurde eine additive Skala gebildet. Tatsächlicher und möglicher Wertebereich stimmen überein. Der Mittelwert beträgt 3.75 und die Standardabweichung 1.02. Hohe Werte bezeichnen starke Homogenität.

Die drei Indikatoren 4, 5 und 6 beziehen sich auf die *politische Homogenität der Nachbarn*. Aus diesen Indikatoren wurde wiederum eine additive Skala gebildet, deren theoretischer und tatsächlicher Wertebereich übereinstimmen. Der Mittelwert beträgt 4,07, die Standardabweichung 1,18. Hohe Werte bedeuten wiederum starke Homogenität.

Sowohl 1982 als auch 1987 haben wir eine Frage nach der *Stärke der Beziehung zu Nachbarn* gestellt. Die Befragten wurden gebeten anzugeben, ob sie zu ihren Nachbarn sehr starke, starke, weder starke noch schwache Beziehungen oder schwache Beziehungen haben oder ob dies unterschiedlich ist. Die Variable wurde in der Weise dichotomisiert, daß "sehr starke" und "starke" Beziehungen in eine Kategorie und die übrigen Antwortmöglichkeiten in eine andere Kategorie zusammengefaßt wurden (Kodierung 2 für starke/sehr starke, Kodierung 1 für die übrigen Antworten). 1982 (1987) fielen in die Kategorie 2 (starke Beziehungen) 21 (22) Befragte.

In derselben Weise haben wir gefragt, wieviel die Befragten mit ihren Nachbarn gemeinsam haben. *"Gemeinsamkeit mit Nachbarn"* wurde ebenfalls dichotomisiert (schwache Gemeinsamkeit wurde mit 1, starke Gemeinsamkeit mit 2 kodiert). 1982 (1987) gaben 17 (15) Befragte an, mit ihren Nachbarn viel gemeinsam zu haben.

Ein letzter Indikator, der die Homogenität der Nachbarschaft hinsichtlich der Einstellung zur Atomenergie aus der Sicht der Befragten ermitteln sollte, war eine 1982 und 1987 gestellte Frage nach der Einschätzung des *Prozentsatzes von Atomkraftgegnern in der Nachbarschaft.* Der Mittelwert beträgt 1982 (1987) 29.39 (31.35), die Standardabweichung 25.68 (23.49).[5]

3.2. Persönliche Netzwerke und Protest

Wie korrelieren unsere Indikatoren und Skalen für die Integration in persönliche Netzwerke mit Protest? Tabelle VII.8 zeigt, daß die Korrelationen sehr unterschiedlich sind. Positive Korrelationen, die zum Teil relativ hoch sind, bestehen zwischen dem politischen Engagement von Freunden und Mitgliedschaft in einer Wohngemeinschaft einerseits und (legalem und illegalem) Protest andererseits. Während politisches Engagement der Freunde vor allem legalen Protest positiv beeinflußt, wirkt die Mitgliedschaft in einer Wohngemeinschaft vor allem auf illegalen Protest. Dies gilt sowohl 1982 als auch 1987.

Meist negative Korrelationen finden wir zwischen Protest einerseits und Wohndauer, Hilfsbereitschaft der Nachbarn und privater Homogenität der Nachbarn andererseits.

Die Art des Wohnens zeigt durchweg schwache positive Korrelationen mit Protest: Personen, die zur Miete wohnen, protestieren stärker als Personen, die in einem eigenen Haus oder in einer Eigentumswohnung leben.

Schließlich korrelieren eine Reihe von Integrationsmaßen überhaupt nicht mit Protest: zwischen Protest einerseits und politischer Homogenität der Nachbarn, Stärke der Beziehungen zu Nachbarn, Gemeinsamkeit mit Nachbarn und Prozentsatz von Atomkraftgegnern in der Nachbarschaft bestehen im allgemeinen keine Beziehungen. Das Vorzeichen der Koeffizienten ist meist negativ.

Diese Ergebnisse lassen sich so zusammenfassen: die von uns gemessenen Beziehungen zu Freunden (politisches Engagement von Freunden und Mitgliedschaft in einer Wohngemeinschaft) korrelieren positiv mit Protest, während Integration in die Nachbarschaft meist negativ oder überhaupt nicht mit Protest korreliert.

Unsere Daten bestätigen also keine der erwähnten theoretischen Perspektiven. Gegen die These der Perspektive der Ressourcen-Mobilisierung, die eine positive Korrelation von Protest und Integration behauptet, sprechen die negativen und Null-Korrelationen. Gegen die Theorie der Massengesellschaft, die eine negative

---

[5] Bei dieser Variablen machten 1982 (1987) 20 (25) Befragte keine Angaben. Wir ermittelten, inwieweit sich die Korrelationen dieser Variablen mit und ohne Mittelwertsubstitution für fehlende Werte mit einer Reihe von anderen Variablen unterschieden. Da nur extrem geringe Unterschiede auftraten, wurden - wie bei allen übrigen Variablen - die fehlenden Werte durch Mittelwerte ersetzt.

Korrelation zwischen Protest und Integration voraussagt, sprechen die positiven und Null-Korrelationen.

TABELLE VII.8: Korrelationen der Maße für Integration in persönliche Netzwerke mit legalem und illegalem Protest

Indikatoren und Skalen	Legaler Protest 1982	Illegaler Protest 1982	Legaler Protest 1987	Illegaler Protest 1987
Beziehungen zu Freunden				
(1) Politisches Engagement von Freunden (1987)	(.43**)	(.23**)	(.50**)	(.37**)
(2) Mitgliedschaft in einer Wohngemeinschaft 1982 (1987)	.32** (.18*)	.42** (.32**)	.17 (.09)	.31** (.31**)
Beziehungen zu Nachbarn				
(3) Wohndauer in der Wohnung 1982 (1987)	-.37** (-.37**)	-.30** (-.39**)	-.19* (-.15)	-.06 (-.14)
(4) Wohndauer am Ort 1982 (1987)	-.18* (-.17)	-.23** (-.25**)	-.21* (-.20*)	-.19* (-.20*)
(5) Art des Wohnens 1982 (1987)	.09 (.03)	.18* (.24**)	.10 (.06)	.16 (.12)
(6) Hilfsbereitschaft der Nachbarn (1987)	(-.14)	(-.16)	(.04)	(-.06)
(7) Private Homogenität der Nachbarn (1987)	(-.24**)	(-.23**)	(-.06)	(-.20*)
(8) Politische Homogenität der Nachbarn (1987)	(-.03)	(-.02)	(.10)	(.03)
(9) Stärke der Beziehungen zu Nachbarn 1982 (1987)	-.05 (-.19*)	-.11 (-.19*)	-.07 (-.05)	-.05 (-.02)
(10) Gemeinsamkeit mit Nachbarn 1982 (1987)	-.00 (-.18*)	-.11 (-.18*)	.04 (-.01)	.02 (-.06)
(11) % von Atomkraftgegnern in der Nachbarschaft 1982 (1987)	-.01 (-.04)	-.05 (.03)	.03 (.01)	-.11 (-.04)

* Signifikant auf dem .05 Niveau; ** signifikant auf dem .01 Niveau.

Unsere auf dem Modell rationalen Verhaltens beruhende Vermutung, nach der nicht zu erwarten ist, daß Integration generell positiv, negativ oder nicht mit Protest korreliert, wird dagegen bestätigt. Welche Beziehungen zwischen Protest und den von uns erhobenen Indikatoren für Integration sind zu erwarten?

Am ehesten war die positive Korrelation zwischen "politisches Engagement von Freunden" und Protest zu erwarten: ein politisch aktives soziales Netzwerk wird Protest seiner Mitglieder in hohem Maße belohnen.

Bei dem Indikator "Mitgliedschaft in einer Wohngemeinschaft" würden Vertreter der Perspektive der Ressourcen-Mobilisierung argumentieren, daß aufgrund enger Kontakte der Mitglieder die Mobilisierung relativ leicht ist. Allerdings sind Wohngemeinschaften relativ klein, so daß das Mobilisierungspotential gering ist.

Aus der Sicht des Modells rationalen Verhaltens hängt es von den Anreizen für Protest ab, die in einer Wohngemeinschaft auftreten, ob die Mitglieder sich an Protesten beteiligen. Wenn vor allem politisch engagierte Personen Wohngemeinschaften bilden, dann ist in der Tat mit einer positiven Korrelation zwischen Wohnen in einer Wohngemeinschaft und Protest zu rechnen. Wenn jedoch Wohngemeinschaften primär von einkommensschwachen Personen gebildet werden, um kostengünstig zu wohnen, und wenn diese Personen politisch nicht engagiert sind, dann wird man keine Korrelation mit Protest erwarten. Daß eine positive Beziehung zwischen Wohnen in einer Wohngemeinschaft und Protest besteht, bestätigt die Vermutung, daß es sozusagen zur Kultur der Protestszene gehört, nicht "vereinzelt", sondern in Wohngemeinschaften zusammenzuleben. Hier dürfte also zum einen die Rekrutierungs-Hypothese gelten. Zum anderen dürften jedoch von den Mitgliedern der Wohngemeinschaft starke Anreize für Protest ausgehen. Entsprechend war für unsere Stichprobe eine positive Beziehung zwischen Mitgliedschaft in einer Wohngemeinschaft und Protest zu erwarten.

Bei einigen Maßen für "Beziehungen zu Nachbarn" erscheint es wenig plausibel, positive Beziehungen zwischen Integration und Protest zu erwarten. Bei engen Beziehungen einer Person zu relativ vielen Nachbarn ist zwar die Möglichkeit gegeben, kostengünstig durch viele Personen direkt oder indirekt erreicht zu werden. Ob eine Person jedoch für Protest mobilisiert werden kann, hängt u.a. davon ab, inwieweit sie z.B. unzufrieden mit der Kernenergie ist und Protestnormen akzeptiert. Dies braucht keineswegs der Fall zu sein. Wenn die Person "unpolitisch" ist, werden Mobilisierungsversuche nicht so leicht Erfolg haben.

Auch diese Überlegungen lassen unsere zentrale These plausibel erscheinen, nach der die Wirkungen von Integration auf Protest von den Anreizen abhängen, denen integrierte Personen ausgesetzt sind.

3.3. Private Beziehungen im politischen Kontext: Die Überprüfung einer Folgerung aus dem Modell rationalen Verhaltens

Angenommen, eine Person ist in hohem Maße in persönliche Netzwerke integriert. Wir wollen dies so ausdrücken: die *private Integration* ist relativ groß. Dies bedeutet, daß häufige Kontakte zu vielen anderen Personen bestehen und daß entsprechend die Kommunikation mit relativ vielen Personen leicht, d.h. kostengünstig ist. Dies allein wird jedoch nicht zu Protest führen. Wenn aber das soziale Netzwerk in hohem Maße politisch homogen oder politisch engagiert, d.h. *politisiert* ist, dann ist zu erwarten, daß bei einem hohen Ausmaß privater Integration politisches

Engagement in hohem Maße mit Belohnungen für Protest verbunden ist. Diese Belohnungen bestehen in direkten positiven Sanktionen und Prestige oder Status in der Gruppe. Außerdem sind die Kosten des Engagements gering: seitens der Mitglieder des Netzwerkes sind kaum negative Sanktionen zu erwarten, und deren Mobilisierung ist ohne großen Aufwand möglich. In dieser Situation ist mit starkem politischen Engagement der Mitglieder des Netzwerkes zu rechnen.

Wenn die Mitglieder eines Netzwerkes nicht nur politisch *homogen*, sondern darüber hinaus auch politisch *aktiv* sind, dann werden die Belohnungen für politisches Engagement besonders hoch und die Kosten besonders gering sein. Entsprechend ist zu erwarten, daß die Wirkung privater Integration auf Protest bei politischem Engagement größer als bei politischer Homogenität des Netzwerkes ist.

Bei der von uns untersuchten Stichprobe ist anzunehmen, daß die Mitglieder sozialer Netzwerke vorwiegend legalen und weniger illegalen Protest fördern. Somit müßte der Interaktionseffekt von privater Integration und Politisierung größer bei legalem als bei illegalem Protest sein.

Diese Überlegungen wollen wir in folgender Hypothese zusammenfassen:

Hypothese über einen Interaktionseffekt von privater Integration und Politisierung des Netzwerkes auf Protest: (a) Politische Homogenität und politisches Engagement, d.h. die Politisierung des Netzwerkes, wirken um so stärker auf Protest, je stärker die private Integration ist. (b) Der Interaktionseffekt ist stärker bei politischem Engagement als bei politischer Homogenität des Netzwerkes. (c) Der Interaktionseffekt ist stärker für legalen als für illegalen Protest.

Figur VII.6 verdeutlicht die Teilhypothese (a). Wenn ein *Interaktionseffekt* von privater Integration und Politisierung des Netzwerkes vorliegt, dann bedeutet dies, daß die Wirkung der privaten Integration von der Politisierung des Netzwerkes abhängt. Wenn entsprechend die private Integration relativ niedrig ist (vgl. die untere Linie in Figur VII.6), dann führt ein Ansteigen der Politisierung des Netzwerkes nur zu einer geringen Zunahme von Protest. Somit ist die untere Linie relativ flach, d.h. das Steigungsmaß ist relativ gering. Ist dagegen die private Integration hoch, dann führt ein Ansteigen der Politisierung des Netzwerkes zu einem relativ starken Anstieg von Protest. Entsprechend ist das Steigungsmaß der oberen Linie in Figur VII.6 relativ groß.

Bei der Überprüfung der genannten Hypothese wollen wir die folgenden Maße für private Integration und für Politisierung des Netzwerkes verwenden:

Private Integration: Private Homogenität der Nachbarn, Hilfsbereitschaft der Nachbarn, Wohndauer in der Wohnung;
Politisierung des Netzwerkes: Politische Homogenität der Nachbarn, Prozentsatz von Atomkraftgegnern in der Nachbarschaft, Politisches Engagement der Freunde.

Von den Maßen für private Integration haben wir diejenigen ausgewählt, die unterschiedlich hoch mit Protest korrelieren.

Wir wollen unsere Hypothese in der Weise prüfen, daß wir jedes Maß für "Private Integration" in drei Kategorien unterteilen, und zwar so, daß in jede Kategorie möglichst gleich viele Befragte fallen.[6] Eine Unterteilung in drei Kategorien ist hinsichtlich der Gesamtzahl von 121 Fällen für eine Analyse gerade noch sinnvoll. In Figur VII.6 müßte entsprechend eine dritte Linie eingezeichnet werden, die über der oberen Linie verläuft. Das Steigungsmaß dieser neuen Linie wäre größer als das der oberen Linie. Die neue Linie beschreibt den Anstieg von Protest bei sehr hoher privater Integration.

FIGUR VII.6: Darstellung eines Interaktionseffektes von privater Integration und "politisiertem" Netzwerk auf Protest

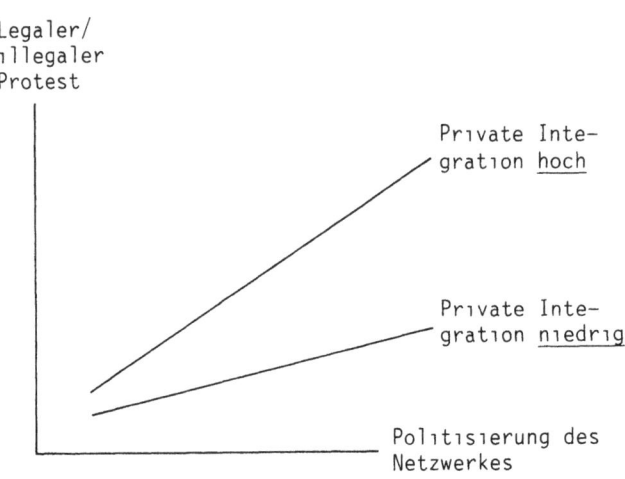

Für jede der drei Kategorien jedes Maßes für private Integration berechnen wir erstens die Korrelation zwischen legalem/illegalem Protest einerseits und jedem Maß für "Politisierung des Netzwerkes" andererseits. Weiterhin berechnen wir wiederum für jede der drei Kategorien jedes Maßes für private Integration - das Steigungsmaß (B) für die Beziehung zwischen legalem/illegalem Protest einerseits und jedem Maß für "Politisierung des Netzwerkes" andererseits. "Legaler Protest" und "illegaler Protest" sind jeweils unsere abhängigen Variablen.

Bei diesen Analysen berechnen wir keine zeitverzögerten Effekte. D.h. wir analysieren nur den Zusammenhang zwischen Variablen, die zum gleichen Zeitpunkt gemessen wurden.

---

[6] Wegen der Schiefe der Verteilung einiger Skalen ist dies nicht immer gelungen, wie z.B. die trichotomisierte Variable "private Homogenität der Nachbarschaft" in Tabelle VII.9 zeigt.

Betrachten wir zunächst die Beziehung zwischen politischer Homogenität der Nachbarschaft und legalem bzw. illegalem Protest bei unterschiedlichen Graden der privaten Homogenität der Nachbarschaft (Tabelle VII.9).

TABELLE VII.9: Die Beziehung zwischen politischer Homogenität der Nachbarn und Protest, bei unterschiedlicher privater Homogenität der Nachbarschaft

Private Homogenität der Nachbarschaft	Beziehung zwischen politischer Homogenität der Nachbarn und:	
	Legaler Protest 87	Illegaler Protest 87
Niedrig (N = 71)	B: 1.65 r: .08	B: .00 r: .00
Mittel (N = 21)	B: -1.80 r: -.09	B: -.04 r: -.08
Hoch (N = 29)	B: 6.24 r: .34	B: .19** r: .49**

* signifikant auf dem .05 Niveau; ** signifikant auf dem .01 Niveau.

Entsprechend unserer Hypothese müßte bei starker privater Homogenität der Nachbarschaft das Steigungsmaß für die Beziehung zwischen Protest und politischer Homogenität relativ hoch sein. In der Tat zeigt sich, daß dann, wenn die private Homogenität der Nachbarschaft hoch ist, das Steigungsmaß der Beziehung zwischen "legaler Protest 1987" und "politischer Homogenität der Nachbarschaft" am höchsten ist, nämlich 6.24, gegenüber -1.80 und 1.65 bei mittlerer und niedriger privater Homogenität. Der zuerst genannte Koeffizient liegt knapp unter dem Signifikanzniveau (p = .064). Auch die bivariate Korrelation ist bei hoher privater Homogenität der Nachbarschaft relativ hoch (.34 gegenüber .08 und -.09). Bei illegalem Protest sind die Ergebnisse ähnlich. Hier sind jedoch die Koeffizienten bei hoher privater Integration statistisch signifikant.

Unerwartet ist zwar die negative Beziehung bei mittlerer privater Homogenität der Nachbarschaft. Unsere Vermutung, daß bei relativ starker privater Integration auch die Politisierung des Netzwerkes relativ stark auf Protest wirkt, hat sich jedoch bestätigt.

Auch die übrigen Ergebnisse unserer Analysen sind im großen und ganzen im Einklang mit unserer Hypothese. Besonders gut entsprechen die Beziehungen zwischen "politisches Engagement der Freunde" und "legaler Protest" unserer Hypothese. Auch die Beziehungen zwischen "politischer Homogenität der Nachbarschaft" und "legaler Protest" bestätigen unsere Hypothese recht gut. Sie wird allerdings nicht bestätigt für die Beziehung "Prozentsatz von Atomkraftgegnern in der Nachbarschaft" und "legaler/illegaler Protest".[7] Für illegalen Protest sind die Beziehungen erwartungsgemäß schwach.[8]

Diese Ergebnisse legen folgende *Vermutung* nahe: bei hoher privater Integration wirkt eine Politisierung des Kontextes um so stärker auf legalen Protest, je stärker sich die Mitglieder des Netzwerkes engagieren. Ein nur politisch *homogener* Kontext (z.B. ein hoher Anteil von Atomkraftgegnern in der Nachbarschaft) wirkt also schwächer als ein politisch *aktiver* Kontext.

3.4. Integration in persönliche Netzwerke und Anreize für Protest

Wenden wir uns nun dem zweiten Schritt unserer Analyse zu: inwieweit korrelieren die verschiedenen Maße für Integration in persönliche Netzwerke mit unseren Anreizvariablen? Gemäß unseren Überlegungen in Abschnitt 1 (siehe insbesondere Figur VII.2) erwarten wir folgendes:

(1) Wenn ein Integrationsmaß *positiv* mit Protest korreliert, dann müßten auch unsere Anreizvariablen im allgemeinen positiv mit dem betreffenden Integrationsmaß korrelieren.

(2) Wenn ein Integrationsmaß *nicht* mit Protest korreliert, dann müßten auch unsere Anreizvariablen im allgemeinen nicht oder nur schwach mit dem Integrationsmaß korrelieren.

(3) Wenn ein Integrationsmaß *negativ* mit Protest korreliert, dann müßten auch unsere Anreizvariablen im allgemeinen negativ mit dem Integrationsmaß korrelieren.

Um diese Hypothesen zu überprüfen, wollen wir drei Integrationsmaße auswählen: (1) ein Integrationsmaß, das positiv mit Protest korreliert, (2) ein Integrations-

---

[7] Bei der Analyse aller 398 Fälle der ersten Welle liegt ein deutlicher Interaktionseffekt vor. Vgl. Opp 1988a. Die schwachen Beziehungen bei der Wiederholungsbefragung brauchen jedoch unserer Hypothese nicht zu widersprechen, da diese einen *relativ* schwachen Effekt von politischer Homogenität im Vergleich zu Engagement behauptet. Das Ausmaß politischen Engagements wurde bei der ersten Welle nicht erhoben.

[8] Wir haben auf der Grundlage von Regressionsanalysen ein *Konstrukt "Politisierung des persönlichen Netzwerkes"* gebildet. Dabei haben wir zuerst jeweils für legalen und illegalen Protest 1987 Regressionsanalysen mit "Politische Homogenität der Nachbarschaft", "Politisches Engagement der Freunde" und "Prozentsatz von Atomkraftgegnern" berechnet. Diese unabhängigen Variablen wurden dann mit den unstandardisierten Regressionskoeffizienten multipliziert und die Konstanten wurden addiert. Sodann haben wir für die verschiedenen Kategorien der Maße für private Integration die Korrelations- und Regressionskoeffizienten berechnet, die die Beziehungen zwischen Protest und dem Konstrukt "Politisierung" beschreiben. Für legalen Protest wurde unsere Hypothese ausnahmslos bestätigt. Für illegalen Protest waren die Ergebnisse wiederum meist nicht in Einklang mit unserer Hypothese. Da bei der Bildung der Konstrukte der Regressionskoeffizient für "Politisches Engagement der Freunde" immer weitaus größer war als die übrigen Regressionskoeffizienten, dürfte dieses Ergebnis vor allem durch die Skala "Politisches Engagement der Freunde" bedingt sein.

maß, das nicht mit Protest korreliert, und (3) ein Integrationsmaß, das negativ mit Protest korreliert. Dabei erscheint es sinnvoll, bei den positiv und negativ korrelierenden Maßen solche Maße auszuwählen, die relativ hohe Korrelationen mit Protest aufweisen, da sich hier in besonderem Maße die Erklärungskraft unserer Anreizvariablen erweisen kann.

Entsprechend wollen wir als Integrationsmaß, das positiv mit Protest korreliert, das *politische Engagement der Freunde*, und als Integrationsmaß, das negativ mit Protest korreliert, *Wohndauer in der Wohnung 1982* wählen.[9] Beide Maße weisen, wie Tabelle VII.8 zeigt, die höchsten positiven bzw. negativen Korrelationen mit legalem und illegalem Protest 1987 bzw. 1982 auf. *"Prozentsatz der Atomkraftgegner in der Nachbarschaft 1987"* weist die klarsten Null-Korrelationen mit unseren Protestmaßen auf und soll deshalb ausgewählt werden.

Die Korrelationen der genannten Maße für Integration in persönliche Netzwerke und unseren Anreizvariablen enthält Tabelle VII.10. In der ersten Spalte sind die Anreizvariablen, einschließlich der Interaktionsterme, bestehend aus einer Kollektivgutvariablen und perzipiertem Einfluß, aufgeführt. Für jede Anreizvariable ist angegeben, wie sie mit den drei ausgewählten Integrationsmaßen korreliert. Korrelationsmaße für die 1987 erhobenen Daten sind eingeklammert. Es werden also, wie gesagt, keine zeitverzögerten Korrelationen berichtet.

Da "politisches Engagement der Freunde" relativ hoch und positiv mit unseren Protestvariablen korreliert, ist auch zu erwarten, daß relativ viele Anreize relativ hohe positive Korrelationen mit diesem Integrationsmaß aufweisen. Bei "Prozentsatz von Atomkraftgegnern in der Nachbarschaft" - dieses Maß korreliert nicht mit Protest - wird man entsprechend auch relativ viele Nullkorrelationen mit unseren Anreizvariablen erwarten. Da "Wohndauer 1982" negativ mit Protest korreliert, müßten sich relativ viele negative Korrelationen mit den Anreizvariablen ergeben.

Vergleicht man die Korrelationskoeffizienten der drei Spalten miteinander, dann ergibt sich genau dieses Bild: generell sind die Korrelationskoeffizienten in Spalte 1 deutlich höher als in den übrigen Spalten und überwiegend positiv. Die negative Korrelation zwischen "persönliche Abschreckung" und "politisches Engagement der Freunde" bedeutet, daß bei einem politisch aktiven Freundeskreis eine geringe Abschreckung durch Polizeiaktionen vorliegt. Das negative Vorzeichen ist in Einklang mit unseren Überlegungen in Kapitel VI, Abschnitt 6.

Die Korrelationskoeffizienten von Spalte 2 sind fast alle nahe null, während die letzte Spalte relativ viele negative Koeffizienten mit relativ hohen (absoluten) Werten aufweist.

Betrachten wir einige dieser Korrelationen. Bemerkenswert ist, daß "politisches Engagement der Freunde" sehr stark mit "Unzufriedenheit mit der Atomenergie", jedoch nur schwach positiv mit "politische Entfremdung" zusammenhängt. Darüber hinaus betrachten sich Personen, die politisch aktive Freunde haben, als relativ einflußreich: die Korrelation mit Einfluß beträgt .35. Genau die entgegengesetzen

---

[9] "Wohndauer in der Wohnung 1987" korreliert zwar höher mit unseren beiden Protestmaßen 1982 als mit den Protestskalen 1987 (siehe Tabelle VII.8); da wir jedoch hier noch keine zeitverzögerten Effekte in die Analyse einbeziehen wollen, wählen wir die Wohndauer in der Wohnung, gemessen 1982.

Ergebnisse finden wir bei "Wohndauer 1982": diejenigen, die bereits relativ lange in ihrer Wohnung leben, sind mit der Nutzung der Kernenergie relativ zufrieden, sind in relativ geringem Maße entfremdet und betrachten sich als relativ einflußlos.

TABELLE VII.10: Korrelationen zwischen drei Maßen der Integration in persönliche Netzwerke und Anreizen für Protest[a]

Anreizvariablen	Politisches Engagement der Freunde (1987)	Prozentsatz AKW-Gegner (1987)	Wohn- dauer 1982
(1) Unzufriedenheit mit der Atomenergie 82 (87)	(.27**)	(.07)	-.18*
(2) Politische Entfrem- dung 82 (87)	(.12)	(-.12)	-.10
(3) Einfluß 82 (87)	(.35**)	(.02)	-.18*
(4) Unzufriedenheit * Einfluß 82 (87)	(.43**)	(.05)	-.26**
(5) Entfremdung*Ein- fluß 82 (87)	(.32**)	(-.07)	-.19*
(6) Erwartungen 82 (87)	(.26**)	(.18*)	-.16*
(7) Positive informelle Sanktionen 82 (87)	(.32**)	(-.01)	-.09
(8) Negative informelle Sanktionen 82 (87)	(-.07)	(-.02)	.02
(9) Negative staatliche Sanktionen 82 (87)	(.11)	(-.05)	-.21*
(10) Protestnormen 82 (87)	(.32**)	(.01)	-.07
(11) Gewaltnormen 82 (87)	(.32**)	(-.04)	-.18*
(12) Katharsiswert von Protest 82 (87)	(.20*)	(-.05)	.21*
(13) Unterhaltungswert von Protest 82 (87)	(.26**)	(-.05)	-.21*
(14) Persönliche Ab- schreckung	(-.39**)	(.07)	--
(15) Persönliche Radikalisierung	(.41**)	(.01)	--

a) Die nicht eingeklammerten Koeffizienten beziehen sich auf die Untersuchung von 1982, die eingeklammerten Koeffizienten auf die Untersuchung von 1987.
* signifikant auf dem .05 Niveau; ** signifikant auf dem .01 Niveau.

Erwartungen der Bezugspersonen, sich zu engagieren, und positive informelle Sanktionen von Protest liegen bei denjenigen mit einem politisch aktiven Freundeskreis ebenfalls in relativ hohem Maße vor - im Gegensatz zu denen, die ihre Wohnung bereits lange innehaben.

Interessant ist weiter, daß die Beziehungen aller drei Maße zu "Negative informelle Sanktionen" und zu "Negative staatliche Sanktionen" relativ gering sind. Lediglich eine lange Wohndauer in der Wohnung weist eine statistisch signifikante negative Korrelation mit staatlichen Sanktionen auf.

Personen mit politisch aktiven Freunden weisen stark ausgeprägte Protest- und Gewaltnormen auf. Ausgehend von der These der Theorie der Massengesellschaft, daß Integration in Gruppen zur Akzeptierung der demokratischen Spielregeln beiträgt, hatten wir nur eine positive Korrelation für Protestnormen erwartet (vgl. Figur VII.2).

3.5. Die Erklärung der Beziehung zwischen Integration in persönliche Netzwerke und Protest

Im vorangegangenen Abschnitt sahen wir, daß dann, wenn die von uns ausgewählten Integrationsmaße mit Protest positiv oder negativ oder überhaupt nicht korrelieren, die Anreizvariablen ebenfalls in der erwarteten Weise mit den Integrationsmaßen korrelieren. Da, wie wir in früheren Abschnitt sahen, auch die Anreizvariablen mit Protest in Zusammenhang stehen, folgt, daß unsere Anreizvariablen die Beziehungen zwischen Protest und Integration in persönliche Netzwerke erklären können.[10] Im folgenden wollen wir prüfen, *in welchem Ausmaß* dies der Fall ist.

Wir gehen dabei in folgender Weise vor. Wir ermitteln, inwieweit die Anreizvariablen *insgesamt* die Beziehung zwischen den Integrationsmaßen *insgesamt* und Protest erklären können. Hierzu sollen die Anreizvariablen und die Integrationsmaße zu *Konstrukten* zusammengefaßt werden. Dies geschieht in folgender Weise.

Gehen wir zunächst von der abhängigen Variablen *legaler Protest 1982* aus. Wir bilden aus den 1982 gemessenen Anreizvariablen (vgl. Tabelle VII.10) ein Konstrukt, indem wir eine Regressionsanalyse mit "legaler Protest 1982" als abhängiger

---

[10] Es könnte eingewendet werden, daß zumindest einige der gefundenen Beziehungen zwischen unseren Integrationsmaßen und Protest viel einfacher erklärt werden können. So mag die negative Korrelation zwischen Wohndauer am Ort und Protest dadurch zu erklären sein, daß ältere Personen relativ lange an einem Ort wohnen und gleichzeitig selten protestieren. Führt man bei dieser und z.B. bei der Beziehung zwischen Mitgliedschaft in einer Wohngemeinschaft und Protest das Alter als Kontrollvariable in eine Regression (mit legalem und illegalem Protest als abhängiger Variablen) ein, dann zeigt sich, daß die Regressionskoeffizienten nur wenig von den bivariaten Korrelationen abweichen. Die genannten Beziehungen können also nur in geringem Maße durch das Alter erklärt werden. Sieht man hiervon einmal ab, dann würden wir, ausgehend von dem Modell rationalen Verhaltens, argumentieren, daß auch die Beziehung zwischen Alter (oder anderen demographischen Variablen) durch das Modell rationalen Verhaltens erklärt werden können. Vgl. hierzu Opp et al. 1984; Opp et al. 1988.

und den 1982 gemessenen Anreizvariablen als unabhängigen Variablen berechnen. Sodann multiplizieren wir jede Anreizvariable mit dem unstandardisierten Regressionskoeffizienten und addieren die Konstante:

Legaler Protest 82 = a + b_1 * (Unzufriedenheit 82 * Einfluß 82) +
+ b_2 * (Entfremdung 82 * Einfluß 82) + b_3 * Erwartungen 82 + ...
(siehe die weiteren in Tabelle VII.10 aufgeführten Variablen 7 bis 13).

Dieses Konstrukt faßt also die Wirkungen der Anreizvariablen auf legalen Protest 1982 zusammen.

In derselben Weise berechnen wir eine Regressionsanalyse für *illegalen Protest 1982* als abhängige Variable mit denselben Anreizvariablen als unabhängige Variablen. Entsprechend werden in diesem Konstrukt die Wirkungen der Anreizvariablen auf illegalen Protest 1982 zusammengefaßt.

Für legalen Protest 1987 und für illegalen Protest 1987 bilden wir zwei weitere Konstrukte. Als unabhängige Variablen werden alle Anreizvariablen verwendet, die 1987 gemessen wurden. In Tabelle VII.7 sind dies die Variablen bzw. Skalen 4, 5 und 6 bis 13.

Wir erhalten also *vier Anreizkonstrukte*, und zwar eines für jede abhängige Protest-Variable.

In derselben Weise bilden wir *vier Konstrukte für die Integration in persönliche Netzwerke*. Dabei beziehen wir für die Bildung der Konstrukte, die sich auf legalen und illegalen Protest 1982 beziehen, alle Integrationsmaße als unabhängige Variablen ein, die 1982 gemessen wurden. Es handelt sich hier um die in Tabelle VII.8 aufgeführten Maße 3 bis 5 und 9 bis 11. Für 1987 werden zusätzlich die Maße 1, 6, 7 und 8 einbezogen.

Für jedes Anreiz- und Integrations-Konstrukt haben wir Regressionsanalysen jeweils für die im gleichen Jahr gemessenen Protestvariablen berechnet. So wurden für das Anreiz-Konstrukt und das Integrations-Konstrukt, die jeweils auf der Basis von "legaler Protest 1982" gebildet wurden, eine Regressionsanalyse berechnet, bei der "legaler Protest 1982" abhängige Variable ist. Die entsprechenden standardisierten Regressionskoeffizienten enthält Tabelle VII.11. Neben den standardisierten Regressionskoeffizienten enthält die Tabelle auch die zugehörigen bivariaten Korrelationen.

Würden die Anreizvariablen die Beziehungen zwischen Integration und Protest vollständig erklären, dann müßten die standardisierten Regressionskoeffizienten für die Integrations-Konstrukte null werden, wenn Anreiz- und Integrationskonstrukte gemeinsam in eine Regressionsanalyse einbezogen werden.

Da unsere Anreizvariablen jedoch nur einen Teil der Varianz der abhängigen Variablen erklären, ist nicht zu erwarten, daß die Regressionskoeffizienten der Integrationskonstrukte null werden. Wir erwarten jedoch folgendes: wenn man Anreiz- und Integrations-Konstrukt gemeinsam in eine Regressionsanalyse einbezieht, dann müßte bei den Anreizkonstrukten die Differenz zwischen Korrelations- und Regressionskoeffizienten geringer sein als bei den Integrationskonstrukten.

Diese Voraussage entspricht den Ergebnissen. Dies sieht man, wenn man je Spalte die Differenz zwischen r und Beta bei den Anreizkonstrukten und den Integrationskonstrukten vergleicht. So beträgt die Differenz in der Spalte "legaler Protest 1982" für das Anreiz-Konstrukt nur .06 (= .80 - .74), für das Integrations-Konstrukt jedoch .28 (= .45 - .17).

TABELLE VII.11: Beziehungen der aus den Anreizvariablen und den Maßen für Integration in persönliche Netzwerke gebildeteten Konstrukte mit Protest[a]

Konstrukte	Legaler Protest 82	Illegaler Protest 82	Legaler Protest 87	Illegaler Protest 87
Konstrukt "Anreize"				
r (Korrelation):	.80	.68	.75	.58
ß (standard. Regressionskoeffizient)	.74	.57	.64	.43
Konstrukt "Integration in persönliche Netzwerke"				
r (Korrelation):	.45	.49	.55	.54
ß (standard. Regressionskoeffizient)	.17	.27	.21	.35
Korrigiertes R^2:	.66	.52	.59	.42

a) Alle Koeffizienten sind signifikant zumindest auf dem .01 Niveau.

Zur Beurteilung der Erklärungskraft der Anreizvariablen sind auch die bivariaten Korrelationen der Anreiz- und Integrationskonstrukte mit den Protestvariablen von Bedeutung. Jedes Anreiz-Konstrukt korreliert mit einer Protestvariablen höher als das betreffende Integrations-Konstrukt. So beträgt die Korrelation des Anreiz-Konstrukts, das auf der Basis von "legaler Protest 1982" gebildet wurde, mit "legaler Protest 1982" .80. Die entsprechende Korrelation des Integrations-Konstrukts mit "legaler Protest 1982" beträgt nur .45. Würde man *nur* eine Korrelation zwischen Anreizkonstrukten und Protest berechnen, dann wäre die erklärte Varianz von Protest kaum geringer als wenn man zusätzlich noch das betreffende Integrationskonstrukt berücksichtigt. So erklärt das für "legaler Protest 1982" gebildete Anreiz-Konstrukt allein 64% (= .80 * .80) der Varianz von "legaler Protest 1982". Anreiz- und Integrations-Konstrukt erklären gemeinsam 66% der Varianz (siehe die letzte Zeile von Tabelle VII.11). Das Integrations-Konstrukt erhöht die erklärte Varianz also nur geringfügig. Für die übrigen drei Protestvariablen gilt dies ebenfalls. In Tabelle VII.12 sind die genannten Varianzen aufgeführt.

Insgesamt zeigen unsere Analysen, daß die Anreizvariablen die Beziehung zwischen Integration in persönliche Netzwerke und Protest relativ gut erklären können.

TABELLE VII.12: Die Erklärungskraft der Anreiz- und Integrationskonstrukte (korrigiertes R^2)

Erklärte Varianz durch	Legaler Protest 82	Illegaler Protest 82	Legaler Protest 87	Illegaler Protest 87
das Anreiz-Konstrukt allein:	.64	.46	.56	.34
beide Konstrukte:	.66	.52	.59	.42

3.6. Zeitverzögerte Wirkungen

Unsere vorangegangenen Analysen haben die Hypothese bestätigt, daß Korrelationen zwischen Integration und Protest dadurch erklärt werden können, daß Integration dazu führt, daß bestimmte Anreize auftreten, die wiederum Protest verursachen. Bei der Überprüfung dieser Hypothese haben wir bisher unsere Untersuchungen von 1982 und 1987 getrennt ausgewertet. In diesem Abschnitt wollen wir fragen, inwieweit unsere Hypothesen auch dann gelten, wenn die unabhängigen Variablen 1982 und die abhängigen Variablen 1987 gemessen wurden. Hierzu wollen wir entsprechend unserer Vorgehensweise in Abschnitt 2.6. drei Teil-Hypothesen überprüfen:

(1) Integration in persönliche Netzwerke und Anreize für Protest, jeweils gemessen 1982, haben einen positiven Effekt *auf Protest, gemessen 1987*. Wenn die Anreizvariablen konstant gehalten werden, müßten die Beziehungen zwischen Integration und Protest nahe null werden (Integrations-Hypothese).
(2) Integration in persönliche Netzwerke, gemessen 1982, hat einen positiven Effekt *auf Anreize für Protest, gemessen 1987* (Integrations-Hypothese).
(3) Protest und Anreize für Protest, jeweils gemessen 1982, haben einen positiven Effekt *auf Integration in persönliche Netzwerke, gemessen 1987* (Rekrutierungs-Hypothese).

Bei der Überprüfung von Hypothese 1 wollen wir in folgender Weise vorgehen: wir bilden wiederum - wie im vorigen Abschnitt - Konstrukte unter Verwendung von Regressionsanalysen. Zunächst bilden wir das Konstrukt "Integration in persönliche Netzwerke 1982", indem wir die 1982 erhobenen Indikatoren für Integration (vgl. die Variablen 2 bis 5 und 9 bis 11 in Tabelle VII.8) in eine Regressionsanalyse einbeziehen, deren abhängige Variable "legaler Protest 1987" ist. Die Integrationsvariablen werden mit den unstandardisierten Koeffizienten multipliziert und die Konstante wird addiert. Dieses Konstrukt ist also bezogen auf "legaler Protest 1987". In derselben Weise bilden wir ein Konstrukt mit der abhängigen Variablen "illegaler Protest 1987". Wir erhalten also *zwei Integrationskonstrukte 1982*, bezogen auf legalen bzw. illegalen Protest 1987.

In derselben Weise bilden wir *zwei Anreizkonstrukte mit den Anreizvariablen, die 1982 erhoben wurden* (vgl. Tabelle VII.10, Variablen 4 bis 13). Da legaler und illegaler Protest 1987 die abhängigen Variablen sind, ist es sinnvoll, jeweils "legaler Protest 1982" in das auf "legaler Protest 1987" bezogene Konstrukt und entsprechend die Variable " illegaler Protest 1982" in das auf " illegaler Protest 1987" bezogene Konstrukt einzubeziehen.

Tabelle VII.13 zeigt die Korrelationen der Konstrukte und die standardisierten Regressionskoeffizienten von Analysen, in denen die genannten Konstrukte unabhängige und legaler/illegaler Protest abhängige Variablen sind. Selbstverständlich wurden für eine gegebene abhängige Protestvariable nur solche Konstrukte verwendet, die für diese Variable gebildet wurden.

Die Ergebnisse gleichen sehr stark den Ergebnissen der Querschnittanalysen, die in Tabelle VII.11 dargestellt sind. Die Korrelationen der Anreizvariablen (gemessen 1982) mit legalem und illegalem Protest (gemessen 1987) sind größer als die entsprechenden Korrelationen der Integrationsvariablen (gemessen 1982). Vergleicht man die Differenzen zwischen Korrelations- und standardisierten Regressionskoeffizienten bei den Anreiz- und Integrationskonstrukten, dann sind auch bei den zeitverzögerten Effekten die Differenzen bei den Integrationskonstrukten erwartungsgemäß größer als bei den Anreizkonstrukten.[11]

TABELLE VII.13: Beziehungen der aus den Anreizvariablen und den Maßen für Integration in persönliche Netzwerke gebildeteten Konstrukten, jeweils gemessen 1982, mit Protest 1987

Konstrukte	Legaler Protest 87	Illegaler Protest 87
Konstrukt "Anreize 82"		
r (Korrelation):	.73**	.52**
ß (standard. Regressionskoeffizient)	.71**	.43**
Konstrukt "Integration in persönliche Netzwerke 82"		
r (Korrelation):	.30**	.40**
ß (standard. Regressionskoeffizient)	.05	.23**
Korrigiertes R²:	.54	.30

** signifikant auf dem .01 Niveau.

[11] Bezieht man in die Bildung der Anreiz-Konstrukte die Protest-Variablen *nicht* ein und führt Regressionsanalysen mit den Anreiz-Konstrukten (ohne Protest-Variablen), den Integrations-Konstrukten und den zeitverzögerten Protestvariablen durch, ergeben sich so hohe Multikollinearitäten, daß die Koeffizienten nicht mehr sinnvoll interpretierbar sind. Es ist deshalb sinnvoll, die Protestvariablen in die Anreizkonstrukte einzubeziehen.

Insgesamt sind die Koeffizienten der zeitverzögerten Analyse (Tabelle VII.13) kleiner als die der Querschnitt-Analysen (Tabelle VII.11). Beide Analysen bestätigen jedoch die Integrations-Hypothese.

Wenden wir uns nun Hypothese 2 zu, die behauptet, daß Integration, gemessen 1982, die 1987 gemessenen Anreize beeinflußt. Zusätzlich wird angenommen, daß die Anreize, die 1982 wirksam waren, sich auch 1987 nicht vollständig geändert haben, d.h. daß ein zeitverzögerter Effekt der 1982 gemessenen auf die 1987 gemessenen Anreizvariablen besteht.

Bei der Prüfung dieser Hypothese haben wir wiederum verschiedene Regressionskonstrukte gebildet. Die abhängigen Variable sind die 1987 gemessenen Anreize (vgl. Tabelle VII.10, Variablen 4 bis 13). Diese wirken, wie unsere Ergebnisse im vorigen Abschnitt zeigen, auf legalen und illegalen Protest 1987. Entsprechend haben wir mit unseren Anreizvariablen 1982 zwei Konstrukte zu bilden: ein Konstrukt wird bezogen auf "legaler Protest 1987", das andere auf " illegaler Protest 1987". Das Ergebnis sind also *zwei Anreizkonstrukte 1987*, die als abhängige Variablen verwendet werden.

Im nächsten Schritt bilden wir zwei Anreizkonstrukte für die 1982 gemessenen Anreizvariablen. Dabei werden dieselben Variablen einbezogen wie bei dem Konstrukt "Anreize 1987". Eines dieser Konstrukte "Anreize 1982" wurde bezogen auf dasjenige Konstrukt "Anreize 1987", bei dem als abhängige Variable "legaler Protest 1987" verwendet wurde. Das zweite Konstrukt "Anreize 1982" wurde gebildet im Hinblick auf das Konstrukt "Anreize 1987", bei dem die abhängige Variable" illegaler Protest 1987" war.

In derselben Weise wurden zwei Konstrukte "Integration in persönliche Netzwerke 1982" gebildet: jedes Konstrukt war auf ein anderes Konstrukt "Anreize 1987" bezogen.

Sodann wurden die Korrelationen der als unabhängige Variable verwendeten Konstrukte "Anreize 1982" und "Integration in persönliche Netzwerke 1982" mit den jeweils als abhängige Variablen verwendeten Anreizkonstrukten, gemessen 1982, berechnet. Die Ergebnisse enthält Tabelle VII.14.

Befassen wir uns zunächst mit der abhängigen Variablen "Anreize 1987", die auf "legaler Protest 1987" bezogen ist. Die bivariate Korrelation zeigt, daß "Anreize 1982" einen deutlichen zeitverzögerten Effekt auf "Anreize 1987" hat (r = .69). Die Korrelation für das Konstrukt "Integration 1982" ist zwar statistisch signifikant, jedoch deutlich schwächer (r = .29).

Die Ergebnisse sind fast identisch für das auf illegalen Protest 1987 bezogene Anreiz-Konstrukt 1987 (siehe die letzte Spalte von Tabelle VII.14).

Erwartungsgemäß führt also Integration in persönliche Netzwerke (gemessen 1982) dazu, daß 1987 Anreize für Protest auftreten. Darüber hinaus sind die 1982 und 1987 wirkenden Anreize relativ stabil.

Welche Ergebnisse sind zu erwarten, wenn wir "Anreize 1982" und "Integration 1982" gemeinsam als unabhängige Variable in eine Regressionsanalyse einbeziehen, in der "Anreize 1987" (bezogen auf "legaler Protest 1987") abhängige Variable ist?

Wir sahen, daß Integration 1982 und Anreize 1982 auf Protest 1987 wirken und daß die Wirkung der Integration in hohem Maße durch die Anreize erklärt werden kann (Tabelle VII.11). Da also "Integration 1982" und "Anreize 1982" miteinander korrelieren, und da die Anreizvariablen, gemessen 1982, relativ starke Effekte haben, ist zu erwarten, daß der standardisierte Regressionskoeffizient für "Integration 1982" im Vergleich zum Korrelationskoeffizienten relativ stark vermindert wird.

Die Daten in Tabelle VII.14 bestätigen diese Erwartung: in der Regressionsanalyse ist der betreffende Regressionskoeffizient .13 (gegenüber dem Korrelationskoeffizienten von .29). Der Regressionskoeffizient von .13 liegt knapp unter dem Signifikanzniveau (p = .06). Bei dem Anreiz-Konstrukt sind dagegen Korrelations- und Regressionskoeffizient sehr ähnlich (.69 und .66).

TABELLE VII.14: Die Wirkung der Anreize für Protest und der Integration in persönliche Netzwerke, gemessen 1982, auf die 1987 gemessenen Anreize für Protest[a]

Konstrukte	Anreize 87 (für LP87)[a]	Anreize 87 (für IP87)[a]
Konstrukt "Anreize 82"		
r (Korrelation):	.69**	.64**
ß (standard. Regressionskoeffizient):	.66**	.61**
Konstrukt "Integration in persönliche Netzwerke 82"		
r (Korrelation):	.29**	.29**
ß (standard. Regressionskoeffizient):	.13	.11
Korrigiertes R^2:	.49	.41

a) Bei den abhängigen Anreizkonstrukten handelt es sich um Regressionskonstrukte, die auf "legaler Protest 87" (LP87) und auf "illegaler Protest 87" (IP87) bezogen sind.
** signifikant auf dem .01 Niveau.

Die Ergebnisse dieser Analysen ändern sich nicht, wenn wir als abhängige Variable das Konstrukt "Anreize 1987" verwenden, das im Hinblick auf die Variable "illegaler Protest 1987" gebildet wurde (vgl. Tabelle VII.14).[12]

---

[12] Um zu prüfen, inwieweit die berichteten Ergebnisse stabil bleiben, wenn andere Variablen in die Regressionsanalysen einbezogen werden, haben wir die Regressionsanalysen, über deren Ergebnisse in Tabelle VII.14 berichtet wird, noch einmal unter Einbeziehung der Variablen "Legaler Protest 82" und "Illegaler Protest 82" als unabhängige Variablen berechnet. In diesem Zusammenhang ist nur von Interesse, daß die Effekte der Anreiz-Konstrukte, gemessen 1982, weiter relativ hoch sind (Beta = .53 und .44) und die Effekte der Integrations-Konstrukte nicht signifikant bleiben (.13 und .05).

Unsere Teilhypothese 2, die einen Effekt von Integration 1982 auf Protest 1987 behauptet, hat sich also nicht bestätigt.

Inwieweit trifft unsere Teilhypothese 3 zu, nach der Protest und Anreize für Protest, jeweils 1982 gemessen, die Integration 1987 beeinflussen, wie die Rekrutierungshypothese behauptet?

Zur Überprüfung dieser Hypothese haben wir zwei Konstrukte mit den 1987 gemessenen Indikatoren für Integration in persönliche Netzwerke gebildet. Eines dieser Konstrukte ist bezogen auf legalen Protest 1987 und ein zweites auf illegalen Protest 1987. Diese Konstrukte wurden wiederum als abhängige Variablen verwendet, um in der früher beschriebenen Weise die Konstrukte "Integration 1982" und "Anreize 1982" zu bilden. Die Ergebnisse der Korrelations- und Regressionsanalysen mit diesen Konstrukten sind in Tabelle VII.15 dargestellt.

Befassen wir uns zuerst mit den Korrelationskoeffizienten. Die Tabelle zeigt, daß Integration 1982 sehr hoch mit Integration 1987 korreliert ($r = .73$ bzw. $.44$): wer 1982 in hohem Maße in persönliche Netzwerke integriert war, ist dies auch 1987. Auch die 1982 wirksamen Anreize haben einen relativ starken Effekt auf die Integration 1987. Allerdings ist diese Wirkung - im Vergleich zu der Wirkung der Integration - relativ schwach. Dies gilt auch für die Wirkung von legalem und illegalem Protest 1982.

Die Regressionskoeffizienten zeigen ein ähnliches Bild: Integration 1982 hat die stärkste Wirkung auf Integration 1987. Die Effekte der Anreizkonstrukte bleiben signifikant. Lediglich legaler Protest hat einen geringen Effekt auf Integration.

Interessant ist, daß die Differenzen zwischen Korrelations- und Regressionskoeffizienten bei den Anreizkonstrukten am größten sind.

Die Rekrutierungs-Hypothese hat sich also insoweit bestätigt, als Anreize für Protest auf die Integration in persönliche Netzwerke wirken. Illegaler Protest hat keinen, legaler Protest nur einen geringen Effekt.

Bei der Bildung des Integrationskonstruktes haben wir nur solche Indikatoren ausgewählt, die 1982 und 1987 gemessen wurden, und zwar - vgl. Tabelle VII.8- die Indikatoren 2, 3 bis 5 und 9 bis 11. Indikator 4 ("Wohndauer am Ort") wurde nicht in die Konstruktbildung einbezogen. Der Grund ist, daß die Korrelation zwischen dieser 1982 und 1987 gemessenen Variablen .93 beträgt. Dies bedeutet, daß fast alle unsere Befragten 1982 und 1987 in Hamburg gewohnt haben. Würde dieser Indikator bei der Konstruktbildung berücksichtigt, bliebe für die anderen Variablen kaum noch Varianz übrig, die erklärt werden könnte. Da "Wohndauer am Ort" sicherlich kein gänzlich unproblematischer Indikator für Integration ist, erscheint es zweckmäßig, ihn nicht in die Analysen einzubeziehen.[13]

In einer anderen Analyse wurden bei der Bildung der Integrationskonstrukte *alle* 1987 erhobenen Indikatoren einbezogen, also auch diejenigen, die nur 1987 ge-

---

[13] Analysen, in denen "Wohndauer am Ort" dennoch in die Konstruktbildung einbezogen wurde, ergaben erwartungsgemäß, daß die zeitverzögerte Wirkung der Integration erhöht wird (Beta wird für das Integrations-Konstrukt, das auf legalen Protest bezogen ist, .84 und für das auf illegalen Protest bezogene Konstrukt .49). Entsprechend werden die Wirkungen der Anreize und der Protestvariablen jeweils geringer und sind zum Teil statistisch nicht mehr signifikant.

messen wurden. Hier ist die Wirkung der Anreiz- und Protestvariablen, gemessen 1982, im Vergleich zu den vorher berichteten Ergebnissen relativ stark.

TABELLE VII.15: Die Wirkung der Anreize für Protest und der Integration in persönliche Netzwerke, gemessen 1982, auf die 1987 gemessenen Anreize für Protest[a]

Konstrukte	Integration 87 (für LP87)[a]	Integration 87 (für IP87)[a]
Konstrukt "Anreize 82"		
r (Korrelation):	.46**	.42**
ß (standard. Regressionskoeffizient):	.16*	.27**
Konstrukt "Integration in persönliche Netzwerke 82"		
r (Korrelation):	.73**	.44**
ß (standard. Regressionskoeffizient):	.63**	.30**
Legaler Protest 82		
r (Korrelation):	.35**	.23**
ß (standard. Regressionskoeffizient):	-.09	-.10
Illegaler Protest 82		
r (Korrelation):	.43**	.36**
ß (standard. Regressionskoeffizient):	.19*	.18
Korrigiertes R_2:	.57	.27

a) Bei den abhängigen Anreizkonstrukten handelt es sich um Regressionskonstrukte, die auf "legaler Protest 87" (LP87) und auf " illegaler Protest 87" (IP87) bezogen sind.
* signifikant auf dem .05 Niveau; ** signifikant auf dem .01 Niveau.

Zusammenfassend ergeben unsere Analysen in diesem Abschnitt, daß sowohl die Integrations- als auch die Rekrutierungs-Hypothese zutreffen. Dabei ist die Wirkung der Anreize auf die Integration in persönliche Netzwerke relativ schwach.

3.7. Simultane Rückwirkungen von Protest und Integration

Wenn gemäß der Integrations-Hypothese Integration zu Protest führt und wenn gemäß der Rekrutierungshypothese - neben den Anreizvariablen - Protest die Integration in soziale Gruppen beeinflußt, dann müßte eine solche Rückwirkung von Protest und Integration auch vorliegen, wenn wir Modelle mit *simultanen Rückwirkungen* schätzen, d.h. wenn wir z.B. nur unter Verwendung der Daten von 1987 prüfen, ob die erwähnte Rückwirkung vorliegt. Dies soll in diesem Abschnitt geschehen.

Zu diesem Zweck wollen wir ein Integrationsmaß auswählen, das erstens relativ hoch mit Protest korreliert. Falls nämlich Rückwirkungen zwischen Protest und Integration vorliegen, dann müßten sie bei einem solchen Maß am ehesten gefunden werden. Das zu verwendende Maß sollte zweitens in hohem Maße mit Protestanreizen korrelieren, da, wie gesagt, nicht Integration selbst, sondern die Anreize für Protest für die Erklärung von Protest von Bedeutung sind. Ein Maß, das beiden Kriterien genügt, ist das politische Engagement der Freunde. Wir fragen also: inwieweit besteht eine Rückwirkung zwischen legalem und illegalem Protest, gemessen 1987, einerseits und dem Engagement der Freunde, ebenfalls 1987 gemessen, andererseits?

Zur Beantwortung dieser Frage wollen wir das Two-Stage-Least-Squares-Verfahren anwenden. Bei der Schätzung der Rückwirkungen ist zunächst jeweils für legalen und illegalen Protest ein Modell zu formulieren, das neben den genannten Variablen zusätzliche exogene Variablen enthält, von denen mindestens eine nur auf Protest und mindestens eine andere nur auf politisches Engagement der Freunde wirkt. Entsprechend haben wir zunächst Regressionsanalysen durchgeführt, in denen, wie in früheren Analysen, alle 1982 gemessenen Anreizvariablen als unabhängige bzw. exogene Variablen einbezogen wurden. Für die Protestvariablen sind dabei die zeitverzögerten Variablen zu berücksichtigen, z.B. für "legaler Protest 1987" die exogene Variable "legaler Protest 1982". Bildet man die Schätzvariablen für Protest und Engagement der Freunde in dieser Weise und berechnet mit diesen Variablen Regressionsanalysen zur Ermittlung der Rückwirkungen, dann sind die Koeffizienten wegen extrem hoher Multikollinearität nicht zu interpretieren. Die Multikollinearität wird geringer, wenn die zeitverzögerten Variablen nicht in die Regressionsgleichungen aufgenommen werden.

Die Ergebnisse dieser Analysen sind in Figur VII.7 dargestellt. Für legalen Protest zeigt sich ein knapp unter dem Signifikanzniveau liegender Effekt (p = .07) von Integration auf Protest (Beta = .25). Die Wirkung von Protest auf das von uns verwendete Integrationsmaß ist etwas stärker (Beta = .32). Ähnliche Ergebnisse finden wir für illegalen Protest: die Wirkungen von Protest auf Integration sind etwas stärker als von Integration auf Protest. Insgesamt sind allerdings drei von vier Koeffizienten statistisch nicht signifikant.[14]

Inwieweit stimmen diese Ergebnisse mit den Ergebnissen früherer Analysen zeitverzögerter Effekte überein? Bei einem Vergleich der in den Tabellen VII.13 und VII.15 dargestellten Ergebnisse einerseits und den Ergebnissen in Figur VII.7

---

[14] Bezieht man trotz hoher Multikollinearität die zeitverzögerten Protestvariablen in die Bildung der Schätzvariablen und in die Regressionsanalysen mit den Schätzvariablen ein, dann erhöhen sich die Koeffizienten, die die Wirkungen von Protest auf Integration ausdrücken. Die Koeffizienten, die die Wirkungen von Integration auf Protest ausdrücken, werden dagegen kleiner und sind statistisch nicht mehr signifikant.

ist erstens zu beachten, daß bei der Analyse der zeitverzögerten Effekte *alle* Anreizvariablen und Integrationsmaße in die Analysen einbezogen wurden, während bei der Analyse simultaner Rückwirkungen nur einige Anreizvariablen und ein einziges Integrationsmaß berücksichtigt wurden. Es ist somit aufgrund der unterschiedlichen Datenanalysen nicht zu erwarten, daß die Ergebnisse gleich sind. In der Tat zeigen unsere früheren Analysen nicht, daß Protest stärker auf Integration wirkt als Integration auf Protest: dies ergibt sich weder bei einem Vergleich der Korrelations- noch der Regressionskoeffizienten der Tabellen VII.13 und VII.15.

FIGUR VII.7: Rückwirkungen zwischen politischem Engagement der Freunde und Protest

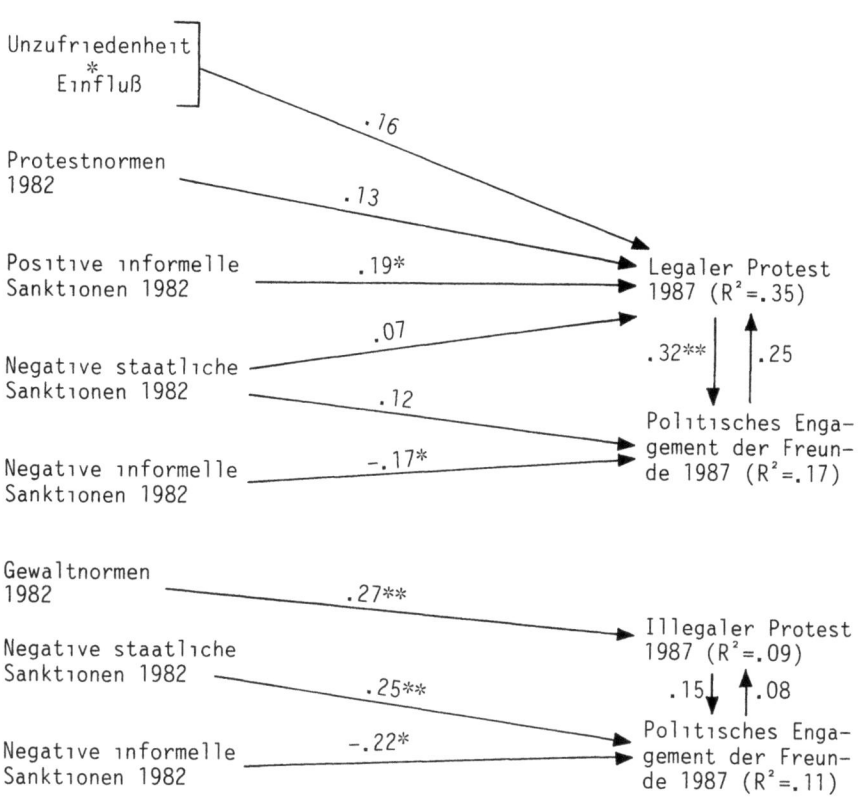

* signifikant auf dem .05 Niveau; ** signifikant auf dem .01 Niveau.

Ein gemeinsames Ergebnis beider Arten der Analyse ist, *daß* Rückwirkungen zwischen Protest und Integration in persönliche Netzwerke bestehen. Unsere Analyse der zeitverzögerten Effekte zeigt allerdings auch, daß diese Effekte weitgehend durch die Anreize für Protest, die mit Integration zusammenhängen, erklärt werden können.

4. Zusammenfassung

Der Gegenstand dieses Abschnitts ist die Beziehung zwischen Integration und Protest. In der empirischen Forschung wurden zum Teil positive, zum Teil negative, aber auch Null-Korrelationen zwischen Integration und politischer Partizipation gefunden. Dies wirft die Frage auf, unter welchen Bedingungen Integration und Protest in welcher Weise zusammenhängen.

Ausgehend von dem Modell rationalen Verhaltens ist zu erwarten, daß die Beziehung zwischen Integration und Protest davon abhängt, welche Anreize für Protest auftreten, wenn Personen in mehr oder weniger hohem Maße in soziale Netzwerke integriert sind. Wir vermuten, daß dann, wenn Integration und Protest positiv korrelieren, Integration dazu führt, daß die früher behandelten Anreize für Protest in relativ hohem Maße vorliegen (vgl. zusammenfassend Figur VII.2).

Es wird also ein indirekter kausaler Effekt von Integration - über Anreize für Protest - auf Protest angenommen. Neben dieser von uns als *Integrations-Hypothese* bezeichneten Annahme erscheint auch folgende *Rekrutierungs-Hypothese* plausibel: wenn in hohem Maße Anreize für Protest vorliegen oder wenn Protest geäußert wird, dann führt dies dazu, daß Personen Mitglieder in protestfördernden Netzwerken werden.

Wir vermuten, daß beide Hypothesen gelten: Anreize für Protest wie z.B. die Akzeptierung von Protestnormen führen dazu, daß Personen Mitglieder in bestimmten Gruppen oder, allgemein gesagt, in sozialen Netzwerken werden. Mitgliedschaft in sozialen Netzwerken wiederum hat die Konsequenz, daß Personen zusätzlichen Anreizen für Protest ausgesetzt werden, die wiederum Protest verstärken.

Diese Hypothesen wurden zunächst für *Mitgliedschaft in Gruppen und Organisationen* geprüft. Dabei wurde als erstes untersucht, ob zwischen der wahrgenommenen Einstellung der anderen Mitglieder einer Gruppe zu Protest und zur Nutzung der Atomenergie einerseits und Protest andererseits ein Zusammenhang besteht. Ein solcher Zusammenhang war deutlich nachweisbar. Aufgrund dieses Ergebnisses haben wir die Gruppen, in denen unsere Befragten Mitglieder sind, in protestfördernde und in nicht protestfördernde Gruppen unterteilt.

Es zeigte sich weiterhin, daß die Mitglieder protestfördernder Gruppen mehr positive Anreize für Protest erwarten als die Mitglieder nicht protestfördernder Gruppen. Insgesamt konnten die gefundenen Beziehungen zwischen Integration und Protest recht gut erklärt werden.

Sodann wurden die Integrations- und Rekrutierungshypothese in der Weise überprüft, daß 1982 und 1987 gemessene Variablen gleichzeitig in die Analyse einbezogen wurden. Die Ergebnisse lassen sich in folgender Weise zusammenfassen. (1) Die Beziehung zwischen Integration und Protest kann recht gut durch unsere Anreizvariablen erklärt werden. (2) Die Regressionsanalysen konnten nur teilweise die

Hypothese bestätigen, daß Integration einen direkten Effekt auf Anreize für Protest hat, wenn die zeitverzögerten Anreize kontrolliert werden. (3) Insgesamt zeigen die Analysen, daß Anreize für Protest und legaler Protest Integration in Gruppen beeinflussen.

Im zweiten Teil unserer Analyse haben wir drei Folgerungen, die sich aus der Integrations- und aus der Rekrutierungshypothese ergeben, überprüft. Erstens haben wir ermittelt, ob eine direkte Wirkung von Integration auf Protest besteht, oder ob ein indirekter Effekt auftritt, der über die Anreize zustande kommt. Alle Ergebnisse sprechen dafür, daß Integration keine direkte Wirkung auf Protest hat, und daß vor allem indirekte Wirkungen über die Anreize bestehen.

Zweitens haben wir überprüft, ob eine Wirkung von Protest auf Integration besteht. Eine Wirkung von legalem Protest auf Integration konnte bestätigt werden: Je stärker sich Personen an legalen Protestaktivitäten beteiligen, desto stärker sind sie in protestfördernde Gruppen integriert. Illegaler Protest hat dagegen keine Wirkung auf die Integration.

Drittens haben wir überprüft, ob von den Anreizen eine Wirkung auf die Integration ausgeht. Ein solcher Effekt konnte nicht bestätigt werden.

Die genannten Hypothesen über die Beziehungen zwischen Integration und Protest wurden nicht nur für Mitgliedschaft in Gruppen und Organisationen, sondern auch für die *Integration in persönliche Netzwerke* geprüft, d.h. für mehr oder weniger enge Beziehungen zu Freunden und Nachbarn. Es zeigte sich, daß unsere Indikatoren und Skalen in sehr unterschiedlicher Weise mit Protest korrelierten: so wies die Skala "politisches Engagement von Freunden" hohe positive Korrelationen mit legalem und illegalem Protest auf, "Wohndauer" (am Ort und in der Wohnung) korrelierte negativ und "politische Homogenität der Nachbarn" korrelierte überhaupt nicht mit legalem oder illegalem Protest.

Aufgrund des Modells rationalen Verhaltens ist folgendes zu vermuten: wenn jemand lediglich in hohem Maße in ein soziales Netzwerk integriert ist, d.h. intensive private Beziehungen mit anderen Mitgliedern des Netzwerkes hat, dann ist dies allein keineswegs protestfördernd. Wenn jedoch das Netzwerk politisiert ist, d.h. insbesondere dann, wenn sich die Mitglieder politisch engagieren, dann wirkt hohe private Integration protestfördernd. Die Wirkung von privater Integration hängt also von der Politisierung des Netzwerkes ab. Der Grund ist, daß insbesondere in einem politisierten Netzwerk die Mitglieder in hohem Maße Anreizen für Protest ausgesetzt sind. Diese Anreize sind um so stärker, je enger die persönlichen Beziehungen zwischen den Mitgliedern sind. Unsere Daten bestätigen die genannte (Interaktions-) Beziehung zwischen Integration und Politisierung auf Protest.

Wenn die Beziehungen zwischen Integration und Protest durch unsere Anreizvariablen erklärt werden können, dann müßten die Integrationsmaße mit unseren Anreizvariablen korrelieren. Diese These wurde unter Verwendung von drei Integrationsmaßen überprüft und bestätigt.

Da, wie wir in früheren Abschnitten sahen, unsere Anreizvariablen Protest relativ gut erklären können, folgt, daß die Beziehungen zwischen Integration und Protest durch unsere Anreizvariablen erklärt werden können. Verschiedene Analysen zeigen übereinstimmend, daß unsere Anreizvariablen die Beziehungen zwischen Integration und Protest recht gut erklären können.

Bei den bisher berichteten Ergebnissen haben wir geprüft, inwieweit Integration direkt oder indirekt auf Protest wirkt, d.h. inwieweit die Integrations-Hypothese zutrifft. Dabei wurden unsere Untersuchungen von 1982 und 1987 getrennt ausgewertet. Die kausale Richtung der Effekte wurde überprüft, indem wir ermittelten, inwieweit Anreize und Protest, jeweils gemessen 1982, auf Integration und Protest, jeweils gemessen 1987, wirken.

Unsere Analysen zeigen, wie erwartet, daß nicht nur die Integrations-, sondern auch die Rekrutierungs-Hypothese gilt. D.h. Anreize für Protest führen dazu, daß man Mitglied in sozialen Netzwerken wird.

Das Ergebnis dieser Analysen wie auch der Analysen, deren Gegenstand die Integration in Gruppen war, sprechen im großen und ganzen dafür, daß sowohl die Integrations- als auch die Rekrutierungshypothese gilt.

VIII. RESÜMEE: DIE ÜBERPRÜFUNG EINES KERNMODELLS POLITISCHEN PROTESTS UND PROBLEME FÜR DIE FORSCHUNG[1]

Wir haben in den vorangegangenen Kapiteln eine Vielzahl von Hypothesen diskutiert und mittels unserer Daten überprüft. Diese Hypothesen befaßten sich vor allem mit den Ursachen politischen Protests, jedoch auch mit dessen Wirkungen, z.B. auf die Veränderung von Normen, und mit Bedingungen für die Veränderung von Präferenzen für Kollektivgüter (siehe Kapitel III). Im Mittelpunkt unserer Überlegungen standen jedoch Hypothesen über Bedingungen für das Auftreten von Protest. Allein diese Hypothesen sollen in diesem abschließenden Kapitel diskutiert werden.

In den vorangegangenen Kapiteln haben wir einzelne Gruppen von Bedingungen für Protest jeweils getrennt behandelt. So wird in Kapitel III gefragt, wie Unzufriedenheit mit der Atomenergie, politische Entfremdung und wahrgenommener politischer Einfluß auf Protest wirken. Die Wirkungen interner Anreize auf Protest werden in Kapitel IV analysiert. Bisher ist also die Frage unbeantwortet geblieben, wie die verschiedenen Bedingungen *gemeinsam* auf Protest wirken. Diese Frage soll im folgenden zuerst behandelt werden. Sodann werden wir einige generelle Fragen diskutieren, die sich auf unsere Untersuchung insgesamt beziehen.

1. Die Überprüfung eines Kernmodells politischen Protests

Bei der Überprüfung der gemeinsamen Wirkung von bisher behandelten Variablen auf Protest gehen wir von dem in Kapitel I vorgestellten Modell politischen Protests, sozusagen unser *Kernmodell*, aus (vgl. die Zusammenfassung in Tabelle I.3). Wir wollen zunächst prüfen, inwieweit dieses Modell jeweils durch unsere Untersuchungen von 1982 und 1987 bestätigt werden. Wir überprüfen unsere Hypothesen also an Querschnittdaten, d.h. wir überprüfen simultane Beziehungen innerhalb einer Zeitperiode (Abschnitt 1.1). Sodann werden wir prüfen, inwieweit die behaupteten Beziehungen auch dann gelten, wenn wir davon ausgehen, daß die Ursachen für Protest 1982 und Protest 1987 gemessen werden (Abschnitt 1.2). Hier befassen wir uns also mit zeitverzögerten Wirkungen unserer unabhängigen Variablen.

1.1. Simultane Wirkungen

Gemäß unserem Kernmodell haben u.a. die einem Individuen zur Verfügung stehenden Ressourcen eine Wirkung auf Protest. Diese Behauptung konnte durch unsere Daten nicht bestätigt werden (vgl. Kapitel V). Aus diesem Grunde wird im folgenden die Variable "Ressourcen" nicht weiter berücksichtigt.

Die Gelegenheitsstrukturen haben wir durch unsere Integrationsvariablen gemessen. Diese werden im folgenden in die Analyse einbezogen.

---

[1] Verfaßt von *Karl-Dieter Opp*.

Bei der Prüfung der Wirkungen der Kollektivgutvariablen "Unzufriedenheit mit der Atomenergie" und "politische Entfremdung", jeweils gewichtet mit dem wahrgenommenen politischen Einfluß auf die Nutzung der Atomenergie, besteht folgendes Problem: Wenn beide Interaktionsterme ("Unzufriedenheit * Einfluß" und "Entfremdung * Einfluß") in eine Regressionsanalyse aufgenommen werden, ist die Multikollinearität relativ hoch, d.h. jeder Interaktionsterm korreliert mit den übrigen unabhängigen Variablen relativ hoch, da beide Interaktionsterme die Variable "Einfluß" enthalten. Dadurch werden die betreffenden Koeffizienten kaum mehr interpretierbar. Wir wollen deshalb beide Kollektivgutvariablen in Form eines Regressions-Konstruktes zusammenfassen. Wir gehen dabei so vor, daß wir zunächst für "legaler Protest 82" als abhängige Variable eine Regressionsanalyse mit "Unzufriedenheit 82" und "Entfremdung 82" als unabhängigen Variablen berechnen. Sodann multiplizieren wir für jeden Befragten die Werte der Kollektivgutvariablen mit den jeweiligen unstandardisierten Koeffizienten und addieren die Konstante. In dieser Weise wird das Kollektivgut-Konstrukt, bezogen auf legalen Protest 1982, gebildet. Ein entsprechendes Konstrukt bilden wir mit "illegaler Protest 82" als abhängige Variable: wir berechnen wiederum eine Regressionsanalyse mit "Unzufriedenheit 82" und "Entfremdung 82" als unabhängigen Variablen, multiplizieren die Werte der unabhängigen Variablen mit den unstandardisierten Regressionskoeffizienten und addieren die Konstante.

Prüfen wir zunächst, inwieweit sich unser Kernmodell für die 1982 erhobenen Daten bestätigt. Tabelle VIII.1 enthält zunächst das Kollektivgut-Konstrukt, multipliziert mit der Skala "Einfluß auf die Nutzung der Atomenergie".[2] Weiterhin wurden in das Modell die Erwartungen, die Sanktionen, die Normen und die intrinsischen Belohnungen von Protest aufgenommen. Schließlich verwenden wir als Maß für die Gelegenheitsstrukturen die Skala "Integration in protestfördernde Gruppen".

Wie Tabelle VIII.1 zeigt, hat das Kollektivgut-Konstrukt, gewichtet mit dem perzipierten Einfluß, einen ähnlichen relativ starken Effekt auf legalen und illegalen Protest. Da wir annehmen, daß unser Einflußmaß vorwiegend den Einfluß mittels legalem und nicht mittels illegalem Protest mißt, wäre zu erwarten gewesen, daß der Koeffizient für legalen Protest größer als für illegalen Protest ist.

Berechnet man die Korrelation der beiden Interaktionsterme "Unzufriedenheit 1982" und "Entfremdung 1982" einzeln mit legalem und illegalem Protest 1982, dann zeigt sich, daß der erste Interaktionsterm relativ stark mit legalem Protest korreliert, was zu erwarten ist, während der zweite Interaktionsterm mit legalem Protest nur geringfügig schwächer als mit illegalem Protest korreliert (.47 und .50). Letzteres entspricht nicht unseren Erwartungen.

Von den externen Anreizen für Protest (Erwartungen und Sanktionen) wirken Erwartungen und positive Sanktionen vor allem auf legalen Protest, was unseren Hypothesen entspricht. Informelle negative Sanktionen haben sowohl für legalen als

---

[2] Selbstverständlich wird das für "legalen Protest 1982" gebildete Konstrukt in die Gleichung, in der "legaler Protest 1982" abhängige Variable ist, einbezogen. Entsprechend wird das für "illegalen Protest 1982" gebildete Konstrukt in der Gleichung mit "illegaler Protest 1982" verwendet. Ähnliches gilt für alle folgenden Analysen: wir verwenden bei einer abhängigen Variablen jeweils dasjenige Regressions-Konstrukt, das für die betreffende abhängige Variable gebildet wurde.

auch für illegalen Protest einen Abschreckungseffekt, während staatliche Sanktionen einen relativ starken Radikalisierungseffekt für legalen und einen relativ schwachen Radikalisierungseffekt für illegalen Protest haben. Externe Anreize sind also Determinanten für Protest. Wir haben uns mit den Wirkungen von Sanktionen ausführlich in Kapitel VI befaßt und wollen deshalb hier nicht weiter darauf eingehen.

Protestnormen wirken relativ stark auf legalen und Gewaltnormen relativ stark auf illegalen Protest. Diese Ergebnisse sind aufgrund unseres Kernmodells zu erwarten.

TABELLE VIII.1: Ergebnisse von Regressionsanalysen zur Überprüfung eines Modells zur Erklärung von Protest (standardisierte Regressionskoeffizienten)

	Legaler Protest 82	Illegaler Protest 82	Legaler Protest 87	Illegaler Protest 87
Kollektivgut-Konstrukt 82 (87) * Einfluß 82 (87)	.38**	.38**	(.21*)	(-.08)
Kollektivgut-Konstrukt (87) * Einfluß durch legalen/illeg. Protest (87)	–	–	(.04)	(.33**)
Erwartungen 82 (87)	.14*	.11	(.00)	(-.02)
Informelle positive Sanktionen 82 (87)	.17	.04	(.10)	(.07)
Informelle negative Sanktionen 82 (87)	-.19**	-.15*	(-.05)	(-.03)
Staatliche Sanktionen 82 (87)	.30**	.15	(.02)	(.05)
Protestnormen 82 (87)	.19**	.08	(.24**)	(.16)
Gewaltnormen 82 (87)	.05	.32**	(.01)	(.22*)
Unterhaltungswert von Protest 82 (87)	-.07	-.07	(.17*)	(.13)
Katharsiswert von Protest 82 (87)	-.05	.00	(.00)	(-.09)
Integration in protestfördernde Gruppen 82 (87)	.14*	.00	(.24**)	(.12)
Korrigiertes R^2	.61	.43	(.44)	(.28)

* Signifikant auf dem .05 Niveau; ** signifikant auf dem .01 Niveau.

Die behaupteten Wirkungen des Unterhaltungs- und Katharsiswertes haben sich nicht bestätigt. Gelegenheitsstrukturen, d.h. die Integration in protestfördernde

Gruppen, haben nur einen signifikanten Effekt auf legalen, nicht auf illegalen Protest. Dies ist zu erwarten, da die meisten Gruppen, in denen unsere Befragten Mitglieder sind, legalen Protest ermutigen, wenn sie überhaupt Protest fördern.

Prüfen wir unser Kernmodell nun mit den Daten von 1987. Wir haben zunächst die Kollektivgut-Konstrukte in der vorher beschriebenen Weise gebildet. In der Untersuchung von 1987 steht uns nicht nur das Einflußmaß "Einfluß auf die Nutzung der Atomenergie" zur Verfügung, das sich auf Einfluß durch legalen Protest bezieht, sondern zusätzlich die Variable "Einfluß durch legalen/illegalen Protest". Wir haben das Kollektivgut-Konstrukt mit jedem der beiden Einflußmaße multipliziert. Darüber hinaus haben wir in die Analyse die bereits erwähnten Skalen, dieses Mal gebildet aus den 1987 gemessenen Indikatoren, einbezogen.

Das mit "Einfluß auf die Nutzung der Kernenergie" gewichtete Kollektivgut-Konstrukt müßte eine stärkere Wirkung auf legalen, während das mit "Einfluß durch legalen/illegalen Protest" gewichtete Kollektivgut-Konstrukt einen stärkeren Effekt auf illegalen Protest haben müßte. Wie Tabelle VIII.1 zeigt, wird diese Erwartung durch unsere Daten bestätigt.

Die sozialen Anreize haben keine signifikanten Effekte mehr. Die Normen wirken in der gleichen Weise wie in der Untersuchung von 1982. Der Unterhaltungswert von Protest hat, im Gegensatz zu der Untersuchung von 1982, einen signifikanten Effekt auf legalen Protest. Darüber hinaus hat nur noch "Integration in protestfördernde Gruppen" einen positiven Effekt auf legalen Protest.

Insgesamt wird unser Kernmodell durch die Untersuchung von 1987 weniger gut bestätigt als durch die Untersuchung von 1982.

In der Untersuchung von 1987 haben wir eine Reihe von Indikatoren erhoben, die in der Untersuchung von 1982 nicht enthalten sind. Bei den sozialen Anreizen wurden die Skalen "persönliche Abschreckung" und "persönliche Radikalisierung", die relativ starke Wirkungen auf Protest haben, gebildet. Als zusätzliche Skala für die Messung von Gewaltnormen beziehen wir die Skala "ereignisbezogene Gewaltnormen" ein. Schließlich erwies sich die Skala "politisches Engagement der Freunde" als gutes Maß für Gelegenheitsstrukturen im persönlichen Bereich. Auch diese Skala soll im folgenden verwendet werden.

Führt man eine Regressionsanalyse mit diesen und den in Tabelle VIII.1 erwähnten unabhängigen Variablen durch, ergeben sich nur wenige signifikante Effekte, da die Interkorrelationen der unabhängigen Variablen relativ groß sind. Wir wollen deshalb einzelne Skalen zu Regressions-Konstrukten zusammenfassen:

Kollektivgut-Konstrukt: Unzufriedenheit mit der Atomenergie 1987, politische Entfremdung 1987 (siehe oben);

Soziale Anreize: Erwartungen 1987, informelle positive Sanktionen 1987, informelle negative Sanktionen 1987, staatliche Sanktionen 1987, persönliche Abschreckung 1987, persönliche Radikalisierung 1987;

Normen: Protestnormen 1987, Gewaltnormen 1987, ereignisbezogene Gewaltnormen 1987;

Intrinsische Belohnungen: Unterhaltungswert von Protest 1987, Katharsiswert von Protest 1987;

Integration (Gelegenheitsstrukturen): Integration in protestfördernde Gruppen 1987, politisches Engagement der Freunde 1987.

Bei der Bildung jedes dieser Konstrukte wurden Regressionsanalysen durchgeführt, in denen die einzelnen Skalen, die zu dem Konstrukt gehören, unabhängige und jeweils "legaler Protest 1987" und "illegaler Protest 1987" abhängige Variablen sind. Die Werte der Skalen jedes Befragten wurden sodann mit den unstandardisierten Regressionskoeffizienten gewichtet und zusammen mit der Konstanten addiert. Sodann wurden Regressionsanalysen mit den Konstrukten als unabhängigen und mit legalem/illegalem Protest als abhängigen Variablen berechnet. Die Ergebnisse enthält Tabelle VIII.2.

TABELLE VIII.2: Die Beziehungen zwischen verschiedenen Anreizkonstrukten und Protest (standardisierte Regressionskoeffizienten)

	Legaler Protest 1987	Illegaler Protest 1987
Kollektivgut-Konstrukt 1987 * Einfluß 1987	.24**	-.02
Kollektivgut-Konstrukt 1987 * Einfluß durch legalen/illegalen Protest	-.08	.21*
Soziale Anreize 1987	.26**	.24*
Normen 1987	.21*	.25*
Intrinsischer Belohnungswert von Protest 1987	.08	.03
Gelegenheitsstrukturen (Integration) 1987	.23*	.08
Korrigiertes R^2	.54	.37

* Signifikant auf dem .05 Niveau; ** signifikant auf dem .01 Niveau.

Die Wirkungen der Kollektivgut-Konstrukte sind denen in Tabelle VIII.1 ähnlich. Soziale Anreize und Normen haben in etwa gleich starke signifikante Effekte auf legalen und illegalen Protest. Bei den Konstrukten, die die sozialen Anreize und Normen zusammenfassen, ist nicht zu erwarten, daß die Wirkungen auf legalen und illegalen Protest unterschiedlich sind. Der Grund ist, daß die Konstrukte sehr unterschiedliche soziale Anreize (z.B. positive Sanktionen und persönliche Abschreckung) bzw. Normen (Protest- und Gewaltnormen) enthalten, die zum Teil stärker auf legalen, zum Teil stärker auf illegalen Protest wirken.

Das Konstrukt, das den intrinsischen Belohnungswert von Protest mißt, hat keine Wirkung auf Protest. "Integration" wirkt erwartungsgemäß stärker auf legalen als auf illegalen Protest, da hier vor allem die Integration in legalen Protest fördernde Netzwerke gemessen wurde.

1.2. Zeitverzögerte Wirkungen

Wir haben bisher unser Kernmodell mit den Daten der Untersuchung von 1982 und von 1987 überprüft. Im folgenden wollen wir unser Modell in einer anderen Weise prüfen: wir fragen, welchen Einfluß unsere unabhängigen Variablen, gemessen 1982, auf legalen und illegalen Protest, gemessen 1987 haben. Wir überprüfen also die zeitverzögerten Wirkungen unserer unabhängigen Variablen. Dabei verwenden wir wiederum die in Tabelle VIII.1 aufgeführten unabhängigen Variablen.

Es liegt nahe, zuerst zwei Regressionsanalysen zu berechnen: in der ersten ist legaler und in der zweiten illegaler Protest abhängige Variable, jeweils gemessen 1987. In jeder Regressionsanalyse sind die 1982 gemessenen Anreizvariablen (siehe Tabelle VIII.1) und zusätzlich die jeweilige zeitverzögerte Protestvariable unabhängige Variablen. In die Gleichung mit "legaler Protest 1987" ist die zeitverzögerte Variable "legaler Protest 1982" aufzunehmen, in die Gleichung mit "illegaler Protest 1987" die unabhängige Variable "illegaler Protest 1982".

Das Ergebnis dieser Analysen ist, daß die jeweilige zeitverzögerte Variable einen relativ starken Effekt hat, der auf dem .01 Niveau signifikant ist, daß jedoch alle anderen Variablen - mit Ausnahme von "informelle positive Sanktionen 1982" mit einem signifikanten Effekt auf "legaler Protest 1987" - nicht auf Protest wirken.

Diese Ergebnisse kommen erstens dadurch zustande, daß legaler/illegaler Protest 1982, also die zeitverzögerte Variable, einen starken Effekt auf legaler/illegaler Protest 1987 hat. Dies gilt insbesondere für legalen Protest 1982: die Korrelation mit legalem Protest 1987 beträgt .69. Dadurch ist bereits ein - für Umfragedaten relativ hoher - Teil der erklärten Varianz sozusagen vergeben. Zweitens kommen die beschriebenen Ergebnisse dadurch zustande, daß legaler/illegaler Protest 1982 mit den anderen 1982 gemessenen unabhängigen Variablen relativ hoch korreliert. Eine gute Theorie (d.h. enge Beziehungen zwischen unabhängigen Variablen und abhängiger Variable in einer Untersuchung) hat also Probleme bei der Prüfung zeitverzögerter Effekte zur Folge. Drittens korrelieren auch die 1982 gemessenen Anreizvariablen relativ hoch miteinander. Diese Sachverhalte tragen dazu bei, daß die zeitverzögerten Effekte sehr gering sind.

Dies zeigt sich besonders dann, wenn man für einzelne Gruppen von 1982 gemessenen Anreizvariablen Regressionsanalysen mit legaler/illegaler Protest, gemessen 1987, durchführt, ohne dabei die 1982 gemessenen Protestvariablen zu berücksichtigen. In solchen Analysen finden sich eine Vielzahl signifikanter Effekte der 1982 gemessenen Variablen auf die betreffende Protestvariable.

In dieser Situation erscheint es sinnvoll, wieder - wie in Abschnitt 1.1 - einzelne Gruppen von Anreizen zu Konstrukten zusammenzufassen:

Kollektivgut-Konstrukt 1982: Unzufriedenheit mit der Atomenergie 1982, politische Entfremdung 1982 (siehe oben);
Soziale Anreize 1982: Erwartungen 1982, informelle positive Sanktionen 1982, informelle negative Sanktionen 1982, staatliche Sanktionen 1982;
Normen 1982: Protestnormen 1982, Gewaltnormen 1982;
Intrinsische Belohnungen 1982: Unterhaltungswert von Protest 1982, Katharsiswert von Protest 1982;
Integration in protestfördernde Gruppen 1982 (eine Skala).

Bei der Bildung der einzelnen Konstrukte gehen wir so vor, daß wir jeweils Regressionsanalysen mit den 1982 gemessenen Skalen als unabhängigen und legaler bzw. illegaler Protest 1987 als abhängige Variablen durchführen. Die Bildung der Konstrukte erfolgt durch Multiplikation der Werte der einzelnen Skalen mit den unstandardisierten Regressionskoeffizienten und durch Addition der Konstanten. Mit diesen Konstrukten bzw. Skalen als unabhängigen und legalem/illegalem Protest als abhängigen Variablen haben wir zwei Modelle berechnet (siehe Tabelle VIII.3): Modell 1 enthält keine zeitverzögerten Protestskalen, während in Modell 2 jeweils legaler Protest 1982 bzw. illegaler Protest 1982 als unabhängige Variablen enthalten sind.

TABELLE VIII.3: Zeitverzögerte Effekte von Anreizkonstrukten 1982 auf Protest 1987

	M o d e l l 1		M o d e l l 2	
	Legaler Protest 87	Illegaler Protest 87	Legaler Protest 87	Illegaler Protest 87
Kollektivgut-Konstrukt 1982 * Einfluß 1982	.19*	.12	.00	-.02
Soziale Anreize 1982	.38**	.11	.17	.03
Normen 1982	.16	.20	.06	.06
Intrinsischer Belohnungs-wert von Protest 1982	-.08	.02	-.02	.07
Integration 1982	.13	.14	.03	.13
Legaler Protest 1982	-	-	.55**	-
Illegaler Protest 1982	-	-	-	.41**
Korrigiertes R^2	.35	.14	.48	.23

* Signifikant auf dem .05 Niveau; ** signifikant auf dem .01 Niveau.

Betrachten wir zunächst Modell 1. Wir finden hier im wesentlichen dieselben Ergebnisse wie bei unseren vorangegangenen Analysen, wenn auch die Koeffizienten generell niedriger und zum größten Teil nicht signifikant sind. Bezieht man legalen bzw. illegalen Protest als unabhängige Variable in die betreffende Regressionsanalyse ein (vgl. Modell 2), sind nur noch die Koeffizienten für die zeitverzögerten Protestvariablen signifikant.

1.3. Zusammenfassung und Resümee

Ausgangspunkt unserer Analysen war unser Kernmodell politischen Protests (vgl. Kapitel I, Tabelle I.3). Im Gegensatz zu unseren Analysen in den vorangegangenen Kapiteln haben wir hier die Wirkungen aller Variablen gleichzeitig untersucht.

Welches Resümee können wir für die Bestätigung bzw. Widerlegung unseres Kernmodells ziehen? Fragen wir zunächst, welche Variablen sich überhaupt als bedeutsam für die Erklärung von Protest erwiesen haben. Unsere Ergebnisse zeigen, daß dies die Kollektivgutvariablen, gewichtet mit dem wahrgenommenen Einfluß, soziale Anreize, Gelegenheitsstrukturen (Integration) und Normen sind.

Bei den Kollektivgutvariablen entsprach die Wirkung der Unzufriedenheit mit der Atomenergie am deutlichsten unseren Hypothesen. Dies bedeutet, daß die spezifische, auf die ausgeführten Handlungen bezogene Deprivation auch ein starker Anreiz für die Ausführung der betreffenden Handlung war. Es zeigte sich weiter, daß die Wirkung einer Kollektivgutvariablen von dem perzipierten Einfluß abhängt: dies wurde insbesondere durch die Variable "Einfluß auf legalen/illegalen Protest 1987" deutlich.

Bei den sozialen Anreizen waren die Wirkungen der einzelnen Anreize unterschiedlich. Ein Problem unserer Messungen bestand hier darin, daß wir die sozialen Reaktionen jeweils für legalen und illegalen Protest nur unzulänglich ermitteln konnten.[3]

Bezüglich der Normen zeigte sich erwartungsgemäß, daß Protestnormen eher legalen und Gewaltnormen eher illegalen Protest fördern.

Auch Gelegenheitsstrukturen, gemessen durch Mitgliedschaft in legalen Protest fördernden Netzwerken, sind ein Anreiz für Protest.

Vergleicht man die Ergebnisse dieser multivariaten Analysen mit den Analysen einzelner Variablen oder Variablengruppen in den früheren Kapiteln, dann zeigt sich, daß die Ergebnisse ähnlich sind. Die Koeffizienten in den multivariaten Analysen sind jedoch aufgrund der hohen Interkorrelation der unabhängigen Variablen generell kleiner.

Unser Kernmodell hat sich in folgender Hinsicht *nicht* bestätigt: Ressourcen spielten keine Rolle für Protest (siehe Kapitel V). Intrinsische Belohnungen hatten ebenfalls keinen Effekt auf Protest.

2. Probleme für die Forschung

Abschließend wollen wir einige Probleme diskutieren, die unsere Analysen in diesem Kapitel und in den vorangegangenen Kapiteln aufwerfen.

Meßprobleme. Wir sahen, daß eine Reihe unserer Variablen nur unzureichend gemessen werden konnten. Wie insbesondere die in der Untersuchung von 1987 zusätzlich erhobenen Indikatoren für bestimmte Faktoren zeigen, erbrachte die Verbesserung der Messung auch bessere Ergebnisse. Entsprechend sollte in künftigen Forschungen versucht werden, die Messungen der Variablen zu vervollkommnen.

---

[3] Im Fragebogen der Untersuchung von 1987 wurden zwar entsprechende Fragen gestellt. Aufgrund der extrem schiefen Verteilung der Antworten konnten diese Fragen jedoch nicht sinnvoll ausgewertet werden.

Die unterschiedliche Erklärungskraft der Hypothesen für legalen und illegalen Protest. Ein Ergebnis aller unserer Analysen ist, daß wir legalen Protest besser erklären konnten als illegalen Protest. Dies zeigt z.B. Tabelle VIII.1, in der die erklärten Varianzen für legalen Protest deutlich höher als für illegalen Protest sind. Dies ist vermutlich zum einen dadurch zu erklären, daß wir zu wenige Anreize für illegalen Protest ermittelt haben. Unsere zentralen Variablen - mit Ausnahme von Gewaltnormen und Einfluß durch legalen/illegalen Protest - sind Anreize für legalen Protest. Zum anderen waren Variablen, mit denen wir solche Anreize zu messen versuchten, extrem schief verteilt, so daß sie nicht verwendet werden konnten.

In künftigen Untersuchungen sollte in stärkerem Maße versucht werden, Anreize für illegalen Protest zu erheben, und es sollte versucht werden, die Stichproben so zu planen, daß sie einen möglichst hohen Anteil von Personen enthalten, die illegalen Protest befürworten, beabsichtigen oder ausgeführt haben. Dies dürfte allerdings äußerst schwierig sein.

Unsere Untersuchung wirft insbesondere zwei Fragen auf, für die wir keine plausiblen Antworten haben, für die wir jedoch einige Antworten ausschließen können:

(1) Warum sind die Wirkungen der 1982 gemessenen auf die 1987 gemessenen Variablen im allgemeinen relativ gering?

(2) Warum wurden unsere Hypothesen meist durch die Ergebnisse der Untersuchung 1982 besser bestätigt als durch die Untersuchung von 1987?

Zu 1: Die Vermutung liegt nahe, daß der Zeitabstand zwischen den beiden Untersuchungen zu groß war. Warum sollten z.B. die erwarteten positiven Sanktionen 1982 eine Wirkung auf Protestverhalten 1987 haben? Wenn wir davon ausgehen, daß die Befragten ihre Bezugsgruppen und Netzwerke im wesentlichen beibehalten und auch Einstellungen und Wertmaßstäbe, z.B. ihre Präferenzen für Kollektivgüter und ihre Einstellungen zur Gewalt, kaum geändert haben, dann ist zu erwarten, daß die 1982 gemessenen Variablen z.B. Protest 1987 beeinflussen. In der Tat zeigt der Vergleich der Mittelwerte unserer zentralen Variablen in Kapitel II (vgl. Tabelle II.5), daß die Änderung der Präferenzen für Kollektivgüter etc. relativ gering gewesen ist: die Stabilität unserer Variablen ist relativ groß. Die Erklärung der relativ geringen Wirkungen der 1982 gemessenen auf die 1987 gemessenen Variablen durch den langen Zeitraum zwischen den Untersuchungen erscheint also nicht überzeugend. Für künftige Untersuchungen zu politischem Protest stellt sich die Frage, in welchem Zeitabstand Wiederholungsbefragungen sinnvollerweise durchgeführt werden sollten.

Zu 2: Eine mögliche Erklärung ist, daß die Varianzen der Variablen 1987 geringer sind als 1982, so daß die Korrelationen und damit die Regressionskoeffizienten 1987 niedriger als 1982 sein müßten. Ein Vergleich der Standardabweichungen und Wertebereiche unserer zentralen Variablen, die 1982 und 1987 gemessen wurden (vgl. Tabelle VIII.1) zeigt jedoch, daß sowohl die Standardabweichungen als auch die Wertebereiche sehr ähnlich sind.

ANHANG

I. DER UNTERSUCHUNGSPLAN UND DIE STICHPROBE DES ATOMKRAFTGEGNER-PANELS[1]

Unsere Ausgangsfrage ist, ob und in welcher Weise kritische Ereignisse wie der Reaktorunfall von Tschernobyl das Auftreten von politischem Protest beeinflussen. Von Interesse sind dabei nicht nur die Auswirkungen von Tschernobyl auf die Bevölkerung der Bundesrepublik insgesamt, sondern in besonderem Maße auch die Auswirkungen auf Personen, die bereits lange Zeit vor diesem Reaktorunfall Gegner der Nutzung der Kernenergie waren.

Diese Personengruppe haben wir mittels zweier eigener Befragungen untersucht. Die erste Befragung von insgesamt 398 Atomkraftgegnern wurde 1982, also vier Jahre vor dem Reaktorunfall von Tschernobyl, vorgenommen. Eine detaillierte Darstellung des Untersuchungsplans und der Stichprobe ist in Opp u.a. 1984, vor allem in Kapitel II, enthalten. Die wichtigsten Ergebnisse dieser Darstellung sollen im folgenden zunächst zusammengefaßt werden.

Gegenstand der ersten Befragung war vor allem, warum sich Personen, die mit der Nutzung der Atomenergie unzufrieden sind, an Protesten beteiligen. Entsprechend dieser Fragestellung wurden ausschließlich Atomkraftgegner untersucht. Um den Aufwand zur Ermittlung der zu befragenden Atomkraftgegner gering zu halten, wurden Zufallsstichproben in zwei Gebieten gezogen, die sich jeweils durch einen besonders hohen mutmaßlichen Anteil von Atomkraftgegnern auszeichneten. Diese Gebiete sind der Stadtbezirk Eimsbüttel in Hamburg, in dem ein hoher Anteil von Vertretern der "Gegen-Kultur" wohnt, sowie die Stadt Geesthacht, in deren Nähe sich ein Atomkraftwerk befindet. Die befragungswilligen Atomkraftgegner dieser Stichproben (187 Befragte) dienten zugleich auch als Ausgangspunkt für eine ergänzende Schneeballauswahl (211 Befragte).

Zum Zeitpunkt der Erstbefragung 1982 hatte die Aktivität der Anti-Atomkraftbewegung bereits stark nachgelassen. Der Reaktorunfall von Tschernobyl am 26. April 1986 setzte die Diskussion um die Nutzung der Atomenergie erneut in Gang. Die zweite Befragung erfolgte zwischen Januar und März 1987, also ca. neun Monate nach dem Reaktorunfall von Tschernobyl.

Als Erhebungsinstrument für die Wiederholungsbefragung wurde eine stark modifizierte Fassung des Fragebogens der Erstbefragung verwendet. Dabei wurden nur solche Fragen übernommen, die sich bei den Analysen der Daten der Erstbefragung als theoretisch fruchtbar erwiesen hatten. Der zeitliche Abstand der beiden Befragungen wurde nur bei der Erhebung der ausgeführten Handlungen berücksichtigt: anders als bei der Erstbefragung wurde explizit ein Bezugszeitraum von vier Jahren vorgegeben. Die übrigen Indikatoren unserer Modellvariablen blieben unverändert. Diese gekürzte Fassung des ersten Fragebogens wurde dann für die Zweitbefragung erweitert. Hinzu kamen einerseits Ergänzungen und Präzisierungen von Meßinstrumenten der Erstbefragung (vor allem zur Messung von Sanktionen und Integration), aber auch Fragen im Zusammenhang mit dem Reaktorunfall von Tschernobyl.

---

[1] Verfaßt von *Petra Hartmann*.

Von den 398 Teilnehmern der Erstbefragung hatten sich 1982 insgesamt 227 Personen (57%) zu einer weiteren Befragung bereit erklärt. Die bei der ersten Erhebung verwendeten Adressen dieser 227 Befragten bildeten die Ausgangsstichprobe für die Wiederholungsbefragung. Alle Personen dieser Teilstichprobe wurden im Januar 1987 unter diesen Adressen angeschrieben. Dabei wurde die neue Befragung angekündigt.

Nur 56% der angeschriebenen Personen waren noch unter ihrer alten Anschrift erreichbar, 44% waren in der Zwischenzeit verzogen. Dies war angesichts des relativ großen zeitlichen Abstandes zwischen den beiden Befragungszeitpunkten auch zu erwarten. Mit Hilfe der Post und der Meldeämter konnte bei 72% der verzogenen Personen eine neue Anschrift ermittelt werden. Lediglich 28 von 227 angeschriebenen Befragten (12%) blieben unauffindbar. Weitere 25 Personen (11%) waren aus dem Hamburger Umland verzogen und konnten aus diesen Gründen nicht von Interviewern besucht werden. Eine genaue Aufstellung der verschiedenen Ausfälle enthält Tabelle AI.1.

TABELLE AI.1: Stichprobenausschöpfung und Ausfälle bei der Wiederholungsbefragung

	Hamburg			Geesthacht			Gesamt		
	N	%	%	N	%	%	N	%	%
1	2			3			4		
1982 befragte AKW-Gegner	229	100	–	169	100	–	398	100	–
davon bereit für 2. Befragung	152	66	100	75	44	100	227	57	100
davon 1987:									
Verwertbare Interviews	79	34	52	42	25	56	121	30	53
Ausfälle	73	32	48	33	20	44	106	27	47
Ausfälle	73	100	48	33	100	44	106	100	47
Ursachen der Ausfälle:									
Interview verweigert	22	30	14	4	12	5	26	25	12
Anschrift nicht zu ermitteln	23	32	15	5	15	7	28	26	12
Aus Hamburger Umland verzogen	12	16	8	13	39	17	25	24	11
Andere Gründe (verstorben, verreist, nicht zu erreichen, kein AKW-Gegner)	16	22	11	11	33	15	27	26	12

In Tabelle AI.1 sind die absoluten und relativen Häufigkeiten bestimmter Ausfälle sowohl für die gesamte Befragtengruppe als auch nach Wohnorten getrennt aufgeführt. Bezogen auf alle bei der ersten Erhebung befragten 398 Personen ist der größte Anteil der Ausfälle (insgesamt 43%) auf die fehlende Bereitschaft zu weiteren Befragungen zurückzuführen. Auffällig ist dabei, daß in Hamburg die Bereitschaft zur Teilnahme an einer Wiederholungsbefragung mit 66% der Befragten viel stärker ausgeprägt ist als in Geesthacht mit nur 44% (siehe Zeile 2 von Tabelle Al.1).

Bezogen auf die Gruppe der Befragungswilligen zeigen sich hingegen kaum Unterschiede zwischen Hamburg und Geesthacht. Verwertbare Interviews kamen bei 52% bzw. 56% dieser Befragten zustande. Die Ausfälle bei den übrigen 47% dieser Personengruppe sind zu gleichen Teilen (jeweils 12% der 1982 Befragungswilligen) bedingt durch Verweigerungen, Nichtauffindbarkeit der Befragten, Fortzug aus dem Hamburger Umland und andere Umstände (vgl. Tabelle Al.1, letzte Spalte).

Bei den Ursachen für die trotz ursprünglicher Bereitschaft nicht zustandegekommenen Interviews zeigen sich allerdings deutliche Unterschiede zwischen Hamburg und Geesthacht. So sind in Hamburg 22 von insgesamt 73 Ausfällen (30%) bei den im Jahre 1982 Befragungswilligen durch Verweigerungen bedingt, in Geesthacht hingegen nur 4 von 33 Ausfällen (12%) (vgl. Tabelle Al.1, Spalte 2 und 5, unterer Tabellenteil). Die gleichen Unterschiede finden wir auch bei den Ausfällen, die auf nicht zu ermittelnde Anschriften zurückgehen. Berücksichtigt man jedoch gleichzeitig die Fortzüge aus dem Hamburger Umland, so verringert sich der Unterschied zwischen Hamburg und Geesthacht beträchtlich: in Hamburg sind insgesamt 48% von 73 Ausfällen durch Umzüge der Befragten bedingt, in Geesthacht sind es geringfügig mehr mit 54% von 33 Ausfällen. Da die Hamburger Befragten aus einem stark "Szene"-orientierten Stadtgebiet stammen, ist der Unterschied zwischen Hamburg und Geesthacht bezüglich der Nichtauffindbarkeit vermutlich durch relativ schlechtere Meldesitten bei Mitgliedern alternativer Milieus zu erklären.

Informationen für beide Erhebungszeitpunkte (d.h. verwertbare Interviews) liegen uns schließlich bei 121 von insgesamt 398 Teilnehmern (27%) der Erstbefragung vor. In Hamburg nahmen mit 34% deutlich mehr Personen an der Wiederholungsbefragung teil als in Geesthacht mit 25%.

Haben die beschriebenen Ausfälle zu systematischen Verzerrungen unserer Stichprobe geführt? Um diese Frage zu beantworten, vergleichen wir die Verteilungen ausgewählter demographischer Merkmale in der Panel-Stichprobe mit denen der Gesamtstichprobe von 1982 sowie amtlichen Daten. Wir übernehmen hierzu die von uns im Zusammenhang mit der Erstbefragung aufbereiteten amtlichen Daten der Volks- und Berufszählung 1970 unverändert. Erläuterungen zu diesen amtlichen Daten sind in Opp u.a. 1984 (Kapitel I.5.3) gegeben.

Der Vergleich mit den amtlichen Daten wird getrennt durchgeführt für die Stichproben in Hamburg und Geesthacht. Für jeden der beiden Erhebungsorte haben wir also drei verschiedene Arten der Information: (1) die amtlichen Daten, (2) die Daten für alle 1982 Befragten sowie (3) für die Teilnehmer der Wiederholungsbefragung. Um die Vergleichbarkeit zu gewährleisten, beziehen sich alle Angaben für die Panel-Teilnehmer ebenfalls auf 1982. Die Verteilungen der ausgewählten demographischen Merkmale in den einzelnen Gruppen sind in Tabelle Al.2 wiedergegeben.

Die Felder in den Spalten 3 bis 5 sowie 7 bis 9 der Tabelle Al.2 enthalten die Prozentsätze von Personen innerhalb einer Gruppe, die eine bestimmte Merkmalsausprägung aufweisen. Die zu vergleichenden Gruppen definieren die Spalten, die Ausprägungen der zu vergleichenden Merkmalsverteilungen die Zeilen. Von den 229 Teilnehmern der Erstbefragung in Hamburg-Eimsbüttel gehörten z.B. nur 4.8% der

Altersgruppe der unter 21 Jahre alten Personen an, die amtliche Statistik weist für diese Altersgruppe eine relative Stärke von 8.0% aus. Der Unterschied zu den amtlichen Daten vergrößert sich geringfügig, wenn wir die Teilnehmer der Wiederholungsbefragung betrachten: hier gehören 3.7% dieser Altersgruppe an.

TABELLE AI.2: Stichprobenzusammensetzung und Beteiligung an der Zweitbefragung nach ausgewähltendemographischen Merkmalen (alle Angaben in Prozent, Bezugszeitpunkt: 1982)

		Hamburg-Eimsbüttel				Geesthacht			
		Amtl. Stat.	Alle Befr. (229) 100%	Nur Panel (81) 100%	Betei- ligung 35.4%	Amtl. Stat.	Alle Befr. (169) 100%	Nur Panel (40) 100%	Betei- ligung 23.6%
Merkmal	Werte								
1	2	3	4	5	6	7	8	9	10
Alter	unter 21	8.0	4.8	3.7	27.3	7.6	14.9	7.5	12.0
(in Jahren)	21 - unter 30	25.8	51.5	48.1	33.3	16.2	20.2	12.5	14.7
	30 - unter 45	31.7	35.7	37.0	37.0	29.4	45.8	50.0	26.0
	45 - unter 60	34.6	7.9	11.1	50.0	20.2	15.5	27.5	42.3
	60 und älter *					26.6	3.6	2.5	16.7
Geschlecht	männlich	43.7	52.0	54.3	37.0	47.5	53.3	47.5	21.1
	weiblich	56.3	48.0	45.7	33.6	52.5	46.7	52.5	26.6
Familien-	verheiratet	56.6	22.7	33.3	51.9	68.5	62.1	77.5	29.5
stand	verwitwet	14.5	0.9	0.0	0.0	12.4	1.2	0.0	0.0
	geschieden	6.4	8.7	9.9	40.0	2.9	3.0	0.0	0.0
	ledig	22.6	67.7	56.8	29.7	16.2	33.7	22.5	15.8
Art des	Arbeiter	34.6	16.5	13.8	32.1	53.3	20.3	24.2	33.3
Berufs	Angestellte	48.4	54.7	56.9	39.8	35.2	47.5	36.4	21.4
	Selbständige	11.0	12.9	15.4	45.5	5.9	7.6	9.1	33.3
	Beamte	6.0	15.9	13.8	33.3	5.6	24.6	30.3	34.5
Religionszu-	evangelisch	68.9	37.7	40.7	39.3	80.7	56.8	60.0	26.1
gehörigkeit	katholisch	8.6	7.2	7.4	37.5	8.1	4.9	2.5	12.1
	andere/keine	22.5	55.25	51.9	34.1	11.2	38.3	37.5	24.2

* In Hamburg-Eimsbüttel umfaßte die Zufallsauswahl nur Personen zwischen 16 und 60 Jahren. Wir haben daher für Hamburg-Eimsbüttel jeweils die Kategorien "45-unter 60" und "60 und älter" zusammengefaßt.

Vergleichen wir zunächst jeweils die Verteilungen für Hamburg-Eimsbüttel. Bei allen untersuchten Merkmalen zeigen sich deutliche Unterschiede zwischen der amtlichen Statistik und unseren beiden Atomkraftgegner-Stichproben. Bestimmte

Bevölkerungsgruppen sind bei den von uns befragten Atomkraftgegnern anteilsmäßig überrepräsentiert. Die Unterschiede sind besonders stark ausgeprägt bei der Gruppe der 21- bis 30-jährigen (51.5% bzw. 48.1% gegenüber 25.8% bei den amtlichen Daten), bei Ledigen (67.7% bzw. 56.8% gegenüber 22.6%) sowie bei den Nicht-Mitgliedern der großen Kirchen (55.2% bzw. 51.9% gegenüber 22.5%). Die Abweichungen zu den amtlichen Daten sind hier bei der Gesamtgruppe der 1982 Befragten etwas stärker als bei den Teilnehmern der Zweitbefragung.

Ein ähnliches Bild erhalten wir auch für Geesthacht. Die Unterschiede zu den amtlichen Daten sind allerdings in der Regel etwas geringer. Auffällig bei der Geesthachter Stichprobe ist die extreme Überrepräsentation von Beamten: der Anteil von Beamten in unseren beiden Stichproben ist mit 24.6% und 30.3% mehr als viermal so groß wie in der Geesthachter Gesamtbevölkerung.

Welche Konsequenzen haben die gefundenen Unterschiede zu den amtlichen Daten für die Beurteilung der Stichprobenqualität? Bei der Beantwortung dieser Frage muß in Betracht gezogen werden, daß wir zwar zunächst in beiden Gebieten von einer Zufallsauswahl ausgegangen sind, dann aber ausschließlich Atomkraftgegner befragt haben. Wir können also nicht erwarten, daß unsere Befragten repräsentativ für die Gesamtbevölkerung in dem jeweiligen Befragungsgebiet sind. Darüber hinaus legen Untersuchungen über politische Partizipation die Vermutung nahe, daß Atomkraftgegner und Nicht-Gegner sich auch in der Gesamtbevölkerung bezüglich der betrachteten demographischen Variablen stark unterscheiden: Mitglieder von sozialen Bewegungen sind normalerweise relativ jung, entsprechend relativ häufig unverheiratet und gehören eher der Mittel- und Oberschicht an. Die von uns ermittelten Abweichungen der Stichprobenverteilungen von den amtlichen Daten sind genau mit diesen Vermutungen vereinbar. Entsprechend dürften die von uns befragten Atomkraftgegner repräsentativ sein für die Gruppe der Atomkraftgegner.

Für die Qualität unserer Panel-Stichprobe ist daher viel entscheidender, ob und in welchem Ausmaß es systematische Ausfälle bei der Wiederholungsbefragung gegeben hat. Um dies zu überprüfen, müssen wir innerhalb der einzelnen Gruppen die Anteile von Personen betrachten, die an der Zweitbefragung teilgenommen haben. Die entsprechenden Prozentsätze sind in den Spalten 6 und 10 der Tabelle AI.2 gegeben.

Von insgesamt 229 Befragten in Einsbüttel wurden 81 Personen (35.4%) 1987 erneut befragt, in Geesthacht beträgt der Prozentsatz von Teilnehmer an der Zweitbefragung hingegen nur 23.6% (vgl. Tabelle AI.2, Tabellenkopf). In Abwesenheit systematischer Ausfälle ist zu erwarten, daß der Anteil von Teilnehmern an der Zweitbefragung in allen untersuchten demographischen Gruppen in etwa gleich ist und dem Anteil in der Gesamtstichprobe entspricht. Ein Blick in die Spalten 6 und 10 in Tabelle AI.2 zeigt jedoch, daß dies nicht der Fall ist.

Der Anteil von Teilnehmern an der Wiederholungsbefragung steigt sowohl in Hamburg als auch in Geesthacht mit zunehmenden Alter an. Besonders hoch ist die Beteiligung bei den über 45 Jahre alten Teilnehmern der Erstbefragung (50% bzw. 59%). Auffällig ist auch in beiden Gebieten die weit überdurchschnittlich hohe Beteiligung bei den Verheirateten (51.9% bzw. 29.5%).

Weniger eindeutig als bei Alter und Familienstand ist die Situation bei der Art des Berufs. In Geesthacht beteiligen sich vor allem die Beamten mit 34.5% weit überdurchschnittlich an der Zweitbefragung. In Hamburg-Eimsbüttel zeichnen sich hingegen die Selbständigen durch sehr starke Beteiligung (45.5%) aus, während die Beamten sich mit 33.3% eher durchschnittlich an der Zweitbefragung beteiligen.

Ein Teil der gefundenen Unterschiede kann sicher durch die unterschiedliche Mobilität in verschiedenen Bevölkerungsgruppen erklärt werden. Weniger mobile Personen sind leichter für Befragungen zu erreichen. Dies könnte die überdurchschnittlich starke Beteiligung gerade von Älteren und Verheirateten, aber auch von Beamten und Selbständigen erklären. Von den Ausfällen bei denjenigen Personen, die sich erneut befragen lassen wollten, sind in Hamburg immerhin 70% und in Geesthacht 88% durch Nicht-Erreichbarkeit bedingt.

Die Unterschiede zwischen der Gesamtstichprobe von 1982 und der Panelstichprobe bezüglich dieser demographischen Merkmale sind jedoch *insgesamt* keineswegs dramatisch. Dieser Befund bestätigt sich, vergleicht man die Verteilung jedes demographischen Merkmals für 1982 in der Gruppe der Panel-Teilnehmer jeweils mit der entsprechenden Verteilung des gleichen Merkmals in der Gruppe der Nicht-Teilnehmer. Dabei zeigt sich für die Gesamtstichprobe, daß sich alle Verteilungen der bisher diskutierten Merkmale - mit Ausnahme von Alter - bei Teilnehmern und Nicht-Teilnehmern der Wiederholungsbefragung auf dem 5% Niveau nicht signifikant unterscheiden. Aber selbst die Unterschiede der Altersverteilungen wären nicht signifikant, wenn man auf eine separate Kategorie für die wenigen über 60-jährigen (6 von 398 Befragten) verzichtete. Die Ergebnisse der durchgeführten Chi^2-Tests für die ausgewählten demographischen Variablen sind in Tabelle AI.3 wiedergegeben.

TABELLE AI.3: Vergleich ausgewählter soziodemographischer Merkmale zwischen Teilnehmern an der Wiederholungsbefragung und Nichtteilnehmern (Bezugzeitpunkt 1982)

Merkmal	Chi^2	df	p
Alter	10.48	4	0.03
Geschlecht	0.00	1	0.99
Familienstand	6.94	3	0.07
Schulabschluß	6.70	4	0.15
Beruflicher Ausbildungs- abschluß	7.04	7	0.43
Stellung im Erwerbsleben	11.23	6	0.08
Art des Berufs	0.99	3	0.80
Einkommen*	11.82	4	0.02
Religionszugehörigkeit	3.49	5	0.63
Leben in Wohngemeinschaft	5.33	1	0.02

* in Tausend DM Abstufungen

Auf dem 5% Niveau signifikante Unterschiede gibt es außer beim Alter nur noch beim monatlichen Netto-Einkommen und beim Leben in Wohngemeinschaften. Wenn man die jeweiligen Randverteilungen dieser beiden Variablen direkt für die beiden Teilstichproben vergleicht, so fällt auf, daß bei den Teilnehmern an beiden

Befragungen der Anteil an Mitgliedern in Wohngemeinschaften mit 15.8% deutlich niedriger ist als bei den Teilnehmern nur der ersten Befragung (27.2%). Entsprechendes gilt auch für die Bezieher geringer Einkommen von bis zu 1000 DM. Diese sind in der Gruppe der Panel-Teilnehmer mit 11.2% (gegenüber 24.6%) deutlich seltener vertreten.

Die Unterschiede gerade bei diesen beiden Merkmalen sind unseres Erachtens darauf zurückzuführen, daß sich bestimmte Personengruppen durch ein besonderes Maß an Mobilität auszeichnen und daher bei Wiederholungsbefragungen nach einem relativ langen Zeitraum häufiger nicht auffindbar sind. Erhöhte Mobilität aber kann man sowohl von Mitgliedern von Wohngemeinschaften als auch - zumindest mit Einschränkungen - von Beziehern niedriger Einkommen, insbesondere von Studenten, vermuten.

Zusammenfassend läßt sich sagen, daß bei den demographischen Variablen keine wirklich gravierenden Unterschiede zwischen Teilnehmern und Nicht-Teilnehmern an der Zweitbefragung bestehen. Da unsere Untersuchung der Prüfung theoretischer Aussagen dient, ist die Analyse der Ausfälle nur von Bedeutung, um zu ermitteln, ob aufgrund von Ausfällen eher die Bestätigung oder die Widerlegung unserer Hypothesen begünstigt wird. Unsere vorangegangenen Analysen geben uns keinen Grund zu der Annahme, daß die Ergebnisse unserer Analysen durch das Auftreten systematischer Ausfälle in Richtung auf eine Bestätigung oder Widerlegung unserer Hypothesen verfälscht sind.

II. DIE KONSTRUKTION DER SKALEN

In diesem Kapitel soll zunächst generell die Vorgehensweise bei der Konstruktion der Skalen beschrieben werden. Sodann werden wir genauer als in den früheren Kapiteln zeigen, wie die einzelnen Skalen gebildet wurden.

1. Die Vorgehensweise bei der Konstruktion der Skalen[2]

Ausgehend von unseren Hypothesen und den vorliegenden Daten erschien folgende Vorgehensweise bei der Konstruktion der Skalen sinnvoll:

(1) Wenn Skalen dieselben Sachverhalte zu zwei Zeitpunkten messen, dann enthalten sie *dieselben Indikatoren* und diese werden in gleicher Weise zu einer Skala verknüpft.
(1) Bei jeder Skala werden die Indikatoren, aus denen die Skala besteht, *gleich gewichtet*. D.h. die Werte, die ein Befragter bei der Beantwortung einer Frage erhält, werden addiert oder - je nach der Art der Skala - multipliziert.

So werden bei den Skalen "Entfremdung 1982" und "Entfremdung 1987" die Indikatoren, aus denen die Skalen bestehen, addiert. Weiterhin bestehen beide Ska-

---

[2] Verfaßt von *Karl-Dieter Opp*.

len jeweils aus denselben Indikatoren, die einmal 1982 und zum anderen 1987 den Befragten vorgegeben wurden.

Der Hauptgrund für diese Art der Skalenkonstruktion ist folgender. Wenn wir in einem Panel die Beziehung zwischen zwei Skalen schätzen, dann sollte die Größe dieser Beziehung nicht durch unterschiedliche Skalenbildung beeinflußt werden. Wenn wir z.b. die Indikatoren, aus denen die Skala "Entfremdung 1982" besteht, anders gewichten als die Indikatoren der Skala "Entfremdung 1987", dann hängt die Korrelation zwischen beiden Skalen u.a. von der unterschiedlichen Gewichtung der Indikatoren ab. Wenn weiter die Skala "Entfremdung 1982" aus mehr bzw. weniger Indikatoren als die Skala "Entfremdung 1987" besteht, dann hängt die Korrelation der beiden Skalen u.a. von der unterschiedlichen Anzahl der Indikatoren ab.

Ein zweiter Grund dafür, daß wir die Indikatoren gleich gewichten, besteht darin, daß eine Vielzahl von Datenanalysen gezeigt hat, daß eine ungewichtete und eine gewichtete Skalierung meist zu denselben Ergebnissen führen.

Nach dieser Entscheidung über die Art der Skalenbildung entsteht die Frage: in welcher Weise sollen die Indikatoren ausgewählt werden, die den einzelnen Skalen zugeordnet werden?

Wir sind in folgender Weise vorgegangen. Wenn eine Skala aus drei und mehr Indikatoren gebildet werden sollte, wurde zunächst eine Hauptkomponentenanalyse (mit Varimax Rotation) berechnet. Wenn Skalen gebildet werden sollten, die sich auf zwei Zeitpunkte bezogen (z.B. Entfremdung 1982 und Entfremdung 1987), dann wurden zwei Hauptkomponentenanalysen - jeweils für die Indikatoren 1982 und 1987 - durchgeführt.

Auf der Gundlage der Ergebnisse der Hauptkomponentenanalysen wurden zusätzlich zu den Strukturgleichungsmodellen Meßmodelle spezifiziert und geschätzt. Die Art der geschätzten Modelle wird in der Literatur in unterschiedlicher Weise bezeichnet. Wir folgen einem Vorschlag von Long (1983) und sprechen im folgenden von Kovarianzstruktur-Modellen ("covariance structure models", CSM). Das Analyseverfahren bezeichnen wir als Kovarianzstruktur-Analyse ("covariance structure analysis", CSA).

Alle Modelle wurden mit dem EQS-Programmpaket geschätzt[3]. Wenn z.B. eine Hauptkomponentenanalyse ergab, daß drei Indikatoren jeweils bei der Befragung 1982 und 1987 auf einem extrahierten Faktor hoch luden, dann wurden die drei Indikatoren jeweils einem Faktor bzw. Konstrukt zugeordnet. Wir haben also die CSA nur verwendet, um Skalen, die sich auf zwei Zeitpunkte beziehen, zu bilden.

Wir wollen unsere Vorgehensweise an einem konkreten Beispiel illustrieren. Wir wählen hierzu die Skalen "Entfremdung 1982" und "Entfremdung 1987" aus. In einer Hauptkomponentenanalyse wurde bei beiden Befragungen jeweils ein Faktor extrahiert. Entsprechend wurden alle Indikatoren für die Skalenbildung verwendet. Den Skalen "Entfremdung 1982" und "Entfremdung 1987" haben wir also die entsprechenden Indikatoren, die 1982 und 1987 erhoben wurden, zugeordnet.

---

[3] Das Programmpaket EQS wurde von P. M. Bentler entwickelt. Es erlaubt, wie LISREL, die Schätzung von Strukturgleichungsmodellen einschließlich Meßmodellen, ist jedoch in der Handhabung einfacher als LISREL.

Figur AII.1.1 demonstriert dies. Der erste Indikator (I1) der ersten Erhebung von 1982, abgekürzt I1(82), soll sich z.b. auf die folgende Frage beziehen:

Die Gerichte in der Bundesrepublik gewähren jedermann einen fairen Prozeß - es spielt dabei keine Rolle, ob er arm oder reich, gebildet oder ungebildet ist.

Mit I1(87) ist die entsprechende Frage gemeint, die den Befragten 1987 gestellt wurde. Figur AII.1.1 macht deutlich, daß die Varianz jedes Indikators einmal durch den Faktor, den der Indikator mißt, bedingt ist, und zum anderen durch Residuen ("errors", gekennzeichnet durch E1 bis E14).

In dem in Figur AII.1.1 dargestellten Modell wird erstens die Korrelation zwischen den beiden Faktoren "Entfremdung 1982" und "Entfremdung 1987" geschätzt. Zweitens werden die (standardisierten und unstandardisierten) Koeffizienten, die die Stärke der Beziehung zwischen den Faktoren und den Indikatoren ausdrücken, geschätzt. Schließlich wird ermittelt, ob die Residuen der jeweiligen Indikatoren korrelieren. Die genannten Beziehungen werden durch Linien (Korrelationen oder Kovarianzen) und Pfeile (kausale Beziehungen) in der Figur symbolisiert.

FIGUR AII.1.1: Beispiel für ein Meßmodell mit dem Faktor "Entfremdung"

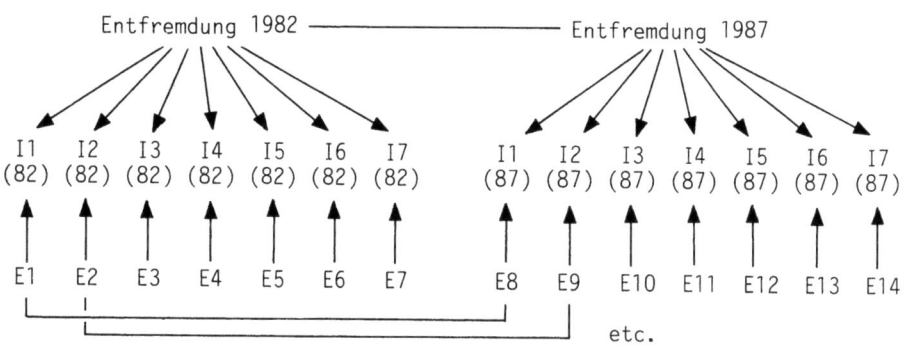

Bei der Schätzung der Modelle wurde das Verfahren GLS (Generalized Least Squares) verwendet, da dieses im Vergleich zu "Maximum Likelihood" Schätzungen geringere Anforderungen an die Verteilung der Daten stellt.

Für jede Gruppe von Indikatoren wurden jeweils zwei verschiedene Modelle geschätzt: (1) Es wurden keinerlei Restriktionen vorgegeben, d.h. derselbe Indikator kann 1987 andere Ladungen auf dem Faktor haben als 1982, und zwar dann, wenn sich die Bedeutung des Konstrukts in der Zwischenzeit geändert hat. (2) Es wurde als *Restriktion* festgelegt, daß die sich jeweils entsprechenden Indikatoren zu beiden Zeitpunkten die gleiche Ladung aufweisen.

Wenn sich die Qualität der Modelle mit und ohne die genannte Restriktion nicht oder kaum unterscheidet, dann ist dies ein Hinweis darauf, daß die Gewichte der Indikatoren 1982 und 1987 gleich sind. Dies würde dafür sprechen, nur Skalen mit gleich gewichteten Indikatoren zu verwenden.

Wenn sich Unterschiede in den entsprechenden Modellen zeigten, wurden Items eliminiert, so daß die Qualität der Modelle ähnlich wurde.

Bei allen Modellen wurden darüber hinaus Residuen-Korrelationen geschätzt.

Bei der Überprüfung von Hypothesen mittels eines Panels liegt es nahe, Strukturgleichungsmodelle mit Meßmodellen zu spezifizieren und zu schätzen.

Das wichtigste Argument für die Verwendung der CSA bei Paneldaten lautet: wenn dieselben Indikatoren zu zwei Zeitpunkten erhoben werden, dann könnten die Residuen miteinander korrelieren. Ein Befragter könnte z.B. zweimal durch denselben Interviewer befragt werden, der bei beiden Befragungen eine bestimmte Frage unvollständig vorliest. Bei Verwendung der CSA können Residuen-Korrelationen ermittelt und bei der Schätzung der Parameter berücksichtigt werden, so daß diese Schätzungen nicht verzerrt sind.

Bei unserer eigenen Wiederholungsbefragung ist jedoch mit Residuenkorrelationen, die aus Meßfehlern bestehen, kaum zu rechnen. Der Grund ist, daß die beiden Befragungen fünf Jahre auseinanderliegen und daß auch die Interviewer gewechselt haben. Das wichtigste Argument für die Verwendung der CSA bei Paneldaten trifft also in unserem Falle nicht zu. Unsere Analysen, die wir bei der Skalenkonstruktion vornahmen und über die in späteren Abschnitten berichtet wird, bestätigen diese Vermutung.

Gegen die Verwendung der CSA bei unseren Daten spricht auch die geringe Fallzahl (N = 121 je Befragung). Man geht davon aus, daß für jeden zu schätzenden Parameter in einem Modell ca. 10 Fälle vorliegen sollten. Dies würde bedeuten, daß Modelle, die mit unseren Daten geschätzt werden, nicht mehr als 12 zu schätzende Parameter enthalten dürfen. Das genannte Verfahren kann also nur bei sehr einfachen Modellen angewendet werden. Dies gilt insbesondere für Modelle, in denen die Korrelation derselben Skala zu zwei Zeitpunkten ermittelt wird.

Ein weiteres Argument spricht gegen die Verwendung der CSA: unsere Hypothesen postulieren eine Reihe von *Interaktionseffekten*. Diese sind jedoch nicht mittels der CSA prüfbar.

Es ist also nicht sinnvoll, bei der Schätzung der zu prüfenden Modelle ausschließlich die CSA zu verwenden, sondern sie als eines von mehreren Verfahren einzusetzen.

Fehlende Werte bei den Indikatoren haben wir durch die Mittelwerte der Indikatoren ersetzt. Dies ist bei unseren Daten legitim, da die Anzahl der fehlenden Werte je Indikator generell sehr gering ist, d.h. meist haben höchstens ein oder zwei Befragte keine gültige Antwort gegeben.

2. Die Protestskalen[4]

Bei der Konstruktion der Protestskalen wurde ein Verfahren angewendet, das auch Muller (1979: 37-68), Muller und Jukam (1977) und Muller und Opp (1986) benutzt haben. Den Befragten wurde dabei zunächst eine Liste mit 14 legalen und illegalen Protesthandlungen vorgelegt. Zu jeder Protesthandlung sollten die Befragten erstens angeben, ob sie diese Handlung in den letzten vier Jahre ausgeführt haben (Kodierung 2) oder nicht (Kodierung 1). Die Handlungen sind in Tabelle AII.2.1. aufgeführt. Die Tabelle zeigt auch, wieviele Befragte die einzelnen Handlungen ausgeführt haben.

Weiterhin sollten die Befragten zu jeder Protesthandlung angeben, inwieweit sie beabsichtigen, diese Handlung künftig auszuführen. Die Antwortkategorien waren: (1) Keinesfalls, (2) wahrscheinlich nicht, (3) vielleicht, (4) ziemlich wahrscheinlich, (5) ganz sicher.

Zur Konstruktion der Protestskalen wurden zunächst für jede einzelne Protesthandlung die Variablenwerte für die *Ausführung* mit den Werten für die *Intention* multipliziert.

Diese Vorgehensweise wurde aus folgenden Gründen gewählt. Die Ausführung der Handlungen lag zum Teil mehrere Jahre vor dem Zeitpunkt des Interviews. Die Nutzen und Kosten für die Ausführung der Handlungen könnten sich also geändert haben.

Die gegenwärtige Handlungsabsicht wird ebenfalls von den Nutzen und Kosten der betreffenden Handlung beeinflußt, und zwar von den zum Zeitpunkt des Interviews gegebenen Nutzen und Kosten. Wir wollten jedoch nicht allein die Handlungsabsicht als abhängige Variable verwenden, da in diesem Falle nur die eigenen Voraussagen eines Befragten über sein künftiges Verhalten erklärt würden. Es erscheint vielmehr sinnvoll, sowohl die Fragen nach der Handlungsausführung als auch nach der Handlungsabsicht für die Skalenbildung zu verwenden, und zwar in der Weise, daß zunächst je Handlung der Wert für die Ausführung mit dem Wert für die Absicht multipliziert wird.

Die Multiplikation der Variablenwerte für die Handlungsausführung und Handlungsabsicht je Protesthandlung ergab für 1982 und 1987 je 14 Produktvariablen (siehe Tabelle AII.2.2). Der Skalenbereich der Produktvariablen reicht von 1 (in der Vergangenheit nicht ausgeführt und keinesfalls künftig ausführen) bis 10 (in der Vergangenheit ausgeführt und ganz sicher künftig ausführen).

Mit den Produktvariablen wurden, getrennt für 1982 und 1987, Hauptkomponentenanalysen berechnet. Für 1982 und 1987 wurden je drei Faktoren extrahiert, die 44.5% (1987: 40.9%), 14.2% (1987: 16.5%) und 8.3% (1987: 8.0%) der Varianz erklären.

Bei den Ladungen für 1982 und 1987 zeigen sich sehr ähnliche Ergebnisse:
(1) Die vier eindeutig illegalen Handlungen (Absperrung durchbrechen, Widerstand gegen Polizei, verbotene Demonstration, Bauplatzbesetzung) laden sehr hoch auf einer gemeinsamen Komponente. Dies gilt auch, wenn die Zahl der Faktoren auf zwei begrenzt wird.

---

[4] Verfaßt von *Wolfgang Roehl*.

TABELLE AII.2.1: Ausführung und beabsichtigte Ausführung von Protesthandlungen 1982 (1987)

Protesthandlung	Ausführung[1] Anzahl	%	Absicht Mittelwert	Standardabw.	Minimum	Maximum	N
(1) Anti-AKW-Plakette tragen	53 (42)	44% (35%)	3.32 (3.05)	1.40 (1.44)	1 (1)	5 (5)	115 (115)
(2) Anti-AKW-Aufkleber am eigenen Fahrzeug	50 (50)	41% (41%)	3.37 (3.12)	1.57 (1.46)	1 (1)	5 (5)	115 (117)
(3) Unterschriftenliste gegen AKWs unterschreiben	89 (98)	74% (81%)	4.39 (4.58)	.97 (.92)	1 (1)	5 (5)	120 (118)
(4) Flugblätter gegen AKWs verteilen	31 (22)	26% (18%)	2.98 (2.88)	1.20 (1.19)	1 (1)	5 (5)	117 (113)
(5) Unterschrift gegen AKWs sammeln	40 (29)	33% (24%)	3.10 (3.07)	1.21 (1.24)	1 (1)	5 (5)	117 (115)
(6) Mitarbeit bei Anti-AKW-Bürgerinitiative	31 (22)	26% (18%)	3.06 (2.93)	1.07 (1.04)	1 (1)	5 (5)	116 (116)
(7) Geld spenden für Organisationen, die gegen AKWs arb.	43 (42)	36% (35%)	3.34 (3.45)	1.19 (1.29)	1 (1)	5 (5)	116 (117)
(8) Teilnahme an einer genehmigten Demonstration	74 (70)	61% (58%)	3.94 (3.79)	1.06 (1.23)	1 (1)	5 (5)	118 (120)
(9) Absperrungen durchbrechen oder ähnliches bei Demonstr.	9 (4)	7% (3%)	1.56 (1.66)	.93 (1.01)	1 (1)	5 (5)	116 (113)
(10) Widerstand gegen Polizei leisten, wenn Polizei angreift	10 (6)	8% (5%)	1.78 (1.75)	1.09 (1.07)	1 (1)	5 (5)	116 (114)
(11) Teilnahme an einer verbotenen Demonstration	31 (21)	26% (17%)	2.21 (2.11)	1.27 (1.31)	1 (1)	5 (5)	117 (114)
(12) Teilnahme an einer Bauplatzbesetzung	12 (6)	10% (5%)	2.07 (1.73)	1.09 (.94)	1 (1)	5 (5)	116 (113)
(13) Organisation von Aktionen gegen AKWs	20 (15)	17% (12%)	2.51 (2.36)	1.06 (1.10)	1 (1)	5 (5)	117 (113)
(14) Anti-AKW-Plakate kleben	17 (19)	14% (16%)	2.53 (2.39)	1.13 (1.08)	1 (1)	5 (5)	115 (114)

1) N = 121, keine fehlenden Werte.

Protesthandlung	Mittelwert	Standardabw.	Minimum	Maximum	N
(1) Anti-AKW-Plakette tragen	4.95 (4.52)	3.17 (3.26)	1 (1)	10 (10)	121 (121)
(2) Anti-AKW-Aufkleber am eigenen Fahrzeug	5.15 (4.92)	3.45 (3.54)	1 (1)	10 (10)	121 (121)
(3) Unterschriftenliste gegen AKWs unterschreiben	7.83 (8.44)	2.84 (2.60)	1 (1)	10 (10)	121 (121)
(4) Flugblätter gegen AKWs verteilen	4.01 (3.67)	2.71 (2.62)	1 (1)	10 (10)	121 (121)
(5) Unterschrift gegen AKWs sammeln	4.41 (4.12)	2.87 (2.86)	1 (1)	10 (10)	121 (121)
(6) Mitarbeit bei Anti-AKW-Bürgerinitiative	3.95 (3.65)	2.31 (2.31)	1 (1)	10 (10)	121 (121)
(7) Geld spenden für Organisationen, die gegen AKWs arb.	4.80 (5.09)	2.91 (3.34)	1 (1)	10 (10)	121 (121)
(8) Teilnahme an einer genehmigten Demonstration	6.62 (6.41)	3.02 (3.35)	1 (1)	10 (10)	121 (121)
(9) Absperrungen durchbrechen oder ähnliches bei Demonstr.	1.84 (1.78)	1.80 (1.36)	1 (1)	10 (10)	121 (121)
(10) Widerstand gegen Polizei leisten, wenn Polizei angreift	2.09 (1.98)	1.89 (1.86)	1 (1)	10 (10)	121 (121)
(11) Teilnahme an einer verbotene Demonstration	3.14 (2.82)	2.79 (2.70)	1 (1)	10 (10)	121 (121)
(12) Teilnahme an einer Bauplatzbesetzung	2.42 (1.92)	1.91 (1.55)	1 (1)	10 (10)	121 (121)
(13) Organisation von Aktionen gegen AKWs	3.12 (2.85)	2.16 (2.20)	1 (1)	10 (10)	121 (121)
(14) Anti-AKW-Plakate kleben	3.05 (3.00)	2.19 (2.37)	1 (1)	10 (10)	121 (121)

(2) Bei den legalen Handlungen wird ein Faktor mit den wenig aufwendigen und ein Faktor mit den stark aufwendigen (d.h. kostspieligen) Protesthandlungen un-

terschieden. Diese Faktoren korrelieren hoch miteinander bei schiefwinkliger (Oblimin-) Rotation (1982: r = .51; 1987: r = .46).

(3) Die Ladungen der Variablen sind für 1982 und 1987 sehr ähnlich. Bei zwei Protesthandlungen zeigen sich allerdings Unterschiede: die Handlung "Geld spenden" lädt 1982 bei den stark aufwendigen, 1987 hingegen bei den wenig aufwendigen Handlungen; die Handlung "Plakate kleben" lädt 1982 bei den stark aufwendigen, 1987 hingegen zusätzlich bei den illegalen Handlungen. Diese Unterschiede lassen sich durch einen Alterungseffekt erklären: mit zunehmendem Alter der Befragten gibt es weniger Personen, die in der Ausbildung stehen, und mehr Personen, die voll berufstätig sind und deren Einkommen größer geworden ist. Damit ist das Spenden von Geld für diese Personen kein großes Opfer mehr, während das (meist nicht ganz legale) Kleben von Plakaten zu sehr kostspieligen Sanktionen führen kann.

Ähnliche Ergebnisse wie für die Produktvariablen zeigen sich auch bei Hauptkomponentenanalysen, die nur mit den Intentionen bzw. nur mit den Ausführungsvariablen durchgeführt wurden.

Für die weiteren Analysen wurden *vier Protestskalen* gebildet: "Legaler Protest 1982", "illegaler Protest 1982", "legaler Protest 1987" und "illegaler Protest 1987" . Die Skala "legaler Protest" wurde durch Addition der Produktvariablen (1) bis (8), (13) und (14) gebildet, die Skala "illegaler Protest" durch Addition der Produktvariablen (9) bis (12).

Jede Skala wurde so transformiert, daß sie Werte zwischen 0 und 100 annehmen kann. Niedrige Werte bedeuten, daß die vorgegebenen Arten von Protesthandlungen selten ausgeführt wurden bzw. daß in Zukunft wenig Protest beabsichtigt ist. Hohe Werte einer Skala bezeichnen entsprechend häufigen Protest und/oder die relativ sichere Erwartung, relativ viele der vorgegebenen Handlungen in Zukunft auszuführen.

Da die Skalen für *illegalen* Protest sehr schiefe Verteilungen haben, wurden sie *logarithmiert* (dekadischer Logarithmus), nachdem zuvor 1 addiert wurde.[5] Einige statistische Eigenschaften der Protestskalen sind in Tabelle AII.2.3 zusammengestellt.

Bei einer Analyse der Kovarianzstrukturen wurden zunächst Modelle mit zwei und mit drei latenten Variablen, die jeweils genau den Hauptkomponenten aus den zuvor durchgeführten Analysen entsprachen, verglichen. Dabei zeigte sich, daß ein Modell mit zwei latenten Protestvariablen (legaler Protest und illegaler Protest) die Daten fast ebensogut erklären kann wie ein Modell mit drei Protestfaktoren (wenig aufwendiger legaler Protest, stark aufwendiger legaler Protest, illegaler Protest). Die CSA bestätigt also die Entscheidung, mit zwei Protestskalen pro Erhebungswelle zu arbeiten. Die Korrelation der Residuen zwischen den identischen Produktvariablen betrug im Mittel .27; bei 5 Residuen war sie größer als .30. Für das Modell mit Korrelation der Residuen ergab sich aber nur eine geringfügig bessere Anpassung an die Daten. Ein Vergleich von Modellen mit und ohne Restriktionen (gleiche

---

[5] Die Addition von 1 erfolgte deshalb, weil für den Wert 0 (Minimalwert der Skala) keine Logarithmen definiert sind.

Ladungen gleicher Produktvariablen in den beiden Wellen) ergab nur geringe Unterschiede in den Anpassungsmaßen.

Die Korrelation zwischen den Skalen "legaler Protest 1982" und "legaler Protest 1987" beträgt .70. Die Korrelation zwischen den Skalen für illegalen Protest beläuft sich auf .63 und die Korrelation zwischen den logarithmierten Skalen für illegalen Protest auf .49.

TABELLE AII.2.3: Die Protestskalen

Protestskala	Mit-tel-wert	Stan-dard-abw.	Mi-ni-mum	Ma-xi-mum	N
(1) Legaler Protest 1982	42.1	21.7	0	100	121
(2) Legaler Protest 1987	40.7	21.8	0	100	121
(3) Illegaler Protest 1982	15.3	20.0	0	100	121
(4) Illegaler Protest 1987	12.5	17.8	0	94.4	121
(5) Logarithmierter illegaler Protest 1982	.91	.55	0	2.0	121
(6) Logarithmierter illegaler Protest 1987	.79	.58	0	1.98	121

3. Unzufriedenheit mit der Nutzung der Kernenergie[6]

Die Befragten wurden gebeten, zu sieben Behauptungen - siehe Tabelle AII.3.1 - anzugeben, ob sie ihr zustimmten (Kodierung 1) oder sie ablehnten (Kodierung 2).

Vergleicht man die Mittelwerte und Standardabweichungen der Indikatoren, dann zeigt sich, daß die Verteilungen der Indikatoren 1 und 7 extrem schief sind: fast alle Befragten haben diesen Behauptungen zugestimmt. Diese Indikatoren wurden deshalb aus der weiteren Analyse ausgeschlossen. Im folgenden befassen wir uns also ausschließlich mit den Indikatoren 2 bis 6.

Diese wurden zunächst einer Hauptkomponentenanalyse unterzogen, und zwar die Indikatoren der Untersuchung von 1982 und 1987 jeweils getrennt. Bei der Analyse der Indikatoren von 1982 wurden zwei Faktoren extrahiert. Faktor 1 erklärte 44.9% und Faktor 2 20.3% der Varianz. Auf dem ersten Faktor luden die Indikatoren 3, 4 und 6 hoch, während auf dem zweiten Faktor die Indikatoren 2 und 5 hoch luden. Da der Eigenwert des zweiten Faktors nur 1.01 beträgt, also knapp über dem gemäß dem Kaiser-Kriterium üblichen Wert von 1 liegt, erscheint eine Interpretation nicht sinnvoll.

---

[6] Verfaßt von *Karl-Dieter Opp*.

Diese Ergebnisse lassen es gerechtfertigt erscheinen, jeweils aus den Indikatoren 2 bis 6 eine additive, ungewichtete Skala zu bilden. Dabei wurden die Indikatoren so rekodiert, daß jedem Befragten "0" für niedrige und "1" für hohe Deprivation zugeordnet wurde. Die rekodierten Werte wurden für jeden Befragten addiert.

TABELLE AII.3.1: Die Indikatoren zur Messung der Unzufriedenheit mit der Kernenergie und der Prozentsatz der Befragten 1982 (1987), die den Behauptungen zustimmten

	N	% Zustimmung
(1) Ich fühle mich durch Atomkraftwerke persönlich bedroht	121 (121)	86.7 (93.4)
(2) Ich lehne zwar Atomkraftwerke ab, aber sie regen mich nicht besonders auf	120 (120)	24.2 (14.2)
(3) Die Existenz von Atomkraftwerken empfinde ich als eine Katastrophe	118 (121)	66.9 (81.8)
(4) Ich habe regelrecht Angst vor Atomkraftwerken	120 (121)	68.3 (70.2)
(5) Ich denke zwar manchmal über die Atomenergie nach, aber sie spielt keine wichtige Rolle in meinem Leben	120 (121)	28.3 (21.5)
(6) Ich kann manchmal schlecht einschlafen, wenn ich an das Problem "Atomenergie" denke.	117 (121)	23.1 (27.3)
(7) Es beunruhigt mich, daß es Atomkraftwerke gibt	121 (121)	95.9 (95.9)

Die Deprivationsskalen für 1982 und 1987 können Werte zwischen 0 und 5 annehmen, wobei hohe Punktwerte hohe Unzufriedenheit bedeutet. Die Korrelation zwischen der Deprivationsskala 1982 und der Deprivationsskala 1987 beträgt .43. Die Mittelwerte der Skalen betragen 3.06 (1982) und 3.44 (1987). Die Werte für die Standardabweichungen sind 1.48 (1982) und 1.32 (1987).

Die Analyse der Kovarianzstrukturen bestätigt, daß unsere Skalenbildung sinnvoll ist. Die Residuenkorrelationen zwischen den identischen Indikatoren 1982 und 1987 betrug höchstens .26. Ein Vergleich von Modellen mit und ohne Restriktionen (gleiche Ladungen gleicher Indikatoren in den beiden Wellen) ergab fast identische Anpassungsmaße.

4. Politische Entfremdung[7]

Zur Messung der politischen Entfremdung wurden den Befragten sechs Behauptungen vorgegeben, denen sie mehr oder weniger zustimmen konnten. Die Antwortkategorien waren: stimme voll zu, stimme zu, unentschieden, lehne ab, lehne voll ab, mit Kodierungen von 1 (stimme voll zu) bis 5 (lehne voll ab).

TABELLE AII.4.1: Die Indikatoren und Skalen zur Messung der politischen Entfremdung 1982 (1987)

Art des Indikators	Mittelwert	Standardabw.	Minimum	Maximum	N
(1) Die Gerichte in der Bundesrepublik gewähren jedermann einen fairen Prozeß – es spielt dabei keine Rolle, ob er arm oder reich, gebildet oder ungebildet ist.	3.76 (3.66)	1.05 (1.01)	1 (1)	5 (5)	121 (121)
(2) Heutzutage bin ich gegenüber unserem politischen System sehr kritisch eingestellt.	1.67 (1.73)	.81 (.90)	1 (1)	4 (5)	121 (121)
(3) Man kann sich im allgemeinen darauf verlassen, daß die Bundesregierung das Richtige tut.	4.01 (4.27)	.85 (.81)	2 (1)	5 (5)	121 (121)
(4) Die Grundeinstellung der Leute, die bisher in der Bundesrepublik politisch tonangebend waren, war immer in Ordnung.	3.96 (4.17)	.79 (.87)	1 (1)	5 (5)	121 (121)
(5) Die politischen Einrichtungen der Bundesrepublik sind mir lieb und wert und ich achte sie hoch.	3.26 (3.10)	.93 (1.01)	1 (1)	5 (5)	121 (120)
(6) Ich bin immer wieder erschrocken und betroffen darüber, daß die wesentlichen Rechte der Bürger in der deutschen Politik so wenig beachtet werden.	2.06 (2.34)	.97 (.89)	1 (1)	4 (5)	120 (121)
Skala "Politische Entfremdung" 1982 (1987)	17.26 (17.14)	3.56 (3.52)	8 (3)	24 (24)	121 (121)

Tabelle AII.4.1 zeigt die Mittelwerte und Standardabweichungen der einzelnen Indikatoren für 1982 und 1987. Es fällt auf, daß bei den Indikatoren 2, 3 und 6 die

---

[7] Verfaßt von *Karl-Dieter Opp*.

Kategorien "stimme voll zu" (Kodierung 1) oder "lehne voll ab" (Kodierung 5) nicht angekreuzt wurden.

Mit den Indikatoren von 1982 und 1987 wurde jeweils eine Hauptkomponenten-analyse durchgeführt. Bei beiden Analysen wurde jeweils ein Faktor extrahiert. Bei den Daten von 1982 erklärte der Faktor 43.7% der Varianz. Die Ergebnisse bei der Untersuchung von 1987 waren ähnlich: der Faktor erklärte 41.6% der Varianz.

Diese Ergebnisse lassen es sinnvoll erscheinen, alle sechs Indikatoren für die Skalenbildung zu verwenden. Hierzu wurde jeder Indikator so rekodiert, daß er Werte zwischen 0 und 4 annehmen konnte und daß ein hoher Punktwert eine hohe Entfremdung bedeutet. Für jeden Befragten wurden dann die Werte für 1982 und 1987 getrennt addiert. Es ergaben sich somit zwei Skalen: "Politische Entfremdung 1982" und "politische Entfremdung 1987".

Die letzte Zeile von Tabelle AII.4.1 zeigt die Mittelwerte und Standardabwei-chungen der Skalen für 1982 und 1987, die sehr ähnlich sind. Die Skalen nehmen Werte zwischen 8 und 24 (1982) und zwischen 3 und 24 (1987) an. Der theoretisch mögliche Wertebereich ist 0 bis 24. Bei beiden Skalen werden also die Minimalwerte nicht erreicht. Die Korrelation zwischen den beiden Skalen für 1982 und 1987 be-trägt 0.53.

Eine Analyse der Kovarianzstrukturen der sechs Indikatoren für 1982 und 1987 ergab Residuenkorrelationen von höchstens .21. Modelle, in denen als Restriktion eingegeben wurde, daß gleiche Indikatoren 1982 und 1987 gleiche Gewichte haben, unterschieden sich in der Qualität kaum von Modellen ohne solche Restriktionen. Unsere Skalenbildung erscheint also auch im Lichte der CSA sinnvoll.

5. Wahrgenommener Einfluß auf die Nutzung der Atomenergie[8]

Der Einfluß auf die Nutzung der Kernenergie, den ein Befragter durch sein Engagement zu haben glaubt, wurde durch sechs Indikatoren gemessen (siehe Ta-belle AII.5.1). Zu jeder Behauptung wurden dem Befragten fünf Antwortkategorien vorgegeben: stimme voll zu, stimme zu, unentschieden, lehne ab, lehne voll ab. Die Kodierungen reichten von 1 (stimme voll zu) bis 5 (lehne voll ab).

Die Indikatoren der Untersuchung von 1982 und von 1987 wurden getrennt einer Hauptkomponentenanalyse unterzogen. Bei jeder Analyse wurden zwei Hauptkomponenten extrahiert. Bei der Untersuchung von 1982 erklärte der erste Faktor 35.4% und der zweite Faktor 22.9% der Varianz. Bei der zweiten Analyse 1987 war die Faktorenstruktur noch deutlicher ausgeprägt: der erste Faktor erklär-te 42.2% und der zweite Faktor 17.4% der Varianz.

In beiden Untersuchungen luden auf dem ersten Faktor die Indikatoren 1, 3, 5 und 6, während auf dem zweiten Faktor die Indikatoren 2 und 4 hoch luden.

Vergleicht man die beiden Gruppen von Indikatoren, die auf dem ersten und zweiten Faktor in beiden Untersuchungen hohe Ladungen aufweisen, dann zeigt sich folgendes: die auf dem ersten Faktor hoch ladenden Indikatoren beschreiben den Einfluß eines Einzelnen auf die Nutzung der Atomenergie generell, während die auf

---

[8] Verfaßt von *Karl-Dieter Opp*.

dem zweiten Faktor ladenden Indikatoren den Einfluß des Einzelnen auf den Erfolg der Anti-Atomkraftbewegung beschreiben. Unsere Indikatoren messen also zwei verschiedene Arten des Einflusses: (1) den gesamten Einfluß einer Person und (2) den Einfluß einer Person auf den Erfolg der Anti-Atomkraftbewegung.

TABELLE AII.5.1: Die Indikatoren und Skalen zur Messung des wahrgenommenen Einflusses auf die Nutzung der Atomenergie 1982 (1987)

Art des Indikators	Mittelwert	Standardabw.	Minimum	Maximum	N
(1) Im Grunde ist es überflüssig, daß ich mich gegen den Bau von Atomkraftwerken engagiere, da ich sowieso keinen Einfluß habe	4.03 (4.08)	1.14 (1.20)	1 (1)	5 (5)	121 (121)
(2) Die Anti-Atomkraft-Bewegung würde an Einfluß verlieren, wenn ich mich nicht mehr engagieren würde (bzw. sie würde an Einfluß gewinnen, wenn ich mich engagieren würde)	3.00 (2.87)	1.26 (1.27)	1 (1)	5 (5)	120 (121)
(3) Ein einzelner, der etwas gegen den Bau von Atomkraftwerken unternimmt, kann die Entwicklung doch nicht aufhalten	3.08 (3.28)	1.34 (1.36)	1 (1)	5 (5)	120 (121)
(4) Die Frage, ob durch mein Engagement die Anti-Atomkraft-Bewegung Erfolg hat oder nicht, stellt sich für mich überhaupt nicht	2.98 (2.92)	1.37 (1.41)	1 (1)	5 (5)	119 (120)
(5) Ich glaube nicht, daß mein Engagement gegen Atomkraftwerke Gewicht hat (bzw. Gewicht haben könnte).	3.50 (3.54)	1.11 (1.19)	1 (1)	5 (5)	121 (121)
(6) Einen kleinen Beitrag leistet jeder, der sich gegen Atomkraftwerke engagiert.	1.36 (1.36)	.53 (.56)	1 (1)	4 (4)	121 (121)
Skala "Einfluß auf die Nutzung der Atomenergie" 1982 (1987)	.70 (.72)	.19 (.21)	.06 (.19)	1 (1)	121 (121)

Gemäß unseren theoretischen Überlegungen ist die erste Dimension von Bedeutung: das Modell rationalen Verhaltens behauptet, daß der gesamte Einfluß einer Person für die Ausführung von Protest von Bedeutung ist. Entsprechend wollen wir im folgenden für die Bildung unserer Einflußskalen nur die Indikatoren 1, 3, 5 und 6 verwenden.

Zu diesem Zweck wurden zunächst alle Indikatoren so rekodiert, daß hohe Werte einen hohen Einfluß bedeuten. Sodann wurden die Werte für die Antworten jedes Befragten von 1982 bzw. 1987 addiert. Wir erhalten so die Skalen "Einfluß 1982" und "Einfluß 1987". Ihre Korrelation beträgt .52.

Da jede der beiden Einflußskalen aus vier Indikatoren besteht, und da jeder Indikator Werte zwischen 1 und 5 annehmen kann, liegt der theoretische mögliche Wertebereich einer Skala zwischen 4 (geringstmöglicher wahrgenommener Einfluß) und 20 (höchstmöglicher wahrgenommener Einfluß).

Aufgrund theoretischer Überlegungen (vgl. Kap. I.2.2) soll die Einflußskala mit den Skalen, die Präferenzen für Kollektivgüter messen, gewichtet werden. Dabei soll, wenn kein Einfluß wahrgenommen wird, auch die Kollektivgutvariable keinen Effekt auf Protest haben. Dies kann erreicht werden, wenn der niedrigste Wert, den eine der beiden Einflußskalen annehmen kann, null ist. Andererseits soll eine Kollektivgutvariable sozusagen ihre volle Wirkung entfalten, wenn eine Person glaubt, durch ihr Engagement mit Sicherheit die Herstellung eines Kollektivgutes erreichen zu können. Dies wäre erreicht, wenn die Einflußvariable den Wert 1 annimmt, falls eine Person den höchstmöglichen Einfluß zu haben glaubt.

Es ist also sinnvoll, unsere Einflußskalen so zu transformieren, daß ihr theoretisches Minimum 0 und ihr theoretisches Maximum 1 ist, d.h. daß sie zwischen 0 und 1 variieren. Dem niedrigstmöglichen Wert von 4 wäre also der Wert 0, dem höchstmöglichen Wert von 20 der Wert 1 zuzuordnen.[9]

Wenn auch die theoretisch möglichen Werte der transformierten Einflußskalen zwischen 0 und 1 liegen, so verläuft der tatsächliche Wertebereich von .06 bis 1 (Einflußskala 1982) und von .19 bis 1 (Einflußskala von 1987). Der Grund ist, daß die Einflußskala 1982 vor ihrer Transformation als niedrigsten Wert 5 und die Einflußskala von 1987 vor ihrer Transformation als niedrigsten Wert 7 aufweist.

Die Analyse der Kovarianzstrukturen stützt die Ergebnisse der Hauptkomponentenanalysen. Modelle, in denen alle Indikatoren dem entsprechenden Faktor zugeordnet wurden, zeigten erheblich schlechtere Anpassungswerte als Modelle, in denen nur die auf der ersten Hauptkomponente hoch ladenden Indikatoren verwendet wurden. Modelle mit der Restriktion, daß gleiche Indikatoren, die 1982 und 1987 gemessen wurden, gleiche Gewichte haben, waren bezüglich ihrer Qualität ähnlich Modellen ohne diese Restriktion. Die höchste Residuenkorrelation betrug .29.

6. Einfluß durch legalen und illegalen Protest[10]

Im vorangegangenen Abschnitt haben wir ein Einflußmaß beschrieben, das ermittelt, wie sehr der Befragte glaubt, durch Protest generell Einfluß auf die Nutzung der Atomenergie ausüben zu können. Da die meisten Befragten sich in le-

---

[9] Dies erreichen wir, wenn wir bei jeder unserer Skalen von dem Wert, den ein Befragter erreicht, zunächst den kleinstmöglichen Wert (in unserem Falle also 4) abziehen. Sodann wird der sich so ergebende Wert dividiert durch die Differenz zwischen Maximalwert und Minimalwert, also durch (20-4=) 16.

[10] Verfaßt von *Karl-Dieter Opp*.

galer Weise beteiligen - wenn sie sich überhaupt politisch engagieren, ist zu vermuten, daß sie bei den Fragen nach ihrem Einfluß durch Protest generell eher an legale Handlungen denken. Wir vermuten also, daß das beschriebene Maß - wie im übrigen auch die im nächsten Abschnitt beschriebene Skala - Einfluß durch legalen Protest mißt.

Wir haben in der Untersuchung von 1987 jedoch explizit versucht zu ermitteln, inwieweit die Befragten glauben, Einfluß durch legalen oder illegalen Protest zu haben. Zu diesem Zweck haben wir in der Untersuchung von 1987 folgende Frage gestellt:

Glauben Sie, daß Sie den Zielen der Anti-AKW-Bewegung *eher* nützen durch ihre persönliche Beteiligung an *legalen* Aktionen, an *illegalen* Aktionen, oder je nach Situation an *beiden* Arten von Aktionen? Oder glauben Sie, daß *weder* Ihre persönliche Beteiligugn an legalen *noch* an illegalen Aktionen den Zielen der Anti-AKW-Bewegung nützt?

Die Verteilung der Antworten zeigt Tabelle AII.6.1. Danach ist niemand der Meinung, daß er am ehesten durch illegale Handlungen den Zielen der Anti-Atomkraftbewegung nützen kann. Der größte Teil der Befragten - 59.2% - ist der Meinung, daß am ehesten legale Aktionen wirksam sind. 35.8% der Befragten meinen, es komme auf die Situation an, welche Handlungsweise wirksam ist. Ein geringer Anteil von 5% der Befragten meint, weder legale noch illegale Handlungen könnten wirksam sein.

TABELLE AII.6.1: Einfluß durch legalen oder illegalen Protest (1987)

Indikator	%	(N)
Der Befragte glaubt den Zielen der Anti-AKW-Bewegung am ehesten zu nützen		
(1) durch legale Aktionen	59.2%	(71)
(2) durch illegale Aktionen	0 %	(0)
(3) je nach Situation durch legale oder illegale Aktionen	35.8%	(43)
(4) Weder durch legale noch durch illegale Aktionen	5.0%	(6)
	100%	(120)

Wegen der schiefen Verteilung der Antworten erschien es sinnvoll, Datenanalysen nur mit zwei Kategorien durchzuführen. Befragten wurde der Wert 1 - wie in der ursprünglichen Frage - zugewiesen, wenn sie glaubten, durch legale Aktionen erfolgreich zu sein. Befragte, die in anderer Weise geantwortet hatten, erhielten den Wert 2.

Diese Rekodierung basiert auf folgender Vermutung: wenn jemand Kategorie (4) ankreuzt oder die Antwort verweigert (letztars trifft nur für eine einzige Person zu), d.h. wenn jemand Protest generell als nicht erfolgversprechend ansieht (oder nicht antwortet), dann wird er eher so handeln wie diejenigen, die die Kategorie (3) angekreuzt haben als diejenigen, die an den Erfolg legalen Protests glauben (Kategorie 1).[11]

Ein hoher Wert bedeutet also, daß jemand in bestimmten Situationen illegalen Protest als erfolgversprechend ansieht.

7. Allgemeiner politischer Einfluß[12]

Wir haben sowohl in der Befragung von 1982 als auch von 1987 gemessen, welchen Einfluß Personen auf die Nutzung der Atomenergie zu haben glauben, wenn sie sich engagieren (vgl. den vorangegangenen Abschnitt 5). Nur in der Befragung von 1987 haben wir darüber hinaus auch versucht zu ermitteln, wie die Befragten *im allgemeinen* ihren politischen Einfluß einschätzen. Hierzu haben wir fünf Indikatoren verwendet, die bereits in einer Vielzahl anderer Untersuchungen benutzt wurden: die Befragten wurden gebeten anzugeben, inwieweit sie den in Tabelle AII.7.1 aufgeführten Behauptungen zustimmen. Die Antwortkategorien lauteten: stimme voll zu, stimme zu, unentschieden, lehne ab und lehne voll ab. Die Antworten wurden kodiert von "1" (stimme voll zu) bis "5" (lehne voll ab). Tabelle AII.7.1 zeigt verschiedene statistische Eigenschaften der einzelnen Indikatoren.

Die Indikatoren wurden zunächst einer Hauptkomponentenanalyse unterzogen. Dabei ergaben sich zwei Hauptkomponenten mit 48.3% und 21.7% erklärter Varianz.

Auf dem ersten Faktor luden die Indikatoren 1 bis 3 hoch, während auf dem zweiten Faktor die Indikatoren 4 und 5 hohe Ladungen aufwiesen. Inhaltlich drücken die beiden letzten Indikatoren aus, wie der Befragte Reaktionen von Politikern bzw. Parteien auf Wählerwünsche einschätzt. Der Befragte beurteilt seinen Einfluß sozusagen aus der Sicht der Politiker: wenn sich diese nicht um die Wünsche der Wähler kümmern, dann bedeutet dies, daß sein Einfluß gering ist. Bei den Indikatoren 1 bis 3 dagegen schätzt der Befragte unmittelbar aus seiner Sicht seinen Einfluß ein.

Aufgrund der Ergebnisse der Hauptkomponentenanalyse erschien es sinnvoll, für die Skalenkonstruktion nur die Indikatoren 1 bis 3 zu verwenden. Die Skala "allgemeiner Einfluß" wurde entsprechend durch Addition der Werte der Antworten gebildet. Hohe Werte bedeuten also, daß der Befragte einen hohen allgemeinen Einfluß zu haben glaubt.

Die Skala wurde - genau wie die in Abschnitt 5 behandelte Skala - so transformiert, daß sie Werte von 0 bis 1 annehmen kann.

Die Analyse der Kovarianzstrukturen bestätigt, daß unsere Vorgehensweise bei der Skalenbildung sinnvoll ist. Wir schätzten ein Modell, in dem alle fünf Indikatoren einer latenten Variablen zugeordnet wurden, und ein anderes Modell, in dem

---

[11] Die Korrelationen der so gebildeten Variablen mit unseren abhängigen Variablen unterscheidet sich im übrigen kaum, wenn wir denjenigen, die die Kategorie 4 wählten, den Wert 1 zuwiesen.

[12] Verfaßt von *Karl-Dieter Opp*.

die Variablen 1 bis 3 und die Variablen 4 bis 5 zwei verschiedenen Faktoren zugeordnet wurden. Das zweite Modell zeigte eine deutlich bessere Qualität.

TABELLE AII.7.1: Die Indikatoren und Skalen zur Messung des allgemeinen politischen Einflusses 1987

Art des Indikators	Mittelwert	Standardabw.	Minimum	Maximum	N
(1) Leute wie ich haben so oder so keinen Einfluß darauf, was die Regierung tut	3.35	1.12	1	5	121
(2) Neben dem Wählen gibt es keinen anderen Weg, um Einfluß darauf zu nehmen, was die Regierung tut	4.00	1.04	1	5	121
(3) Manchmal ist die ganze Politik so kompliziert, daß jemand wie ich gar nicht verstehen kann, was vorgeht	3.46	1.16	1	5	121
(4) Ich glaube nicht, daß sich die Politiker viel darum kümmern, was Leute wie ich denken	2.42	1.06	1	5	121
(5) Die Parteien wollen nur die Stimmen der Wähler, ihre Ansichten interessieren sie nicht.	2.58	.95	1	5	120
Skala "Allgemeiner Einfluß in der Politik"	.64	.22	0	1	121

8. Erwartungen[13]

Die Befragten wurden gebeten anzugeben, wie ihr Engagement (oder Nicht-Engagement) von denjenigen Personen eingeschätzt wird, auf deren Meinung sie am meisten Wert legen (z.B. Freunde, Familienangehörge). Wie die folgende Tabelle AII.8.1. zeigt, berichteten die meisten Befragten von überwiegend positiven oder von geteilten Meinungen zum Engagement.

Die Kategorie 1 blieb unverändert. Die übrigen Kategorien wurden zu der neuen Kategorie "Keine überwiegend positiven Erwartungen" zusammengefaßt und mit der Kodierung 0 versehen. Die Korrelation zwischen den beiden Skalen (1982 und 1987) beträgt .26.

---

[13] Verfaßt von *Wolfgang Roehl*.

TABELLE AII.8.1: Die Indikatoren und die Skala zur Messung der Erwartungen 1982 (1987)

	N	%
(1) Finden Engagement eher gut	61 (69)	50.4% (57.0%)
(2) Finden Engagement eher schlecht	7 (2)	5.8% (1.7%)
(3) Meinung geteilt	42 (45)	34.7% (37.2%)
(4) Engagement gleichgültig	9 (1)	7.4% (0.8%)
(5) Keine Antwort	2 (8)	1.7% (3.3%)
(1) Überwiegend positive Erwartungen bezüglich Engagement	61 (69)	50.4% (57.0%)
(0) Keine überwiegend positiven Erwartungen	58 (48)	47.9% (39.7%)

9. Die Sanktionen von Protest[14]

Den Befragten wurde eine Liste mit positiven und negativen Folgen von Protest, meist Sanktionen der sozialen Umwelt, vorgelegt. Zu jeder Sanktion sollte zunächst angegeben werden, wie diese bewertet wird, wenn sie tatsächlich auftritt (Antwortkategorien: (1) Sehr gut, (2) ziemlich gut, (3) teils gut, teils schlimm, (4) ziemlich schlimm, (5) sehr schlimm). Tabelle AII.9.1 enthält die vorgegebenen Sanktionen und einige statistische Maßzahlen.

Sodann sollten die Befragten für jede Sanktion einschätzen, für wie wahrscheinlich sie es halten, daß die betreffende Sanktion tatsächlich bei Engagement auftritt (Antwortkategorien: (1) Keinesfalls, (2) wahrscheinlich nicht, (3) vielleicht, (4) ziemlich wahrscheinlich, (5) ganz sicher - siehe Tabelle AII.9.2).

Die Bewertungen wurden so rekodiert, daß "sehr schlimm" den Wert -1 und "sehr gut" den Wert +1 erhielt. Die dazwischen liegenden Kategorien erhielten die Werte -.5, 0 und +.5. Die Wahrscheinlichkeiten wurden so rekodiert, daß "keinesfalls" den Wert 0 und "ganz sicher" den Wert 1 erhielt, die dazwischen liegenden Kategorien erhielten die Werte .25, .5 und .75.

Für jede Sanktion wurde dann die Wahrscheinlichkeit mit der Bewertung multipliziert. Nach der Rekodierung hat jede Produktvariable einen Wertebereich von -1 bis +1. Die Produktvariable hat den Wert -1, wenn eine sehr schlimme

---

[14] Verfaßt von *Wolfgang Roehl*.

Sanktion, den Wert +1, wenn eine sehr positiv bewertete Sanktion mit hoher Sicherheit erwartet wird. Sie hat den Wert 0, wenn eine Sanktion nicht erwartet wird oder wenn eine Sanktion als teils gut, teils schlimm angesehen wird - siehe Tabelle AII.9.3.

TABELLE AII.9.1: Bewertungen der Sanktionen 1982 (1987)

Sanktionen	Mittelwert	Standardabw.	Minimum	Maximum	N
(1) Ich werde abgestempelt als "Spinner", "Linker" etc.	3.84 (3.39)	.81 (.76)	2 (1)	5 (5)	117 (120)
(2) Mein Engagement bringt mir berufliche Nachteile	4.40 (4.16)	.72 (.74)	2 (1)	5 (5)	118 (119)
(3) Manche Leute, auf deren Meinung ich Wert lege, kritisieren, daß ich mich gegen Atomkraftwerke engagiere	3.04 (3.27)	.75 (.67)	1 (1)	5 (5)	117 (121)
(4) Ich werde bei Polizeieinsätzen verletzt	4.59 (4.53)	.56 (.55)	3 (3)	5 (5)	118 (120)
(5) Ich bekomme soziale Anerkennung bei AKW-Gegnern	2.36 (2.42)	.70 (.69)	1 (1)	5 (5)	117 (120)
(6) Ich bekomme Berufsverbot	4.77 (4.67)	.51 (.68)	3 (1)	5 (5)	118 (118)
(7) Ich werde ermutigt, weiter so zu handeln	1.74 (1.73)	.73 (.66)	1 (1)	5 (4)	117 (121)
(8) Ich werde verhaftet	4.63 (4.56)	.65 (.64)	2 (3)	5 (5)	120 (121)
(9) Ich empfinde Solidarität mit anderen AKW-Gegnern	1.69 (1.80)	.63 (.64)	1 (1)	3 (4)	119 (120)
(10) Ich komme auf Listen von Polizei oder Verfassungsschutz	4.39 (4.20)	.77 (.71)	1 (3)	5 (5)	119 (121)
(11) Ich komme mit Gleichgesinnten zusammen	1.73 (1.89)	.61 (.59)	1 (1)	3 (3)	119 (121)
(12) Ich lerne interessante Leute kennen	1.55 (1.71)	.58 (.61)	1 (1)	3 (3)	119 (121)
(13) Ich erhalte Informationen über AKWs oder pol. Probleme	1.41 (1.61)	.53 (.61)	1 (1)	3 (3)	120 (121)

Die Produktvariablen für 1982 und 1987 wurden jeweils Hauptkomponentenanalysen unterzogen. Es wurden in beiden Wellen je drei Faktoren extrahiert, die 32.5% (1987: 28.7%), 18.0% (1987: 20.2%) und 9.5% (1987: 10.5%) der Varianz erklären.

Auf dem ersten Faktor laden alle positiven Sanktionen hoch (die Indikatoren (5), (7), (9), (11), (12) und (13)), auf den zweiten und dritten Faktor laden die negative Sanktionen. Hier läßt sich ein Faktor für formelle staatliche und ein Faktor für eher informelle private negative Sanktionen unterscheiden; allerdings ist diese Struktur nicht sehr klar ausgeprägt.

TABELLE AII.9.2: Wahrscheinlichkeit von Sanktionen 1982 (1987)

Sanktionen	Mittel-wert	Standard-abw.	Mini-mum	Maxi-mum	N
(1) Ich werde abgestempelt als "Spinner", "Linker" etc.	2.98 (2.82)	1.31 (1.13)	1 (1)	5 (5)	120 (121)
(2) Mein Engagement bringt mir berufliche Nachteile	2.08 (2.10)	1.11 (.96)	1 (1)	5 (5)	119 (118)
(3) Manche Leute, auf deren Meinung ich Wert lege, kritisieren, daß ich mich gegen Atomkraftwerke engagiere	2.93 (2.21)	1.22 (1.31)	1 (1)	5 (5)	120 (121)
(4) Ich werde bei Polizeieinsätzen verletzt	1.95 (2.26)	1.01 (.96)	1 (1)	5 (4)	119 (121)
(5) Ich bekomme soziale Anerkennung bei AKW-Gegnern	3.13 (3.13)	1.19 (1.08)	1 (1)	5 (5)	119 (121)
(6) Ich bekomme Berufsverbot	1.53 (1.55)	.67 (.71)	1 (1)	5 (4)	120 (117)
(7) Ich werde ermutigt, weiter so zu handeln	3.42 (3.37)	1.12 (.90)	1 (1)	5 (5)	118 (118)
(8) Ich werde verhaftet	1.73 (2.03)	.80 (.87)	1 (1)	5 (4)	120 (121)
(9) Ich empfinde Solidarität mit anderen AKW-Gegnern	4.39 (4.46)	.85 (.74)	1 (1)	5 (5)	120 (120)
(10) Ich komme auf Listen von Polizei oder Verfassungsschutz	3.08 (3.54)	1.27 (1.04)	1 (1)	5 (5)	118 (121)
(11) Ich komme mit Gleichgesinnten zusammen	4.17 (4.17)	.97 (.93)	1 (1)	5 (5)	119 (121)
(12) Ich lerne interessante Leute kennen	3.65 (3.60)	1.08 (.91)	1 (1)	5 (5)	120 (121)
(13) Ich erhalte Informationen über AKWs oder pol. Probleme	4.34 (4.30)	.90 (.79)	1 (1)	5 (5)	120 (121)

Zwingt man die Hauptkomponentenanalyse auf zwei Faktoren, dann erhält man in beiden Wellen einen Faktor mit den positiven und einen Faktor mit den negativen Sanktionen.

Aufgrund dieser Ergebnisse wurden für 1982 und 1987 je drei Sanktionsskalen gebildet: Je eine Skala "positive Sanktionen" durch Addition der Produktvariablen der Sanktionen (5), (7), (9), (11), (12) und (13), je eine Skala "negative staatliche Sanktionen" durch Addition der Produktvariablen der Sanktionen (4), (6), (10), und je eine Skala "Negative informelle Sanktionen" durch Addition der Produktvariablen der Sanktionen (1), (2) und (3).

TABELLE AII.9.3: Produktvariablen aus Bewertungen und Wahrscheinlichkeiten der Sanktionen 1982 (1987)

Sanktionen	Mit-tel-wert	Stan-dard-abw.	Mi-ni-mum	Ma-xi-mum	N
(1) Ich werde abgestempelt als "Spinner", "Linker" etc.	-.18 (-.09)	.26 (.24)	-1 (-1)	.5 (1)	121 (121)
(2) Mein Engagement bringt mir berufliche Nachteile	-.18 (-.17)	.23 (.19)	-1 (-1)	.5 (.25)	121 (121)
(3) Manche Leute, auf deren Meinung ich Wert lege, kriti-sieren, daß ich mich gegen Atomkraftwerke engagiere	.00 (-.03)	.20 (.18)	-.75 (-.50)	.75 (1)	121 (121)
(4) Ich werde bei Polizeiein-sätzen verletzt	-.19 (-.23)	.23 (.20)	-1 (-.75)	0 (0)	121 (121)
(5) Ich bekomme soziale Aner-kennung bei AKW-Gegnern	.20 (.18)	.26 (.24)	-.75 (-.75)	1 (1)	121 (121)
(6) Ich bekomme Berufsverbot	-.11 (-.11)	.15 (.14)	-.5 (-.5)	0 (0)	121 (121)
(7) Ich werde ermutigt, weiter so zu handeln	.39 (.40)	.30 (.28)	-.5 (0)	1 (1)	121 (121)
(8) Ich werde verhaftet	-.14 (-.19)	.18 (.20)	-.75 (-.75)	.13 (0)	121 (121)
(9) Ich empfinde Solidarität mit anderen AKW-Gegnern	.60 (.54)	.34 (.33)	0 (-.5)	1 (1)	121 (121)
(10) Ich komme auf Listen von Polizei oder Verfassungsschutz	-.34 (-.38)	.33 (.29)	-1 (-1)	.75 (0)	121 (121)
(11) Ich komme mit Gleichge-sinnten zusammen	.53 (.47)	.32 (.30)	0 (0)	1 (1)	121 (121)
(12) Ich lerne interessante Leute kennen	.51 (.45)	.31 (.30)	0 (0)	1 (1)	121 (121)
(13) Ich erhalte Informationen über AKWs oder pol. Probleme	.69 (.60)	.31 (.32)	0 (0)	1 (1)	121 (121)

Die Sanktionsskalen wurden auf einen einheitlichen Skalenbereich von -10 bis +10 transformiert - siehe Tabelle AII.9.4. Die beiden Skalen für negative Sanktionen wurden zusätzlich durch Multiplikation von -1 so transformiert, daß *hohe Skalenwerte hohe Kosten* durch negative Sanktionen bedeuten. Bei der Skala für positive Sanktionen bedeuten *hohe Skalenwerte* einen *hohen Nutzen* durch positive Sanktionen.

Die Korrelation der positiven Sanktionen 1982 und 1987 beträgt .54, die der negativen staatlichen Sanktionen 1982 und 1987 beträgt .43, und die der informellen negativen Sanktionen 1982 und 1987 beträgt .27.

Eine Analyse der Kovarianzstrukturen ergab eine gute Anpassung des Meßmodells mit je zwei Faktoren pro Erhebungswelle. Die höchste Residuenkorrelation war .36, im Mittel betrug sie .20. Ein Vergleich von Modellen mit und ohne Restriktionen (gleiche Ladungen gleicher Indikatoren in den beiden Wellen) ergab nur geringe Unterschiede in den Anpassungsmaßen.

TABELLE AII.9.4: Die Sanktionsskalen

Protestskala	Mittelwert	Standardabw.	Minimum	Maximum	N
(1) Positive Sanktionen 1982	4.85	2.16	0	10	121
(2) Positive Sanktionen 1987	4.38	2.13	0	10	121
(3) Negative staatliche Sanktionen 1982	1.96	1.70	-.31	6.88	121
(4) Negative staatliche Sanktionen 1987	2.27	1.52	0	6.63	121
(5) Negative informelle Sanktionen 1982	1.19	1.66	-2.5	8.33	121
(6) Negative informelle Sanktionen 1987	.96	1.37	-3.3	5.83	121

10. Protest- und Gewaltnormen[15]

Den Befragten wurden vier Behauptungen vorgelegt, die die Verpflichtung zum Ausdruck brachten, sich gegen die Nutzung der Kernenergie zu engagieren. Darüber hinaus wurden die Befragten gebeten, zu zwei Behauptungen Stellung zu nehmen, die sich auf die Rechtfertigung von Gewalt gegen Sachen und Personen beziehen. Auf die zuerst genannten vier Behauptungen waren folgende Antwortmöglichkeiten vorgegeben: (1) stimme voll zu, (2) stimme zu, (3) unentschieden, (4) lehne ab, (5) lehne voll ab. Bei den beiden zuletzt genannten Behauptungen wurden die Befragten

---

[15] Verfaßt von *Martin Stolle*.

gebeten anzugeben, ob sie Gewalt gegen Personen bzw. Sachen (1) nie, (2) selten, (3) manchmal, (4) meistens, (5) immer für gerechtfertigt halten.

TABELLE AII.10.1: Protest- und Gewaltnormen 1982 (1987)

Art der Indikatoren	Mit-tel-wert	Stan-dard-abw.	Mi-ni-mum	Ma-xi-mum	N
Protestnormen:					
(1) Wenn ich nichts gegen den Bau von Atomkraftwerken unter-nähme und die Politiker machen ließe, dann hätte ich trotz-dem ein gutes Gefühl dabei	4.69 (4.59)	.50 (.73)	3.0 (1.0)	5.0 (5.0)	120 (121)
(2) Ich finde es falsch, etwas ge-gen den Bau von Atomkraftwer-ken zu unternehmen. Das sollte man den Politikern und Fach-leuten überlassen	4.84 (4.80)	.42 (.42)	3.0 (3.0)	5.0 (5.0)	121 (121)
(3) Wenn ich nichts gegen den Bau von Atomkraftwerken unter-nehme, habe ich ein schlech-tes Gewissen	1.69 (1.88)	.82 (.92)	1.0 (1.0)	5.0 (5.0)	121 (120)
(4) Ich betrachte es als eine per-sönliche Verpflichtung, etwas gegen AKW's zu unternehmen und mir nicht die Verantwortung aus der Hand nehmen zu lassen	1.76 (1.88)	.79 (.97)	1.0 (1.0)	5.0 (5.0)	119 (121)
Gewaltnormen:					
(5) Ich meine, daß Gewalt gegen Sachen moralisch gerecht-fertigt ist	2.22 (2.43)	.99 (1.0)	1.0 (1.0)	5.0 (5.0)	121 (121)
(6) Ich meine, daß Gewalt gegen Personen moralisch gerecht-fertigt ist	1.48 (1.41)	.78 (.70)	1.0 (1.0)	5.0 (4.0)	121 (121)
Protestnormen 1982 (1987)	18.08 (17.62)	1.87 (2.44)	10.0 (9.0)	20.0 (20.0)	121 (121)
Gewaltnormen 1982 (1987)	3.69 (3.84)	1.50 (1.42)	2.0 (2.0)	10.0 (9.0)	121 (121)

Die zuerst genannten vier Behauptungen bezogen sich auf Protestnormen gene-rell. Wir vermuten, daß die Befragten diese Behauptungen auf *legale* Protestformen bezogen, da legaler Protest weitaus häufiger vorkommt als illegaler Protest. Die zwei zuletzt genannten Behauptungen sollten ermitteln, inwieweit der Befragte Gewaltnormen, d.h. Rechtfertigungen für Gewalt, akzeptiert.

Tabelle AII.10.1 enthält die vorgegebenen Behauptungen und einige statistische Maßzahlen.

Die sechs Indikatoren wurden einer Hauptkomponentenanalyse unterzogen. Es wurden in beiden Wellen jeweils zwei Faktoren extrahiert, die 31.7% (1987: 39.9%) und 20.8% (1987: 18.3%) der Varianz erklären. Die ersten vier Indikatoren laden auf dem ersten Faktor relativ hoch, die beiden letzten Indikatoren zeigen relativ hohe Ladungen auf dem zweiten Faktor.

Entsprechend wurden jeweils für 1982 und 1987 zwei Skalen für die Protest- und Gewaltnormen gebildet. Die Bildung der Skala für die Protestnormen erfolgte durch die Addition der Werte der Indikatoren (1) bis (4). Dabei wurden alle Indikatoren so kodiert, daß hohe Werte eine hohe Aktzeptanz von Protestnormen bedeuten. Die beiden Skalen für Gewaltnormen (1982 und 1987) wurden durch Addition der Werte der Indikatoren 5 und 6 gebildet.

Der theoretisch mögliche Wertebereich der Protestnormen erstreckt sich von 4 bis 20. Die Gewaltnormen können Werte zwischen 2 und 10 annehmen. Nur bei der Gewaltnormen-Skala von 1982 decken sich der theoretische und tatsächliche Wertebereich.

Die beiden Skalen, die Protestnormen 1982 und 1987 messen, korrelieren mit .42, die beiden Gewaltnormen-Skalen weisen eine Korrelation von .44 auf.

Eine Analyse der Kovarianzstrukturen ergab keine gravierenden Unterschiede zwischen verschiedenen Modellen: Unsere Skalenbildung basiert deshalb auf den Ergebnissen der Hauptkomponentenanalysen.

11. Der Katharsiswert von Protest[16]

Die Befragten wurden gebeten anzugeben, inwieweit sie zwei Behauptungen (siehe Tabelle AII.11.1) zustimmen. Vorgegeben waren fünf Antwortkategorien: stimme voll zu, stimme zu, unentschieden, lehne ab, lehne voll ab. Die Kodierung reichte von 1 (stimme voll zu) bis 5 (lehne voll ab).

Beide Indikatoren wurden so rekodiert, daß volle Zustimmung den Wert 4, volle Ablehnung der Wert 0 erhielt. Die Skala "Katharsiswert von Protest" wurde durch Multiplikation der beiden Indikatoren gebildet. Durch die Rekodierung hat diese Skala hohe Werte, wenn sich eine Person über Atomkraftwerke ärgert und glaubt, etwas dagegen tun zu müssen, wenn sie sich über etwas ärgert. Niedrige Werte hat die Skala, wenn sich eine Person nicht über Atomkraftwerke ärgert, oder wenn sie nicht glaubt, gegen die Ursache ihres Ärgers etwas tun zu müssen. Die Korrelation der beiden Skalen beträgt .41.

---

[16] Verfaßt von *Wolfgang Roehl*.

TABELLE AII.11.1: Indikatoren und Skala des Katharsiswertes von Protest 1982 (1987)

	Mittel-wert	Standard-abw.	Minimum	Maximum	N
(1) Ich ärgere mich einfach darüber, daß Atomkraftwerke gebaut werden	1.93 (1.70)	1.06 (.91)	1 (1)	5 (5)	116 (119)
(2) Je mehr ich micht über etwas ärgere, desto eher muß ich etwas dagegen tun	2.05 (1.95)	.98 (.95)	1 (1)	5 (5)	119 (120)
Skala "Katharsiswert" 1982 (1987)	.60 (.65)	.29 (.28)	0 (0)	1 (1)	121 (121)

12. Der Unterhaltungswert von Protest[17]

Die Befragten wurden gebeten anzugeben, ob sie drei Behauptungen (siehe Tabelle AII.12.1) zustimmen oder sie ablehnen. Die fünf Antwortkategorien lauteten: stimme voll zu, stimme zu, unentschieden, lehne ab, lehne voll ab. Die Kodierung reichte von 1 (stimme voll zu) bis 5 (lehne voll ab).

Die Indikatoren wurden für 1982 und 1987 je einer Hauptkomponentenanalyse unterzogen. Bei jeder Analyse wurde ein einziger Faktor extrahiert, der 54.6% (1987: 57.8%) der Varianz erklärt.

Die Ergebnisse lassen es sinnvoll erscheinen, durch Addition der drei Indikatoren die Skala "Unterhaltungswert von Protest 1982" und "Unterhaltungswert von Protest 1987" zu bilden. Dafür wurde Indikator 3 so rekodiert, daß hohe Werte - wie bei den beiden anderen Indikatoren - bedeuten, daß der Befragte Spaß am Protest hat. Die beiden Skalen weisen eine Korrelation von .56 auf.

Eine Analyse der Kovarianzstrukturen zeigt, daß in erheblichem Maße Residuenkorrelationen bestehen; die Modellanpassung ist wesentlich besser bei einem Modell mit Residuenkorrelation. Ein Vergleich von Modellen mit und ohne Restriktionen (gleiche Ladungen gleicher Indikatoren bei beiden Wellen) zeigt sehr ähnliche Anpassungsmaße.

---

[17] Verfaßt von *Wolfgang Roehl*.

	Mit-tel-wert	Stan-dard-abw.	Mi-ni-mum	Ma-xi-mum	N
(1) Obwohl ich Atomkraftgeg-ner bin, ist es mir irgendwie unangenehm, mich zu engagieren	4.01 (3.90)	1.02 (1.01)	1 (1)	5 (5)	120 (121)
(2) Ich habe irgendwie Hem-mungen zu zeigen, daß ich gegen den Bau von Atomkraft-werken bin	4.40 (4.46)	.75 (.82)	2 (1)	5 (5)	121 121
(3) Wenn ich mich gegen den Bau von Atomkraftwerken engagiere, dann macht mir das auch Spaß	2.35 (2.63)	1.05 (1.03)	1 (1)	5 (5)	121 (121)
Skala "Unterhaltungswert von Protest" 1982 (1987)	.76 (.73)	.17 (.18)	.25 (0)	1 (1)	121 121

13. Integration in Organisationen[18]

Anhand einer Liste von Organisationen (siehe Tabelle AII.13.1) wurde erhoben, in welchen Organisationen die Befragten Mitglieder sind. Weiterhin wurde ermittelt, wie aktiv die Befragten in den einzelnen Organisationen sind, für die Mitgliedschaft besteht (Antwortkategorien 1982: (1) sehr aktiv, (2) ziemlich aktiv, (3) teils aktiv, teils inaktiv, (4) ziemlich inaktiv, (5) sehr inaktiv; Kategorien 1987: (1) eher aktiv, (2) eher passiv). 1987 wurde zusätzlich erhoben, ob die anderen Mitglieder der ein-zelnen Organisationen nach Einschätzung des Befragten eher für oder eher gegen die Nutzung der Atomenergie sind (Antwortkategorien: (1) eher für AKWs, (2) eher gegen AKWs, (3) Weiß nicht), und ob die anderen Mitglieder ein Engagement gegen Atomkraftwerke eher ermutigen (Kategorie 1) oder eher mißbilligen (Kategorie 2).

Für jede einzelne Organisation wurde gezählt, wieviele Befragte in ihr Mitglied sind (siehe Spalte 1 und 2 von Tabelle AII.13.1). Insbesondere die alternativen Gruppierungen haben in der Zeit von 1982 bis 1987 Zulauf bekommen, aber auch bei anderen Organisationen gaben 1987 mehr Befragte an, dort Mitglied zu sein, als 1982.

---

[18] Verfaßt von *Wolfgang Roehl*.

TABELLE AII.13.1: Mitgliedschaft in Organisationen und Einstellung der anderen Mitglieder zur Atomenergie in der Wahrnehmung der Befragten.

Organisation	Anzahl Mitglied. 1982	1987	Gegen AKWs N	%	Ermutigung von Protest N	%
	(1)	(2)	(3)	(4)	(5)	(6)
01 Gewerkschaft im DGB.........	49	46	30	65%	36	78% *
02 DAG	1	2	1	50%	2	100%
03 Bauernverband	0	0	–	–	–	–
04 Beamtenorganisation	3	4	0	0%	1	25%
05 Einzelh.- und Gewerbeverband	3	4	0	0%	0	0%
06 Industrie- und Unternehmer- verband	0	0	–	–	–	–
07 Sonstige Berufsorganisation	10	13	2	15%	3	23%
08 Gesangverein	5	4	1	25%	1	25%
09 Sportverein	32	43	16	37%	18	42%
10 Sonstige Hobby-Verein	8	12	6	50%	10	83%
11 Heimat- und Bürgerverein ...	2	2	2	100%	2	100% *
12 Sonstige gesellige Vereine, Schützenverein	6	6	3	50%	4	67%
13 Vertriebenen- und Flüchtlings- verband	1	0	–	–	–	–
14 Wohlfahrtsverbände, Kriegs- opferverband	6	8	3	37%	5	63%
15 Jugendorganisationen........	2	3	2	67%	2	67% *
16 SPD, Juso	8	6	4	67%	5	83% *
17 FDP	0	0	–	–	–	–
18 CDU/CSU	1	1	0	0%	0	0%
19 DKP/DFU	2	0	–	–	–	–
20 GAL/Grüne/Grüne Wählergem...	7	6	6	100%	6	100% *
21 K-Gruppe	1	0	–	–	–	–
22 Sonstige Partei – nicht an- gegeben, welche	0	3	3	100%	3	100% *
23 Kirchliche Vereine (aber nicht Kirche)	6	5	2	40%	3	60%
24 Anti-AKW-Gruppe	8	14	13	93%	14	100% *
25 Umweltschutzgruppe	9	16	15	94%	16	100% *
26 Friedensinitiative	3	12	12	100%	12	100% *
27 Frauengruppe/Männergruppe Kindergruppe/Altengruppe ...	6	11	10	91%	10	91% *
28 Sonstige alternative Gruppe	8	3	3	100%	3	100% *
29 Sonstige politische Gruppe .	5	2	2	100%	2	100% *
30 Sonstige Gruppe	5	15	9	60%	12	80% *

Anmerkung: Mehrere Mitgliedschaften in einer Art von Organisation sind möglich. Pro Organisationsart wird jede Mitgliedschaft aber nur einmal gezählt.
* bedeutet, daß die Organisation als protestfördernd eingestuft wurde.

Für jede Gruppe wurde weiterhin ausgezählt, wieviele der Befragten der Meinung sind, daß die anderen Mitglieder dieser Organisation die Nutzung von Atomenergie eher ablehnen (Spalte 3) und daß sie Protest gegen Atomkraftwerke eher ermutigen (Spalte 5). Diese Angaben wurden in Prozent aller Befragten, die in der Organisation Mitglied sind, umgerechnet (Spalte 4 und 6).

Eine Organisation wurde als protestfördernd eingestuft, wenn *über 50%* der befragten Mitglieder der Meinung sind, daß die anderen Mitglieder Atomkraftwerke ablehnen, und wenn *gleichzeitig über 50%* der befragten Mitglieder der Meinung sind, die anderen Mitglieder dieser Organisation würden Protest gegen Atomkraftwerke ermutigen. Es sind dies die Gewerkschaften im DGB, die Heimat- und Bürgervereine, die Jugendorganisationen, die SPD und Jusos, die GAL bzw. Die Grünen, sowie die alternativen Gruppen. Die protestfördernden Organisationen sind in Tabelle AII.13.1 mit einem Stern (*) gekennzeichnet.

Mit unseren geringen Fallzahlen sind selbstverständlich keine generellen Aussagen über die einzelnen Organisationen und die Stellung ihrer Mitglieder zur Nutzung der Atomenergie beabsichtigt. Es geht hier allein darum, im Rahmen der vorliegenden Untersuchung eine Skala für das Ausmaß der Integration in verschiedene Organisationen zu bilden.

Die Angaben über die wahrgenommene Einstellung der anderen Mitglieder zu Fragen der Atomenergie sind nur für 1987 erhoben. Wir gehen deshalb von der Annahme aus, daß sich der Charakter der Organisationen von 1982 bis 1987 nicht wesentlich verändert hat, und daß die Organisationen, die 1987 protestfördernd waren, dies auch 1982 waren. Die Skala für die Integration in protestfördernde Organisationen 1982 wurde deshalb aus den gleichen Indikatoren gebildet wie die Skala für 1987.

TABELLE AII.13.2: Statistische Eigenschaften der Organisationsskalen 1982 und 1987

	Mittelwert	Standardabw.	Minimum	Maxi mum	N
(1) Organisationsskala 1982	.94	1.08	0	4	121
(2) Organisationsskala 1987	1.06	1.10	0	5	121

Die Bildung der Integrationsskalen erfolgte durch Auszählung der Zahl der Mitgliedschaften in protestfördernden Organisationen. Dabei wurde die Mitgliedschaft in Anti-AKW-Gruppen nicht mit berücksichtigt, um eine Konfundierung mit den Protestvariablen zu vermeiden. Über einige statistische Eigenschaften dieser Skalen gibt die Tabelle AII.13.2 Aufschluß. Die Korrelation zwischen den Skalen für 1982 und 1987 beträgt .48.

III. ÜBERSICHT ÜBER DIE VERWENDETEN SKALEN

Skala	Jahr	Definition	Kapitel
Abschreckung von anderen	1987	Ausmaß, in dem ein Befragter glaubt, daß andere Personen durch Polizeiaktionen von Protest abgeschreckt werden.	VI.6; VII.2.4
Aktivität in Gruppen	1982 1987	Ausmaß der Beteiligung an Aktivitäten von Gruppen, in denen ein Befragter Mitglied ist.	VII.2.3
Allgemeiner politischer Einfluß	1987	Ausmaß, in dem sich ein Befragter allgemein politisch als einflußreich betrachtet.	III.2.3; III.2.4; III.2.10
Anzahl der akzeptierten Konsens-Argumente / Anzahl der akzeptierten Argumente gegen Kernenergie	1987	Zustimmung zu Argumenten für und gegen die Nutzung der Atomenergie, die in der Diskussion über die Kernenergie am häufigsten vorgebracht werden.	III.1.3
Einfluß auf die Nutzung der Atomenergie	1982 1987	Ausmaß, in dem ein Befragter glaubt, durch Protest die Nutzung der Atomenergie beeinflussen zu können.	III.2.3; III.2.4; III.2.6; III.2.7; III.2.8; III.2.9; III.2.10; VI.4; VI.5; VI.7; VII.2.4; VII.2.5; VII.2.6; VII.3.4; VII.3.5; VII.3.6; VII.3.7; VIII.1.1; VIII.1.2
Einfluß durch legalen und illegalen Protest	1987	Ausmaß, in dem ein Befragter glaubt, den Zielen der Anti-Atomkraftbewegung zu nützen, wenn er sich an legalen, an illegalen, je nach Situation an beiden oder an keinen Protestformen beteiligt.	III.2.3; III.2.4; III.2.6; III.2.7; III.2.8; III.2.9

Ereignisbezogene Gewalt-normen	1987	Ausmaß, in dem sich ein Befragter bei sechs vorge-gebenen Situationen selbst für die Anwendung von Ge-walt entschließen könnten.	IV.3
Erwartungen Dritter	1982 1987	Ausmaß, in dem Personen, auf deren Meinung ein Befragter Wert legt, politi-sches Engagement positiv bzw. negativ einschätzen.	IV.3; VII.2.4; VII.2.5; VII.2.6; VII.3.4; VII.3.5; VII.3.6; VIII.1.1 VIII.1.2
Erweiterte Skala für per-sönliche Ressourcen	1987	Ausmaß, in dem ein Befrag-ter für Protest notwendige Fähigkeiten zu haben glaubt (Indikatoren nur 1987 erhoben).	V.3;
Gewaltnormen	1982 1987	Ausmaß, in dem Gewalt ge-gen Sachen und Gewalt gegen Personen moralisch für gerechtfertigt gehalten wird.	IV.3; VI.4; VI.5; VI.6; VI.7; VII.2.4; VII.2.5; VII.2.6; VII.3.4; VII.3.5; VII.3.6; VII.3.7; VIII.1.1; VIII.1.2
Illegaler Protest	1982 1987	Ausmaß, in dem illegale Protesthandlungen in der Vergangenheit ausgeführt wurden, und in dem illegale Protesthandlungen in der Zukunft beabsichtigt sind.	Alle Kapitel
Informelle negative Sank-tionen	1982 1987	Ausmaß, in dem ein Befrag-ter bei Protest negative Reaktionen durch Freunde, Bekannte etc. erwartet.	VI.4; VI.5; VI.6; VI.7; VII.2.4; VII.2.5; VII.2.6; VII.3.4; VII.3.5; VII.3.6; VII.3.7; VIII.1.1; VIII.1.2
Informelle positive Sanktio-nen	1982 1987	Ausmaß, in dem ein Befrag-ter bei Protest positive Reaktionen durch Freunde, Bekannte etc. erwartet.	VI.4; VI.5; VI.6; VI.7; VII.2.4; VII.2.5; VII.2.6; VIII.1.1; VIII.1.2

Integration in protestför-	1982	Zahl der Mitgliedschaften	VI.5; VI.6; VI.7;
dernde Gruppen	1987	in Organisationen und	VII.2.4; VII.2.5;
		Gruppen, deren Mitglieder	VII.2.6; VIII.1.1;
		Protest gegen Atomkraft-	VIII.1.2
		werke befürworten.	
Internalisierte Protestnor-	1982	Ausmaß, in dem ein Befrag-	IV.3; VI.4; VI.5;
men	1987	ter eine normative Ver-	VI.6; VI.7; VII.2.4;
		pflichtung zu Protest ak-	VII.2.5; VII.2.6;
		zeptiert.	VII.3.4; VII.3.5;
			VII.3.6; VII.3.7;
			VIII.1.1; VIII.1.2
Katharsiswert von Protest	1982	Ausmaß, in dem sich ein	IV.3; VII.2.4;
(Aggressionsbereitschaft)	1987	Befragter über den Bau von	VII.2.5; VII.2.6;
		Atomkraftwerken ärgert	VII.3.4; VII.3.5;
		und glaubt, etwas gegen	VII.3.6; VIII.1.1;
		diesen Ärger tun zu müs-	VIII.1.2
		sen.	
Legaler Protest	1982	Ausmaß, in dem legale Pro-	Alle Kapitel
	1987	testhandlungen in der Ver-	
		gangenheit ausgeführt wur-	
		den, und in dem legale	
		Protesthandlungen in der	
		Zukunft beabsichtigt sind.	
Mitgliedschaft in protest-	1982	Anzahl Mitgliedschaften in	VII.2.2; VII.2.3;
fördernden Gruppen	1987	Gruppen und Organisatio-	VII.2.4
		nen, deren andere Mitglie-	
		der Protest gegen Atom-	
		kraftwerke überwiegend	
		positiv gegenüberstehen	
Mitgliedschaft in nicht	1982	Anzahl Mitgliedschaften in	VII.2.2; VII.2.3;
protestfördernden Gruppen	1987	Gruppen und Organisatio-	VII.2.4
		nen, deren andere Mitglie-	
		der Protest gegen Atom-	
		kraftwerke ablehnend ge-	
		genüberstehen	
Negative staatliche Sank-	1982	Ausmaß, in dem ein Befrag-	VI.4; VI.5; VI.6;
tionen	1987	ter bei Protest negative	VI.7; VII.2.4;
		Reaktionen durch staatliche	VII.2.5; VII.2.6;
		Stellen erwartet.	VII.3.4; VII.3.5;
			VII.3.6; VII.3.7;
			VIII.1.1; VIII.1.2

Persönliche Ressourcen	1982 1987	Ausmaß, in dem ein Befragter für Protest notwendige Fähigkeiten zu haben glaubt.	V.3
Persönliche Abschreckung	1987	Ausmaß, in dem ein Befragter selbst durch Polizeiaktionen von Protest abgeschreckt wird.	VI.6; VII.2.4; VII.3.4
Persönliche Radikalisierung	1987	Ausmaß, in dem Polizeiaktionen einen Befragten zu Protest anreizen.	VI.6; VII.2.4; VII.3.4
Politische Entfremdung	1982 1987	Ausmaß, in dem ein Befragter dem politischen System gegenüber kritisch eingestellt ist.	III.1.3; III.2.8; III.2.10; VI.4; VI.5; VI.6; VI.7; VII.2.4; VII.2.5; VII.2.6; VII.3.4; VII.3.5; VII.3.6; VIII.1.1; VIII.1.2
Politisierung des Netzwerkes	1982 1987	Ausmaß, in dem das persönliche Netzwerk politisch homogen oder politisch engagiert ist.	VII.3.1; VII.3.2; VII.3.3; VII.3.4; VIII.1.1; VIII.1.2
Private Integration	1982 1987	Ausmaß der Integration in persönliche Netzwerke	VII.3.1; VII.3.2; VII.3.3; VII.3.4; VIII.1.1; VIII.1.2
Radikalisierung bei anderen	1987	Ausmaß, in dem ein Befragter glaubt, daß andere Personen durch Polizeiaktionen zu Protest angereizt werden.	VI.6; VII.2.4
Reaktionen des sozialen Umfeldes bei legalem (illegalem) Protest	1987	Ausmaß, in dem das soziale Umfeld eines Befragten Protest ermutigt oder mißbilligt.	VI.4

Unterhaltungswert von Protest	1982 1987	Ausmaß, in dem es einem Befragten "Spaß" macht, sich zu engagieren.	IV.3; VII.2.4; VII.2.5; VII.2.6; VII.3.4; VII.3.5; VII.3.6; VIII.1.1; VIII.1.2
Unzufriedenheit mit der Atomenergie	1982 1987	Ausmaß, in dem ein Befragter sich durch die Atomenergie bedroht fühlt.	III.1.3; III.2.4; III.2.5; III.2.6; III.2.7; III.2.10; VII.2.4; VII.2.5; VII.2.6; VII.3.4; VII.3.5; VII.3.6; VII.3.7; VIII.1.1; VIII.1.2
Zeitliche Ressourcen (indirekte Indikatoren)	1982 1987	Ausmaß der Zeit für Protest, gemessen durch soziodemographische Indikatoren.	V.3
Zeitliche Ressourcen (subjektive Indikatoren)	1987	Ausmaß, in dem ein Befragter für Protest Zeit zu haben glaubt.	V.3

LITERATURVERZEICHNIS

Ajzen, Icek, Martin Fishbein (1980): Understanding an Predicting Social Behavior, Englewood Cliffs, N.J.: Prentice Hall

Alchian, Armen A., William R. Allen (1974): University Economics. Elements of Inquiry, London etc.: Prentice Hall

Allison, Paul D. (1977): "Testing for Interaction", American Journal of Sociology 83: 144-53

Amelang, Manfred (1986), Sozial abweichendes Verhalten. Entstehung, Verbreitung, Verhinderung, Berlin etc.: Springer

Barnes, Samuel H., Max Kaase, Klaus Allerbeck, Barbara G. Farah, Felix Heunks, Ronald Inglehart, M. Kent Jennings, Hans D. Klingemann, Alan Marsh, Leopold Rosenmayr (1979): Political Action. Mass Participation in Five Western Democracies, Beverly Hills und London: Sage

Barry, Brian (1978, zuerst 1970): Sociologists, Economists, and Democracy, Chicago und London: University of Chicago Press

Becker, Gary S. (1976): The Economic Approach to Human Behavior, Chicago and London: Chicago University Press

Bernholz, Peter, Friedrich Breyer (1984): Grundlagen der Politischen Ökonomie, Tübingen: Mohr-Siebeck

Boettcher, Erik (1974): Kooperation und Demokratie, Tübingen: Mohr-Siebeck

Campbell, Donald T., Julian C. Stanley (1963): Experimental and Quasi-Experimental Designs for Research, Chicago: Rand McNally

Crawford, Thomas J., Murray Naditch (1970): "Relative Deprivation, Powerlessness, and Militancy: The Psychology of Social Protest", Psychiatry 33: 208-223

Curtis, Russell L. jun., Louis A. Zurcher jun. (1973): "Stable Resources of Protest Movements: The Multi-Organizational Field", Social Forces 52: 53-61

Finifter, Ada W. (1974): "The Friendship Group as a Protective Environment for Political Deviants", American Political Science Review 68: 607-25

Finkel, Steven E., James B. Rule, (1986): "Relative Deprivation and Related Psychological Theories of Civil Violence: A Critical Review", S. 47-69 in: Research in Social Movements, Conflicts and Change, Bd. 9, Greenwich, Conn.: Jai Press

Finkel, Steven E. (1987): "The Effects of Participation on Political Efficacy and Political Support: Evidence from a West German Panel". The Journal of Politics 49: 443-464

Frey, Bruno S. (1980): "Ökonomie als Verhaltenswissenschaft. Ansatz, Kritik und der europäische Beitrag", Jahrbuch für Sozialwissenschaft 31: 21-35

Friedrich, Robert J. (1982): "In Defense of Multiplicative Terms in Multiple Regression Equations", American Journal of Political Science 26: 797-833

Frohlich, Norman, Joe A. Oppenheimer (1978): Modern Political Economy, Englewood Cliffs, N.J.: Prentice-Hall

Fuchs, Dieter (1983): "Politischer Protest und Stabilität des politischen Systems", S. 121-143 in: Max Kaase, Hans-Dieter Klingemann (Hrsg.), Wahlen und politisches System, Opladen: Westdeutscher Verlag

Gamson, William A. (1975): The Strategy of Social Protest, Homewood, Ill.: Dorsey

Gamson, William A., Bruce Fireman, Steven Rytina (1982): Encounters with Unjust Authority, Chicago: Dorsey Press

Gurney, Joan N., Kathleen J. Tierney (1982): "Relative Deprivation and Social Movements: A Critical Look at Twenty Years of Theory and Research", The Sociological Quarterly 23: 33-47

Gurr, Ted R. (1968): "Urban Disorder. Perspectives from the Comparative Study of Civil Strife", S. 51-67 in: Louis H. Masotti, Don R. Bowen (Hrsg.), Riots and Rebellion. Civil Violence in the Urban Community, Beverly Hills, Cal.: Sage

Gurr, Ted R. (1969): "A Comparative Study of Civil Strife", S. 572-632 in: Hugh D. Graham, Ted R. Gurr (Hrsg.), The History of Violence in America, New York: Praeger

Hardin, Russell (1982): Collective Action, Baltimore und London: Johns Hopkins University Press

Harris, Ralph, Arthur Seldon (1987): Welfare without the State. A Qartercentury of Suppressed Public Choice, London: Institute of Economic Affairs

Hibbs, Douglas A. jun. (1973): Mass Political Violence: A Cross-National Causal Analysis, New York etc.: Wiley

Isaac, Larry, Elizabeth Mutran, Sheldon Stryker (1980): "Political Protest Orientations Among Black and White Adults", American Sociological Review 45: 191-213

Jenkins, J. Craig, Charles Perrow (1977): "Insurgency of the Powerless: Farm Worker Movements (1946-1972)", American Sociological Review 1977, 42: 249-268

Kahneman, Daniel, Amos Tversky (1979), "Prospect Theory: An Analysis of Decision Under Risk", Econometrica 47: 263-291

Kahneman, Daniel, Paul Slovic, Amos Tversky, Hrsg. (1982): Judgment under Uncertainty: Heuristics and Biases, Cambridge etc.: Cambridge University Press

Kahneman, Daniel, Amos Tversky (1982): "The Psychology of Preferences", Scientific American 246 (No. 1): 136-43

Kahneman, Daniel, Amos Tversky (1984): "Choices, Values, and Frames", American Psychologist 39: 341-350

Kirsch, Guy (1974): Ökonomische Theorie der Politik, Tübingen: Mohr-Siebeck

Klandermans, Bert (1984): "Social Psychological Expansions of Resource Mobilization Theory", American Sociological Review 49: 883-600

Klandermans, Bert (1986): "Perceived Costs and Benefits of Participation in Union Action", Personnel Psychology 39: 379-397

Kornhauser, William (1959): The Politics of Mass Society, New York: Free Press

Kriesi, Hanspeter (1982): AKW-Gegner in der Schweiz, Diessenhofen: Ruegger

Kriesi, Hanspeter (1985): Bewegung in der Schweizer Politik. Fallstudien zu politischen Mobilisierungsprozessen in der Schweiz, Frankfurt und New York: Campus

Law, Kim S., Edward J. Walsh (1983): "The Interaction of Grievances and Structures in Social Movement Analysis: The Case of JUST", The Sociological Quarterly 24: 123-136

Long, J. Scott (1983): Confirmatory Factor Analysis, Beverly Hills: Sage

May, Regine S., Helmut Jungermann (1986): "Intuitive und kalkulierte Urteile. Ein Vergleich zweier Studien über Präferenzen gegenüber energiepolitischen Alternativen". Kölner Zeitschrift für Soziologie und Sozialpsychologie 38: 709-723

McAdam, Doug (1982): Political Process and the Development of Black Insurgency 1930 - 1970, Chicago und London: University of Chicago Press

McAdam, Doug (1983): "Tactical Innovation and the Pace of Insurgency", American Sociological Review 48: 735-54

McCarthy, John D., Mayer N. Zald (1977): "Resource Mobilization and Social Movements", American Journal of Sociology 82: 1212-41

McKenzie, Richard B., Gordon Tullock (1978): The New World of Economics. Explorations into the Human Experience, Homewood, Ill.: Richard D. Irwin

Meckling, W. H. (1976): "Values and the Choice of Model of the Individual in the Social Sciences", Schweizerische Zeitschrift für Volkswirtschaft und Statistik 112: 545-559

Moe, Terry M. (1980): The Organization of Interests. Incentives and the Internal Dynamics of Political Interest Groups, Chicago und London: University of Chicago Press

Morrison, Denton E. (1971): "Some Notes Toward a Theory on Relative Deprivation, Social Movements and Social Change", American Behavioral Scientist 14: 675-90

Muller, Edward N. (1978): "Ein Modell zur Vorhersage aggressiver politischer Partizipation", Politische Vierteljahresschrift 12: 514-54

Muller, Edward N. (1979): Aggressive Political Participation, Princeton, N.J.: Princeton University Press

Muller, Edward N. (1985): "Income Inequality, Regime Repressiveness, and Political Violence", American Sociological Review 50: 47-61

Muller, Edward N., R. Kenneth Godwin (1984): "Democratic and Aggressive Political Participation: Estimation of a Nonrecursive Model", Political Behavior 6: 129-46

Muller, Edward N., Thomas O. Jukam (1977): "On the Meaning of Political Support", American Political Science Review 71: 1561-95

Muller, Edward N., Karl-Dieter Opp (1986): "Rational Choice and Rebellious Collective Action", American Political Science Review 80: 471-89

Noelle-Neumann, Elisabeth (1987): "Die Kernenergie und die Öffentliche Meinung", in: Elisabeth Noelle-Neumann, Heinz Maier-Leibnitz, Zweifel am Verstand. Das Irrationale als die neue Moral, Zürich: Edition Interforum

Oberschall, Anthony (1973): Social Conflict and Social Movements, Englewood Cliffs, N.J.: Prentice Hall

Oliver, Pamela (1984): " 'If you don't do it, nobody else will': Active and Token Contributors to Local Collective Action", American Sociological Review 49: 601-10

Olson, Mancur (1965): The Logic of Collective Action, Cambridge, Mass.: Harvard University Press

Opp, Karl-Dieter (1978): Theorie sozialer Krisen. Apathie, Protest und kollektives Handeln, Hamburg: Hoffmann und Campe

Opp, Karl-Dieter (1979): Individualistische Sozialwissenschaft. Arbeitsweise und Probleme individualistisch und kollektivistisch orientierter Sozialwissenschaften, Stuttgart: Enke

Opp, Karl-Dieter (1982): "Economics, Sociology, and Political Protest", S. 166-85 in: Werner Raub (Hrsg.), Theoretical Models and Empirical Analyses. Contributions to the Explanation of Individual Actions and Collective Phenomena, Utrecht: E.S.-Publications

Opp, Karl-Dieter (1983): Die Entstehung sozialer Normen. Ein Integrationsversuch soziologischer, sozialpsychologischer und ökonomischer Erklärungen, Tübingen: Mohr-Siebeck

Opp, Karl-Dieter (1984a): "Rational Choice and Sociological Man", S. 1-16 in: E. Boettcher, Ph. Herder-Dorneich, K.-E. Schenk (Hrsg.), Jahrbuch für Neue Politische Ökonomie, Tübingen: Mohr-Siebeck

Opp, Karl-Dieter (1984b): "Normen, Altruismus und politische Partizipation", S. 85-113 in: Horst Todt (Hrsg.), Normengeleitetes Verhalten in den Sozialwissenschaften, Berlin: Duncker and Humbolt

Opp, Karl-Dieter (1985a): "Konventionelle und unkonventionelle politische Partizipation", Zeitschrift für Soziologie 14: 282-96

Opp, Karl-Dieter (1985b): "Sociology and Economic Man", Journal of Institutional and Theoretical Economics 141: 213-43

Opp, Karl-Dieter (1986): "Soft Incentives and Collective Action: Participation in the Anti-Nuclear Movement", Britisch Journal of Political Science 16: 87-112

Opp, Karl-Dieter (1988a): "Community Integration and Incentives for Political Protest", in: B. Klandermans, H. Kriesi, S. Tarrow (Hrsg.), From Structure to Action: Comparing Social Movement Research Across Cultures, Greenwich, Conn.: Jai Press (im Druck)

Opp, Karl-Dieter (1988b): "Integration into Voluntary Associations and Incentives for Political Protest", in: B. Klandermans, H. Kriesi, S. Tarrow (ed.) Organizing for Change: Social Movement Organizations in Europe and the United States, Greenwich, Conn.: Jai Press (im Druck)

Opp, Karl-Dieter, Käte Burow-Auffarth, Uwe Heinrichs (1981): "Conditions for Conventional and Unconventional Political Participation: An Empirical Test of Economic and Sociological Hypotheses", European Journal of Political Research 9: 147-68

Opp, Karl-Dieter, Käte Burow-Auffarth, Peter Hartmann, Thomazine von Witzleben, Volker Pöhls, Thomas Spitzley (1984): Soziale Probleme und Protestverhalten. Eine empirische Konfrontierung des Modells rationalen Verhaltens mit soziologischen Hypothesen am Beispiel von Atomkraftgegnern, Opladen: Westdeutscher Verlag

Opp, Karl-Dieter, mit Peter und Petra Hartmann (1988): The Rationality of Political Protest, Boulder, Co.: Westview Press, erschienen 1989

Orbell, John M., Toru Uno (1972): "A Theory of Neighborhood Problem Solving: Political Action vs. Residential Mobility", American Political Science Review: 471-89

Pinard, M. (1971): The Rise of a Third Party, Englewood Cliffs, N.J.: Prentice Hall

Piven, Frances Fox, Richard A. Cloward (1977): Poor People's Movements. Why They Succeed, How They Fail, New York: Random House

Pollock III, Philip H. (1982): "Organizations as Agents of Mobilization: How Does Group Activity Affect Political Participation?", American Journal of Political Science 26: 485-503

Putnam, Robert D. (1966): "Political Attitudes and the Local Community", American Political Science Review 60: 640-54

Riker, William H., Peter C. Ordeshook (1973): An Introduction to Positive Political Theory, Englewood Cliffs, N.J.: Prentice Hall

Smelser, Neil J. (1962): Theory of Collective Behavior, London: Routledge and Kegan Paul

Snow, David A., Louis A. Zurcher jun., Sheldon Ekland-Olson (1980): "Social Networks and Social Movements", American Sociological Review 45: 787-801

Sundstrom, Eric, John W. Lounsbury, Robert C. DeVault, Elizabeth Peele: "Acceptance of a Nuclear Power Plant: Aplications of the Expectancy-Value Model", S. 171-189 in: Andrew Baum, Jerome E. Singer (Hrsg.), Advances in Environmental Psychology, Bd. 3, Hillsdale, N.J.: Erlbaum

Thomas, Kerry, Elisabeth Swaton, Martin Fishbein, Harry J. Otway (1980), "Nuclear Energy: The Accuracy of Policy Makers' Perceptions of Public Beliefs", International Institute for Applied Systems Analysis, Laxenburg, Österreich

Tullock, Gordon (1974): The Social Dilemma. The Economics of War and Revolution, Blacksburg, Virginia: University Publications

Tversky, Amos, Daniel Kahneman (1981): "The Framing of Decisions and the Psychology of Choice", Science 211: 453-458

Useem, Bert (1980): "Solidarity Model, Breakdown Model, and the Boston Anti-Busing Movement", American Sociological Review 45: 357-69

Useem, Bert (1985): "Disorganization and the New Mexico Prison Riot of 1980", American Sociological Review 1985, 50: 677-688

Verba, Sidney, Norman H. Nie (1972): Participation in America: Political Democracy and Social Equality, New York etc.: Harper and Row

Walsh, Edward J. (1981): "Resource Mobilization and Citizen Protest in Communities Around Three Mile Island", Social Problems 29: 1-21

Walsh, Edward J., Rex H. Warland (1983): "Social Movement Involvement in the Wake of a Nuclear Accident: Activists and Free Riders in the TMI Area", American Sociological Review 48: 764-80

Weede, Erich (1977): Hypothesen, Gleichungen und Daten, Kronberg/Ts.: Athenäum-Verlag

Weede, Erich (1987), "Some New Evidence on Correlates of Political Violence: Income Inequality, Regime Repressiveness, and Economic Development", European Sociological Review 3: 97-108

Wilson, Kenneth L., Anthony M. Orum (1976): "Mobilizing People for Collective Action", Journal of Political and Military Sociology 4: 187-202

Zimmermann, Ekkart (1972): Das Experiment in den Sozialwissenschaften, Stuttgart: Teubner

SACHREGISTER

FSC
www.fsc.org

MIX
Papier aus verantwortungsvollen Quellen
Paper from responsible sources
FSC® C105338

If you have any concerns about our products,
you can contact us on
ProductSafety@springernature.com

In case Publisher is established outside the EU,
the EU authorized representative is:
Springer Nature Customer Service Center GmbH
Europaplatz 3, 69115 Heidelberg, Germany

Printed by Libri Plureos GmbH
in Hamburg, Germany